科普大家谈

重庆市2016年度科普工作
理论研讨会论文集

重庆树人教育研究院	编
重庆市科学技术委员会	主
重庆市科学技术协会	办
重庆市教育委员会	单
重庆市社会科学界联合会	位

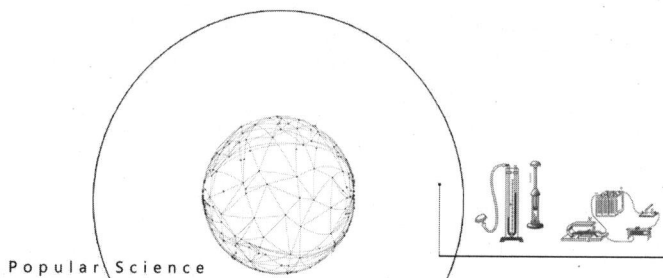

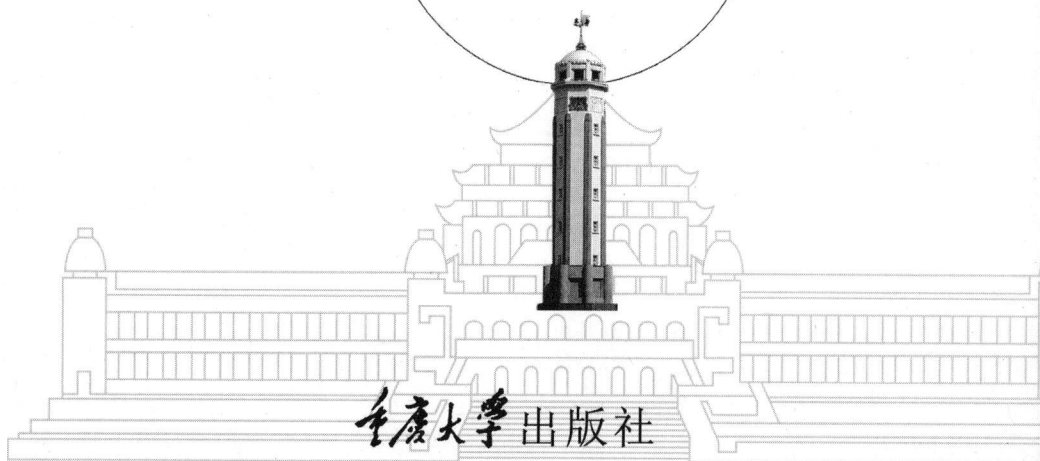

Popular Science

重庆大学出版社

序 言/Preface

公民科学素质建设是坚持走中国特色自主创新道路、建设创新型国家的一项基础性社会工程。习近平总书记指出："科技创新、科学普及是实现创新发展的两翼，要把科学普及放在与科技创新同等重要的位置"。近年来，我市认真贯彻落实《重庆市科学技术普及条例》，推进《全民科学素质行动计划纲要（2006—2010—2020年）》的实施，科普活动蓬勃开展。为了总结科普工作经验，加强科普理论研究，发挥科普理论对实践的指导作用，重庆市科学技术委员会、重庆市科学技术协会、重庆市教育委员会、重庆市社会科学界联合会于2016年12月联合召开了"重庆市科普工作理论研讨会"。为了集中反映本次研讨会的成果，推动科普理论研究，我们对本次研讨会的参会论文进行了认真筛选，整理汇编成册，形成了《科普大家谈——重庆市2016年度科普工作理论研讨会论文集》一书。本书共收录论文60余篇，内容涉及科普理论研究、科普活动组织、科普产业发展、科普基地建设等方面，反映了当前我市科普工作的基本面貌。希望本书的出版对帮助我市科普工作者进一步开展科普研究、推动科普工作能有所启迪。

重庆树人教育研究院

前　言

Preface

目 录 / Contents

重庆市科普基地建设现状评估与对策研究

林长春　杜　红　董晓云　刘发茂　操良平　余晓东　苑进社　张发春

摘要：本文基于组织管理、基础设施、科普活动、综合绩效4个一级指标和14~15个不等的二级指标，对重庆市5大类别的92个科普基地进行了全面评估；评估发现重庆市科普基地的基础设施较为完善，科普工作日常运行状况良好，但在组织管理与综合绩效方面的表现还不够理想。本文分析了重庆市科普基地存在的主要问题并提出了相应的对策建议，对重庆市科普基地未来的建设与发展具有重要的参考价值。

关键词：科普基地；指标体系；评估考核；对策

一、研究目的与研究设计

(一)研究目的

通过对我市科普基地的建设质量进行综合评估，较全面地掌握我市科普基地的建设与运行情况，为进一步加强我市科普基地的常态化和规范化建设，实现"竞争入选、达标认定、定期评估、不合格淘汰"的动态管理提供决策依据。同时，通过评估加大各科普基地自我建设力度，突出基地特色，提升基地建设层次和水平，进一步发挥科普基地的作用。

(二)研究设计

1.评估指标体系与评估标准

本次评估分别按照场馆类、旅游景区类、教育培训类、传媒类、研发创作类5个类别设计评估指标及评估标准。评估指标体系分别拟定4个一级指标和14~15个二级指标，设计4个等级评估标准，总分均为100分。

2.评估对象

此次评估的对象为截至2014年重庆市科委命名的101个科普基地。评估时限是2014—2015年的建设与运行情况，相关数据截止时间为2015年9月30日。课题组最终完成了全市92个科普基地的年度评估工作，评估覆盖率为91.09%。其中，场馆类科普基地44个，教育培训类科普基地28个，旅游景区类科普基地10个，传媒类科普基地5个，研发创作类科普基地5个。

3.评估方法

本次评估采取基地自评和现场评估相结合的方式。先由课题组提供《重庆市科普基地评估指标体系和评价标准》，然后各基地根据此指标体系提供相应的自查报告和自评分数供课题组审阅，之后课题组到现场进行实地评估，依据评估指标体系逐项评价和查验，最后进行评估结果讨论与审议，最终确定每个基地的评估结果和评估等级。

二、重庆市科普基地评估数据与统计分析

（一）科普基地评估总体得分与等级情况

不同类别的科普基地均采用评分法，满分为 100 分。评估结果分为优秀、良好、合格、不合格 4 个等级，评估得分 90 分以上为优秀，75～89 分为良好，60～74 分为合格，60 分以下为不合格。根据统计结果，各类科普基地评估的总体得分均分布在 79～83 分（见图 1）。在参与评估的 92 个科普基地中，获得年度优秀等级的共计 23 个，获得良好等级的 48 个，合格 16 个，不合格 5 个，优秀率、良好率、合格率与不合格率依次为 25.00%、51.09%、18.49% 与 5.43%，处于正常分布状态（见图 2）。

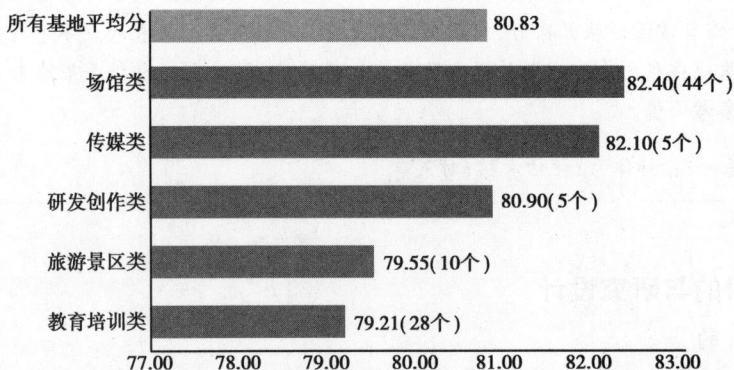

图 1   科普基地评估平均得分

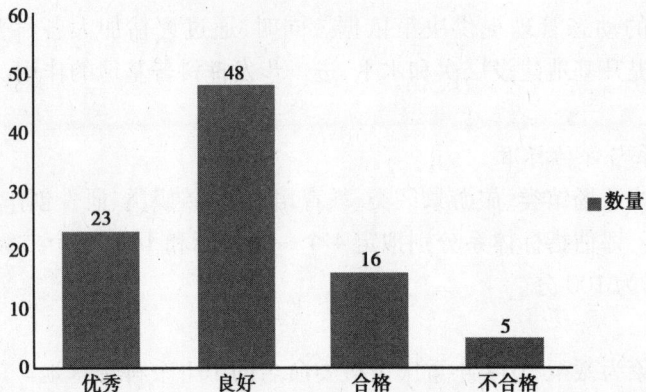

图 2   科普基地评估等级结果

按照不同类别的科普基地进行统计，优秀率、良好率、合格率与不合格率表现出一定差异（见图 3）。其中，旅游景区类与传媒类优秀率较高，占比达到 40.00%；其次为场馆类与研发创作类，占比为 25.00% 和 20.00%；而教育培训类科普基地优秀率最低，为 17.86%。由于传媒类与研发创作类样本数据较少，所以不同等级的比例差异均在正常范围之内，并不表明不同类别科普基地的基本建设与运行状况存在较大差异。

从科普基地分布的地理区域来看，优秀、良好、合格与不合格 4 类不同等级的科普基地在主城区和区县都有所分布，具体的数据差异见图 4。例如，从优秀名单的地域分布来看，重庆主城区为 15 个，重庆区县为 8 个，分别占 65.00% 和 35.00%。这说明目前主城区的科普资源与科普水平仍然处于优势地位，科普基地的建设与运行水平较区县来说更高。不过，此次评估

中有更多区县科普基地入围优秀等级也说明我市科普基地建设的地方差异正在进一步缩小。

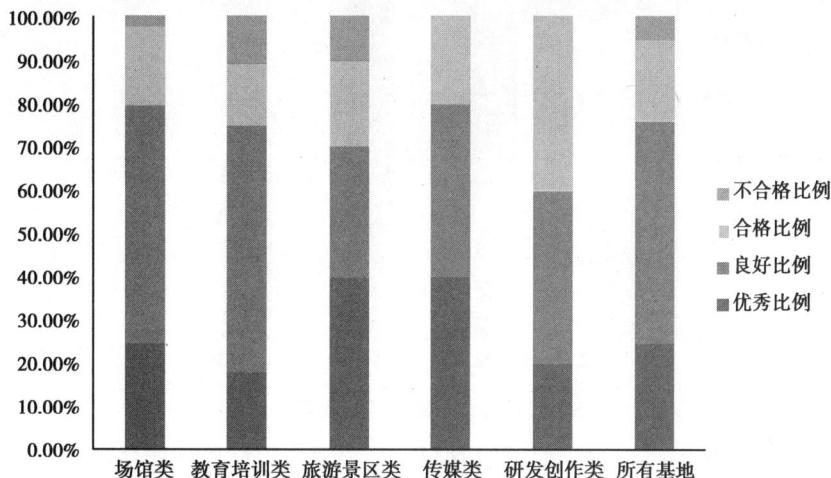

图3 不同类别科普基地评估等级分布

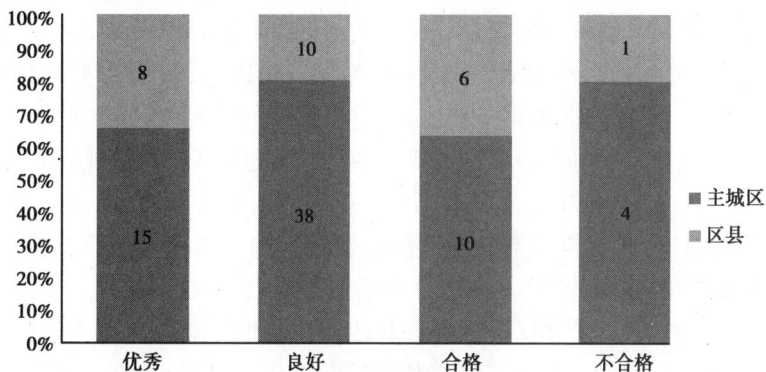

图4 不同等级科普基地地域分布图

（二）科普基地评估的指标统计与分析

此次评估设组织管理、基础设施、科普活动与综合绩效4个一级指标和14～15个二级指标。根据不同类别科普基地的特点，基础设施与科普活动的评估指标占比略有不同，场馆类、旅游景区类、研发创作类和传媒类的组织管理、基础设施、科普活动与综合绩效4个一级指标分别占比15.00%、20.00%、40.00%和25.00%，教育培训类的一级指标占比分别为15.00%、15.00%、45.00%和25.00%。

为了从整体和分类上比较不同科普基地在这4个一级指标上的实际表现，我们取得分率作为参数，依次计算所有科普基地各一级指标的平均得分率和不同类别科普基地各一级指标的得分率。从整体状况来看，所评估的92个科普基地普遍在"科普活动"与"基础设施"方面表现较好，而在"综合绩效"与"组织管理"方面比较欠缺，各自的得分率如图5所示。接下来，我们分别依据各项指标进行分类说明。

首先，从"组织管理"指标来看，组织管理是大多数科普基地最为薄弱的一项，平均得分率仅为76.38%。其下的5个二级指标（组织机构、管理制度、工作计划、科普人员、经费投入）中，除"工作计划"外，普遍失分较重，特别是两个权重较大的指标——"科普人员"与"经费投入"

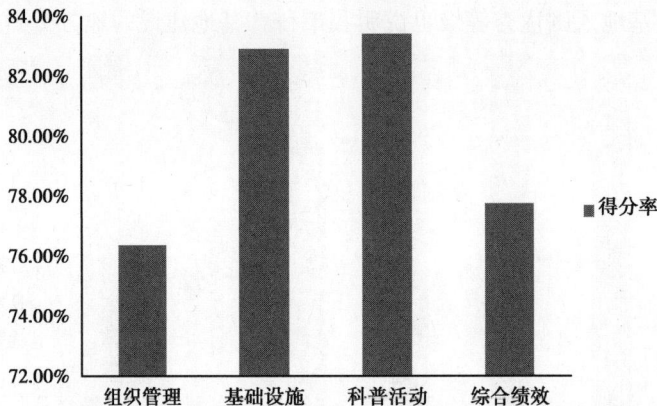

图 5　科普基地一级指标平均得分率

均失分较多。这与课题组现场评估获取的情况相符合,大多数科普基地存在组织机构不健全、人员落实不到位、无分管领导等情况,相关管理制度欠缺,措施落实也较差,特别是专业的科普人员非常缺乏,大多数为兼职,人员稳定性差。另外,科普经费来源与落实情况也不是很好,很多科普基地无稳定的科普活动经费,所依托机构的年度财务预算没有纳入科普专项预算。

从不同类别科普基地的情况来看(见图6),除场馆类以外,其余4类科普基地得分率较低,均在80.00%以下。教育培训类科普基地的"组织管理"得分率较低主要在于此类科普基地一般依托的是中小学、高校、科研机构、医院等事业单位,此类单位的常规运营(教学、科研、医疗等)一般都面向公众,其日常工作本身就已承担了相应的科普职责,因而此类单位大多忽视了相关组织机构的建设,对于科普活动的专项经费投入相比其他类别科普基地来讲也偏低。旅游景区类科普基地在"组织管理"方面得分率较低主要表现在"科普人员"和"组织机构"这两个二级指标上。一方面,旅游景区类的科普基地往往缺少专业的科普人员或是科普人员队伍流动性过大,这在一定程度上影响了科普基地的常态化、专业化运营。另一方面,旅游景区类科普基地较少配备专门的分管领导负责科普基地的日常管理工作,因而相应的责任机制与保障机制不够健全,直接影响了科普基地的组织管理水平。

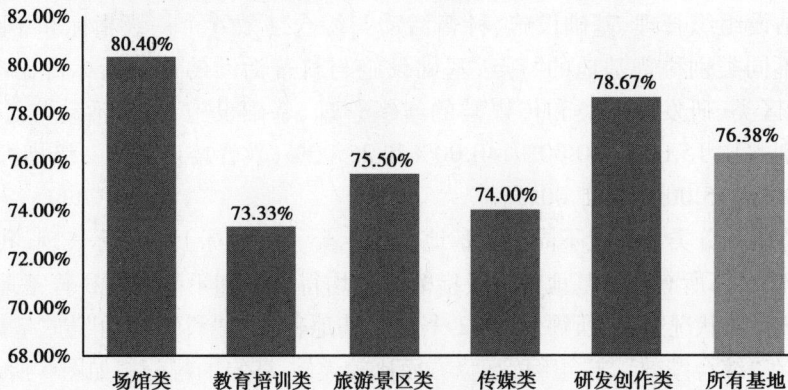

图 6　不同类别科普基地"组织管理"得分率

其次,从"基础设施"指标来看,所有基地的平均得分率为82.88%,除旅游景区类的基础设施得分率偏低外,其余类别科普基地的基础设施得分率均在80.00%以上(见图7),这表明我市科普基地的基础设施总体处于较高水准。从"场地面积"和"设施与资源"两个二级指标来看，大多数科普基地在"场地面积"上的得分率较高，达到了80.00%以上，部分类别科普基地（如场馆类和研发创作类）高达90.00%以上。相比之下，"设施与资源"这一指标表现平平，特别是旅游景区类科普基地仅为76.25%。课题组通过现场评估发现，旅游景区类科普基地虽然在基础设施方面投入了大量人力、物力，比如，配备了与参观线路相匹配的科普旅游观光导览、导视系统，相应的科普导游解说词、科普资源解说牌、展示牌等，但因为人流量巨大，破坏与损失的情况非常严重。

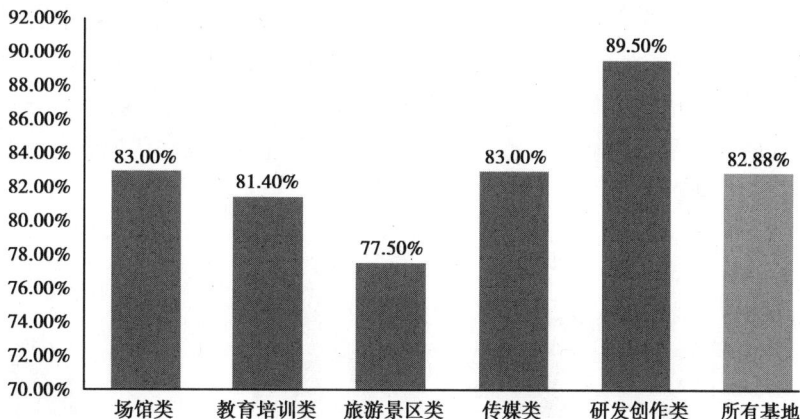

图7　不同类别科普基地"基础设施"得分率

再次，从"科普活动"指标来看，所有科普基地的平均得分率为83.41%。从不同类别科普基地的得分率来看（见图8），场馆类、旅游景区类与传媒类科普基地的得分率处于前列，均在85.00%左右，而教育培训类与研发创作类科普基地得分率相对落后，但仍然维持在80.00%以上。教育培训类科普基地得分率低主要是因为此类科普基地作为教育机构本身承担了繁重的培养任务，更加注重各类专业教育教学活动的开展，相对忽视和淡化了科普活动，是对科普工作认识不深入的体现。从相应的二级指标来看，各类科普基地相应的科普活动（如科普培训、科普传播、研发创作等）都开展得较好，活动受众、活动特色、活动数量等指标均表现良好，特别是场馆类、旅游景区类与传媒类的科普基地由于其自身特征，所进行的科普活动受众面很

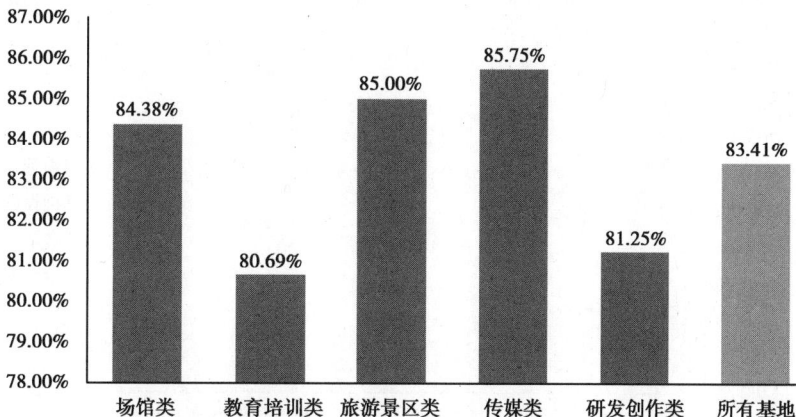

图8　不同类别科普基地"科普活动"得分率

广,有效地发挥了市级科普基地的辐射作用,使更多公众享受到了优质的科普服务。

最后,从"综合绩效"指标来看,所有基地的平均得分率为77.74%(见图9),仅略高于"组织管理"的平均得分率,在4个一级指标中位列倒数第二。从二级指标来看,"科普创新""科普影响力"与"科普获奖"的表现均不够理想,特别是在"科普影响力"方面,我市科普基地未能展现出较大的影响力与作用力,没有形成具有影响力的科普品牌。相比之下,传媒类与场馆类科普基地的综合绩效较好,得分率分别为80.40%与80.32%。得分率垫底的是研发创作类和旅游景区类科普基地,仅为74.80%和74.40%。研发创作类科普基地由于样本数据太少不具有代表意义,而旅游景区类科普基地的综合绩效表现不好主要是因为旅游景区类科普基地在科普交流合作与资源共享方面非常欠缺,例如,大多数旅游景区类科普基地只重视自身基地的宣传推广,而较少与其他相关基地展开合作交流,资源的共享度很低,除了部分基地的地理位置原因以外,大多数则是因为缺乏交流合作与宣传推广的意识,没有认识到资源共享的重要性或没有在此方面引起重视。

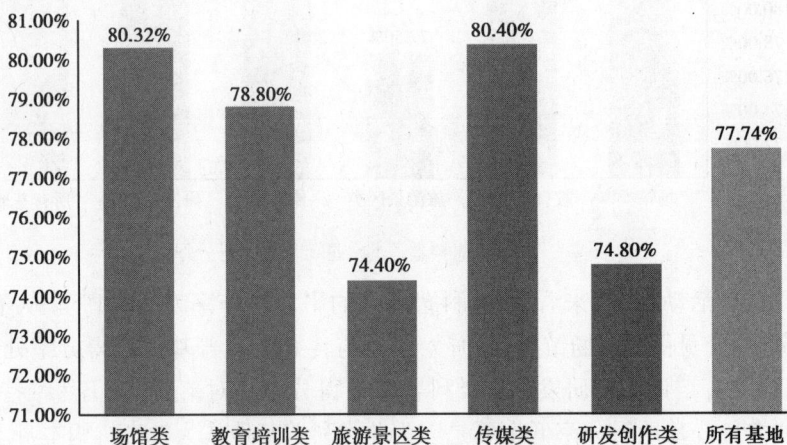

图9 不同类别科普基地"综合绩效"得分率

以上我们分别从4个一级指标分析了不同类别科普基地的具体情况,综合所有指标,各类别科普基地的得分率如图10所示。从图中可以看出,我市5类科普基地在组织管理、基础设施、科普活动、综合绩效4个方面的得分率存在一定差异,但从总体上看,组织管理与综合绩效

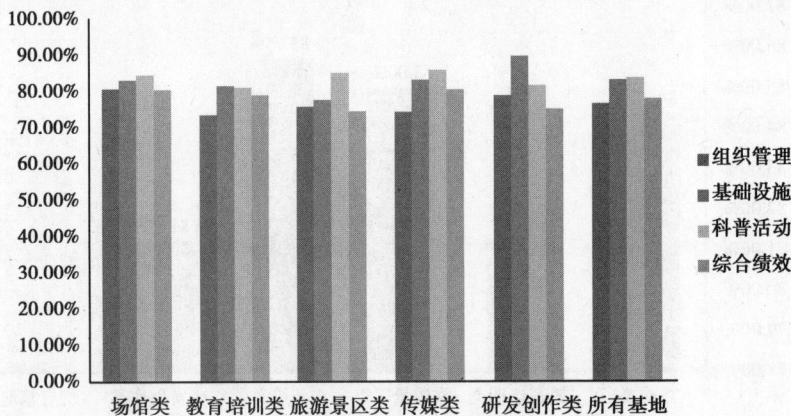

图10 不同类别科普基地一级指标得分率

的确是两个表现相对落后的指标,而基础设施与科普活动的表现则相对较好。因此,总体来说,我市科普基地的基本建设与运行情况表现为:①基础设施与资源较为完善,场地面积、基础设施、科普资源等方面均处于较好水准,并能利用好这些资源开展常规的科普活动;②日常科普工作运行良好,活动数量大、活动受众多、活动形式丰富,较好地发挥了科普基地的示范、带动和辐射作用,对我市居民科学素养的提高起到了积极的促进作用;③在人员保障、制度建设、经费投入、科普创新、科普影响力等方面,我市科普基地还存在着许多不足与缺陷,与发达地区的差距较大。

三、进一步加强科普基地建设与管理的对策建议

(一)加强组织管理,提升组织管理水平

从评估数据和现场获取的信息来看,组织管理薄弱是大多数科普基地面临的普遍问题,集中表现为专门机构缺乏、分管领导和相关人员落实较差、相关管理制度欠缺等,这直接影响了科普基地的日常管理与危机处理水平。比如,很多基地缺乏科普基地意识,不挂牌,不设相应负责人,组织管理水平落后。因此,各大科普基地应进一步加强自身组织管理水平建设,成立专门机构,明确分管领导和相关人员的职责,建立健全相关管理制度,使科普工作有章可循、有据可依,从制度上给予科普工作坚实的保障。同时,各级部门应给予各科普基地相应支撑,从公文、章程、方针、制度等方面予以支持与配合。

(二)加强对科普基地工作的指导,提供更多的专业服务

现场评估中发现,许多科普基地对自身的定位、职责、作用并不明确或不太清晰,因此在开展科普工作中出现了各种各样的问题。为了促进科普基地更好地成长,相关部委应当积极加强对各科普基地工作的指导,以帮助各大基地利用自身优势,更好地发挥科普基地的各项功能。比如,为科普基地提供专业指导服务、培训相关管理与业务人员、加强科普基地内部交流等,从各个环节对科普基地进行指导与服务。

(三)加大相关经费投入,确保基地正常运行

本次评估中,许多科普基地都反映自身面临着经费困难问题。除了依托单位对科普活动的经费支持外,科普基地较难申请到其他渠道的经费支持,或申请到的经费支持过少,难以支撑起相关科普活动的开展。只有较少的科普基地由于政府专项经费的直接投入和自身盈利状况较好从而经费充足。因此,加大对科普基地的经费投入是当前急需面对的一个问题。从政府层面来说,提高以奖代补额度、扩大科普项目资助范围与数目、提供专项活动经费、资助困难科普基地等措施,都可以在一定程度上缓解科普基地的经费困难局面。从科普基地自身层面来说,应当积极思考和探索科普工作的新模式,使其既能降低工作成本,又能更好地服务于普通公众。

(四)加强科普基地人才队伍建设,提高科普基地专业化水平

通过现场评估了解,我市大部分科普基地的人才队伍建设落后,特别是部分机构完全依赖于兼职科普人员,这很难保障优质、稳定科普服务的提供。我市科普基地的人才队伍建设落后具体体现在两方面:第一,科普基地专职科普人员的业务水平有待提高,其与公众科普需求之间还存在着较大差距,特别是部分偏远区县的科普从业人员水平参差不齐,较难适应新时期科普服务的新要求。第二,科普基地兼职人员流动性过大,对科普基地的贡献率较低,专家资源没有得到充分利用,科普活动的水平与层次较低。针对这些情况,严格的准入制度和对在职人

员的考核需要相应加强。比如,要求新进科普人员应当具有科学教育和传播、理工科等相关专业背景;对在职人员的培训与绩效考核还应当加强。只有充分重视科普基地的人才队伍建设,通过完善引进、培训、流动、合作等机制才能实现我市科普基地人才队伍的能力建设与素质提升。

(五)加强科普资源的开发与利用,提升和优化资源配置

从整体上看,我市科普基地的资源建设情况良好,基本达到了西部城市的标准,但是和东部发达地区相比仍然有较大差距,特别是旅游景区类和场馆类科普基地的资源建设较为落后,还有很大的改进空间。建议我市科普场馆进一步丰富和挖掘科普展教品的内涵,配以多元化的讲解词,创新开发科普宣传资料;积极与学校、主管部门和社会科普机构加强沟通,广泛联合和吸纳各界社会力量参与,在充分了解科学教学的发展趋势、了解青少年等公众的学习和发展需求、准确把握科普场馆的资源特点的基础上,不断解放思想,创新项目内容和形式,探索和设计出更多、更有趣、更高品质的科学教育项目。此外,许多科普基地的讲解词、展视系统和培训教材等没有体现出科学教育的本质,对科学知识宣传的准确性、科学精神的弘扬不够重视,这就要求我们在资源开发、配置和利用过程中加强对科学普及、科学传播的认识,真正体现出科学教育的本质,更好地服务于公众科学素养的提升。

(六)注重绩效,加强科普信息化建设,提升科普影响力

虽然我市科普基地整体运行状况良好,但是在综合绩效方面的表现并不理想。首先,科普活动的内容与手段相对陈旧,没有较大的创新,较少形成品牌科普活动。其次,部分科普基地缺乏自己的宣传平台,或者其网站、微博、微信等平台的宣传力度不够,没有及时地更新相关科普活动安排,很难真正为公众提供有效服务。最后,各大科普基地之间的合作与交流还很匮乏,资源共享度低,科普影响力弱。因此,针对这种状况,加强科普信息化能力的建设成为提升科普绩效和科普影响力的一大举措。通过发展科普信息化水平,各科普基地可以更好地实现资源优化配置与升级,有利于不同科普基地之间的合作与交流,以适应现代社会的全新状况,从而扩大科普活动的影响力与作用力,使我市的科普工作更上一层楼。

参考文献

[1] 林爱兵,刘颖.全国科普教育基地人才队伍建设现状及发展策略研究——全国科普教育基地现状调查[J].科普研究,2008,3(1):6-12.

[2] 陆朝光,郑德胜.广东科普教育基地建设的实践与对策[J].科协论坛,2014(2):35-37.

[3] 张志全,陈玮.科普教育基地建设与评价方法研究[C]//公众理解科学:2000中国国际科普论坛,2000.

(重庆师范大学科技教育与传播研究中心)

科学文化普及传播与公众科学素养提升进路

庞跃辉

摘要：科学文化普及传播与公众科学素养提升进路选择，就是积极利用各种信息传播网络、媒体等手段，构建全方位、全过程深入广泛传播科学知识、科学思想、科学方法、科学精神的运行机制，有效推动社会公众增长科学知识、认同科学思想、运用科学方法、塑造科学精神，在科学文化普及传播的多维度、多层面推动下，积极提升社会公众的科学素养，大力促进经济社会全面进步和人的全面发展。

关键词：科学文化；普及传播；社会公众；科学素养

科学素养是一个集成概念，蕴含科学知识、科学思想、科学方法、科学精神等构成要素。公众科学素养是体现公众在增长科学知识、认同科学思想、运用科学方法、塑造科学精神等方面的水平，是考量公众的认知能力、精神状态、价值取向、实践活动的重要标准。有效利用科学文化普及传播提升公众科学素养，就是通过积极利用各种信息传播网络、媒体和手段，全方位、全过程深入广泛地传播科学知识、科学思想、科学方法、科学精神，以大力提高公众的科学文化水准。因此，正确选择科学文化普及传播的有效进路，不断增强科学文化普及传播的实效性，对于积极提升公众的科学素养，大力促进经济社会全面进步和人的全面发展，具有特殊而重要的现实意义和深远影响。

一、公众科学素养提升进路之一：以增长科学知识为基本任务，在科学文化普及传播中不断促进公众掌握科学知识

科学知识是具有客观性、合理性、精确性、实证性、共享性的认识范式，是人们探索自然、社会和思维的科学活动的最直接成果，是人们对于科学的认知体系的形成和发展的结晶，因此，科学知识的基础是科学性活动。在人类文明发展历程中，科学与知识是紧密联系在一起的。众所周知，"科学"是个舶来词，近代著名学者严复最早将之译为"格致学"，是《礼记·大学》中"格物""致知"的缩略，本义为穷究事物的道理。在西方，对"科学"的把握可以追溯到古拉丁文的阐释，其本义就是"学问""知识"。12世纪著名思想家威廉就提出了"科学是知识"的观点。随着人们认识能力的不断提高，对知识的认知也不断深入，认为并非任何知识都能称为科学知识。《韦伯斯特新世界词典》就认为，使事实和原理系统化的知识才具有科学的特征。美国著名学者萨顿在《美国百科全书》中认为，支离破碎的知识不能称为科学知识。英国科学史研究专家丹皮尔在其重要论著《科学史》中认为，缺乏对自然现象之间关系的理性研究的知识，不能称为科学知识。我国出版的《中国大百科全书》也认为，不能以范畴、定理、定律形式反映现实世界多种现象的本质和运动规律的知识，不具有科学的属性。还有学者指出："科学是一种真实的知识，必须追求理论与观测经验的一致。"可见，科学知识既有悠久的历史又有鲜明的指向。随着社会的进步,科学知识已经成为知识架构之中最为重要的部分,成为人们的思维认识基础及其行为活动基准,因而公众应当对科学知识的内涵有基本的认知。

在现代社会中,衡量公众科学素养高低的重要指标之一,就是能否对科学知识有正确认知。在以提升社会公众科学素养为目标的美国《国家科学教育标准》中,就提出了对科学知识的认知是体现科学素养的一个很重要方面的观点。有学者指出,对科学知识的正确认知,应认识到科学知识来自于对自然、社会和思维的有机联系的深刻把握;科学知识是对通过实践、实验而获得的经验知识的理论升华,零星的经验无逻辑地加和不能算是科学知识;科学知识是发现新事实并从中得出关于事物本质和普遍规律的理论知识。也有学者指出,对科学知识的正确认知就应当认识到科学知识不是封闭僵化、一成不变的,而是不断丰富、不断发展积累的,是不断发现未知事实和未知规律的认识结晶;在这个不断丰富、发展的过程中,科学思想、科学方法、科学精神和科学实践是密切结合的。还有学者指出,对科学知识的正确认知,应认识到科学知识具有严谨的缜密性,科学知识是较其他知识更为精确、更为可靠的知识,科学知识建立在可重复的科学实验的基础上,而不仅仅是"眼见为实"之类的直观感知,因此,科学知识比其他知识具有更高的信任度和可靠性。学者们以上的重要认识观点,对帮助公众正确认知科学知识无疑具有深刻启发。

以增长科学知识为基本任务,在科学文化普及传播中不断促进公众掌握科学知识,就是要积极利用各种传播手段,促进社会公众了解科学知识的基本内涵和重要特征,不断掌握科学知识的理论体系,不断深化对科学知识价值和功能的认识。因此,科学文化普及传播是促进公众学习、掌握科学知识的有效手段。科学文化普及传播的这一特殊重要作用突出表现为有利于促进社会公众形成认知和需求科学知识的社会心理,也就是说,科学文化普及传播对于科学知识的广泛宣传、深入引导,有利于在个体认知和需求科学知识的心理基础上形成群体心理。认知和需求科学知识的群体心理,是全社会学习科学知识、掌握科学知识、运用科学知识的认识意识体系的重要基础,主要包括组织性的科学知识认知和需求心理(如政府、企业、学校、社团等组织运行中对科学知识的认知和需求心理)、行业性的科学知识认知和需求心理(如商贸、医疗、教育、文化、体育等行业运行中对科学知识的认知和需求心理)、区域性的科学知识认知和需求心理(如城市、乡村、街道、社区等地区建设中对科学知识的认知和需求心理)等。一般而言,认知和需求科学知识的社会心理,是人们对学习、掌握科学知识行为的趋同心理现象的把握和流露,包括人们学习、掌握科学知识的情绪、意志、习惯等内容。实践表明,认知和需求科学知识的社会心理在营造良好社会风尚的过程中有着不可忽视的作用,特别是社会上一度出现轻视科学知识的状态(如邪教、迷信、痴狂等有所泛滥的时候),其作用更具有重要的意义。在这种时候,科学文化普及传播以主动积极的方式对科学知识的广泛宣传、深入引导,十分有利于形成认知和需求科学知识的群体心理,对反对邪教、迷信、痴狂等轻视科学知识的言论行为,营造浓厚良好的学习、掌握科学知识的社会氛围,无疑具有其特殊而重要的积极意义。

二、公众科学素养提升进路之二:以接受科学思想为重要定位,在科学文化普及传播中不断促进公众认同科学思想

从一般意义上讲,思想是人们在实践活动中所形成的认识或观念。科学思想就是科学活动中所形成的认识观念,正是它的存在赋予了科学活动以意义。科学思想来自科学实践,又反过来对科学实践具有指导作用,它既是科学活动的结晶,又是科学活动的导向。有一种流传甚广的偏见，认为科学活动就是对现象和事实的观测。其实，如果没有科学思想作为指引，再多的观察积累也不过是一些文档材料、一些缺少思考的东西。著名科学家爱因斯坦就曾深刻地指出："认识论要是不同科学接触，就会成为一个空架子。科学要是没有认识论——只要这点是可以设想的——就是原始的混乱的东西。"科学思想对于人们实践活动的指导作用是多方面的，其中特别具有重要意义的是有利于帮助人们辨析伪科学的东西。有学者指出，伪科学以各种形式出现，科学与伪科学的斗争一直没有停息。如果人们没有科学思想，难于区分科学与伪科学，甚至蔑视科学，崇尚伪科学，这是比不懂科学更为可怕的事。因此，了解科学思想内容，确立科学思想观念，认同科学思想价值，对于促进社会发展具有特殊而重要的意义。

在现代社会中，公众科学素养的高低，也体现在能否与伪科学进行斗争上。而与伪科学进行斗争，则首先必须运用科学思想来正确辨析科学与伪科学，深刻认知伪科学的主要特征。从科学发展史来看，人们对于"伪科学"的辨析在很早的历史时代就开始了。目前，学术界有不少学者认为，缺乏科学基础、丧失科学原则、违背科学真理、损害科学伦理的观念、方法和手段，打着科学的旗号而出现，就是伪科学的东西。有学者指出，用虚假的或不充分的事实，以对应的方式而不是以逻辑的方式证明一个预设的存在，并用它来冒充科学，这种以科学的面目出现的东西，就是伪科学。伪科学具有三个主要特征：一是具有臆断的"主观性"；二是具有故弄的"神秘性"；三是具有胡乱的"反规范性"。伪科学的"主观性""神秘性""反规范性"说明其思想观念具有唯心主义、神秘主义的本质属性。伪科学者往往通过其捏造或者歪曲事件，把他们鼓吹的东西变成只有"特定的人"才能"悟出"或者"理解"其奥秘，提倡神化、追求迷信、崇尚盲从，阻止他人的怀疑和批判，如此必然导致思想行为的颓废和混乱。

以接受科学思想为重要定位，在科学文化普及传播中不断促进公众认同科学思想，就是要积极利用各种传播手段，促进社会公众不断了解科学思想内容，积极确立科学思想观念，以真正认同科学思想价值，从而能够与伪科学的思想观念和言论行为作斗争。因此，科学文化普及传播是促进公众认同科学思想的有效手段。科学文化普及传播的这一特殊而重要的作用，突出表现为有利于促进公众形成认知和需求科学思想的观念。科学文化普及传播通过充分利用各种信息传播网络、媒体和手段，对真正体现科学思想的相关新闻事件、人物的广泛深入传播，有利于形成认知和需求科学思想的个体心理、群体心理，这为认知和需求科学思想的社会思潮奠定了重要基础。科学文化传播媒体积极采编反对伪科学的新闻内容，运用生动活泼的新闻形式，通过较广泛的新闻传播渠道，客观真实、迅速及时地传播与伪科学作斗争的新闻事件、新闻人物和新闻言论，十分有利于促进人们形成反对伪科学言行、推崇科学言行的社会思潮，因为认知和需求科学思想的社会思潮也是形成科学意识的重要方面，有时甚至会成为强烈而巨大的社会推动力量。诸如一些科学文化传播媒体开展的"反对伪科学的专题报道、系列报道"活动，也有传播媒体开展的"科学思想理论研讨"活动，还有传播媒体进行的"倡导科学文明行为"活动，以及有的传播媒体开展的"为构建学习型社会献计献策"活动等，都在较为广泛的层面上，对于形成认知和需求科学思想的社会思潮发挥了特殊而重要的作用。当然，传播媒体还应进一步加强对社会思潮的积极引导，把科学思想宣传活动的广泛性与深入性、持续性相结合，将认知和需求科学思想的社会思潮引向更高层次，进而充分发挥科学文化普及传播对于认同科学思想的巨大功效。

三、公众科学素养提升进路之三：以推广科学方法为有力支撑，在科学文化普及传播中不断促进公众运用科学方法

从本体论角度上讲，所谓"方法"，是人们为了达到一定目的而选择的手段、途径或活动方式。有学者认为方法的本质特征可从如下三个重要方面理解："第一，在探索性认识中方法也就是工具，是主体的某种手段，主体通过这个手段和客体发生关系，并在这种关系中获得经验材料。第二，方法是主体的思维方式，是主体对经验材料进行加工、整理以上升为规律性认识的概念图式或思维定式。但是，方法不是主观自生的东西，它源自长期的实践活动和认识活动的积累。第三，方法与理论、原理是不同的范畴，但二者之间可以相互转化。正所谓我们用什么观点看待事物，就可能用相应的方法去认识和改造事物。"因此，从广义上看，当人们把知识运用于研究或解决问题时，这种知识就具有了某种方法的意义。例如，确认细菌会导致疾病是一种医学知识，运用这种知识而产生了灭菌防病的方法等。科学方法就是人们把科学知识、思想与认识和实践活动相统一，有效运用于研究和实践过程，以形成认识和改造世界的正确方式与有效途径，从而极大地提升认识和改造世界的能力。

科学方法之所以不同于其他类型的方法，其根本区别在于：科学方法是人们在认识和把握客观规律的科学活动中发现、发明并自觉运用的手段、途径和活动方式。在科学活动中，人们在获得某种规律性的认识基础上，自觉运用这种规律去把握对象，这便形成了科学方法。大量事实证明，只有科学方法才能有效保证人们取得创造活动的积极成果，不断深化人们对客观规律的真理性认识。例如，摩擦起火、昼夜交替等，都是人们在很早以前就已经知道的经验知识。但这些知识只能告诉人们一些事实的外部联系，如摩擦的动作同发热现象的关系，日出日落同昼夜现象的关系。它们不能告诉人们为什么摩擦能生热、取火，为什么有昼夜交替的现象出现。要解决这些问题，必须正确运用科学方法，经过大量的科学观察和科学实验，才能揭示物质燃烧的过程和规律、地球自转和围绕太阳公转的规律，从而推进人们在认识和把握这些规律的基础上，自觉地运用这些规律来进行实践创造活动，才能不断取得实践创造活动的积极成果。为什么说"看相算命""巫咒祛病""鬼神消灾""意念灭火""永动机""水变油"等是不可信的，其本质就在于它们不是植根于科学方法基础上的，而是游离于科学方法之外、反对科学方法或者滥用科学方法的产物，根本经不起科学方法的验证和实践的检验，所以必须予以坚决反对。

以推广科学方法为有力支撑，在科学文化普及传播中不断促进公众运用科学方法，就是要积极利用各种传播手段，促进社会公众真正认识科学方法的重要性，不断学习科学方法、积极运用科学方法，从而能够依靠科学方法来从事认识活动和实践活动，尽可能避免或减少方法的非科学性所造成的不良结果。因此，科学文化普及传播是促进公众了解、学习、接受、运用科学方法的有效手段。科学文化普及传播的这一特殊而重要的作用，突出表现为有利于促进公众形成认知和需求科学方法的社会氛围。在积极的科学文化普及传播过程中，通过充分利用各种信息传播网络、媒体和手段，广泛深入地传播人们在不同行业、不同岗位、不同地区积极学习、运用科学方法的新闻典型人物、典型事迹、典型经验，一是有利于大力营造"人人是学习之人"的社会风尚，引导努力学习从每个社会成员做起，建构浓厚的学习兴趣、养成良好的学习习惯，有效推动人们自觉、主动、持续学习科学方法、掌握科学方法、运用科学方法；二是有利于积极创造条件，构筑终身学习体系，形成"处处是学习之所"的良好环境，推动社会建立不同层

次、不同行业的人都有适合自己需要的学习组织,以切实满足人们自觉、主动、持续学习科学方法、掌握科学方法、运用科学方法的客观需要;三是有利于鼓励和支持人们在进行"科学训练"中自觉、主动、持续学习科学方法、掌握科学方法、运用科学方法。"科学训练"是有组织、有计划、有步骤地科学教育实践活动。持久而良好的科学训练是学习、掌握、运用科学方法的重要途径和有效手段,特别是对希望从事科学研究的人来讲,长期严格的科学训练是学习、掌握、运用科学方法的必由之路。

四、公众科学素养提升进路之四:以塑造科学精神为价值取向,在科学文化普及传播中不断促进公众增强科学精神

法国著名学者弗朗索瓦·佩鲁在其名著《新发展观》中深刻指出,社会发展应该被看作社会灵魂的一种觉醒,社会发展目标是为了一切人和完整人的发展。在1995年举行的哥本哈根社会发展问题世界首脑会议上发表的《宣言》和《行动纲领》中,也提出了社会发展以人为中心、社会发展的最终目标是提高社会公众的素质和生活质量的观点。就人的发展而言,人的精神的发展是其重要标志和动力源泉。就其与人的发展的总体关系来看,人的精神可分为两种基本类型:科学精神和人文精神。形成科学精神的重要基础是人们长期的科学活动;弘扬科学精神的重要追求是社会对科学精神的积极崇尚。随着科学对于人的发展和社会发展的巨大作用日益凸显,科学精神的内涵也得到了不断的丰富和提升。如今,在促进人的发展和社会发展的新高度,更加重视科学精神的培育和发挥科学精神的作用,科学精神就成为了一种极为重要的价值取向。因此,正确把握科学精神的实质,充分认识科学精神的价值,积极发挥科学精神的作用,具有十分重要的意义。

科学精神是人们在探究自然、社会的过程中形成的。科学发展中最宝贵的成果就是人们在长期科学实践中形成和提炼出的科学精神。有学者指出:"科学精神就是尊重事实,尊重真理,反对迷信,反对盲从;就是不断创新,不断开拓,反对守旧,反对因循;就是实践的检验,批判的头脑,理性的思考,自由的讨论。……如果用最简洁的语言来概括,用我们国家多数人熟悉的语言来概括,那么,应该说:科学精神最根本的一条就是实事求是。"也有学者认为,科学精神应具有六个要素,即客观的依据、理性的怀疑、多元的思考、平权的争论、实践的检验、宽容的激励,并指出这些要素"不仅构成了科学精神、科学理性最坚实的内核,也构成了科学精神的实践品格,同时也是科学精神和科学理性最能够说服人、征服人的真正力量所在"。还有学者认为"在认知层面,科学精神的核心内涵是理性精神""在社会建制层面,科学精神是科学共同体的理想化社会关系准则""在文化价值层面,科学精神的展开,体现了作为先进文化的科学与社会的互动"。科学社会学创始人默顿认为,科学精神应是无私的和有条理的怀疑等彰显的品质。法国新科学认识论奠基人加斯东·巴什拉对科学精神的创新性特征作了深刻阐释,他认为"一个胸怀科学精神的人也许渴望获得知识,但更是为了立刻更好地提出问题"。

以塑造科学精神为价值取向,在科学文化普及传播中不断促进公众增强科学精神,就是要积极利用各种传播手段,尤其是要积极适应"互联网+"教育的新需要,在广泛深入地传播科学知识、方法、思想的基础上,促进公众确立科学精神意识,表现科学精神态度,从而塑造成为具有科学精神的人。因此,科学文化普及传播是培育公众科学精神的有效途径。科学文化普及传播的这一特殊而重要的作用,突出表现为有利于促进公众形成认知和需求科学精神的价值取向,积极引导人们在实践活动中自觉按照科学精神的要求办事,对于激励、规范、提升人们的

实践创造活动具有特殊而重要的意义。在科学文化普及传播中促进公众增强科学精神,应在如下重要方面抓出成效:一是要引导人们坚持解放思想、实事求是、与时俱进,勇于面对新情况、敏锐发现新问题,通过深入研究和反复实践,在开拓创新中获得发展,在不断发展中继续创新;二是要引导人们崇尚科学真理、尊重客观规律,依据科学原理、科学方法确定思维和行为方式,坚决反对违背科学真理的观念、违背客观规律的行为;三是要引导人们勤于学习、终身学习,在学习中善于思考,并着力使"科学精神的养成从课程到教学、从理论到实践、从理念到策略都能得到落实",建构形成合力的科学精神培育机制;四是要引导人们树立正确的价值观,积极帮助人们增强辨别伪科学、反对伪科学的能力,进一步营造爱科学、学科学、用科学的良好社会氛围。总之,要不断加强和改进科学文化普及传播,努力使科学精神在全社会发扬光大,为推动经济社会全面进步、促进人的全面发展提供积极而巨大的精神力量。

参考文献

[1] W.C.丹皮尔.科学史[M].李珩,译.北京:商务印书馆,1975:9.

[2] 中国大百科全书(哲学卷)[M].北京:中国大百科全书出版社,1987:404.

[3] 肖峰.现代科技与社会[M].北京:经济管理出版社,2003:54.

[4] 爱因斯坦.爱因斯坦文集[M].北京:商务印书馆,1976:480.

[5] 段联合,曹胜斌.科学技术哲学教程[M].北京:科学出版社,2003:117.

[6] 弗朗索瓦·佩鲁.新发展观[M].张宁,丰子义,译.北京:华夏出版社,1997:117.

[7] 龚育之.论科学精神[J].民主与科学,2001(5):12.

[8] 蔡德诚.科学精神与人文精神不可分[J].民主与科学,2003(2):12.

[9] 本书编写组.科学的力量[M].北京:学习出版社,学苑出版社,2001:38-40.

[10] 加斯东·巴什拉.科学精神的形成[M].钱培鑫,译.南京:江苏教育出版社,2006:12.

[11] 陈伟山.基于"互联网+"教育的科学精神培养[J].高教学刊,2016(9):265-266.

[12] 蔡铁权.科学教育中科学精神的地位及养成[J].全球教育展望,2016(4):79-93.

(重庆交通大学)

中学科技教育"项目主导型教学模式"的内涵、特征及实施策略

刘雅林[1] 吴梅[2]

摘要：中学科技教育项目主导型教学模式是为解决科技教育中存在"常规教学方法不适应科技教育的学科特色要求"的矛盾而构建的一种教学模式，并在教学实践中获得成功。该模式以"培育创新精神和实践能力"为目标，以"STS教育思想、建构主义教学理论、设计教学法"为理论基础，将科技教育类课程的内容重构成若干个结构更紧密、内容更连贯的"知识包"，教师为每个"知识包"设计出源于生活的"综合项目"，学生将个性特长与"综合项目"相结合，自主设计出具体的"专题项目"和项目解决方案，然后在教师的指导下自主选择"方法工具"和"实物工具"完成项目，用CIPP方法进行评价、交流和展示。该模式探索出了新的有科技学科特色的教学模式，将科技教育的教材内容拓展到项目实体中，有效培育了学生的自主学习能力、创新实践能力和团队合作精神，有力提高了教学的有效性。

关键词：科技教育；项目主导；课程实施模式

一、科技教育项目主导型教学模式的研究背景

中学科技教育是一门综合性的实践性学科，在中学的具体实施过程中包括信息技术、通用技术和科技活动等内容。科技教育强调以学生发展为本，倡导一种学生主动参与、探究发现、交流合作的学习方式。但作为一门具有创新性、实践性、综合性的学科，它目前在教学中还存在以下一些问题。

（一）课程资源向课外拓展的领域不够

科技教育包含的知识面广，学科跨度大，教学中所需的实践场地和配套的设施设备较多，仅凭现有的几本教材进行教学是远远不够的，必须结合生活与社会实际，联系本地的地方文化特色开发科技教育资源，让其拓展到生活与生产中的相关领域，以弥补课程资源建设不足的缺陷。

（二）教学方法难以适应技术的特色要求

由于科技教育课程开设的时间相对较短，积累的经验较少，没能形成比较浓厚和系统的文化积淀，尚未解决的争议和问题较多。不少教师仍然在黑板上讲实验，在计算机上看实践，在纸张上搞创新；学生则缺乏动手实践和体验过程等环节，较难达到提升科技素养的目标。

（三）教学内容滞留于书本，难以与生活和社会实践相结合

由于教学条件所限，教学方式单一，过去科技教育的实施环节基本上是严格按照课本中的实验步骤进行验证性操作，与生活和社会实际脱离，疏于进入实用环节。而因为脱离生活实际，教授的技术设计与创新自然难以具备实用价值。

（四）评价的方式沿袭传统学科的套路，没能突出科技教育特色

当前科技教育的评价大都沿用传统的纸质测试和简单的实物制作方式进行评价，没能充分体现技术的特色，存在着评价目标重知识轻应用、评价内容重理论轻实践、评价方式重结果轻过程、评价结果重分数轻创新等情况。

二、项目主导的内涵及特征

（一）项目

项目是指以科技教育内容为基本依托，在对应的课程思想和理论的指导下，根据教育规律和学生的成长规律，结合科技教育的特点，有选择、分类别、分阶段实施的教学综合任务。这种综合任务既可以是科技教育中的某一相对独立的教学项目，也可以是完成某一产品或实物的过程，或者某一培养计划项目。如计算机网页制作、程序或软件设计、桥梁结构设计、定时器的实现等，都可以视为一个技术类的教学项目。

（二）项目主导的内涵及特征

项目主导是指通过教学项目实施的形式，把教学的三维目标蕴含于项目的设计与实施过程中，通过项目的完成，将学生的认知理论、知识体系、方法技能、道德情操等培养内容借助于项目实施而逐一达到或实现。项目主导有以下特征：

1.项目的主体性

项目主导是让项目自始至终贯彻在课程实施过程中，是通过项目的完成，将知识的传承、过程的体验、技能的训练、情感的达成充分融入、渗透其中，通过合适的项目让学生达到课程所要求的目标。与任务驱动相比，项目主导更体现出结构性和系统性。任务只是项目中的元数据。

2.相对的完整性

项目主导教学模式是以教学项目为依托，以完整的项目形式执行教学任务。项目的设计代表着课程实施的预计目标；项目的实施代表着课程内容的传承；项目的成果反映了教学的效益。项目主导与项目引导存在一定的差异。项目引导是通过项目的实施，最终引导学生进入预设的课程内容，然后按课程的预定模式实施。

3.实施的过程性

科技教育项目主导型实施模式是项目实施的过程，课程的内涵、目标和内容通过项目实施的过程加以体现，将知识、情感等价值体系的载体从课本迁移到项目中，以项目的成功完成进而达到教学所预设的目标。项目的实施有阶段性，不可能一直执行下去，有过程界定、时间要求、任务目标。

4.过程的动态性

项目主导型模式的实施有预设的目标。但在实施的过程中，因为项目环境、参与人员等因素是动态不可控的，所以项目实施的过程也是动态变化的，是在总体目标不变的情况下，相应调整项目实施中的部分变量，进而利于达到既定的目标。

5.操作的实践性

将课程实施寄于项目实施过程中，则赋予了项目的实践性。项目的特点是有计划、有环境、有条件、有人员、有资源、有目标、有评价，所以一旦将科技教育与项目实施结合在一起，项目的实践性将充分体现在课程实施中，有具体而丰富的教育资源为课程实施搭建平台，让书本

知识与社会实践有效结合。本研究认为,它更能充分让科技知识与科技实践结合,充分体现科技素养的根本要求。

三、项目主导型教学模式实施的目的及意义

(一)教学模式的目的

该教学模式实施的目的是探索和构建一种新的模式,让中学的科技教育与社会和生活实践紧密地融合,以与科技教育相关联的项目为课程实施的载体,让学生在民主式的学习环境中主动学习和个性化发展,建构起技术知识的整体结构,在项目实施过程中有效地形成方法、创新思维、锤炼品行,让学生的技术素养得到有效的提升。

(二)教学模式的意义

通过该教学模式的实施,可以为科技课程的发展与研究提供新的探索性的理论。我国针对中学的科技教育系统的研究还处于初期阶段,关于这方面的研究还不够全面和深入,将信息技术、通用技术、科技活动课程三门学科从科技教育的角度统一整合研究的文献就更少。本研究将对科技教育的实施提出有创建性的方法和模式,同时,也能为学校的特色发展提供新的理论与实践依据。而在实践意义上,本研究有助于探索一条能使学生在科技创新层面个性化发展的培养途径,探索构建中学科技教育的项目主导型实施模式,有利于设计出课程应用策略和研究案例,同时,也有利于设计出有学科特色的评价体系,以充分体现技术学科的特点和项目主导的特色。

四、教学模式研究的思路

(一)研究的理论思路

本研究在大量的文献研究和实践经验积累的基础上,分析了当前科技教育课程开设中存在的问题以及现状,明确了本研究的可行性和必要性。研究首先从"科技教育""课程实施""课程实施模式""项目主导"4个核心概念进行界定,为研究确定方向。同时,结合项目主导的内涵和特性,明确了该模式的理论依据,即STS教育思想、设计教学法和建构主义教育理论。在理论依据的支撑下,结合项目、科技教育、中学生的具体特点,确定出项目主导型实施模式的目标、实施原则、构成元素、操作流程和条件保障体系,然后在目标的指导之下,结合项目的特点,重点设计出可操作的科技教育项目主导型实施模式实施的教学策略。为保障模式实施的有效性,最后设计出针对该模式的评价系统,确定了评价的原则、标准、方法、组织和管理,既体现出科技教育和项目主导的特色,又符合教育评价的基本原理。

(二)研究的技术思路

项目主导型教学模式在技术实施中,会将当前科技教育教材中相关的内容进行组合、重构、拆分、填补,重新组建成若干个知识结构更加紧密的"知识包",如"模型制作类知识包""电子控制类知识包""多媒体制作类知识包"等。然后,结合社会和生活实际,并在尊重学校所在地的地方文化和特色的基础上,为每个"知识包"设计一个或多个具体的项目任务,让学生采取不同的方法自主完成。该项目需要学生利用教材中的知识和生活中的经验,在团队的合作之下,通过创新与实践才能较好地完成,可以充分体现学习者的主动性、协作性和个体性。在评价标准中,将重点评价学习的过程性、创新性、个体性和独创性。

五、项目主导型教学模式概述

项目主导型教学模式是:将科技课程在知识内容上相关联的章节进行组合、拆分或增补等

操作,形成知识体系更加完整、逻辑关系更加紧密的"知识包"。学生被合理搭配分成若干个小组,每个小组根据"知识包"的内容及要求,共同设计出与生活和实践结合紧密的项目,然后借助工具、资源和其他条件合作完成该项目。教学活动成为项目实施的辅助,教师在教学中将"知识包"所涉及的关键知识点以独立的"方法工具"和"实物工具"的形式提供给学生,让学生自主选择最适宜的"工具"来实施项目。项目实施的周期从一个星期到一个月不等,实施场所除了在课堂上,也可以是在实验室、生产车间或其他实践场地。学生通过完成项目的形式达到学习知识、训练技能、掌握方法、培养创新、锤炼品质的目标。最后,组织各个小组、教师或外聘工程师等对每个项目成果进行多元化评价,并进行成果的公开交流展示。

项目主导型教学模式的建构思路是:以立德树人为导向,以生活实践为背景,以科技教材为根本,以实际项目为载体,以拓展资源为辅助,以自主学习为途径,以创新实践为过程,以成果物化为动力,以科技素养为目标。

六、项目主导型教学模式的组成

项目主导型教学模式由理论基础、功能目标、实施原则、元素与结构、操作流程和实现条件6部分组成(见图1)。

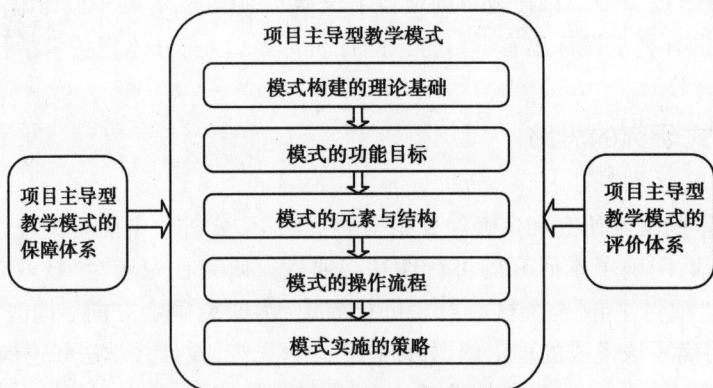

图1　项目主导型教学模式的框架结构

(一)理论基础

以STS(科学、技术、社会)教育思想指导项目与社会和实践结合的方法,以建构主义教学思想指导教学模式中的教学方法,以设计教学法指导如何依托项目实施课程的方法。

(二)功能目标

功能目标包括"传授技术知识、拓展课程资源、训练操作技能、形成技术方法、培养创新精神、铸就科学精神"6个维度的目标。

(三)实施原则

实施原则包括"项目联系社会和生活原则、学习的主动性原则、教学方式的民主性原则、实施的过程性原则、评价的多元化原则、活动育德的原则"6个原则。

(四)元素与结构

项目主导型课程模式的构成元素有7个,分别是"科技课程""知识包""综合项目""专题项目""技术工具""解决方案"和"项目环境"。这7个元素是课程实施模式的关键部件,相互之间也是环环相扣的关系。

科技课程。科技课程是项目主导型课程模式的立足点，是搭建课程模式的基石，其知识载体是科技教育相关教材。

知识包。"知识包"是将科技教育知识体在逻辑上关联性更为紧密的内容进行组合、拆分或重构等操作，将其变成教学内容更连贯、知识原理更相通、实验方法更相近的知识结构，这种结构被称为"知识包"。

综合项目。综合项目是教师以"知识包"的内容和要求为基准，通过与生活和社会中的实践相结合而设计出的一种方向性、通用性的项目。

专题项目。专题项目是学生在综合项目之下的模块，是综合项目的具体应用。

技术工具。技术工具是在解决专题项目时所需的知识、技能与方法，分为"方法工具"和"实物工具"两种。

解决方案。解决方案是根据专题项目的要求，自主地选择工具、操作工具、组合工具，设计出解决问题的最优思路和程序。

项目环境。项目环境由科技教育项目实施中的实物类"硬环境"和实行项目主导课程模式的思想、观念以及方法的"软环境"组成。

7种元素的结构关系如图2所示。

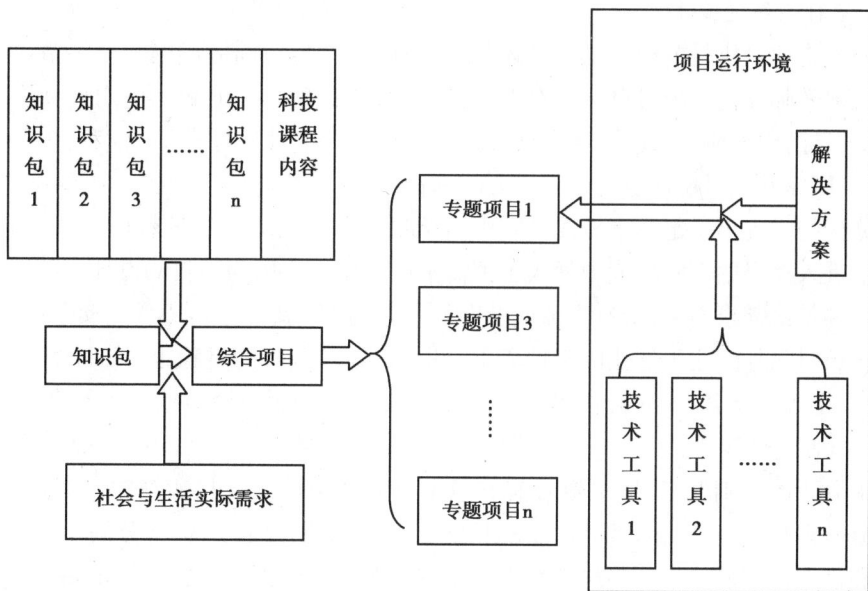

图2　项目主导型教学模式的元素关系

（五）操作流程

项目主导型教学模式的操作流程分为"项目目标的制订、项目系统的需求分析、方案设计与论证、教学及项目实施、评价与反思"5个步骤。其操作流程如图3所示。

1.制订项目目标

项目目标是项目主导型实施模式的方向和灵魂，决定了项目主导型实施模式的内容、形式和追求的结果。项目目标的定位准确与否是关系项目成败的重要关键因素。因此，项目目标的制订要在难度的设置、内容的覆盖面、实施条件的可行性、完成方式的多样性等方面作充分的考虑,主要考虑项目目标难度的适宜性、项目内容覆盖的全面性、与项目实施的具体条件相适应、项目完成方式的多样性等问题。

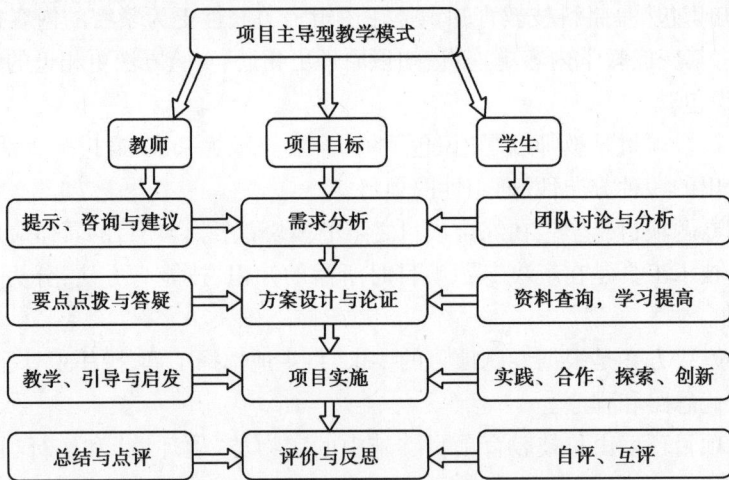

图3　项目主导型教学模式的操作流程

2.分析项目系统的需求

需求分析是项目执行前的一个必经环节,是教师和学生协同完成的一个环节。该环节主要是学生根据教师设定的项目目标和要求,对项目所要达到的标准和完成的指标进行系统地分析,明白项目的内部所蕴含的全部意义。这个过程是学生对问题的分析过程,项目团队成员集思广益,共同完善项目所涉及的每一个要求和任务。

需求分析的过程不一定只是坐在教室里由项目团队成员集中讨论就可以解决问题的,很多时候需要进入项目的真实环境中深入了解需求中的细节。因为项目的设计是基于生活和社会中的真实场景或需求而生,带有生活或社会的背景属性。如果学生不深入实践中,光凭臆想是无法知晓项目的任务之下潜伏的隐性需求。所以,需求分析的过程也是一个社会实践的过程,需要学生走出课堂,深入社会真实环境,才能做到书本知识不会与社会知识脱节。

3.论证项目的设计方案

在需求分析的基础上,项目实施之前的一个重要环节就是项目实施的方案设计与论证。如果需求分析清晰准确,则在方案设计环节可以尽量让学生自主发挥,充分展示不同个体的个性化特色和创造性潜质。教师要尽量减少对该环节的直接干预,把控方向,放手方法;把控目标,放手实现途径。

学生在进行方案设计时,是在需求分析的基础上,根据已有的知识或经验,创设性地细化项目解决的步骤和方法,但这些属于未得到验证的步骤和方法,具有一定的未知性。因此,教师的适当介入和团队成员的集体讨论是必要的。方案的设计牵涉下一步知识与工具的应用,是属于学生自主学习、选择和应用的环节,不是教师的必讲内容。方案的设计是对问题的假设性分析,是否有效要经过验证。在项目实施之前,充分的论证就是一个让假设更加准确和贴近答案的过程,是避免项目实施过程出现偏差或损失的过程,是让学生从宏观的理解深入到每一个细节进行分析的过程。经历了这个过程,项目团队会对需要在什么阶段解决什么问题、需要用到哪些知识和工具、需要达到什么技术指标等过程性的内容有全面而深入的了解,为项目的具体实施搭建好框架。

4.实施项目的过程

项目实施是对方案的验证与贯彻的过程,是项目主导型实施模式最核心的阶段,分为以下4个阶段:

(1)任务分解与角色分工。项目的设计与安排一般需要团队力量才能完成,在完成任务的同时培养学生的团队协作性和集体主义精神。为提高项目的执行效率,发挥不同成员的特长,在项目实施之初要对项目进行分解和分工。项目分解和分工有两种模式:一是以项目为中心,可按照时间顺序进行阶段性的分解,也可按任务的组合进行分解;二是以学生为中心,按学员的特长进行分解。通常情况是二者的结合,根据项目特点进行分解之后,按照学员的兴趣特长、资源优势进行分工协作。任务的分解与分工过程也考验了小组长的组织协调能力,是社会角色分工的一个缩影。

(2)知识的传授。在项目实施的过程中,老师并非完全放手让学生自学,同样要实施课堂教学任务,通过多种形式完成教学大纲所要求的教学任务。但在教学时,要注重引导式、启发式的教学方式,让学生带着问题和任务学习,有明确的方向和目标,而不是传统形式的满堂灌。在教学过程中,应根据不同的视角、任务、对象而选取教学策略。

(3)知识的内化与外化。科技教育的知识内容是通过项目实施来达到学习和应用的目的。由于科技教育的独有特性,相当部分的内容类似于工具说明书,主要分析"怎么做",重点不在"为什么"。因此,学生要熟悉教材上所介绍的技术工具的特性,然后根据自己设计的项目方案,有选择地应用其中一种或几种工具来解决问题。在此过程中,将教师的讲解变成了学生的通识性学习和自主性选择,由传统的被动接受教师的信息变成项目驱动之下的主动学习,并能够进行基于需求的选择性吸收和重点学习,这个过程就是知识的内化过程。

学习知识和工具是为了应用。当选择并掌握了技能与工具之后,在项目的驱动之下,运用所学的知识和工具完成项目的过程就是外化的过程,也是学习的目的。知识的内化和外化没有严格的时间先后顺序,在外化的过程中可能需要继续补充知识,以解决实际问题并达到最后的目标。科技教育的项目主导型实施模式,外化的很多种形式是物化的过程,因此涉及的实际场景很多,如材料、工具、工艺、算法等。这种看得见摸得着的物化过程会提升学生的兴趣,在兴趣驱动下的项目实践会让学生有更深刻的感知。

(4)方案的反馈调整。并非所有的方案设计都是完善的,这种最初的假设必须经过验证才具备正确性。因此,实施的过程中诸多的不确定性会让最初的方案难以推进,此时就要回过头去调整设计的方案,然后再实施、再验证。这个过程是一个反馈调整的过程,项目完成得顺利,可以提高方案中的要求和指标;如不顺利,可以调整和改变原方案,这充分体现了动态性。

在项目的实施过程中,学生就完全处于主体地位了,在项目设计的要求下,学生自主选择软件、工具、方法进行学习、消化后再运用;如与设计目标不符合,还要回头去调整方案以期更加完善。这个过程是项目团队学习、实践和探索的过程,是凝聚团队力量的过程。教师把主动权交给了学生,自己起启发和点拨的作用。

5.评价项目实施的效果

项目团队物化或外化的成果体现出来后,并不意味着项目的结束。在项目的执行过程中,成功的地方需要点评和推广,失败的案例需要反思。评价可由学生自己评价、小组内相互评价、小组间评价和教师评价几部分组成,不同的角色代表不同的观点和视角,是一个集思广益的过程,更是一个后项目的学习过程。由于任何一个项目都难以全面覆盖教材上的知识和内容,因此,后项目的评价与反思就显得尤为重要,这是学习的丰富、补充和完善的阶段。

（六）实现条件

为保障项目主导型教学模式能顺利地实现,必须具备6个条件:

知识条件:完成项目任务必备的技术知识和技能手段。

人力条件:除了教师和学生之外,还包括外聘的经验丰富的技工或工程师。

项目条件:搭载知识的各种竞技类、展示类、制作类、参观类、体验类等项目。

环境条件:保障项目顺利开展所需的实验室、体验室、操作间等环境。

教学条件:根据项目所需,将科技教育知识内容重组成完整和独立的"知识包",为学生提供可选择的"方法工具"和"实物工具"。

组织条件:根据专题而进行的打破班级建制的自主选课形式,根据项目内容而形成的项目小组形式。

七、项目主导型教学模式的评价系统

项目主导型教学模式的评价系统的主要思路是:以CIPP(背景、输入、过程、结果)评价方法为指导,设计出8个维度的评价标准(见表1),即"课程计划的科学度、项目的适宜度、学生对知识的获取度、学生对技能的把握度、学生对项目的参与度、项目团队的合作度、项目成果的塑造度、学生的品德形成度",并在此基础上设计了62项二级评价指标。该标准既遵循教育评价原则,又具备科技教育的特性和项目主导的特色——注重评价环节的过程性,评价目标的动态性,评价标准的多元性,评价主体的多样性,评价结果的激励、诊断作用和发展性。该评价既符合教育评价的方法与原则,又体现了科技教育的学科特色。

表1　科技教育项目主导型教学模式的评价标准

序　号	评价标准的维度	与CIPP对应的评价阶段
1	课程计划的科学度	背景评价
2	项目的适宜度	输入评价
3	学生对知识的获取度	过程评价
4	学生对技能的把握度	过程评价
5	学生对项目的参与度	过程评价
6	项目团队的合作度	过程评价
7	项目成果的塑造度	成果评价
8	学生的品德形成度	成果评价

在未来的研究中,研究者会继续深化理论研究,拓宽研究的视野,进一步丰富科技教育实施模式和策略,争取对不同的教材、不同的区域、不同的教学对象实现更加全面的覆盖。

（1.重庆市巴蜀中学校　2.重庆市第八中学校）

用趣味互动让孩子爱上科学

——重庆少儿频道科普方式方法创新研究

田 缨

摘要：利用少年儿童的好奇心和求知欲，将科学知识的趣味性、娱乐性与儿童节目结合起来，创新节目形态，紧扣当下的时事热点，注重与儿童的互动体验，以儿童的视觉、科普的认知、娱乐的方式进行科普传导，寓教于乐，这是重庆少儿频道近年来科普方式方法的创新探索，旨在建立和培养少年儿童的科学素养，激发和增强少年儿童对科普活动的参与积极性，让他们愿意主动学习科学知识，养成在日常生活中善于发现、善于思考的良好习惯。

关键词：科普趣味；互动；寓教于乐

我国第五次公众科学素养调查的主要数据表明：除正规教育外，大众传播媒体是公众获得科学技术信息的主要渠道和影响公众科学素养的重要因素。该调查显示：高达 93.1% 的公众通过电视获得科技知识和信息。作为重庆本土的少儿专业媒体，重庆电视台少儿频道一直肩负着"关爱儿童，用心陪伴"的责任和使命。探索如何切实有效地传导科学知识，做好少年儿童的科普工作，一直是少儿频道的中心工作之一。为此，我们努力尝试在节目创作中引入日常生活中常见且易于小朋友接受的自然科学知识及社会科学知识，将其与节目创作结合起来。依托这样的思考与探索，频道先后开办了《TICO 小贴士》《TICO 坚果屋》《海洋科普小百科》等趣味科普栏目，以节目为依托，以动画为蓝本，从音乐律动、角色扮演、主题探访、动画演绎等几个方面进行科学传播，寓教于乐，以趣味互动的方式传播科普知识，传导快乐科学的科普理念。本文将结合上述几档趣味科普栏目的内容设计与创作特色，对频道近年来的趣味科普方式方法创新作一个简要探讨。

一、音乐律动，开启科普大门

"其实这世界很奇妙，无数问题就像灯泡，一盏一盏地慢慢点亮，为我竖起一道道航标。"重庆少儿频道趣味科普栏目《TICO 坚果屋》的节目主题曲《青春的号角》用欢快的旋律、朗朗上口的歌词简洁明了地向我们传达了趣味科普的含义和积极向上的正能量。《青春的号角》MV 拍摄场地为重庆科技馆，歌曲以科普奥秘、好奇探险为主题，为小朋友们开启了一扇走进科普世界的大门。在《TICO 坚果屋》的重庆科技馆科普特别选题系列中，栏目组策划设计了伯努利原理、平衡、失重、泡泡里的科学、视觉残留等选题，立足重庆科技馆这个本土科普教育基地，策划创意科普节目，并借助歌曲以俏皮欢快的方式来开场，引出我们日常生活中一个个有趣的科学现象，满足孩子们成长中的好奇心和求知欲，引导他们去了解科学、运用科学原理解决生活中的小问题。该节目从前期策划到每期栏目的选题设计，始终秉承快乐科学、触手可及的理念，让孩子们在快乐中走进科学，在科学中体验快乐。《TICO 坚果屋》播出至今，得到了孩子及家长们的认可和喜爱,在重庆地区的收视率名列前茅。在频道最新的节目调查中,观众对该栏目提及率达96%,频道主持人现场表演《青春的号角》时,孩子们齐声歌唱,气氛热烈,节目内容与歌曲达到了高度融合,节目成功地通过音乐律动的方式引导了更多青少年去关注科学,热爱科学。

二、角色扮演,注重互动体验

好奇心和求知欲是少年儿童与生俱来的天性,对于这个未知的世界,孩子们总是充满了向往和好奇,想去探究其中的奥秘。这就为我们的科普工作提供了新思路和新方法:挖掘科学知识中的趣味点及娱乐点,将它们以节目互动的形式展示出来,通过趣味互动和娱乐游戏传导给少年儿童,让孩子们在娱乐之余愿意学习科学知识,主动学习科学知识,并且养成在日常生活中善于发现、善于思考的良好习惯。

《TICO坚果屋东非探秘》节目单元《草原上的隐身大师——斑马》以"斑马身上的条纹"为科普线索,通过幽默夸张、诙谐有趣的情景剧表演引出节目主题,其中由节目主持人化装扮演的斑马布比、狮子爱德华、机器人哆啦美的角色设定极具个性特色,将孩子们熟知的动画人物赋予新的故事生命,丰富且发散了孩子们的想象力。节目的情景表演环节中,3位主持人夸张搞笑的表演、幽默风趣的对话,让电视机前小观众们印象深刻的同时,也让他们开始思考故事中的问题:为什么狮子突然看不见斑马了?孩子们带着疑问继续观看节目,就能从接下来的《TICO为虾米》中了解到斑马条纹的秘密:原来斑马的黑白条纹是由适应环境进化而成的。为了使理论性的科普问题更加立体真实,节目组带着孩子们来到了真正的野生动物王国——东非马赛马拉大草原,与孩子们一起寻找斑马,近距离观察斑马的生活习性及外形特征,加深了孩子们的知识记忆点。不再枯燥乏味地单向传播科普知识,而是同孩子们进行双向互动,是该节目的最大亮点。另外,节目还开辟了"科普趣味问答"动态小版块,每期提出一个科普小问题在节目中滚动出现,小观众只要到频道官方微信公众号发送正确答案,就能得到节目组送出的小礼品。据统计,《TICO坚果屋东非探秘》特别策划季节目问答互动达28 076人次,取得了良好的后续科普讨论与传播效果。

三、主题探访,讲述科普故事

(一)展现真实自然

《TICO坚果屋东非探秘》特别节目升级并融合了科普教育、综艺性的栏目特色,坚持"寓教于乐"的教育传播理念,并创新探索了情景故事演绎与外景结合的栏目表现方式,演而问,行而答,将栏目科普问题以情景角色演绎的方式呈现出来,用户外体验的方式来面对面的解答科普问题,被大家戏称为"行走在路上的科普方式"。该节目平均收视率为0.76%,平均收视份额为7.43%,其中《草原上的隐身大师——斑马》的单期收视率为1.09%,收视份额为11.33%,是同时段播出节目中的收视佼佼者,起到了良好的科普传播效果。为了使《TICO坚果屋》栏目起到更好的推广作用,2015年4月,重庆少儿频道组织了系列"快乐科学家——校园科普行"活动,以"快乐科学"为主题,用趣味科普的概念,给校园里的小观众们带来了一场别开生面、妙趣横生的科普表演秀。在"剥开科学坚果,快乐有你有我"的活动口号下,频道工作人员精心策划了极具趣味性的科普主题活动,将广受欢迎的《TICO坚果屋》栏目从电视荧屏搬到了校园舞台,活动集科技、时尚、寓教于乐于一体,强化了科普元素,以孩子们熟悉的

《功夫熊猫》为故事创作背景，让孩子们亲身参与，将科学问题以故事表演的方式展现出来。活动中，"神奇的泡泡秀"表演让台下的小观众们兴趣盎然，纷纷上台与表演者一起互动，切身了解了原来让泡泡产生奇迹的原因都是因为水的张力，真实自然的体验让孩子们活力飞扬，笑声不断。这种科普实验互动与电视演绎的趣味结合，给同学们带来了新的视听感受和真实体验，真正做到了与科学零距离，将快乐科学融入到孩子们的学习生活中。

（二）紧扣时事主题

创新节目形态，以儿童的视觉、科普的认知、活泼的风格，解读当下正在发生的热点事件，这种基于少年儿童关注的热点事件进行趣味科普的取向是重庆少儿频道近年来创新的科普方式方法之一。把准新闻事件的接近性和趣味性，《TICO 坚果屋》栏目组针对本土发生的时事热点，先后打造了《探秘太阳能飞机》和《走近成渝高铁》两档特别节目。2015 年 3 月，世界最大的太阳能飞机"阳光动力 2 号"环球飞行的消息一经传播，立刻成为时事热点，受到媒体的广泛关注。作为太阳能飞机停靠的世界第五站、中国首站的重庆，更是吸引了国内众多媒体的争相报道。重庆少儿频道迅速行动起来，和重庆卫视共同策划了《探秘太阳能飞机》特别节目，为了使节目激发起小观众的积极性和参与性，切实达到趣味科普的实效，节目组特意挑选了部分爱好科学、怀揣梦想的小学生，从科技探索、环保和新能源的角度深度参与节目拍摄。节目组还走进小学兴趣课堂，真实展现了孩子们面对飞机模型时的兴奋表现，以及谈到关于飞机知识和梦想时的滔滔不绝。节目从孩子的角度出发来进行拍摄和互动，既增强了节目的趣味性，又充分展现了当代重庆青少年的科技文化水平。科学小达人还与主持人一同前往机场，与机场工作人员互动，了解了更多关于"阳光动力 2 号"和各种飞行器的科学知识，大大增强了少儿观众的代入感和趣味性，使小观众真正体验到了科学知识的新奇和无限魅力。该节目播出后受到热烈关注，创下收视高峰，其中 4～14 岁儿童观众的收视率为 3.09%，份额为13.43%。除了在电视屏幕上获得孩子们的收看认可外，频道官方微信的科普互动留言专区也颇受欢迎，相关互动留言达 3 000 余条，充满了小朋友们天马行空的想象和对科学的热情。

在另一档以时事热点为主题的特别节目《速度与时间赛跑——走近成渝高铁》中，频道主持人和小小特派员乘坐并体验了我国乃至当今世界在线运营的最先进的动车组，亲身享受了科技发达为生活带来的便利。节目不仅运用了直观、精彩的镜头语言来展示节目的趣味性，还从孩子的角度出发将高铁的概念具象化，打破了常规的节目模式，将有趣的情景演绎和高铁的科学知识相融合，让节目内容更具吸引力，并与新媒体互动，将节目意义传播扩大，进一步提升了节目的关注度和影响力，是现有少儿科普节目表现形式的一次新突破。

四、动画演绎，传导感性认知

除了科普类栏目，科普动画也是对少年儿童进行趣味科普的有效手段之一。在科学知识的传达上，许多科学道理和自然现象很难用纪实手法拍摄下来，但可以通过动画的表现手法展现出来。以动画形式来表现生物、物理、化学现象，讲解自然现象和科学道理，这类动画片叫作科普动画。科普动画能将文字、图像和声音等传统素材有机地整合在一起，以故事为载体，简易方便地将科学知识传递出去，这种紧跟时代的创新方法能够提升学习者们的感性认识，更能激发出接受者更多的学习热情和愿望，能更好地调动其学习的主动性及参与性。人们可以随时随地地获取以动画形式表达的科学内容，以适合碎片化视觉接收的形式存储科普记忆，有趣味的动画形式使得科普知识的传达更为深刻。

　　我国的《小蝌蚪找妈妈》是一部载入世界动画史册的科普动画经典,这部经典动画用充满情感的故事和温暖饱满的画风来宣传科普知识。近年来,重庆少儿频道也将动画形式与科普工作紧密结合,先后推出《TICO小贴士》《海洋科普小百科》两档以动画表现形式为主的科普动画栏目。《TICO小贴士》主要通过Flash动画的表现手法,以频道动画形象TICO为主角,通过各类生动有趣的小故事来演绎各类科普知识,包括用电安全、预防蛀牙等生活科普小常识,以及躲避地震、躲避雷雨等自然科普小常识。其中的"24节气"特别节目尤其受到小朋友们的欢迎,该系列节目多次在频道重播,在频道的线下观众互动调查中,该栏目提及率为78%,起到了非常良好的传播效果,切实推动了科普工作。频道创新推出的《海洋科普小百科》栏目的主要目标受众为3~9岁的儿童及其家长,栏目以主持人生动形象地为孩子们讲解科普知识为切入点,设计了情景故事演绎环节,由生动有趣的小故事引出当期科普知识,以动画形式提出当期的科普问题,再对问题进行层层分析,浅显易懂地解释科普原理,打造了趣味化的科普传播方式及轻松愉快的栏目氛围,让孩子们在欢乐氛围中接受科学常识。

　　近年来,在大量的实作基础上,频道科普栏目团队致力于科普方式方法探索,围绕选题开展论证调研,将理论、数据、实践充分结合起来,完成了重庆市社会科学规划项目——科普论文《动画对建立与培养少年儿童科学素养的影响和作用》,并于2015年完成结项工作且获评为良好等级。未来,我们将继续深入开展科普方式方法创新研究,竭力探索出更多切实有效的科普方式方法,办好趣味科普栏目,建立与培养少年儿童的科学素养,引导少年儿童健康成长。

参考文献

[1] 田缨.与科学零距离——重庆少儿频道基于热点事件的节目创新[J].西部广播电视,2015(10):129.

[2] 田缨.《TICO坚果屋》东非探秘——行走在路上的少儿节目创新[J].西部广播电视,2015(11):120-121.

[3] 冯哲辉.娄阔峰.当代青少年收视行为分析[J].当代电视,2010(10):21-24.

[4] 卜卫.大众媒介对儿童的影响[M].北京:新华出版社,2002.

[5] 张令振.电视与儿童[M].北京:人民教育出版社,1999.

(重庆广播电视集团〔总台〕少儿频道)

渝东北贫困区县农村科普工作发展对策研究

——基于重庆市巫溪县科普工作现状的调查分析

李 敏

摘要:扶贫先扶志、扶贫必扶智,要从根本上推动渝东北片区经济产业发展,就必须全面深入地开展科普惠民、利民工作。本文以贫困区县——巫溪县的农村科普工作为例,详细分析了当前贫困区县农村科普工作的现状、特点及存在的主要问题,并从科学意识、投入、组织机构、制度体系、科普内容及工作方式等方面提出了新时期贫困山区农村科普工作的思路和对策。

关键词:贫困区县;农村;科普;科普工作

当前阶段,是消除贫困、改善民生、逐步实现共同富裕及全面建成小康社会的决胜阶段,是深入推进扶贫开发、全力实现脱贫致富的关键时期。扶贫先扶志、扶贫必扶智,要从根本上解决贫困区县的发展问题,助推产业转型升级,就必须积极引智,大力开展科普惠民、利民工作。2016年初颁布的《全民科学素质行动计划纲要实施方案(2016—2020年)》明确提出"进一步加大对革命老区、民族地区、边疆地区、集中连片贫困地区科普工作的支持力度",充分表明了国家对贫困地区农村科普工作的重视。随着新型城镇化和农村信息化的发展,贫困山区农村人口结构和生产生活方式发生明显变化,对贫困山区农村的科普工作也提出了新的要求。

本文以渝东北片区典型的贫困区县——巫溪县的科普工作现状为案例,对贫困区县农村科普工作现状、特点及存在的问题等进行了专题调研,并就今后贫困区县农村科普工作的发展提出意见和建议,以期为加快社会主义新农村建设、推进精准扶贫开发、改进贫困区县农村科普工作提供有益借鉴。

一、巫溪县农村科普工作的现状和特点

巫溪县地处大巴山东段南麓,是典型的山区农业县,是国家级贫困县。全县共348个行政村,其中贫困村就有150个,有8.6万贫困人口,是重庆市最贫困的地区之一。受制于恶劣的地理环境、落后的交通信息条件、滞后的社会经济发展基础,该地区农民科学素质普遍偏低,农村科普组织覆盖率不高,科普设施和科普阵地建设虽得到一定程度的发展但后劲推动不足,科普活动传统单一,外出农民务工人员的科普工作仍处于空白。

巫溪县成立有全民素质纲要领导小组,印发了《全民科学素质行动计划纲要》等相关文件5个。目前,全县有农技协21个,协会会员1 921人,市级科普基地1个,科普画廊1个,科普社区20个,市级科普示范工程1个。同时,全县所有村、村民小组、社区和社区居民小组都配备了兼职科普人员,在册兼职科普员共有180名,科普志愿者300名。仅2015年,就为乡镇、村、社区征订了《科普惠农》杂志3 000册,组织"送科技下乡"、科普志愿者服务活动、科技活动周、知识产权保护周、社区科普大学等活动250次,发放资料30 000万册。近年来,巫溪县

科普工作在县科协的领导下,也呈现出一些新的特点。

(一)结合山区特色产业,创新科普新模式

农村山区资源丰富,很多资源具有独特性和唯一性,是山区发展特色产业的基础和独特条件。巫溪县在实施农村科普示范工程、农业科普示范园区等基础上,结合本地中药材、马铃薯、核桃等特色产业,与农技推广和普及相结合,探索农村科普工作新模式。通过推进"重庆中药材种植及加工产业化支撑示范"项目,由县生产力促进中心承担建设的"大巴山中药产业科技服务中心",仅2015年就培训中药材技术骨干420名、药农3 800人次,培育中药种植科技示范户200户,发放药材种植技术培训手册5 000册。

(二)发挥科技特派员作用,提升科普工作水平

实践证明,科技特派员制度是破解"三农"难题、提高农民科学素质的有效途径和可行办法,对实现现代农业增效、农民脱贫增收和精准扶贫开发具有重要意义。巫溪县建立了专门的科技特派员工作联络站,落实50名国家级科技特派员服务巫溪,聘任123名县级科技特派员服务基层,重点培育1 000名科技示范户,辐射150个贫困村,通过集中授课、田间指导等形式,举办各类技能培训50场次,培训人数达7 000余人次,让农民在家门口学到"真本领"。

二、当前贫困山区农村科普工作存在的主要问题

(一)民众科学素养不高,科普经费投入不足

贫困区县大多数群众科学意识普遍低下,缺乏主观能动性。地方科技科普主管部门每年通过"科技活动周"等活动大量地发放科普资料,宣传科普知识,但农村科普工作见效慢,周期长,收效甚微。除了科技科普管理部门,区县未对部门及乡镇设置科普方面的年终考核指标,乡镇及有关部门没有专门人员从事科普工作。贫困区县本身经济基础差,财政收入低,目前科普投入普遍严重不足。2015年,巫溪县科普专项经费人均不足0.5元,科普投入完全依靠财政投入,多元化的科普投入体系暂未形成。科普经费的不足,直接导致科普设施设备缺乏,科普手段落后,科普体系得不到完善;科普工作者的工作环境和待遇差,难以吸引高素质人才;科普队伍成员更新慢,科普人员整体科学素养不够。

(二)科普组织不健全,科普人员占比小

长期以来,农村科普组织机构不健全,特别是贫困区县尤为突出。科普工作合作协调机制尚不成熟,科普工作主要是由科委科协在抓,力量较为薄弱。科普机构组织涣散,县级科技管理部门受到机构设置、人员编制、经费短缺等因素制约而举步维艰,导致一些基层科协组织产生"有钱养兵、无钱打仗"或"忙于自身生存,无力开展科普"的问题。乡镇科协组织在乡镇机构改革中受到严重影响,有的名存实亡,出现"网破、线断、人散"的现象;村级科普协会更是有名无实;农村科普工作者队伍越来越小。截至2015年,巫溪县科协工作人员仅有4人,所辖协会21个,协会会员1 921人。这在全县50万人口基数中所占的比重显然是不足的。

(三)科普制度不完善,市场调控机制未建立

当前,贫困山区农村科技推广普及程度低,科技转化率低。在农业发展过程中重视人力、物力、财力的投入,对科技成果的应用和推广相对不重视,轻视科技投入和农民智力开发。推广部门和服务人员没有明确责任和目标,缺乏必要的责任感和必要的技术信息服务能力。农村科普市场转化就是建立农村科普产业发展的市场运行机制,这是我国农村科普发展的方向,而贫困山区离科普市场化还很远,科普的运行模式陈旧,未能形成在科普推广中农民依靠科普

技术形成农村经济产前、产中、产后销售服务一条龙的市场模式。另外,我国科普工作的业绩考核体系、奖励制度、反馈体系、监督体系等缺乏规范化的长效机制,也未出台相关细节法律条文来规范农村科普行为。这些机制体制的不完善直接影响了贫困山区农村科普工作的成效。

（四）科普内容单一,缺乏系统性和针对性

面对新时期农村出现的新情况、新问题,科普工作人员未能全面深入地开展调查研究,没有针对这些变化适时创新和调整科普工作方式。当前科普的内容仅限于生产技能和实用技术等实用科学的指导,忽视了绿色发展、低碳节能、卫生保健、健康生活方式等社会科学的传播,忽略哲学科学知识的传播,更缺少科学精神的传播。另外,科普工作缺乏系统性和针对性,农村科普模式较为僵化,很多科普活动缺乏趣味性和互动性,公众参与的积极性不高;一些科普工作并未落到实处,加之当前未建立科普长效机制,活动的成效难以持久,农民的素质并未得到明显提升。

三、新时期贫困山区农村科普工作的思路和对策

（一）增强科普意识,加大科普投入

各级政府部门应当提高自身科学素养,改变思想观念,充分认识科普工作的重要性和紧迫性,根据当地实际情况,制定适合该区域科普工作的政策方针,切实做到有章可循、有据可依,从而长效稳步地推动贫困山区科普工作发展。政府应当在深刻理解科普内涵、广泛研究和充分论证的基础上,有针对性地制定切实可行的科普发展规划,明确科普工作方向及路线。科普职能部门应积极创新科普形式,探索科普新模式,加强对科普意识的宣传和普及,提高贫困区县农村群众参与科普活动的积极性和主动性。在经费投入上,各级政府应将科普经费纳入同级财政预算,并逐步提高投入水平;进一步提升科普市场化水平,积极整合企事业单位、社会群团等组织的资源,形成多渠道、多元化的经费筹措机制。同时,要加强农村科普工作经费的有效管理和使用,使监督机制常态化、经费使用透明化。

（二）强化阵地建设,加强人才储备

科普职能部门应积极引导和强化农技协建设,根据当地农民对农业技术与农村经济发展的需求来发展技术交流型、技术服务型、技术经济实体型等多种组织形态并存的农技协。为建立和完善乡镇科普机制,确保相应资金、设施和人员到位,县政府应将乡镇科普工作纳入乡镇政府目标考核,明确乡镇科协工作职责和工作目标。科技主管部门要结合"科普惠农兴村计划""三下乡""'三区'人才支持计划"以及济精准扶贫等工程,利用农村各种类型的科技示范基地、科普场所、农村专业技术协会等平台,培养各种层次、类型的农村科普人才,不断储备并扩大农村科普队伍。

（三）完善科普制度,健全运行机制

动员全社会广泛参与,建立和完善符合贫困区县农村科普工作实际的有效体制与机制。在实践中,总结贫困区县农村科普工作经验,建立具备操作性的工作协调机制、考核评估机制、奖惩机制、反馈机制、监督机制等一整套分工明确、责任清楚、措施有效的科普工作长效机制。成立科普工作联席会议平台,建立社会合作协作机制,调动各方面的积极性,办好重大科普活动、做好重点科普工作,发挥各自优势形成贫困区县农村科普工作特色。可建立健全科普奖励制度和奖励基金,对长期从事农村科普工作并做出显著成绩的单位和个人,特别是工作在贫困山区的基层科普工作者,给予表彰奖励,以提高科普工作者的积极性,并鼓励科技人员开展科

普咨询和技术服务。

(四)创新科普方式,丰富科普内容

当前,科普的模式已从中心广播模式或缺省模式转变为民主模式(即对话模式)。针对当前贫困山区出现的新情况、新问题,要树立科普新理念,理解科普新内涵。要鼓励针对贫困区县的科普项目申报,进行科普专题调研,提出应对措施,为贫困山区政府等相关部门制定科普发展策略提供决策依据。要引入市场机制,利用市场规律来推动农村科普,并充分融合传统纸媒和新媒体宣传手段,广泛开展形式多样的农村科普活动,大力普及绿色发展、安全健康、耕地保护、防灾减灾、绿色殡葬等科技知识和观念,传播科学理念,反对封建迷信,帮助贫困区县农民养成科学、健康、文明的生产生活方式,提高农民科学素养,建设美丽乡村。

参考文献

[1] 张叶.特色产业是山区发展优势所在[J].浙江经济,2013(6):3.

[2] 林金树,欧新和.论科技特派员制度在提高农民科学素质中的作用[C]//中国科普理论与实践探索——2010科普理论国际论坛暨第十七届全国科普理论研讨会论文集.北京:科学普及出版社,2010:8-10.

[3] 张城娥.谈社会主义新农村建设中贫困地区的科普发展[J].科技情报开发与经济,2007,17(11):218-220.

[4] 朱新民.襄樊农村科普工作存在的问题及对策建议[J].科协论坛,2005(10):6-8.

[5] 刘丹.农村科普问题与对策研究——以福建省福州市为例[D].厦门:厦门大学,2012.

[6] 程小平.抓好农技协,服务新农村是农村科普工作的重要抓手——以陕西省长武县农技协促进农村经济社会发展为例[C]//中国科普理论与实践探索——第二十届全国科普理论研讨会论文集.北京:科学普及出版社,2013.

[7] 刘兵.科学普及需探索[J].知识就是力量,2010(3):1.

(重庆市巫溪县科学技术委员会)

中小学科技创新教育常态化运行的关键策略研究

——以重庆市为例

杨永双[1]　邵瑞劲[2]

摘要:落实创新发展理念的基础任务是切实开展中小学科技创新教育。当前,我国中小学科技创新教育普遍存在着"号召多、训练少,概念多、方法少,活动多、技能少,想象多、产品少"等"四多四少"的教育怪象。本文认为要通过深化资源开发、实施学科融合、丰富实践活动等关键策略来有效推进中小学科技创新教育的常态化运行,以培养中小学生的创新意识、创新精神和创新能力,使其逐步成长为科技创新后备人才,为推动大众创业、万众创新提供智力支撑,为实现中华民族伟大复兴的中国梦而扬帆起航。

关键词:中小学科技创新教育;资源开发;学科融合;实践活动

一、中小学科技创新教育的内涵

（一）中小学科技创新教育的含义

中小学科技创新教育是以脑科学原理为支撑,以在中小学生中普及基本的科技知识和科学方法为基础,培养和造就科技创新后备人才的教育。其基本价值取向是培养中小学生的创新精神、创新意识和创新能力,让中小学生逐步成长为科技创新后备人才。

（二）中小学科技创新教育的意义

十八届五中全会明确指出:创新是引领发展的第一动力,必须把创新摆在国家发展全局的核心位置,不断推进理论创新、制度创新、科技创新、文化创新等各方面创新,让创新贯穿党和国家一切工作,让创新在全社会蔚然成风。落实创新发展理念的基础任务是切实开展中小学科技创新教育,促进中小学生树立创造的观念、培育创造的精神、掌握创造的方法、形成创造的习惯、增长创造的才干,成长为创新人才,为国家实施科教兴国战略和人才强国战略培养数以万计的科技创新后备人才奠定基础,为推动大众创业、万众创新提供智力支撑,为实现中华民族伟大复兴的中国梦而扬帆起航。

（三）中小学科技创新教育的特征

1.以塑造创新精神为基本点

创新精神由两部分构成:创新意识和创新性格。中小学科技创新教育就是要让中小学生拥有强烈的创新意愿,拥有正确的创新动机,拥有不怕失败的创新自信,拥有百折不挠的创新意志。

2.以训练创新思维为核心

构成创新能力的核心是创新思维的能力。中小学科技创新教育就是要让中小学生采取积极的心态、独特的方式、新颖的视角、多向的维度进行创新思维,形成敢于怀疑、善于洞察、富于想象、勇于顿悟的心理素质,发挥最大的主观能动性,兴趣盎然、千方百计、冥思苦想地创造发明。

3.以学会创新方法为手段

"自主创新,方法先行",创新方法是自主创新的根本之源,要采取多种形式普及创新方法。中小学科技创新教育就是要让中小学生学会一般的创新方法,掌握创新主题的确定、创新设想的提出、创新产品的设计与制作等创新方法。对创新方法既要灵活运用,更要推陈出新。

4.以培养创新能力为目的

创新能力,也称为创造能力,也可简称为创造力,是指创造者发现新的想法、新的事物、新的理论的能力。中小学科技创新教育就是要让中小学生激发生活的情趣、触发问题的意念、启发诗情的想象、悟发新奇的创意、开发创造的潜能、爆发创新的发明、焕发生命的魅力,成长为科技创新后备人才,为大众创业、万众创新提供智力支撑。

二、中小学科技创新教育的困境分析

(一)中小学科技创新教育的发展现状

当前,我国的中小学教育,习惯于学科知识的学习和学科能力的培养,较少关注科技创新教育的改革与发展,中小学生许许多多美妙的想象、新奇的创意不是在轻松愉悦的探索中产生出创造发明作品,而是在繁重的学习过程中遭到了削弱和泯灭。在中小学科技创新教育中,普遍存在着"号召多、训练少,概念多、方法少,活动多、技能少,想象多、产品少"等"四多四少"的教育怪象。一般的中小学校对科技创新教育采取放任自流的态度,只注重向学生提出创造发明的号召,却没有创造发明的课程学习与创新思维的积极训练;只注重向学生传授创造发明的概念,却没有系统的创造发明方法引导;只注重开展科技创新的实践活动,却忽视培养学生创造发明的基本技能;只注重创意的产生,却忽视把"想象"变成"现实"的创客行动,造成学生的创新精神和创造能力都十分薄弱。我国的中小学科技创新教育还处于"说起来重要,做起来次要,忙起来不要"的自由摸索阶段,教学各自为政、质量堪忧,亟待深化中小学科技创新教育改革,促进科技创新教育的规范化管理、常态化运行,从而提高中小学科技创新教育的效率和质量。

(二)中小学科技创新教育的发展趋势

西方各发达国家十分重视中小学创造发明方法的学习和创新思维训练的落实。例如,美国在20世纪90年代颁布了《美国国家科学教育标准》,规范了青少年科学教育体系和衡量基准,并在中小学开展"思维技巧课";保加利亚在中小学开设的"思考课",除了向青少年讲授一般的创造发明方法外,特别注重发展中小学生"别出心裁的创新思维"。

阿里巴巴集团主要创始人马云认为,未来的世界是一个创新的世界,面向未来,我们不仅要靠知识,更要靠创新,而创新的源泉是"育"。中小学的"育"应当是培养创新、培养文化、培养情商,想玩的孩子、会玩的孩子、能玩的孩子,一般都很有出息。为此,中小学科技创新教育应当贯彻在玩中"学"、在做中"创"、在干中"研"的现代教育理念。

三、中小学科技创新教育常态化运行的关键策略

影响中小学科技创新教育常态化运行的因素有很多,包括科技创新教育的育人氛围、基地建设、经费保障、组织管理、师资培训、资源开发、活动开展、课程设置、学生评价、考核评估等方

方面面,下面主要从深化资源开发、实施学科融合、丰富实践活动等 3 个关键环节来提出中小学科技创新教育常态化运行的关键策略。

(一)构建科技创新教育资源开发的"四+"策略

1."书本知识+社会实践"

"坚持学习书本知识与投身社会实践的统一"是培养创新人才的必由之路。各中小学校要"开门办学",让学生走出教室、走出校园,投身到大自然中研学旅行、参与生产劳动、体验社会服务等实践活动,培养学生的社会适应能力,让教育与日常生产劳动相结合,为当地经济建设服务。农村中小学校还可以利用教育布局调整空出的闲置校舍,因地制宜地建立素质教育实践基地,开发乡村文化、农业生产、专题教育、劳动实践、生存拓展、科学探究、研学旅行等一系列的科技创新教育资源,创建特色的实践活动课程,因地制宜培养学生的创新能力和实践能力。

2."基础教育+职业教育"

基础教育要与职业教育有机结合,形成"普教+职教"的科技创新教育的"合育"氛围。中小学校要聘请具备一技之长的职教老师兼任科技辅导老师,带领学生开展科技创新实践,培养学生的创新意识和创新能力。职业学校要尽量开放职业教育实训室,在假期和课余时间,无偿提供给中小学生开展技能训练,培养学生的动手实践能力。

3."线上学习+线下创新"

重庆市武隆区以自主建设 MOOC 在线学习资源为主体,设置激活学生、激活教师、激活研究、激活展示、激活资讯等资源模块,创建了一个共建、共享、共创的激活创造力的智慧学习平台(http://wulong.mooc.chaoxing.com),目前已自建资源 450 G 以上,包括科技小发明、科技小制作、科技小调查、科技小论文、科技小绘画等项目在内的在线学习课程 1 200 余项。

通过网络开展自主学习、互动评价的线上学习交流活动。注册、登录智慧学习平台,可以自主选择学习时间、学习进度、学习方式观看优秀创新作品简介、实物图片和微视频,借鉴创意、体验感悟、拓展视野、启迪思维。然后进入交流互动环节,在平台发布自己的疑惑、理解、思考、评价等内容,师生、生生之间可以相互交流讨论、辩论评价,批判吸收。

通过校内外开展合作研讨、创作实践的线下合作创新活动。对需要研究的项目,在线上学习的基础上,积极落实分组研讨、集中展示、反思改进等环节,开展线下创作实践活动,在遇到困难时,还可以寻求老师、家长、朋友、同伴的帮助,在反复的操作、实践、改进中,让自己的创新作品或研究方案逐渐完善和成熟起来。

4."领头雁+全民化"

科技创新教育需要领头雁,一位领头的科技骨干老师,可以带好一所学校的科技创新教育。在科技辅导教师的资源建设上,要秉承"领头雁+全民化"的策略,既要有领跑者,又要集大众智慧。例如,重庆市第八中学校科技教师刘雅林二十年如一日,从创办科技兴趣小组到成立学校科技俱乐部;从创办科技实验班到设立科技创新学院,一步步将学校带进了全国知名科技教育名校的行列。他自身也成长为特级教师、正高级教师、全国十佳科技辅导员、学校副校长、西南大学和重庆师范大学兼职硕士生导师。科技创新教育更需要全体教师参与,可让学校所有教师从"要我强化""要我辅导"逐渐转化为教师"我要强化""我要辅导"。如重庆市珊瑚实验小学秉承"珊瑚最红、孩子最亲"的办学理念,打造培养学生创造力的"亲亲课堂",将科技创新教育纳入教师的培训、评价、考核之中,教师科技教育意识从"要我强化"转变为"我要强化",做到人人都是珊瑚小学的科技辅导教师,获得了科技创新教育的大面积丰收。

（二）构建科技教育学科融合的"三变三多"策略

课堂是中小学生创造力培养的主阵地,需要中小学校全面深化课堂教学改革,努力构建课堂教学的创新教育模式,让课堂成为适合每一个学生自主创造发展的最好空间,使他们"能飞就飞,能跑则跑"。中小学课堂教学要将开发学生创新潜质纳入学科教学目标,深入挖掘学科教材中蕴涵的创新教育因素,有计划、有目的地把创造发明的方法和创新思维的训练渗透于学科教学的全过程,营造自由、民主、开放的学习环境,还给学生学习的选择权、主动权和责任感,给予学生学习的时间、自主的空间、探究的过程,释放学生学习的热情、灵性、智慧和潜能,有效提高学生的创新意识和创造能力。

1.变革教与学的三种方式

变革教师的教学方式,让教师真实地教。通过采取直观形象、深入浅出的教学方式,让学生获得真实、客观的直接体验和生动感染。如重庆市武隆区某中学生物老师把印有人体器官、骨骼和肌肉的紧身衣穿在身上,向同学们讲授有关人体器官、骨骼和肌肉的相关知识。这样真实、直观的教学方式既激发了学生的学习兴趣,又巧妙地传授了学科知识,还培养了学生的想象能力,学生十分喜欢、推崇,课堂收获丰富、深刻。

变革学生的学习方式,让学生真实地学。学生根据自身的基础条件、自身的兴趣爱好、自身的学习方式开展自主学习,并将所学的知识用于解决现实社会存在的实际问题。重庆市杨石路小学在数学课上烫火锅,用"味道的比"来让学生实践数学知识,为火锅的牛油、豆瓣、花椒、香料等配料进行配比、称重、炒制,加入食材熬煮、尝鲜、交流,其乐无穷,不少学生回家后还与父母及家人一道调制、品尝火锅,把书本上的知识用到生活中去。这样的教学,让学生在课堂上"动手动脚""手舞足蹈",大胆操作,积极实践;让学生在课堂上"动口动脑""活学活用",设计制作,展示交流;让学生在课堂上"动心动情""费心劳神",展开想象,执着追求。在课堂教学中,要努力变"教师控制学"为"学生主动学",让学生不唯书、不唯师、不唯上,只唯实,主动寻疑、质疑并解疑,积极实践、想象、创造。

变革师生的互动方式,让大家真实地交流,在师生之间、生生之间、与外界之间都积极主动地互动。通过开展互联互通、互帮互助的真实体验,让学生走进高校,与科学家、研究者"面对面"地亲密接触,参与研究、交流讨论;走进社区,与当地能工巧匠、民间艺人"手拉手"地融入大自然,学习探索、咨询请教;走进基地,与科技场馆、实践基地开展的各类科普活动"心贴心"地参观体验,塑造人格、想象创造。

2.构建创造力培养的"三多"课堂

充分挖掘学科教材中创造力发展的一切积极因素,多维度、多层面地唤醒学生的创新意识,开发学生的创造潜能,让教学既能提高学生文化知识水平,也能培养学生的实践能力和创造能力,还能服务于当地经济社会发展。

构建"多师课堂",突破学科限制,多位老师同上一堂课,多学科融会贯通地培养创造力。在重庆市武隆中学的一堂高一地理选修课"品味自然遗产——天生三硚"上,地理老师上"硚之理",讲解"天生三硚"的地理位置;历史老师上"硚之史",讲解"天生三硚"的由来;语文老师上"硚之景",讲解"天生三硚"的美丽景色;政治老师上"硚之哲",讲解"天生三硚"蕴藏的哲理;生物老师上"硚之库",讲解"天生三硚"的生物基因库。这堂跨学科的课堂让同学们全面了解"天生三硚"喀斯特自然遗产的方方面面,拓宽了学生的知识面,培养了学生的创新意识,有一种各门学科融会贯通的感觉,使现场的听课老师无不惊讶和赞叹。

构建"多时课堂",突破时间限制,在课内课外、校内校外设置不同时段的课堂形态,多形式拓展延伸地培养学生创造力。如开设传承中华传统经典的"经典诵读课",每天安排一节,时间为 10~30 分钟。中华传统经典蕴藏着丰富厚重的科学文化,已经成为了开发学生创造潜能的活教材。摘得中国大陆第一个自然科学领域诺贝尔奖的科学家屠呦呦,从东晋名医葛洪的《肘后偏急方》描述的"青蒿一握,以水二升渍,绞取汁,尽服之"中得到启发,重新设计实验,采取乙醚萃取的方式,在 190 次实验失败后,发现了抗疟的青蒿素。这个国人企盼多年的诺贝尔奖,顿悟于中国古籍,充分表明了学习中华传统经典的重要作用。

构建"多融课堂",突破教材限制,融入生活创新、社会调查、农科技术等教学内容,多渠道地适应社会,培养学生创造力。比如,在初中的学科教学中,让数学课增添数量统计学的教学内容,服务农科实验;让化学课增添农药、化肥的使用方法和土壤分析的教学内容,服务农业生产;让生物课增添遗传工程、作物育种、家畜家禽养殖、果树嫁接等教学内容,服务农村种养殖;让语文课增添实用写作、手工作文等教学内容,服务日常应用;让物理课增添电工、农用水泵的使用及故障排除等教学内容,服务家庭需求;让地理课介绍当地区域气候的特点,服务农业生产和合理出行,培养中学生的社会责任感、适应社会能力和创新创造能力。又如在小学的学科教学中,让语文课融入创新作文、观察日记等学习内容;让数学课融入物体测量、一题多解等学习内容;让科学课融入科技小调查、科技小制作、科技小发明等学习内容;让音乐课融入编写儿歌、改编民歌等学习内容;让美术课融入景点采风、科学幻想绘画等学习内容,有效培养小学生的观察能力、实践能力和创新能力。

(三)构建科技创新教育实践活动的"六化"策略

从活动文化、活动类型、活动环境、活动内容、活动目标、活动评价等六个方面构建科技创新教育实践活动的"六化"策略,提升中小学科技创新教育的有效性。

1.构建活动文化鲜明化策略,营造激励创造氛围

中小学科技创新教育的活动文化要鲜明化,营造科技创新教育的良好氛围,激励每一个孩子都向往创新创造。如学校要创设科技创新的校园文化,在校园内有科学家的雕塑和创新教育的宣传专栏、在墙壁上有科技创新的标语和壁画、在走廊上有师生创新创造的优秀作品展示、在教室与功能室里有科学家的画像和名言警句等,让师生在校园里天天熏陶、班班激励、人人比拼,努力达成我国著名教育家陶行知先生所倡导的"天天是创造之时,处处是创造之地,人人是创造之人"的创造教育目标。

2.构建活动类型多样化策略,时时处处参与创新

中小学科技创新教育实践活动在学校里无处不在,要努力做到科技创新教育实践活动"周周有、旬旬有、月月有、期期有、年年有",形成师生"人人爱科技、人人学科技、人人用科技"的良好局面。科技创新教育实践活动按活动地点来分,有班级活动、学校活动、家庭活动、社会活动等;按活动专题来分,有兴趣小组活动、社会实践活动、学校社团活动、课程辅导活动等。依据活动即课程的原理,各类实践活动既有育智的功能,也有育德的功能,还有育创的功能。所以,在学校实践活动中要努力挖掘有利于学生创造潜能开发的一切积极因素,努力让学校科

技创新教育实践活动既具备育智的价值,也具备育德的价值,更具备育创的价值。

3.构建活动环境区域化策略,因地制宜形成特色

利用学校自身区域资源,比如底蕴深厚的校园资源、得天独厚的自然资源、丰富厚重的乡土文化、触手可及的农业生产等,使区域资源优势得到合理利用、充分发挥、适当放大,因地制宜、因陋就简地开展科技创新教育实践活动,形成鲜明的区域特色。如重庆市涪陵区利用丰富的页岩气资源,开展具有区域特色的页岩气科普教育活动,编写教材,设置课程,设立各种竞赛活动,取得了很好的教育效益和社会效应。又如重庆市武隆区积极挖掘整理当地自然、文化、民俗等乡土资源,开设具有乡土特色的科技创新教育实践活动,如棕编、根雕、蜡染、木叶吹奏、喀斯特地理、芙蓉江调查等与当地社会资源密切相关的科技创新教育特色活动项目。从学校附近的一座山、一条河、一棵树、一类矿产、一种习俗等特色资源出发,向内拓展、向外延伸,是走出区域特色科技创新教育新路的最佳选择。

4.构建活动内容系列化策略,个个参与逐步提升

中小学科技创新教育实践活动需要系列化开展,更需要全员性参与,从低年级到高年级都经常开展,在参加系列化的科技创新教育实践活动中,逐步提升实践活动的难度,有效培养学生的创造能力,让科技创新教育实践活动得到循序渐进发展。如重庆市长寿区八颗镇中心校,每期都开展"六个一"的实践活动:看一本科学家的书、写一个科学创意方案、做一件手工作品、编撰一份科技小报、参与一次社会实践调查、参加一项科技竞赛等,从低年级到高年级逐步提高要求,学生参与率达100%,学生创造力在系列化的实践活动中逐步提升。

5.构建活动目标层次化策略,普及加提高合理发展

中小学科技创新教育实践活动一定要有层次化,坚持普及加提高的原则是取得实践活动社会效益的基本要求。首先,让全体学生参与普及层次的实践活动,使所有学生都在实践活动中认知体验,理解基本的科学知识,掌握基本的科学技能,形成基本的科学素养。其次,让部分学生参与提高层次的实践活动,使学有余力的志愿者来参加较高层次的科普交流、科学实践、社会调查等实践活动,写出有创意的方案,做出有创意的作品。再次,让少数学生参与创造层次的实践活动,使少数有创造热情和创新禀赋的学生参加较为系统的科学研究、实践调查、创造发明等活动,创作出具有较高质量的创造发明成果,向县、市、国家举办的科技创新大赛申报评奖,既发展学生特长,也提高学校知名度。

6.构建活动评价多元化策略,彰显个性人人成才

用发展的眼光,把促进每一个学生的发展作为实践活动评价的出发点和落脚点,当学生表现出一种兴趣、一种品质、一种创意、一种技能的时候,都能得到关心呵护、表彰激励,使每一个学都能看到无限的希望和美好的未来,增强创新的渴望和自信,从而坚持不懈地实践创新,逐步成长为创新人才。常言道:多一把尺子多一批人才。希望这一口号成为越来越广泛的共识,引领每位学生的创新创造,促进每位学生的健康成长。

中小学科技创新教育是一项复杂的系统工程,需要政府、部门、社会等各方面的紧密、周密、严密的支持配合,需要中小学校、社会实践基地的用心、用情、用力的组织实施,才能取得实际、实在、实效的教育成果,让每个学生都能在科技创新教育实践活动中积极动手、动口、动脑,逐步成长为科技创新后备人才。

参考文献

[1] 中共中央关于制定国民经济和社会发展第十三个五年规划的建议[Z].2015.

[2] 胡飞雪.创新思维训练与方法[M].北京:机械工业出版社,2009.

[3] 科学技术部,发展改革委,教育部,中国科协.关于印发《关于加强创新方法工作的若干意见》的通知[Z].2008.

[4] 马云.我为何为乡村教师代言[J].中国农村教育,2015(9):9-9.

[5] 郭兴华,竺可青,应晓燕.屠呦呦:成功,在190次失败之后[N].浙江日报,2015-10-06(2).

基金项目

重庆市 2015 年决策咨询与管理创新重点项目"重庆市中小学科技教育对策研究"(CSTC2015JCCXB0057)、重庆市 2015 年教育综合改革试点重点项目"中小学科技创新教育改革试点"(渝教改〔2015〕8 号)的研究成果之一。

(1.重庆市武隆区教育技术中心 2.重庆市教育信息技术与装备中心)

37

中小学科技创新教育常态化运行的关键策略研究

大型科普活动的宣传推广应把握四个关键

——以 2016 年重庆科技活动周为例

关媛媛[1]　赵　雪[2]

摘要：大型科普活动的宣传推广，是扩大科普影响力的重要环节，也是活动成功与否的标志。笔者有幸被抽调至重庆市科委宣传处，全程参加 2016 年重庆科技活动周的宣传组织及策划工作，故本文以此为例，从科普活动宣传推广者的角度，探讨搞好大型科普活动的宣传推广、扩大活动的品牌效应等问题应把握和注意的几个关键重点。

关键词：科普活动；宣传推广

大型科普活动已经成为我国提高全民科学素质的一个重要渠道。它以传播科学技术、提升公众科学意识为主要目的，目标受众为全体相关社会成员，具有一定规模的科学传播行为。目前每年举办的"全国科技活动周"是典型的大型科普活动，各省（自治区、直辖市）每年的活动参与者都在数百万甚至上千万人以上。

重庆科技活动周自 2001 年以来，已成功举办了 15 届。特别是近几年来，每届活动周期间，都开展了数百项形式新颖、趣味性强的科普活动，受众超过 400 万人。它作为大规模群众性科学技术活动，已是当前重庆最大型的科普活动，对公众的生产、生活和思维方式带来了潜移默化的影响。

一、深刻把握科普工作发展大势，了解活动本身内涵，为搞好科普活动宣传推广提供基础支撑

对于科普活动的开展和公众接受科普知识的意识，是有一个过程的，过去公众只是被动地接受科普工作人员所讲解的一些科学知识和技术，而不是有参与性的去理解科学、把握科学，严重缺少互动，造成科普知识无法很好地深入普及。所以，通过大型科普活动的开展，满足公众在科普方面的新需求，成为了有效开展科普工作的一个重要选择。

为此，一个科普宣传推广者，首先要成为一个科普工作者的角色，这是做好科普活动的宣传推广的第一堂必修课。因为只有深刻了解科普活动的内在规律、内容以及结构构成，科普宣传人员才能把握活动宣传推广的主线，明白活动需要向公众传播怎样的知识和思想，为科普宣传提供有力支撑。

在 2016 重庆科技活动周开始策划筹备前，我们就先期通过查找各种文献和网络资料、与活动组织前辈交流等方式，对重庆科技活动周的主题、活动方案、产生效果、宣传情况等内容加强学习，同时对历届科普活动策划的领域，涉及的知识等进行综合了解与分析，做好活动策划前期的资料收集和整理，为科普活动的策划和宣传提供重要有力的思想理论支撑。

二、主动参与科普活动的策划,有重点地策划亮点主题活动,推动大型科普活动具有新闻宣传性

大型科普活动举办得成功与否,很大程度上取决于公众对活动的理解和接受程度,而活动要想向公众传播科普知识,最终也只能通过公众自身积极主动地学习和实践才能实现。所以,我们就需要站在公众感兴趣的角度,主动参与活动的策划和包装,以凸显活动的趣味性、互动性,力争对公众具有吸引力。

在2016年重庆科技活动周的主题活动中,"科学名家面对面"是活动周一个特色活动,但也是年年都有的。如何把老活动做出新亮点,无疑是对活动宣传推广的一大考验。

从公众感兴趣的角度出发,我们在邀请专家的阶段就已参与其中,综合分析社会关注热点、专家擅长领域和知名度等各种要素,罗列讲座领域和专家清单,最终筛选既符合当下热点又符合活动主题专家和讲座题目。为了进一步凸显活动互动性,吸引更多公众参与体验,在"科学名家面对面"活动中,还创新讲座形式,将实验课堂等搬入讲座现场,获得了中小学生及老师家长们的一致赞赏。其中,英国皇家化学学会北京分会主席戴维金教授的《趣味化学实验室》,中国首位卡尔·萨根奖得主郑永春博士的《人类移民火星之路》等讲座的场次不断增加。也正是由于以满足公众需求的前期策划,"科学名家面对面"讲座总数达到100余场。

三、从媒体的视角引导宣传方向,帮助媒体抓住活动亮点和特色

科普活动是需要千千万万公众广泛参与的科普事业,单一场次的科普活动,不论规模有多大,其受众总是有限的。科普工作者需要利用各类媒体平台,加大科学知识在全社会的传播速度和覆盖广度,帮助公众了解必要的科学技术知识,掌握基本的科学方法,树立科学思想,崇尚科学精神,最终形成"由公众来为公众科普"的文化氛围,从而提高整体的科学素养,这就对重点科普活动的宣传提出了新要求。已经作为最清楚活动本质的第一参与者,从事科普宣传的人员要力求宣传达到实效,必须主动站在媒体的视角,提前深入细致地挖掘活动的特色,为媒体找出宣传亮点,为公众推出最有价值的科普信息。

对于"未来生活梦幻体验展"、恐龙科普基地主题活动等2016年科技活动周主题活动,尽管在前期策划中,已经注重了从公众的视角,对活动进行策划包装,挑选展示与百姓生活息息相关的数百项科技成果产品,同时融入虚拟与现实技术加以互动,吸引公众参与。

然而,海量的展品、互动技术的趣味性,并不是媒体和公众一目了然的特点,这就要求我们需要站在媒体的视角,提前挖掘媒体和老百姓感兴趣的宣传线索,主动引导宣传。为此,活动周开幕之初,我们就已经主动在海量的信息中,找寻挖掘新闻热点,并制订了详细的重点宣传主题时间表,设计出了媒体采访路线,以最大程度确保宣传推广实效。同时,这样还能避免媒体因为对活动本质不够了解,而对宣传重点和内容产生偏差的问题。

据不完全统计,2016重庆科技活动周期间,各类媒体共发布或转载相关新闻500余条(次)。一位参加了五届科技活动周宣传报道的重庆主流媒体的记者评价道,感觉这一次的活动周可宣传的亮点和活动应接不暇,如果不是版面受限,报道数量还能再多。

四、运用新媒体手段,搭建立体式媒体传播网络,放大科普活动的影响力

传媒业发展至今,还没有任何一种媒体可以完全取代其他媒体。今天,报纸、杂志、广播、电视都有着各自的生存空间。同样,新媒体也不可能满足用户全部的需求。人们对手机的需求与对传统的报纸、电视的需求并不绝对冲突。所以,科普宣传需要搭建立体传播网络,发掘传统媒体的空白区域,让新媒体与传统媒体形成互补。

2016年重庆科技活动周的宣传上,我们还是一如既往地重视平面与电视媒体的宣传,通过主题活动的重点策划,多视角展示,在中央及重庆主流媒体开设"走进科技周"专栏、投放公益宣传片,将活动内容、活动时间等信息传递给公众,力争做到各类人群宣传的全覆盖。同时,积极组织网络媒体,或撰写原创活动稿件,或开设专题,扩大网络媒体转载率,以进一步扩大活动影响力。

与此同时,我们此次将新媒体宣传摆在一个更加突出的位置。2016年重庆科技活动周,首次融入了新媒体宣传手段,将科学知识、体验现场等,第一时间直接送到老百姓手中,让更多的人在网络上互相交流、互相学习,使科学知识始终处于主动的传播状态,效果十分明显。为此,我们与新华网新媒体编辑多次沟通,挖掘筛选适合新媒体放大传播影响力的素材和线索,特别是鼓励有特色活动都要充分利用新媒体的平台。在重庆园博园科普基地开展的植物科学种植的活动中,就通过微信公众号报名参与的方式推出,吸引了上千市民主动参与。根据笔者的统计调查,共在重庆微发布、掌上重庆、巴渝公益等微信公众平台,推送转发科技活动周相关信息3 000余条,信息接收人群覆盖了中小学生、公务员、农民工和普通家庭妇女等。

结语:大型科普活动的宣传推广与大型活动本身一样,有其自身的规律与特性,同时也在因为公众需求变化而变化着,特别是在互联网时代,宣传推广活动必须适应传统媒体急剧变革,新媒体不断催生的时代特征。我们必须深入把握其特点,将两种变化的规律和特性有效结合,把宣传推广融入到大型科普活动,甚至要主动引导活动的开展,才能切实保证大型科普活动的生命力与影响力。

参考文献

[1] 谭超.大型科普活动前期宣传效果评估的探讨——以2010年全国科普日北京主场活动宣传为例[J].科普研究,2011,6(3):80-83.

[2] 韩雪冰,杨华,周心赤,等.基于群体受众的网络互动科普模式研究[J].现代情报,2013,33(10):149-152.

[3] 中国科学院计算机网络信息中心.移动通信科普产品开发规律与运行机制研究报告[R].北京:中国科学院,2011:13-14.

[4] 周荣庭,何登健.当代组织传播问题研究(两篇)——基于群体博客科普的组织传播研究[J].今传媒,2011(9):16-19.

(1.中国科学院重庆绿色智能技术研究院　2.重庆市科普基地联合会)

关于科技馆科普活动的组织策划研究
——对重庆科技馆科普活动组织策划的学习探索

汪 曦

摘要：科技馆作为科普教育的主阵地，承担着提高全民族科学素质的重要任务。科技馆有着丰富的展品资源和大量汇集的科技辅导人员，但要充分发挥科技馆的教育作用，光依靠展览远远不够。为了让科普知识能够更快捷、更全面地融入公众的思想中，科普活动起到了重要的作用。科技馆科普活动区别于一般展馆的重要特征就是可以依托展品开展主题活动，或创立科普活动品牌做系列活动以及馆校结合等。本文以科技馆一线员工的实际工作经验为基础，结合对国内外科普活动的研究，并参考活动策划及管理的相关理论，对科技场馆内科普活动从策划、实施到评估的这一系列流程的操作实例进行详细的阐述。

关键词：科技馆；科普活动；组织策划

一、科普活动的基本内容

（一）科普活动的概念

科技馆拥有科普知识、科普教育和科技展品，需要有一种公众易于理解、接受和参与的方式来传播科学思想，弘扬科学精神，倡导科学方法，推广科学技术应用，科普活动由此诞生。科普活动是指在一个时期或一个阶段内集中进行的，以促进公众科学素养和智力开发，利用专门的普及载体和灵活多样的宣传教育、服务形式，面向社会、公众，适时适需传播科学精神、科学知识、科学思想和方法，实现科学的广泛传播、转移和形态转化，从而取得理想的社会、经济、教育和科学文化效果的社会化科学传播活动。

（二）科普活动的特征

（1）科学性。科普活动的科学性主要表现在活动内容具有科学性和技术性。受众尤其是青少年通过参加活动拓宽了视野，学到了科学知识，激发了对科技的兴趣。

（2）思想性。科普活动的思想性主要表现在寓思想教育于活动之中，把爱国主义、集体主义、艰苦奋斗的精神和人际关系、纪律、法制等教育内容有机地结合到科普活动中，引导受众关心家乡变化、科技进步和国家建设。

（3）实践性。科普活动让广大受众尤其是学生群体，在科普教育实践中经受锻炼、增长才干，创造了课堂教学所不具备的优越条件，使学生通过观察、实验、展教、动手操作等环节获取科学知识、学习科技技能，把理论与实践结合起来。

（4）兴趣性。科普活动贯彻兴趣原则，吸引广大受众积极加入到活动中，同时又在活动中进一步激发他们的兴趣，促使他们形成科学志向和科学理想。

（三）科普活动在国外的发展

美、英、日等国家最早开始发展科普活动教育。在这些国家，众多的科技馆、青少年科技活动中心散布在学校和社区,可以说公众身边的科普资源和机会是比较丰富的。与此同时,他们开始利用社会各方的资助,不断推出一些趣味横生、参与性强的科普活动,甚至包括科普博览会、科技发明比赛等。科普活动能吸引到一些原本对科学无兴趣、无积极性的青少年群体。他们有很多在学校里讨厌上科学类课程,而在科技馆参与科普活动并亲自动手探究科学后,都会改变对科学的看法。著名物理学家霍金曾回忆,儿时母亲经常会带他到科技博物馆,每次都会玩上一整天,这使他的好奇心得到极大的满足。

经过多年的实践和发展,这些国家科普活动的质量、规模和影响力已经远远超出我们的想象,比如在美国,有300多个科技场馆推出大型系列科普活动,每年高达1.35亿人次的参观量,比去观看各种体育赛事的观众加起来还要多。可以说在西方,定期带领青少年到科技馆参观,并参与科普活动已经成为学生周末的一项休闲活动,甚至已经成为一种大众文化。

(四)我国科普活动的现状

我国科普活动的开展主要以各地的科技馆、科普中心、博物馆和中小学校为阵地,其中科技馆以其最为直接的科普教育目的,成为了科普活动的旗舰地。纵观全国各个规模的科技馆,科普活动的开展虽然在条件上难免还有一些需要突破的问题,形式上也要不断地研究和改进,但大都呈现一种积极向上的发展状态。目前我国正大力发展科普活动项目,并将每年的5月16—24日设立为全国科技活动周,各地也在积极培养科普教育人才,许多高校也专门设有培养科普人才的相关专业,比起多年前科普队伍质量上有了很大的改观。

(五)科普活动的发展趋势

科普活动在未来有四大发展趋势:一是科普队伍更加专业。科学专业人士加入到科普活动中,与公众面对面进行科普交流,让人们对科学和科学事业有一定的认识和向往,使科学成为公众追求度高的一项事业。二是科普活动更加时尚。随着公众科学素养的不断提高,一些已经退出历史舞台的科普活动内容将不具有太大的现实意义,而与时代潮流相结合的科普内容可能成为科普活动的新宠。科普工作机构要根据不同人群的生活习惯以及当前的时尚潮流来策划科普活动,让科学时尚而迷人,使其成为当下人们追捧的生活方式。三是青少年的科普教育与正式的学校教育环环相扣。比如在美国,科学课程都会和科技馆内相应的科普活动内容相对应。这相当于正规的校内教育和社会上的科普教育已经建立了无缝隙对接。四是科普活动的地点不再局限于科技场馆和学校,它已经融入到城市生活中来。现如今大城市的各大商圈、各社区会所都不难看到一些科普活动机构,这些机构可能将科普活动与人们的娱乐、休闲生活巧妙交融,让人们可以一边娱乐享受一边品味科普的饕餮盛宴,让科学知识潜移默化地进入公众的生活之中。

二、科普活动的策划

科普活动的策划是科普工作者根据科普活动的要求,分析有关信息,确定科普活动的目标和主题进行策划创意,编制策划方案,并选拔出最优方案的过程。在重庆科技馆实际工作中,活动策划有两大前提工作:策划原则、策划步骤。

(一)策划原则

策划原则基于所策划活动是否具有科学性、社会实用性、对象普适性(或特定性)、经济实效性、可操作性和创新性等原则。

首先,一个好的活动策划一定要在科学性方面把好关,所宣传的知识不能有任何错误和误导,否则活动影响越大,带来的误区也就越大。我馆各活动团队在做活动策划时,严格遵循这一原则,活动所涉及的每一项知识点都是经过反复论证确认过后才确立的。例如,今年我馆打算举办一个关于转基因食品的科普活动,但是在做策划方案时,发现关于转基因食品对人体健康影响等部分内容在学术上存在争议,为避免后期影响,只好将这一部分的内容删去。

其次,社会实用性也是至关重要的一项指标。所策划的活动要想取得较好的参与度以及培养一定的"粉丝",必须要在实用性上把握好,使公众能够通过参与的活动获取对自身有指导意义的科普知识,才能使活动的受众满意度和口碑得到提升。例如,我馆主展馆二展区生活科技展厅依托展品推出的"奇思妙想生活坊"科普活动品牌,就是将科普活动深入人们生活的方方面面的典型,该活动能让人们学到一些生活常识和生活妙招,传达科学帮助人们改善生活的理念。

再次,是对象性。科普活动可根据活动参与的难易程度,设定参观对象,使相应的参观人群能够充分加入到活动中来,并且保证活动的完成度。例如,我馆去年开展的科普活动"认识改变世界的机器——电动机",设定的参与对象是 7~18 岁的青少年人群,这样既能保证对象具备活动知识,也能开展动手制作的环节,使参与者通过活动有较为全面的收获。

经济实效性和可操作性也要一并考虑进去。活动的策划要有经济上的预估,选取最经济实效的选项。例如,我馆三展区防灾科技展厅举办的"特殊功能性建筑结构"活动,为了让公众认识抗震建筑和防震建筑的结构,在策划时有两种方案:一种是购买半成品材料,而活动对象只负责简单的拼装,此方案需花费的材料费用较高,且简单拼装并不能使活动对象对建筑结构有较细致的认识;另一种方案则是采用简单的原料 DIY 建筑模型,与前者相比,材料费用大大降低,且动手过程可自主设计,有助于活动对象理解这其中的诸多知识点,使其对制作过程和建筑结构的印象加深,是一举两得的选择。但也要注意,所选方案要有可操作性,若操作步骤过于复杂或制作出的模型效果不好,也不能达到最佳的效果。

最后,是创新性。主要有两方面,一是活动主题的创新;二是活动内容的创新。主题的创新主要是在活动宣传前期对公众的吸引度上有较大的帮助,关键在于把握住公众的好奇心理。而活动进程的创新则是把公众已知的科技内容,通过创新的展示、互动、思维来再加工,以带动观众重新或是进一步了解该科技内容。我馆在科普活动策划上不断地推陈出新,例如,今年举办的"食品的小秘密"系列活动,就创新地采用儿童剧表演与科技辅导员相配合的形式,不仅极大地提高了活动对公众的吸引度,还激发了儿童的兴趣和家长群体渴望自己的孩子参与活动表演的热情,使活动不再是科普工作人员唱"独角戏",而是公众都乐于来"助演"的科普大戏。

(二)策划步骤

(1)组建策划团队。在科技场馆内,有专门的科普活动部门负责定期开展品牌科普活动,或开发新的科普主题活动。而在展厅一线的科普工作人员(科技辅导员)都可以根据自身的特长,自由组建策划团队。

(2)立项。策划方案确定后,根据策划活动规模和档次,有不同的立项报批流程。如全国科普日这类大型活动的立项在申请、具体实施、宣传报道、总结材料、经费核算等方面都要经过相关上级部门的审批,进行规范化运作。而场馆内的一些小型科普活动则只需将策划方案报给馆级部门审批,即可立项。

（3）执行案确立。在策划方案得到批准后,接下来就是活动团队制作详细的活动执行案,具体内容包括:活动背景、目的意义、活动主题与宣传口号、活动时间、活动地点、活动对象、活动实施方法、活动步骤、活动目标、活动知识总结、活动物资需求、活动采购清单、经费预算、效果预估等。

三、科普活动的组织与实施

（一）活动前期准备工作

（1）人员分配。团队成员专项分工,包括智囊团（科普创意负责人）、技术人员、外联宣传专员、询价采购专员、后勤人员、活动主持、活动现场管理人员等,在确定各自角色后,按流程步骤启动相应的工作。但在实际情况下,活动团队人员往往要一人身兼数职,而这时更需要合理分配工作任务,使人尽其能且保证工作的进展和效率。

（2）场地落实。现场条件考察、场地布置规划、宣传展架海报、应急预案等。

（3）网络宣传造势。科技馆的官网和数字科技馆是网络科普宣传的首要选择,网络能够突破地域的限制,快速更新资源。重庆科技馆也推出了自己的官方微信、微博、手机APP等,让宣传更加便捷。

（二）活动实施

科技馆的科普活动大致有展区活动（依托展品开发的活动）、品牌活动、主题活动、学术报告和讲座这几大类。它们的操作方式有相同点,也有不同点。像学术报告和讲座类活动,主要的工作重心是在活动前期,即策划讲座、人员分配、专家联络、会场安排、宣传、接待这一系列工作,在活动实施当天,工作人员只负责主持和后勤。而品牌活动、主题活动和展区活动的实施工作就比较烦琐,具体如下:

（1）现场准备。活动在实施的前一天一定要再次查看活动现场情况,如活动实施地点是在户外,则必须关注当天的天气情况,做好应急预案。

（2）一部分人负责场地布置、设备调试、各种活动物资到位;另一部分人则负责接待陆续到场的观众。预约观众一般有人工签到和手机扫描二维码签到两种方式,若是随机参与并非预约性质的活动,则还需要人员负责在场馆入口处现场宣传,动员观众参与。

（3）观众就位后,活动开始。品牌活动、主题活动和展区活动在现场人员配备方面基本一致,一般都有主持人（通常是两名）、场务人员（负责现场道具）、演示辅助人员、摄影人员、音控灯控人员等。首先要有热场的游戏或者表演来活跃现场气氛。然后进入主题,根据活动内容设计进行。活动实施过程中要随时观察观众的需求,并提供帮助和服务,要注意他们对活动中每个环节的响应程度,这将有助于今后对活动设计的调整,使活动更贴近客观条件和观众需求。工作人员在活动中一定要保持饱满的热情,带动观众的参与积极性和活跃现场气氛,但同时也要注意控制好现场的秩序,不要出现混乱。活动中还要注意对活动物资的管理和回收,避免造成浪费、损坏和丢失。一般情况下,品牌活动和主题活动在活动各环节结束后就散场,而展区活动的最后通常会发放"学习单",即鼓励参与观众在展厅里找到活动中提到的展品并自主学习展品知识。

（三）活动收尾工作

（1）活动结束后物资的清点和清理。

（2）统计观众数量,处理回收的调查问卷。

(3)整理现场照片并撰写信息稿。

四、科普活动的效果评估

根据策划方案和实施目标确定一套科学合理的评估指标体系和评估标准,评估内容应包含:

(1)各部门协调力度和支持度。

(2)工作人员素质和能力的评估。

(3)活动对观众的影响力、观众对活动的喜爱程度的评估。

(4)活动实施质量和现场反响情况的评估。

(5)成本与收效的评估。

(6)信息传播效果和媒体报道效果的评估。

(7)活动经验总结。

最后,还要就评估结果开展讨论,结合观众、媒体和工作人员等多方的反馈信息和意见,形成评估报告,为今后开展同类活动提供科学的指导。

五、重庆科技馆科普活动简介

(一)重庆科技馆特色科普活动

1.展区科普活动

这是依托科技馆主展区展品开发的活动。该类活动将静态的展品与热闹互动性强的活动联系起来,以一条"探秘"故事线为主题来探究该科学理论的发现过程,也可以以体验互动为主题锻炼参与者的观察动手能力,还可以以趣味实验表演带给观众不一样的视听盛宴。目前,我馆各展区都有自己的展区活动,比如:四展区(基础科学展厅)依托近百件基础科学类展品开发了"逗趣科学课"系列主题活动,风格以趣味实验表演和动手制作为主;三展区(防灾科技展厅)依托展厅的诸多"模拟灾害现场"开发了"防灾训练营"系列主题活动,风格以情景剧表演和模拟训练为主;二展区(生活科技展厅)则是依托与生活相关的展品开发了"奇思妙想生活坊"系列主题活动,风格则以体验互动游戏为主;B区(工业之光展厅)是我馆与企业合作创办的展厅,该展厅依托汽车工业类展品开发了"寻找汽车人"系列汽车科普和交通安全教育类活动,也是以体验互动游戏为主。由此可以看出,重庆科技馆的展区活动设计知识面广,适应观众面也广,而且活动形式内容丰富多彩,受到广大参观群众的热捧。

2.品牌科普活动

这是我馆最主要的大型科普活动,它分类明确,活动形式、活动规模和活动对象都有相对严格的规定。

(1)"科技·人文"大讲坛:它是一档向公众传播科学精神、学术思想、人文知识的大型公益科普讲座。以"公益 高端 精品"为定位,致力于搭建科学家、专家学者、社会名流等行业精英与普通公众双向沟通的桥梁,深受公众的喜爱。

(2)"科学梦工场"主题活动:这是科技馆唯一的付费科普活动,设有自然科学窗、趣味电子、创意加工坊、陶艺空间四大主题教室和多功能厅,让参与者通过亲自动手制作、实验、科考来增强科学素养,锻炼思维能力等。

(3)"Light on 亲子科学时间":是一档家庭互动式科普活动,设计以家庭为单位,让家长与小朋友一起近距离接触科学、学习科学、促进亲情沟通、启蒙科学兴趣、鼓励孩子成为终生的科学学习者。

（4）"梦想in科学"：面向青少年科普爱好者，是一个以探究式学习为主的科学教育项目。通过小课题研究、野外考察、调查访问、竞赛集训及科技交流等方式培养青少年的科学探究能力和创新思维。

（5）"科普大篷车"活动：科普大篷车是中国特色科技馆建设体系的重要组成部分，是多功能的专用流动科普选宣传设施。我馆依托大篷车展品开发出两大系列的随车活动，一是"神秘实验室"，主要是演示一些视觉效果较好的科学实验，另一个是"DIY小课堂"，主要是为参与者提供基础材料，教会他们动手制作科技小品。

3.创新科普活动

包括两类活动：

（1）馆校结合科普活动：主要是针对中小学校进行的服务。通过对全馆展品的精心梳理，并对照人教版教材体系，按年级、学科进行分类和标注，找到展品与中小学课本知识的链接点，并针对不同年级和学科设置"学习单"。馆校结合项目能够有效地服务于中小学教育工作，是学校教育的延伸和补充。此项服务活动的开展将架设起一座科技馆与学校之间互动的桥梁，使科技馆成为中小学生的第二课堂。

（2）数字科技馆网络科普活动：依托网络开展线上活动，让公众增长科学知识，体验科学过程，激发创意灵感，了解科技动态，分享丰富的科普资源。目前，重庆数字科技馆比较热门的网络活动有"慢先生""复制爱迪生""组建机器人""我爱DIY""活动发生器"等。

（二）市科协及全国性质的主题活动

每年5月份的全国科技活动周、每年9月份的全国科普日等大型活动也是我馆备受观众喜爱的重点活动节点。我馆有效把握住这些活动节点，积极组织各方科普力量，开展丰富多彩的科普主题活动，全力做好科普宣传教育。

参考文献

[1] 景佳,韦强,马曙,等.科普活动的策划与组织实施[M].武汉:华中科技大学出版社,2011.

[2] 张卫.科技馆科普教育活动的组织方法与实施步骤[J].中国科技博览,2011(33):212-212.

[3] 耿捷.科普活动案例1——北京科学嘉年华[J].中国科技教育,2012(5):16-17.

[4] 李梅.青少年校外教育科普活动的策划与实施[C]//中国科学技术协会学会学术部.第十三届中国科协年会第21分会场——科普人才培养与发展研讨会论文集,2011.

[5] 朱利荣.浅释传播方式在极地科普活动中的运用[C]//中国科普理论与实践探索——全民科学素质行动计划纲要论坛暨全国科普理论研讨会文集,2009.

[6] 刘洪峰.组织实施"科学素质工程"开创科普工作新局面[J].科协论坛,2002(9):21-24.

[7] 齐文静.以5E教学模式组织《校园科普活动》的行动研究——以"生物的进化"主题为例[M].北京:北京师范大学出版社,2010.

[8] 刘一瑞.对科技场馆如何开展科普活动的几点思考[J].黑龙江科技信息,2014(4):33-33.

[9] 郭正谊.青少年科普活动概论[M].北京:中国科学技术出版社,1992.

（重庆科技馆）

重庆市报纸科普工作现状分析及发展对策

刘　辉

摘要：本文主要关注报纸传媒的科技传播能力建设，并以《重庆日报》《重庆时报》《重庆晚报》为代表，对2014年全年各报纸的科普栏目、科普文章篇数、科普内容的领域分布等进行了系统的调研，分析了我市报纸科普的现状、存在的问题和原因，并提出了加强报纸传媒科技传播能力的对策和建议。

关键词：科学素养；科学普及；报纸；科技传播能力；对策

当今世界社会、经济和科学技术的飞速发展要求国民必须具备相当程度的科学技术素养，一个国家或一个地区公众科学技术素养的高低在某种程度上决定着其发展潜力。在科普媒介中，报纸具有不可替代的作用。中国科协2010年全民科学素养调查的结果表明，公民获取科学知识的主要途径仍然是传统媒体，而报纸因具有传播范围广、传播速度快、信息量大、易于阅读保存、经济实惠等特点而广受读者青睐。《中华人民共和国科普法》《重庆市科学技术普及条例》明确要求综合类报纸应专门开设科普专栏。但是很多综合性报纸并没有承担起足够的责任，或者是科普的内容缺乏科学性，这无疑成为公民科学素养提高的瓶颈因素。因此，针对重庆市综合性报纸传媒的实际，以对比研究为手段，分析报纸媒体科普栏目数量、质量不高的原因，提出重庆市大众媒体的科普宣传效果的对策建议，这对提高全市全民科学素养、展开科普工作的新局面具有重要的现实意义。

一、统计对象及方法

为切实地了解我市报纸传媒的科普工作现状，本文选取了发行量最大的有代表性的报纸，包括作为中共重庆市委机关报的《重庆日报》和综合类都市生活日报《重庆时报》《重庆晚报》，笔者对这些报纸在2014年1月1日到2014年12月31日期间每天的科普相关的内容进行数据采集，从科普栏目、版面、科普文章数量、选题分布等方面进行分析。

分析指标包括：①科普版面数量：表示平均每天出现的科技专版或者科学传播的版面数量。因为各种报纸平均每期设计科普的版面数量与报纸的总版数相关，本文将每种报纸登载的科技专版的平均版面数与其平均版数相比。②科普文章的比例：分析各报纸平均每一期中科普类文章或涉及科普的文章篇数。因为各种报纸平均每期科普类文章篇数与报纸的版数相关，本文将报纸登载的科普类文章平均篇数与其平均版数相比得出结论。③科普文章的选题分布：分析报纸中科普文章的选题。

二、统计结果及分析

（一）科普版面较少

从表1可知，各报纸的科普版面比较少，全年所有涉及科普的版面总数不足180版。相比而言,《重庆时报》涉及科普的版面总数最多,全年共计约 174 个版面;而《重庆晚报》和《重庆日报》的科普版面全年总数分别为 108.7 个和 61.2 个。

表 1　《重庆日报》《重庆时报》《重庆晚报》每月科普版面总数统计

时　间	《重庆日报》		《重庆时报》		《重庆晚报》	
	版面数	比例/%	版面数	比例/%	版面数	比例/%
2014.01	5.2	1.35	21.2	2.29	5	0.57
2014.02	5.1	1.93	10.8	1.97	7.2	1.41
2014.03	8.2	1.99	11	0.94	9.6	0.86
2014.04	5.0	1.23	6	0.53	18.8	1.87
2014.05	3.3	0.8	8.5	0.76	8.1	0.73
2014.06	6.5	1.5	16.2	1.4	6	0.7
2014.07	3.9	1.17	17.3	1.48	7.1	0.63
2014.08	4.3	0.99	17.8	1.3	8.45	0.74
2014.09	7.5	1.6	19	1.49	8.45	0.67
2014.10	2.6	0.77	7.7	0.91	8.26	0.89
2014.11	4.1	0.92	20.1	1.74	15	1.24
2014.12	5.5	1.27	18.2	1.45	6.7	0.63
总　计	61.2		173.8		108.7	
平　均	5.1	1.3	14.5	1.4	9.1	0.9

对比国内其他同类型报纸,《人民日报》平均每周最少有 3 个科普版面,高于《重庆日报》的每周平均 1.2 个版面的数据;而《重庆晚报》平均每周只有 2.1 个版面涉及科普,并且没有专门的科普版面,低于《新民晚报》和《羊城晚报》的每周 7 个版面的数据(见图 1)。

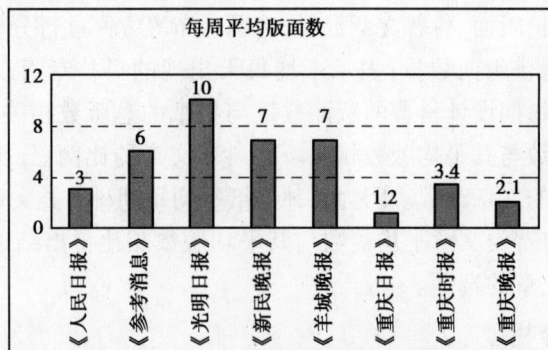

图 1　各报纸科普总版面比较

（二）大众传媒科普文章比例偏低

从表2可以清楚看到,三份报纸科普文章篇数很少,最多的《重庆时报》一年内刊登的科普文章总数为320篇,而《重庆日报》和《重庆晚报》科普文章总篇数只有221篇和212篇。科普文章占当天文章的比例见图2。从图2中可以看到,《重庆时报》《重庆日报》和《重庆晚报》的科普文章的相对比例分别为1.3%、0.9%和0.8%。

表2　三份报纸每月科普文章总篇数及科普文章比率统计

时　　间	《重庆日报》		《重庆时报》		《重庆晚报》	
	篇数	比例/%	篇数	比例/%	篇数	比例/%
2014.01	15	0.63	35	1.38	17	0.72
2014.02	18	0.92	29	1.21	17	0.7
2014.03	13	0.59	29	1.13	18	0.73
2014.04	14	0.67	31	1.33	16	0.63
2014.05	12	0.55	18	1.16	18	0.9
2014.06	14	0.54	34	1.48	26	1.03
2014.07	20	0.81	29	1.33	14	0.59
2014.08	26	1.09	37	2.04	9	0.41
2014.09	15	1.19	22	2.01	14	1.08
2014.10	32	1.85	20	0.95	15	0.71
2014.11	23	1.07	17	0.78	30	1.4
2014.12	19	0.97	19	0.94	18	0.82
总　　计	221.0		320.0		212.0	
平　　均	18.4	0.9	26.7	1.3	17.7	0.8

参考北京市"中央及北京部分报纸科学报道及科普宣传状况统计"中的数据,我们会发现,无论是北京地区的都市报,还是中央级报纸,其科技新闻无论是总量还是在报纸全部新闻总量中的比例,都比重庆市同类媒体的科普新闻所占比例高,具体见图2。其中,同属日报类的《北京日报》中科普文章比例远高于《重庆日报》,是其3.4倍;而《北京晚报》的科普文章比例更是《重庆晚报》的5倍。由此可知,重庆市的大众媒体中科普相关内容比例严重不足。

（三）科普文章涉及领域不均衡

《科普法》中对科普的定义是"普及科学技术知识、倡导科学方法、传播科学思想、弘扬科学精神",即普遍被认同的"四科"。本文对三份报纸科普类文章的题材进行归类分析后发现,普及科学知识的文章所占比重最大,涉及科学方法、科学思想、科学精神的文章数量明显偏少(详见表3)。

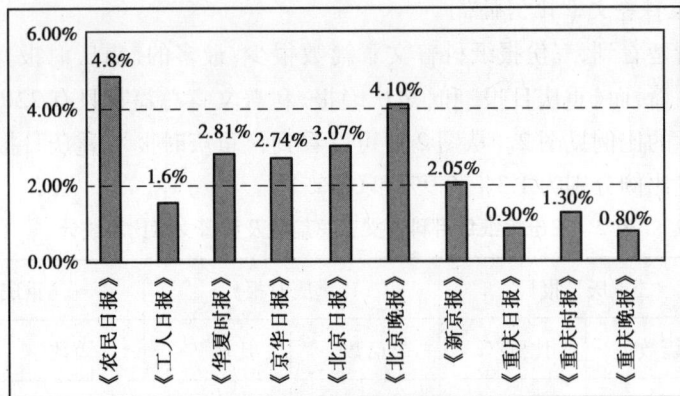

图2　各报纸科普文章的比较

表3　各报纸"四科"文章的相对分布

名　称 \ 分布	科学知识/%	科学方法/%	科学思想/%	科学精神/%
《重庆日报》	28.96	3.58	1.70	5.28
《重庆时报》	59.63	8.70	4.10	1.04
《重庆晚报》	59.39	7.88	0.00	1.21
《人民日报》	61.60	4.40	5.00	3.40
《科技日报》	69.80	2.30	2.80	2.30
《安徽日报》	53.90	7.90	3.60	3.40

国内其他报纸的数据表明科学知识的文章是最多的,在其他方面的宣传还存在较大的不足,这也直接反映了普及科学知识题材的市场需求度。但是比较发现《重庆日报》在科学知识、科学方法和科学思想的宣传上低于其他几份报纸,这与该报的政治属性和定位密切相关,随着国家对自主创新的重视,相应的在宣传方面会比较重视刊登科技新发现和科技宣传方面的文章。而《重庆晚报》和《重庆时报》在科学知识和科学方法的宣传上跟其他几份报纸持平,而科学精神方面的宣传又低于其他报纸,作为都市类报纸,市场化程度高,强调以贴近百姓生活、报道百姓喜闻乐见的新闻为导向,所以,它们刊载的科学知识和科学方法类的文章相对较多。普及科学知识的文章比例较高反映了市民对此类题材文章的需求。

三、存在主要问题分析

(一)政府从政策层面上不够重视

科普作为关系到国家利益的一项事业,其公益性特点十分明显,发达国家和地区制定了有力的科普政策。国家和重庆市都以法律的形式明确了报纸传媒在科普事业中的地位、任务,甚至连开设专栏、专版这样具体的任务都说得一清二楚。但是,当前还缺乏专门针对报纸传媒科普能力建设的具体政策规定和监督措施。同时,随着市场化程度不断提高,媒体对经济效益的追求越来越强烈,没有实质性激励政策,很难期望媒体主动增加科技报道比例。

（二）大众传媒界科普意识薄弱，对科普政策重视程度不够

长期以来，我国的传统科普没有注重发挥大众传媒的作用，科技传播自然也就难以引起大众传媒的高度重视。在这种意识支配下，很多大众传媒把科技、科普当成了配角和陪衬。

（三）媒体科技传播专业人才缺乏

现代科普的发展对科普人员提出了很高的要求，如具有一定的文理知识基础、较高的思想道德素养、掌握先进的技术和手段等。由于我国教育多年文理分科，使得从事记者、编辑工作的人员尚有一定距离，需要加强在职人员培训和专门人才的培养。人才的匮乏影响了报纸传媒科普事业的发展。

（四）科技界与传媒界缺乏交流与合作

长期以来，我国科技界与传媒界历来属于不同的社会建制，在科普工作中，二者因缺乏适宜的机制进行必要的交流与合作。科技工作者无法用科普语言来总结其研究成果，使传媒工作者很难理解和报道这些新成果。许多科学家也不愿意在大众传媒中亮相，或不屑与新闻工作者讨论科学问题。而媒体更重视的是轰动效应、新闻价值和时效性，轻视科学的真实性、严谨性和积累性。

（五）对科普的全面理解有待提高

现代科普不仅要普及科学知识，还要倡导科学方法、传播科学思想、弘扬科学精神。

四、对策建议

（一）政府应支持并监督受众面广的报纸传媒有效开展科普

政府不仅要从政策上，更要从资源上给予援助，并对报纸的科普栏目和科普文章的比例作进一步规范，明确媒体在开展科普活动中的社会责任，规范报纸传媒科普行为。同时，对报纸传媒科普工作的效果进行检查和评估，确定媒体科普投入的方向和力度，并为改进和提高科普工作提供依据。

（二）打造科技传播媒体品牌

报纸传媒科普工作也要树立品牌发展观，实现各种媒体的纵横联合、优势互补，以发挥整体优势和品牌效应，扩大受众面，并加大公众对媒体科普认同的力度，最终形成品牌忠诚度。选择一些质量高的传媒机构，重点扶持，将其进一步打造成国内先进、国际知名的品牌科普媒体。

（三）选题中注意"四科"的平衡

报纸传媒应针对不同层次公众的需求差别，做到传播内容的丰富性和针对性。在科学传播的内容选择上，大众传媒不能简单地转发一些科技新闻，在传播科学知识的同时，更应该注重对科学方法、科学思想和科学精神的传播，培养公民的科学意识和创新精神，让科学走出象牙塔，提高全社会的创新能力。

（四）加强针对科技记者的业务培训

因为科技报道的专业性，科技记者通过边工作边学习的方式提高自身能力是很困难的，而且数量有限的专职科技记者不受重视，在报社中接受专业培训的机会较少，因此需要加强对科技报道编辑和记者的业务培训。

（五）打造传媒界与科技界的合作交流平台

加强科技传播者（媒体界）和科技生产者（科技界）的沟通与对话是减少二者间信息传递

扭曲失真、提高科技传播质量与效果的有效机制,双方应建立起多样化的信息交流渠道和密切合作关系,共同肩负起科学技术传播工作的社会责任。大众传媒可定位为沟通科学家与公众的桥梁和纽带。

参考文献

[1] 潘文良.引导媒体成为科技传播主渠道的措施[J].科技传播,2012(17):33-45.

[2] 陈鹏.新媒体环境下的科学传播新格局研究[D].安徽:中国科学技术大学,2012.

[3] 徐立永,徐若菲.大众传媒对公众科学素质的导向作用探究[J].科技传播,2009(2):76-77.

[4] 郑婷,赵凤华.论科普工作与大众传媒的良性互动作用[J].科技风,2008(21):135-135.

[5] 刘成璐,尹章池.大众传媒科技传播能力评价体系的构建[J].今传媒,2012(4):107-108.

[6] 王颖聪.关于大众传媒科学传播效果的实证分析[J].今传媒,2013(10):13-14.

[7] 周曦.当代大众传媒的科普传播功能及策略研究[D].重庆:重庆大学,2009.

[8] 裴世兰,鄂雁祺,李娥,等.报纸科普的现状分析和对策研究——以《人民日报》等4份报纸为例[J].中国科技论坛,2010(11):98-104.

[9] 尹章池,赵旖.大众传媒科技传播能力的监测指标体系与能力提升策略[J].东南传播,2012(5):40-41.

[10] 王秀义.试析科普媒体的未来发展趋势[C]//中国科学技术协会学术部.经济发展方式转变与自主创新——第十二届中国科学技术协会年会(第四卷),2010.

[11] 纪涛.报纸媒体科技记者、编辑现状调查及建议[J].北京科协,2010(2):30-32.

[12] 来英,周荣庭.我国报纸科学传播能力调研报告[J].调查与研究,2008(8):59.

[13] 李耿源.综合类报纸科普专栏的优化开发[C]//中国科普研究所.中国科普理论与实践探索——2010科普理论国际论坛暨第十七届全国科普理论研讨会论文集,2010.

[14] 余俊雄.用多种媒介武装平面科普媒体[C]//中国科学技术协会学术部.经济发展方式转变与自主创新——第十二届中国科学技术协会年会(第四卷),2010.

(重庆大学物理学院)

重庆地质科普工作存在的问题及对策

谢显明

摘要：地质工作是经济建设的先行工作和重要基石，贯穿于建设的全过程，渗透在经济社会的许多方面。地质科普是地质工作的重要部分，但却没有引起足够重视。本文通过分析当前重庆地质科普工作存在的主要问题，提出了做好地质科普工作的建议。

关键词：地质；科普；问题；对策

一、地质科普的内容

地质科普就是通过多种方式方法和多种途径对地球、地质及其相关知识进行科学宣传和普及教育。地质科普的内容十分广泛，如地球的起源与演化、岩石的形成与分类、矿产资源的形成与开发利用、地质灾害的分类与防治、地震的产生与防震减灾、地质遗迹的研究与保护、地质景观与旅游、地质环境保护与可持续发展，以及相关的地质文化等，这些地质科普知识都需要宣传和普及。

二、地质科普的特点

(一)神秘性强，充满吸引力

我们生存的地球，蕴藏着无穷的奥秘。地球经历了漫长的演化与发展，岩石记录了40多亿年历史，地球的成因、地球的年龄、地球的形状与大小、地球的内部结构等，都充满了神秘的色彩，吸引人们去了解。

(二)专业性强，文字讲解难度大

寒武系、奥陶系、志留系……沉积岩、岩浆岩、变质岩；风化、搬运、沉积；断层、褶皱、层理；煤、石油、天然气；火山、地震、泥石流；等等。这每一个名词背后都有很复杂的专业知识。大学四年的专业学习也未必能把这些专业知识掌握透彻，何况在短时间用简短的语言向观众讲清这些专业知识，难度是很大的。

(三)趣味性强，受众广泛

为什么会形成高山、丘陵与平原？为什么会形成河流、湖泊与大海？海水为什么不会干涸？煤、石油、天然气是怎么形成的，为什么会燃烧？会不会用完？曾经称霸地球1.6亿年的恐龙为什么会灭绝？为什么老鼠、蛇等动物会提前感知地震？地震的发生有什么规律？……诸如此类的地质问题都非常有趣，男女老少都希望去了解并获得答案。

三、当前地质科普工作存在的主要问题

(一)对地质科普的重要性认识不够，地质科普氛围不浓

重科研、轻科普是长期以来形成的常见做法。很多科普人员甚至是领导没有真正认识到

地质在国民经济发展中的基础作用,没有充分认识到地质工作也是为民生服务的,如能源的供应、建设场地的选址、防震减灾等。以致在很多大型的科普宣传活动中,地质科普都是作为配角,布置几块展板,发放一些宣传单页而已,没有形成浓厚的地质科普氛围。

(二)地质科普资源分散,尚未形成完整的地质科普体系

重庆市科普基地中,只有重庆自然博物馆、西南大学天文地质馆、重庆师范大学地球环境与灾害科普馆、重庆工程职业技术学院地质灾害科普中心、重庆南泉地震科普教育中心、綦江国家地质公园、武隆国家地质公园、黔江小南海国家地质公园等涉及地质科普内容。而这些科普基地各自独立开展科普宣传活动,相互联系交流很少,没有形成相互联系、统一策划、分工协调统一的、完整的地质科普体系。同时,市内地质人员集中的各地质队,因种种原因没有参加到科普基地建设中来。这些年,他们的主要精力在抓经济建设上,除了每年的地质灾害防治宣传外,几乎没有主动承担其他地质科普宣传任务。

(三)地质科普设施简陋,科普形式单一

地质科普设施局限在博物馆的矿物、古生物化石标本,图片及关于野外的地质解说展板。条件好一点的有 LED 显示屏或 3D、4D 影院,可以播放宣传片。除了重新修建即将开馆的重庆自然博物馆外,其他科普场地都较小。

目前的地质科普手段,归纳起来就是两种形式:看和读。看,一是在博物馆隔着玻璃或者远距离观看一些矿物及古生物化石标本;二是观看宣传片;三是在野外参观地质遗迹或地质现象。整个过程不能亲手触摸、不能亲自参与,与地质科普寓教于乐的特征完全不符,不能满足参观者的互动体验需求。读,就是阅读解说展板上或宣传资料上深奥的文字说明。而一些科技含量高的演示体验活动或有品位、有影响力的大型地质科普讲座几乎没有。

(四)地质科普人才缺乏,科普解说枯燥乏味

由于地质科普的神秘性、专业性及趣味性等特点,要求地质科普人员具有扎实的地质专业基础知识和过硬的专业技能。目前主要是缺乏地质科普创作人员和地质科普讲解人员。

创作是科普的基础。因为缺乏地质科普创作人员,现在的地质科普资料,如解说词、地质景点解说展板上的文字说明等,都是照抄教科书或从"百度"而来,呆板、深奥,没有通俗性、趣味性和艺术性,专业人士觉得啰唆,非专业人士感到头痛。

地质科普解说员不仅需要丰富的专业知识,也需要掌握一定的讲解方法和技巧。目前,除了重庆自然博物馆、西南大学天文地质馆、重庆师范大学地球环境与灾害科普馆、重庆南泉地震科普教育中心的解说员相对专业以外,其他地质公园的解说员对有关的地学知识知之甚少或一知半解,照本宣科,对游客提出的一些问题不能科学解答。实际上,就算是在专业地质人员中,真正擅长地质科普讲解的专业人员也是少之又少。

四、搞好我市地质科普工作的对策建议

(一)高度重视地质科普工作

1.充分认识地质科普工作的重要性

地质工作是经济建设的先行和重要基石,贯穿于建设的全过程,渗透在经济社会的许多方面。矿物、岩石、化石、土壤、地形和自然景观,都是地球演化的产物和记录,构成了自然世界不可分割的一部分。植物和动物的分布不仅依赖于气候条件,也取决于地质和地形条件。地质和地形因素对于人类社会和文明也具有深刻的影响。人类是地球系统的一部分,善待地球、与

地球和谐共处是人类生存和发展的永恒主题。长期以来，人们对大自然的种种鬼斧神工、奇异景观，无法给予科学解释，便赋予了不少神灵传说。

地质科普是地质工作的重要组成部分。开展地质科普教育，可以加深人们对地球的了解和认识，自觉运用这些知识去解释奇妙的地质现象，帮助人们破除迷信，牢固树立科学的世界观。

2.努力做到地质科普与地质科研并重

增加地质科普课题的比例，在地质科普资金的安排上，应力求与地质科研资金平衡。地质科研项目结题时，应要求课题组发表一篇地质科普文章。只有这样，才能逐步扭转重科研、轻科普的现象，才能将地质科普提高到与地质科研同等重要的程度，营造浓厚的地质科普氛围。

此外，还应将地质科普工作纳入重庆市国土资源和房屋管理局、重庆市地震局、重庆市地勘局等部门和单位的年终目标考核，促使其共同参与到地质科普工作中，营造浓厚的地质科普氛围。

（二）加强地质科普队伍建设

1.整合地质科普资源，成立地质科普分会

在重庆科普基地联合会下，成立地质科普分会。重庆市地勘局是市内各地质队的主管部门，拥有开展地质科普的人才及技术优势。建议重庆市地勘局牵头，整合重庆市地震局、重庆市自然博物馆等相关资源，成立地质科普分会，牵头主抓地质科普工作。

2.发挥富余地质人员价值

随着经济发展速度放缓，地勘市场业务也逐渐萎缩，地勘队伍已经开始出现部分富余人员。通过考试，择优录用部分富余地质人员到地质力量相对薄弱的区县或国家地质公园从事地质科普工作。既解决了地质市场人多事少的矛盾，又解决了地质科普人员缺乏的问题。

3.开展地质科普从业人员培训

由重庆市科委、市科协、市地勘局、市地震局等联合开展的地质科普从业人员培训，有效提高了从业人员的专业素养和操作技能。其培训内容主要包括地质科普创作和地质科普讲解；从长远看，还应包括地质科普策划。通过培训，打造一支高素质的地质科普队伍。

（三）加大投入，完善地质科普场地及设施建设

适当增加财政对地质科普设施建设的投入。合理规划，适当增加区县地质科普场馆建设，增加实物标本及模型数量。增加对高科技手段的利用，尽量减少纯文字说明。在地质公园景区增加地质景点解说展板数量，探索在非地质公园景区适当针对典型地质遗迹和地质现象设立一定数量的地质景点解说展板。

（四）探索创新地质科普新形式

1.建设地质科普信息及展示系统

运用 GIS 现代信息科学技术，对地质公园的地质遗迹形成过程再现的演示教育系统。运用三维动画技术、拍摄 3D/4D 影片。利用数字化手段，制作展示地学的重大科研成果、方法手段及研究过程等多媒体演示系统，逐步实现科普基地的虚拟展示。

2.建设地质科普网站

开设科普网站，专人负责管理运行。网页内容应与科普基地设施建设、科普内容变化、科普活动的开展情况同步更新。通过网络向公众介绍典型地质遗迹形成、演化的知识。

3.开展主题科普活动

利用"世界地球日""防灾减灾日""全国土地日""全国科普日""科技活动周"等开展主题科普活动。同时,针对社会的突发事件或公众关注的热门话题,进行应急性科普活动,如防震减灾宣传等。

(五)充分发挥地质公园的科普作用

地质公园是以具有特殊地质科学意义,稀有的自然属性、较高的美学观赏价值,具有一定规模和分布范围的地质遗迹景观为主体,并融合其他自然景观和人文景观而构成的一种独特的自然区域。地质公园与一般风景名胜区不同,不仅要重视资源的保护,而且要重视发挥其科普教育功能,这对广大游客,尤其对广大青少年游客来说,是普及地学知识、宣传唯物主义世界观、进行启智教育的最好课堂。

重庆现有长江三峡国家地质公园(奉节)、武隆国家地质公园、黔江小南海国家地质公园、云阳龙缸国家地质公园、綦江国家地质公园、万盛国家地质公园、酉阳国家地质公园7处国家地质公园。其中,綦江国家地质公园和万盛国家地质公园已获得"国土资源科普基地"称号。应充分利用这些地质公园开展地质旅游,让游客在自然天成的地质环境里观光旅游、获得知识,从而满足游客探索大自然奥秘的好奇心,推动地球科学知识的普及。

参考文献

[1] 陈文光.论地质公园的科普教育功能[C]//中国地质学会.中国地质学会旅游地学与地质公园研究分会第21届年会暨陕西翠华山国家地质公园旅游发展研讨会论文集,2006.

[2] 林明太.地质公园科普教育存在的问题及其对策[J].国土资源科技管理,2008,25(3):133-137.

[3] 陈安泽.旅游地学大辞典[M].北京:科学出版社,2013.

[4] 国土资源部科技与国际合作司,国土资源科普基地管理办公室.国土资源科普基地建设指南[M].北京:地质出版社,2013.

(重庆市綦江国家地质公园管理所)

如何利用天文类科普场馆
开展天文科普教育活动
——以西南大学天文地质馆为例

魏寿煜

摘要：天文学是基础学科之一，开展天文科普活动可以开阔公众视野、培养科学精神，对一个人正确的宇宙观、人生观、世界观的形成有重要的意义。随着我国社会经济、科技、文化事业的发展，科教兴国战略和可持续发展战略的实施，科普场馆作为面向公众进行科普宣传教育的重要阵地，要以提高公众科学文化素质为目的，以现代展教活动等多种形式为手段，大力普及科技知识，传播科学思想和科学方法，弘扬科学精神。毋庸置疑，如何在天文类科普场馆的常规展教工作之中适时、适当地进行天文学普及教育工作，有效培养社会公众基本的天文素养和科学精神，是一个值得深入研究和探讨的课题。本文以西南大学天文地质馆为例，探讨了如何利用天文类科普场馆开展天文科普教育活动。

关键词：天文馆；科普；活动；教育

天文科普教育能吸引公众去探索科学。坚持开展天文科普活动，进行天文知识、天文观测研究方法以及天文科学精神的教育，有利于提高公众的科技素养、培养创新精神，形成科学的世界观。随着科学的发展、社会的进步，天文学知识与现实生活息息相关，人类对宇宙的探索也在不断地深入，公众比以往任何时候都更关心我们居住的地球、深邃的太空和浩瀚的宇宙，渴望获得更多关于天文的科学知识。天文类科普场馆作为以传播科学知识为主的科学普及机构，在天文科普教育方面有着义不容辞的责任和义务。因此，本文以西南大学天文地质馆为例，探讨开展天文科普活动的方法。

一、西南大学天文地质馆简介

西南大学天文地质馆包括天文馆和地质馆，展厅面积 700 平方米，藏品近 1 000 件。天文馆建于 2007 年，下设展览厅、天象厅和天文台。展览厅主要展示宇宙的精美图片、模型以及中国古代的天文仪器；天象厅通过天象仪向参观者模拟美丽的星空以及演示各种壮丽的天象；天文台利用望远镜进行实地观测，如月面观测、行星观测、太阳黑子观测，星云、星团与星系观测以及特殊天象的观测和摄影等。西南大学天文地质馆是重庆市比较少见的天文类科普场馆之一，它依托西南大学专业的学术支持，配备先进的天文仪器设备，并且培训了一支专业的讲解队伍。自场馆投入使用以来，经常性地开展天文科普教育活动，其中 2014 年 10 月 8 日的月全食观测活动被重庆电视台播报，还有多次天文观测活动被北碚电视台播报。

二、开展天文科普教育活动的对策

（一）开展天文科普活动应遵循的原则

知识性。知识性是科普活动的灵魂所在。科学知识作为科普活动的基础和核心，可作为线索隐含并贯穿于天文科普活动的始终。天文科普教育活动应将知识性放在首位,以天文学知识的普及为核心目标,以多手段、多方法来达到科普的目的。

探索性。青少年是天文科普教育的重点对象,天文科普活动的开发要善于把握青少年的心理特点及所需,多开展一些贴近生活、感染性强、探究性强的活动,使青少年通过参与活动,激发起对科学的兴趣,并形成科学的意识和观念,促使智力、思维能力和思维水平产生质的飞跃。

趣味性。趣味性是让科普活动达到预期效果,让天文科普活动的参与者很快接受并融入教育活动中来的一个重要因素。通过看起来趣味性极强的科学现象来揭示出科学的真正内涵,利于接受也容易增强记忆。

体验性。天文学是大众在生活中不易接触到的科学知识,因此天文知识的普及不能是单一的讲述式传播,而要给广大参与者创造亲自体验的机会。只有通过亲身体验、亲身经历,才能真正地感受科技的魅力,才能真正地达到深度科普的目的。

差异性。天文科普教育活动的设计一定要考虑到科普对象的差异性,要针对不同年龄、不同层次的人群设置不同类型的科普活动,使科普教育活动具有针对性。

(二)开展天文科普活动的具体措施

1.以天文观测为核心,开展天文科普教育活动

第一,将天文观测作为常态性的天文科普活动。天文类科普场馆应该以天文望远镜为优势资源,将天文科普活动作为常态性活动来开展。天文科普活动有别于普通的科普活动,它专业性较强,并且一定要依赖于专业的仪器设备和人员,因此具有这些条件的场馆就应充分利用资源,经常性地开展科普活动。

西南大学天文地质馆以展览教育和天文观测为主线,每月定期开展天文科普教育活动,展览教育活动以专业的讲解员带领参与者参观天文馆为主,天文观测活动分为月球观测、行星观测、恒星观测三个大板块。

第二,以重大天象为契机,开展大型天文科普教育活动。重大的天象如日(月)食、流星雨等都是大众关注的天文现象,也是很好的天文科普契机,天文类科普场馆应善于利用重大天象,开展大型的天文科普教育活动。比如,西南大学天文地质馆以2014年10月8日、2015年4月4日的月全食为契机,联合其他优秀科普基地,开展了大型天文科普教育活动,受到了媒体的关注,活动效果显著。

2.开展多种类型的天文科普活动

第一,积极依托场馆优势科普资源,结合时事热点、焦点问题以及最新的天文成果、前沿动态,联合相关单位或社会团体,组织天文学的专家学者,举办形式多样的天文主题科普教育报告或讲座。西南大学天文地质馆充分利用高校专业的学术资源和其他资源,邀请专家教授开展天文科普讲座,如在今年科技活动周邀请北京天文馆馆长做"天文漫谈"科普讲座。

第二,积极拓展天文科普教育活动的类型和方式,举办天文摄影展,天文图片展,天文影片科普,天文知识竞赛,辅导制作天文、航天模具等形式多样的天文科普活动。

3.针对不同人群,拓展天文科普活动的辐射面

第一,走进中小学,开展青少年天文科普活动。中小学生是天文科普活动的主要对象,天文类科普场馆要发挥其科普资源优势,因地制宜地开展相关天文主题小制作活动。天文主题小制作以实践动手能力为目标导向,提供动手平台,让青少年自主探究,从而引发他们对天文学的兴趣,让他们在探究实践活动中学到天文科普知识,提高他们的科学素养。

第二，走进社区，开展社区天文科普活动。社区居民也是科普的重点人群之一，不仅要让社区居民参与到科普活动之中，还要主动地进入社区，开展天文科普活动，可以开展形式轻松的"路边天文活动"，针对社区的天文科普活动知识性不要太强，主要强调体验性。

"天文馆进校园、进社区"活动也是西南大学天文地质馆品牌活动之一，送天文知识到校园、社区，给学生展示先进的天文仪器，以拓展视野，提高兴趣。

4. 增加天文科普载体数量，拓展专业人员的配备，提升科普服务质量

天文知识涉及面较广，对普通公众来说比较深奥和抽象，因此天文科普活动的开展必须要依托一定的载体才能熠熠生辉。这些科普载体以天文仪器为主，如天文望远镜、天象仪、天球仪等。但是，只有仪器设备是不够的，如果不配备相应的专业技术人员和讲解人员，也不能发挥仪器设备的价值，不能达到知识传播的目的。因此，天文类科普场馆既要注重天文科普载体的增加，也要注意专业人员的配备，这样才能提升科普服务的质量。

西南大学天文地质馆备有30余台专业的天文望远镜，其中包括德国APM折射望远镜、美国Meade望远镜、美国LS系列望远镜等。除此之外还备有1米高的月球仪模型、傅科摆、DigitalStar器，能为大型天文科普活动提供必要的设备支撑。此外，西南大学天文地质馆拥有专业的人员配备，除了有自己的协会之外，还得到了西南大学的专业学术支持。

5. 建立多样化的天文爱好者社团组织

天文与社会的进步、人类生产以及日常生活息息相关。自然界中地震、海啸、雷电、台风，现代的航海航天和极地考察，现代化条件下战争的精准打击等，都涉及天文知识。要诠释种种疑问，不能仅仅依靠天文工作者，还必须倡导建立各种天文爱好者组织，调动他们的积极性，通过他们来广泛开展丰富多彩的天文活动。

西南大学天文地质馆在2014年9月组织成立了西南大学天文协会，下设宣传部、活动部、新闻部、办公室四大部门，从西南大学优秀在校生中招募成员，现协会工作人员30余人，各部门分工合作，活动部负责活动策划和实施，宣传部负责宣传、现场布置与对外联络，新闻部负责拍摄、撰写新闻稿，办公室负责协会内部各种事务。天文协会作为西南大学天文地质馆的后备军，为天文科普活动的策划与开展的全过程提供了必备的人才支持，也是西南大学天文地质馆承办大型科普活动的有力保障。

6. 跟踪最新的天文研究和天文发现成果，充分发挥网络媒体的作用

通过网络开展天文科普活动，主办方既要不断学习天文学知识，又要随时关注最新天文事件、重大天象及地球气候灾难事件，多方联系，发掘利用专家资源，不断丰富与创新天文教育活动的内容。天文类科普场馆应借助新闻媒体，抓住天文热点和社会需求，从科学的角度向人们普及天文知识，让公众学会用科学的武器，去揭露那些带有现代色彩的伪科学及迷信言行，帮助公众树立正确的人生观和宇宙观，消除封建迷信、邪说以及伪科学带来的伤害。

参考文献

[1] 刘菁.浅论青少年天文科普活动的现状与发展对策[J].大众科技，2012(5)：143-146.

[2] 张立云，李明，皮青峰.高校天文协会对天文科普教育事业发展的作用探究——以贵州大学天文爱好者协会为例[J].赤峰学院学报：自然科学版，2014(14)：42-43.

（西南大学天文地质馆）

科学技术普及之创新模式研究

周福川　蒋金龙

摘要：科普事业是国家的一项战略性规划，是实现提升国民科学素质、增强国家综合实力的必要保障。本文结合当前国内科普工作现状，旨在梳理科普事业的发展脉络，为科普研究提供一定的理论支撑和参考。按照全面质量管理的方法，本文从时间上将科普工程概化为前期调研规划、中期实施和后期评价三个阶段，采用计划、实施、检查和处理的项目管理模式，研究行业部门间协同发展、广泛合作的共赢模式。本文分析了各单位、群体的特点，归纳出科普主要参与对象各自的工作要点：政府是科普组织与运作的牵头人；高校是科普源头开发与创新的承担者；媒体是科普宣传与推广的传播者；大学生志愿者、退休的高级知识分子、技术人员、科协以及职业化科普工作者是科普主力军，是贯彻执行者。

关键词：科普；产业链；协作共赢；全面质量管理；激励机制

一、引言

科普事业是一项利国利民的系统工程，科技发达国家十分重视国民综合素质的全面提升。我国作为发展中国家，科教兴国，实现中国梦的宏伟蓝图更是依赖于亿万中国人民的智慧和努力。随着国民科学知识普及和素养的提升，人们的思想得到更大解放，创造力得以开发，国家综合实力也得到进一步提升。

我国在科普研究方面起步晚，但也取得了较多、较好的成果。张慧君利用主成分分析方法构建了区域科普能力评价指标体系。罗强提出组建科普资源共享团队，从科普知识传播的源头（科普创作）到终端（公众）按照供应链管理模式实现科普资源的整合与共享。王健提出利用科技馆开展科普活动，将科技馆教育资源与学校教育资源整合，以提升广大学生的科学素质。刘亚频认为科技馆的主要受众是学龄前儿童和青少年，就此提出了科技馆如何更好地举办各种科普活动的可行建议。董全超梳理了我国流动科技馆的发展历程和现状，指出其不足，并提出了促进我国流动科技馆事业发展的政策建议。向欣从新闻媒体宣传、社区科普设施建设、科普创新活动、经费投入以及领导重视程度等方面讨论了社区科普的注意事项和发展对策。陆祖双根据亚热带植物生长特点，提出将植物研究所作为科普基地的建议，根据时令变化适时推出多种主题科普活动。祝玲以广州少儿图书馆为例，提出了做好少儿图书馆科普活动的策略，包括拓宽宣传渠道、组建科普联盟等。杨晓刚指出高校要利用自身优势资源开展科普资源开发活动、加大创新与传播、培养科普人才以承担社会责任。管苇认为通过发挥科协优势，利用好科普活动的载体功能，可以使继续教育迈向更高的平台，促进整个教育事业的发展。叶洋滨提出"科学+"品牌的科普模式，包括六个子活动：科学+ASTalk、科学+会客厅、科学+EFTlink、科学+咖啡馆、科学+在现场、科学+百日谭，尝试为科技馆科普模式提出创新方向。王兆昌从铁路行业科学普及的角度出发,从分析科普教育实践基地建设的优势及目标入手,对建设铁路科普教育实践基地进行研究,提出了若干建议。刘海静通过对石家庄市科普志愿者队伍的现状进行分析,探索了有利于其健康发展的有效措施。刘新芳对安徽省萧县部分村庄农村妇女参与科普的现状进行调查分析,探讨了农村妇女在科普中的特点,进而对传统农村科普机制的创新提出建议。段宇分析了目前农村科普工作的现状及存在的问题,并对今后如何做好农村科普工作提出了明确的措施、方法。唐金同结合广西科技馆志愿者团队建设实例,以志愿服务对科普教育工作的重要意义为基点,初步探讨了科普教育基地志愿者队伍动员机制与激励机制的建设。

综上可知,目前我国针对科普问题的研究主要分为以下几种情况:以政府牵头开展的科普政策研究;以高校、科研机构科普理论研究的源头开发创新;以媒体宣传为特色的科普传播学研究;以社团组织(协会和志愿者等)为代表的科普执行者开展科普活动研究;以建立科普长效机制的激励措施研究、以不同受众(不同年龄、性别、社会阶层)为对象进行科普内容与方式的细化研究等。本文基于现有研究成果,将科普视为一项系统工程项目,按照项目全面质量管理的方法,将科普工作概化为一条有机结合的产业链,从时间上将科普产业链分为三个阶段:①前期规划阶段,包括科普组织与运作(政府拟定计划并进行科普项目调研)和科普源头开发与创新(高校、科研院所科研成果科普化和科普理论研究);②中期实施阶段,包括科普宣传与推广(媒体跟踪报道)和科普主力贯彻执行(社团组织、志愿者等形成合力,进行科普实践);③后期评价与激励阶段(政府、企事业单位各自建立考核评估系统或方法)。又从执行流程上将产业链中的每一环节分为计划(Plan)、实施(Do)、检查(Check)和处理(Act),即项目管理的PDCA模式。科普工程需要社会协同配合、政策引导、全民积极参与才能达成共识。

二、前期阶段之科普组织与运作

科学普及在不同的地域环境中,具有选择性。自然科学与社会科学内容庞杂,人类社会发展至今,海量的科学知识和丰富的文化浸透产生了深远的影响,选择科普内容是首要解决的问题,而政府是做出这种选择的主体,它需要以更高的智慧,结合当时当地社会生产、经济建设的需要和人民精神文化需求,去搜集、罗列一批具有建设性意义且又为民众喜闻乐见的科普内容。因此,第一,科普项目调研、内容规划和制订实施计划可能成为政府相关科技管理部门经常性事务,需要花费较大人力、物力和财力去研究调查、制定相关政策引导研究,此项内容属于科技管理部门必要开支,作为调研费计列。第二,政府领导及工作人员应加强自身科普素养建设,公职人员信息技术能力也应提档升级,政府网站服务水平应有与时俱进的特点,需要不断投入时间和成本,此项费用作为政府科普能力建设费用计列。第三,开展科普活动,需要场地和平台,主办方要根据当地人口规模和经济水平建设与之相适应的科技馆(博物馆、图书馆),为了减轻财政负担,可以鼓励社会资本融入,建立政府与社会资本的合作模式,共同开发建设,作为一项准公益事业,此项费用以科普设施建设费计列。第四,要联合具有科普先天优势的高校、科研机构通力合作,设立适当比例的科普基金,以激发和鼓励科学家、教授的科普兴趣,让知识真正为人民服务,科技成果得以共享。同时,该项基金亦可鼓励社会资金加盟,共享科普成果,此项费用以科普基金计列。此四项费用开支较大,政府"出借"社会公信力,结合社会资本,实现共赢开发,是市场经济条件下的较好选择。

三、前期阶段之科普源头开发与创新

科研与科普既有区别又有联系,相同的是科学精神、求真务实的严谨态度和坚持真理的信念。伪科学与迷信正是利用了思维漏洞,捕获民众的盲从心理,抓住无独立思考之精神,无研究事物本质的能力之特点,使缺乏科学素养的部分民众上当受骗而全然不知,更为严重的影响则上升为激烈的社会冲突与矛盾,不利于社会健康良好发展。

高校和科研院所站在时代科技前沿,是最接近科学真相的群体,他们身在科研殿堂,拥有人类知识硕果,同时也在探索未知领域。与此同时,科学家(教授)与民众的学界鸿沟越来越宽,让民众望尘莫及,甚至产生一种科学被束之高阁的感觉。因此,首先要让科学变得有趣。让科学能被大众接受和理解是社会发展条件下科普工作面临的新任务,即让科学"接地气",而此项任务将催生一批能在学术界与民间实现双向沟通的职业的诞生,他们可以是专职科普者、兼职科普者或科普作家。

其次,高校可以将"校友卡"赠送给即将毕业的学子,可以方便毕业学子回校借阅书籍资料,一方面巩固了高校对学子的长效培养机制,提高了书籍的借阅率和知识的应用范围;另一方面也增强了学子对母校的依赖,这是一种双赢模式。相关管理问题虽然需要较长的时间成本,但长效机制一旦形成,其积极意义不可低估。另外,许多高校都拥有特色学科,但是这些专业通常由高考中取得较好成绩的学生重点"占领",其他专业的学生难以接触到优势学科,但是从科学普及的角度出发,本校学生拥有相同的权利享受本校的设施资源,包括知识。因此,参考重庆交通大学的科普模式,即该校特色优势学科为土木工程路桥专业,为了使部分对土木工程感兴趣的非土木专业学生有机会接触、认识优势学科,根据学生申请见习的情况,利用周末时间,学校对其他专业学生开放实验室,学生自由组合团队,在指导教师的带领下,动手操作并以实践报告的形式撰写学习报告。再者,高校可以开发一些针对科普的课程,如科普教育学、科普创作课程等,营造浓厚的科普环境,浓厚的学术、学习氛围。

最后,高校针对不同学历层的人才,对科普工作应有不同要求。比如,博士层次以上的人才拥有较多的专业知识储备,其主要精力一般集中在科学研究等前沿领域,科研能力较突出,属于理论的开发者,如果他们能够在科研项目中分配一定的时间和精力,安排、指导一部分群体从事科普工作研究开发,将产生科研的附加价值。而受指导的群体绝大多数应是硕士生,他们具备一定的科研能力,同时有扎实的基础知识,由于科研任务不重,主要处于学习和积累阶段,因此他们是将科研科普化,进行科普课题研究的主力军。本科生基本处于学习阶段,绝大多数不具备科研能力,但是他们充满热情,社会活动能力较强,而且积极肯干,又受过良好的文化教育,因此本科生可以承担科普活动的组织、宣传等工作。科研院所是以科学研究工作为本的知识密集型场所,应根据自身特点,对社会适度开放科研成果,这样既能达到科普之功效,又能提升社会声誉、增加单位收入,如广西亚热带作物研究所植物科普园根据时令变化适时推出的多种与植物相关的主题科普活动。

四、中期阶段之科普宣传与推广

科学普及的前期规划、政策方针以及项目计划不能仅仅停留在纸上谈兵的阶段,必须通过一定的途径广而告之。借助现代媒体的传播功能,对科普进行宣传是实施阶段的第一步。可以通过传统的电视播报,使科普活动安排计划传入千家万户;在常用的聊天工具(QQ、微信等)

中设置科普模块,让网络使用者耳濡目染;在公交、地铁的数字电视上播放与交通安全、自救等相关的科普内容。此外,可以在一些亲子活动、综艺节目中寓科普教育于娱乐之中,利用名人效应,扩大观众的知识面。还可以邀请一些体育健儿(如宁泽涛、姚明等)做公益广告,号召全民参与体育锻炼,科学强身健体。

五、中期阶段之科普主力贯彻执行

有了合理的计划安排、强有力的宣传工作,然后就是全力执行。首先,需要建立一支庞大且具备较强科普能力的志愿者队伍,本科生应是最合适的人选。他们可以利用寒暑假、周末或其他空余时间,参与社会或学校组织的科普活动,在社会实践中,提高能力、增长才干。其次,可以鼓励退休高级知识分子、技术人员积极参与全民科普活动,他们的阅历、知识储备、专业技能、工作经验是一笔宝贵的社会财富,应积极争取他们的加入,一方面给他们提供继续为社会做贡献的平台;另一方面也给他们提供相互沟通交流的温馨场所,比如建立老年大学,鼓励他们参加科技下乡、科普进社区等活动。

科协是科技推广与管理的团体组织,科普作为一项工作内容,应予以充分的重视和支持。其中,建立科普专家库、科普工作者声誉档案是一项重要的工作,它为今后开展科普活动提供智力支持。第四类人群便是职业化的科普工作者,在志愿服务不断推动科普教育工作发展的同时,科普教育工作会对志愿服务提出更高标准,更规范化、专业化、社会化的要求,与此同时,根据年龄(儿童、青少年、成年人、老年人)、性别(男性、女性)、家庭组成(留守、单亲、孤儿、失独者等)、社会阶层(农村、城镇职工、企业家、公职人员等)的不同,他们对科普内容(如健康养生、农技知识、旅游知识、法律知识、心理咨询、环保节能等)的喜好亦有区别。因此,一种职业化的群体应运而生,这是科普事业发展到一定程度,受政策引导和社会需求而催生的必然产物。科学普及要达到什么标准、工作做到什么程度,政府需做好顶层设计。

六、后期阶段之评价与激励机制

进入后期检查评价、处理阶段(奖先评优),我们在鼓励先进、表彰优秀的同时,还要为今后开展工作提供更高的参考和标准。政府组织的科普知识竞赛,除对优胜者颁发荣誉证书及奖金之外,还可以将科普效果纳入政府行政服务能力的考核之中。高校教授在申请科研基金时,将其科普内容与计划(对国民科普贡献度)纳入能否获得基金资助的评判指标之中;硕、博士生毕业或评奖评优时,将科研能力、科普工作列入评分项目;本科生在获得助学金、奖学金时,将科普志愿工作中的表现及能力作为一项参考。企业应组织员工学习科技知识,将科普知识的学习纳入继续教育课程安排之中。有条件的单位可提供若干科研生产课题,鼓励员工以科学的思维和方式去解决生产实际中的问题,鼓励发明创造,提高企业生产力水平,并作为员工晋升、评定职称的考核指标。另外,根据企业对社会科普的贡献程度,国家财政部门可经过严格把关,将企业科普社会贡献度作为依法减税免税的激励措施。对社团、科协举办科普活动的频率、效果也要进行考评,以此作为接受政府划拨科普经费的依据。

七、结语

科普事业属于一项复杂的系统工程,涉及各行各业的知识内容,需要各个行业的人士广泛开展合作交流,全民积极参与,建立学习型社会。本文按照科普产业链的脉络进行梳理,挖掘出科普工程的内在产业链关系及其协作方式,主要从4个方面提出建议:

第一，从时间上将科普工程划分为前期调研规划、中期实施和后期评价三个阶段，以便于按照事物发展的先后次序，有条不紊地开展科普研究及相关活动。

第二，按照全面质量管理的思路，合理地对每个阶段的任务进行工作管理，以保证每个环节的质量和最终的科普效果。

第三，指出科普主要参与对象各自的工作要点：政府是科普组织与运作的牵头人，高校是科普源头开发与创新的承担者，媒体是科普宣传与推广的传播者，大学生志愿者、退休的高级知识分子、技术人员、科协以及职业化科普工作者是科普主力军，是贯彻执行者。

第四，分析了各单位各群体的特点，按照其科普贡献能力，提出了一些激励机制以供参考。

参考文献

[1] 张慧君，郑念.区域科普能力评价指标体系构建与分析[J].科技和产业，2014，14(2)：126-131.

[2] 罗强，刘敢新.科普创作与传播知识链的组织模式创新与激励[J].重庆大学学报：社会科学版，2014，20(6)：104-110.

[3] 王健.新形势下的科技馆科普活动创新思考[J].内蒙古科技与经济，2014(8)：39-40.

[4] 刘亚频.对科普活动的认识与思考[J].科教导刊，2014(7)：241-242.

[5] 董全超，许佳军，唐伟，等.对组织流动科技馆为基层开展科普服务的实践与思考[J].科技创新导报，2014，11(4)：249-250.

[6] 向欣.信阳市社区科普工作现状及问题分析[J].河南科技，2014(2)：240.

[7] 陆祖双，黄小江，余炳宁，等.发挥植物科普园自身优势，开展特色科普活动——广西亚热带作物研究所植物科普园科普教育建设实践与探索[J].农业研究与应用，2014(5)：78-80.

[8] 祝玲.试析少儿图书馆的科普建设——以广州少年儿童图书馆为例[J].科技情报开发与经济，2014，24(10)：105-107.

[9] 杨晓刚.高校科普资源开发与共享的探索与研究[J].中国高校科技，2014(4)：34-35.

[10] 管苇.发挥科协网络优势　强化科普活动的继续教育功能[J].海峡科学，2014(5)：68-69.

[11] 王兆昌.铁路科普教育实践基地建设几点思考[J].上海铁道科技，2014(2)：116-117.

[12] 刘海静，樊香萍，王猛，等.石家庄市科普志愿者队伍的发展现状[J].产业与科技论坛，2014，13(3)：118-121.

[13] 刘新芳.农业女性化背景下的农村科普机制创新研究——基于安徽省萧县的调查[J].合肥学院学报：社会科学版，2014，31(2)：97-100.

[14] 段宇，刘香荣.浅谈乌兰察布市农村科普工作的现状、存在问题及对策[J].内蒙古农业科技，2014(1)：19-20.

[15] 唐金同.科普教育基地志愿者队伍动员机制建设初探——以广西科技馆志愿者团队建设为例[J].大众科技，2014(3)：172-175.

（重庆市渝西水利电力建筑勘测设计院）

科学普及促进群众文明素养提升的路径研究

林山东[1]　黎洪银[2]

摘要：针对当前我国群众文明素养提升面临的困境，本文从科学技术普及的视角出发，通过对我国科普发展历程的梳理总结，探寻科普促进群众文明素养提升的重要意义，提出了五大工作路径，以期为科协和社会的科普实践提供理论服务，为政府部门制定科普政策和推进精神文明建设提供决策依据。

关键词：科学普及；文明素养提升；路径研究

文明素养是民族文化力量的凝聚，是国家民生进步的体现，是人类在思想政治、道德品质、创新能力和生态文明等方面所应达到的水平。如果迷失了文明方向，一个国家将失去高尚的品质与美德，失去民族的凝聚力与生命力，失去经济社会持续发展与进步的动力。所以，鲁迅先生指出："中国欲存争于天下，其首在立人，人立而后凡事举。"在实现伟大中国梦的今天，提升文明素养更是成为时代进步的客观要求。然而，与世界上许多国家一样，我国群众文明素养的提升也面临同样的困境：教育发出的信息与收到的实效之间形成了越来越大的反差，年轻一代"精神滑坡"现象日益严重。因此，促进群众文明素养提升的路径研究成为了当前精神文明研究的重要课题。本课题组从科学技术普及（以下简称科普）的视角出发，通过对我国科普发展历程的梳理总结，探寻了科普促进群众文明素养提升的重要意义和有效路径，旨在回顾历史，发现规律，为我国科协和社会的科普实践提供理论服务，为政府部门制定科普政策和推进精神文明建设提供决策依据。

一、科普促进群众文明素养提升的内在逻辑联系

科普是科学领域一项崇高而神圣的事业，指以通俗化、大众化和公众乐于参与的方式，普及科学知识，倡导科学方法，传播科学思想，弘扬科学精神，树立科学道德，以提高全民族的科学思想素质与公民道德素质的活动。英国学者贝尔纳曾指出："只有能够理解科学的好处的全部意义并且加以接受的社会才能得到科学的好处。"科普知识是人类精神财富的重要构成，是人们在认识自然、改造自身等实践活动中总结并被证明的科学原理，符合马克思主义认识论，对于人类的文明行为养成具有明显决定作用，也符合人类行为习惯理论，对于人类的文明行为养成具有显著推动作用。在人类文明发展历程中，科学的精神、方法、原理对我们的工作生活方方面面产生了重大影响。因此，科普在提升群众文明素养方面具有特殊的价值和意义，可以成为促进群众文明素养提升的有效路径。

二、我国科普的发展历程与群众文明素养的提升

世界的科普发展历程，是一部伴随科学和技术发展的演进史，也是一部群众文明素养的提升史。中国的科普事业也不例外。在党和政府的支持下，我国科普不仅吸纳了西方发达国家

的一些优秀的科普经验和做法,而且沿着中国特色的科学技术发展轨迹逐步成熟,不断提升着我们的文明素养。中国的科普发展历程大致分为3个阶段:

（一）开创探索阶段（1949—1977）

中华人民共和国成立后,百废待兴,以"普及科学知识、提高人民科学技术水平"为宗旨的科学普及局与中华全国科学技术普及协会相继成立,标志着中国科普进入开创探索阶段。此阶段的科普工作取得了巨大的成绩,不仅切实提高了群众的科学知识水平,而且有效地提升了他们的文明素养。一是破除了形形色色的封建迷信思想。中华人民共和国成立之初,算命、卜卦、占星术流行,风水先生生意兴隆;人们有病不去医院,而是求神拜佛……政府通过举办大量科普讲座,宣传了"从猿到人"的人类生物进化历程,宣传了生命科学、防病治病、新法接生等科学知识,以正确的观点解释了自然现象与现代科技的成就。中央领导人还以身作则倡导身后实行火葬,改革了丧葬习俗,为破除封建迷信作出了重要贡献。二是改变了历史遗留的一些不良风俗习惯。政府针对部分地区卖淫嫖娼、包办买卖婚姻的恶习,欺行霸市、聚众斗殴的盛行,以及不洗手、不洗澡、不刷牙等不良现状,大规模地进行了《婚姻法》《民法》等普法宣传运动,开展以"讲究卫生,消灭疾病,提高人民健康水平"为目标的爱国卫生运动,增强了群众的遵纪守法意识,鼓励了青年的自主结婚行为,改变了不良卫生习惯,新风尚得到了很大发扬。三是提高了人民群众的实用生产技能。科普工作与党和政府的中心工作紧密结合,围绕生产开展实验研究活动,通过讲演、展览、出版、电影及其他方法进行实用生产技术宣传,为工人提供了生产技术培训,为农民推广了先进生产经验,使群众掌握了一些科学实用的生产技能。

（二）恢复发展阶段（1978—2001）

1978年全国科学大会与1980年中国科协全国代表大会相继召开,使科普工作得到了全面恢复。随之陆续建设了科技馆、天文馆、博物馆等科普阵地,推动了科普读物、科普影视、科普动漫等文化产业的迅速发展,有力地提升了群众的文明素养。一是促进了群众的思想大解放。通过形式多样的科普宣传,现代科技的最新成果和科学思想得到了有效普及,特别是"科学技术是第一生产力"的科学思想更是家喻户晓,为中国带来了思想领域的一次大解放,形成了中国社会发展的强大动力。科普成为解放人民思想观念的重要手段。二是满足了群众对新知识、新思想的渴求。针对"文化大革命"造成的书荒,从1979年至1988年,全国大约出版了科普图书2万种,既促成了中国科普读物的繁荣,又满足了人们对新知识、新思想的渴求。三是科普成为提高民族素质的关键措施。1994年党中央发布了《中共中央、国务院关于加强科学技术普及工作的若干意见》,这是第一个涉及科普工作的纲领性文件,从社会主义现代化事业的兴旺和民族强盛的角度出发,从科教兴国的战略高度,指出了科普是提高全民族素质的关键措施。从此,中国的科普观念发生了大转变。

（三）创新发展阶段（2002年至今）

2002年6月29日,《中华人民共和国科学技术普及法》颁布施行,标志着我国科普工作进入了创新发展阶段,人民群众的创新能力素养、生态文明素养、思想政治素养等得到了显著提升。一是科普成为提升民族自主创新能力的重要手段。随着《国家中长期科学和技术发展规划纲要（2006—2020）》和《全民科学素质行动计划纲要（2006—2010—2020）》的颁布实施,提高人民群众创新能力已经成为科普事业的重点,对于促进公民全面发展,提升民族自主创新能力,建设现代创新型国家,具有十分重要的意义。二是科普提升了群众的生态文明意识。自

2004年起,针对科技的迅猛发展带来的环境污染、能源危机、生态危机等日益严重的负面效应,科普工作围绕科学发展观,集中宣传了节约能源资源、保护生态环境、合理消费、循环经济等内容,帮助广大群众树立了正确节约、保护环境、保护生物多样化的生态意识,并促进了民众科学、文明、健康的生活工作方式的养成。三是科普提高了群众参与公共事务的能力。随着构建和谐社会理念的提出,科普在继续强调"四科"普及的同时,更加关注科技与社会和谐发展理念的传播,将人文因素更多地渗透到科普实践活动中,把科学技术的作用、责任以及人类的生存意义紧密联系起来,强调发挥人文精神对科学技术的渗透和制约作用,使其更好地造福人类。

三、新时期科普对促进群众文明素养的重要作用

在国际竞争日益激烈的今天,各国均十分注重科技水平的普及和提高,纷纷提出了科教兴国的发展战略。党的十八大也作出了"普及科学知识,弘扬科学精神,提高全民科学素养"的重要部署。科普不但是新时期推动经济发展和社会进步的重要手段,而且对于促进文明素养具有重要作用。

(一)推动公共决策科学化民主化进程的需要

政治素养是现代文明素养的核心内容。政治素养的高低已经成为现代文明发展水平的重要标志。而掌握科学思维方法是提高群众政治素养的基本前提。它不仅可以帮助人们掌握科学的工作方式和方法,形成正确的思维方式、行为方式和决策方式,增强分析问题和解决问题的能力,而且对树立正确的世界观、人生观和价值观具有重要意义。作为科学普及的四大任务之一,倡导科学方法有利于提升政治素养,可以增强群众维护自身权利、行使民主权利和参与公共事务的意识和能力,从而推动公共决策科学化民主进程。

(二)荡除各种伪科学封建迷信活动的需要

道德素养是现代文明素养的主要内容。群众的科普现状对社会道德素养提升具有决定作用。在一定程度上,科普的比例越大,群众的道德素养提升越快,反之,群众道德素养提升越慢。近年调查显示,我国的科普水平有了显著提高,但只分别占美国、欧盟国家的1/23和1/15,而且随着"蛟龙"号潜入深海、"神舟"号升入太空、百年航母走向远洋的同时,各种伪科学与封建迷信却日益猖獗起来,成为当前"司空见惯"的一种社会公害,不但混淆了人们的视听,破坏了社会刚刚建立起的科学信仰,而且败坏了社会风气,破坏了家庭稳定,给精神文明建设造成了严重伤害。因此,要反对伪科学,破除封建迷信,提升群众的道德品质,必须提倡真科学,大力开展科学普及活动。

(三)提升现代群众生态文明意识的需要

目前,面对资源约束趋紧、环境污染严重、生态系统退化的严峻形势,经济发展整体水平低、人口压力大、人均资源少、生态环境脆弱仍是我国的基本国情。保护生态环境,树立全面、协调和可持续的科学发展观已经成为全党全国全社会的共识。而建设生态文明,最根本的是要提升群众的生态文明素养。目前,我国劳动者中文盲半文盲的比例较高,科学意识相对较低,技能水平相对落后,资源开发量大面广,生态建设情况复杂。通过科普教育,可以有效提高劳动者的科技文化素质、生产生活技能,造就高素质的人力资源,促进人力资源的合理配置,提高生产效率,从而协力建设美丽中国,实现中华民族永续发展。

(四)培养民族创新意识创新能力的需要

创新是一个民族的灵魂,是一个国家兴旺发达的不竭动力。目前,部分群众创新意识不

够,创新能力不强,与处于高速发展期的我国经济现状很不适应。究其原因,部分在于对科普工作的重要性认识不够,缺乏现代科学精神。科学精神是人类科学文化的灵魂。钱学森指出:科学精神最重要的就是创新。弘扬现代科学精神可以有效地更新劳动者观念,引导公众从传统的以物为中心、追求经济增长转变到以人为中心、促进人的全面发展与进步,为培养创新意识奠定坚实基础。因此,弘扬科学精神,是提高群众素质的一项重要内容,也是整个民族更加文明的重要标志。

四、新时期科普促进群众文明素养提升的有效途径

文明素养体现了一个国家或地区的文明程度,是文化软实力的重要组成部分。党的十八大作出了"普及科学知识,弘扬科学精神,提高全民科学素养"的重要部署。在全面建成小康社会和实现民族伟大复兴中国梦的今天,应该充分发挥科学普及的重要作用,大力实施目标体系构建工程、制度创新工程、资源倍增工程、科普文明研究工程、人才素质提升工程,不断提高精神文明建设工作的质量、水平和实效。

(一)以提升群众文明素养为着眼点,大力实施目标体系构建工程

精神文明建设与科普相辅相成、相互影响,具有同心同向同行的互动作用。各级文明办与科协要将提升文明素养作为共同目标,逐步建立科普促进文明素养提升的目标体系。一要树立全社会共同推动的长期发展理念。各地区要将科学、文明、卫生、节能、环保、时尚等分散元素融汇成通俗化大众化的理念,通过学习宣传获得社会的普遍认同,并不定期开展针对非科学、伪科学、反科学、不文明社会现象的专项整治行动,确保取得实效。二要制定立体式全覆盖的中期战略规划。在中央做好顶层设计的同时,各地区应尽可能将科普水平与文明素养提升具体量化,确立共同努力的核心指标体系,实现同规划、同部署、同落实,避免因囿于人财物等因素,出现行使职责"两张皮"的现象。三要确立有针对性的近期行动计划。各级文明办与科普机构,要围绕共建目标,经常性组织科普促进文明素养的大型展示活动,针对当前普遍存在的涉及群众文明素养提升的热点难点问题,及时召开联席协商会,从科学角度解决各种突出问题,有效预防公众事件发生。

(二)以建立长效机制为切入点,大力实施制度创新工程

精神文明建设与科普都是长期性、系统性的社会工程,建立健全约束力强、行之有效的制度体系是工作落到实处、长期坚持的关键。一要增强制度系统性。参照《全民科学素质行动计划纲要实施工作方案》的责任分解模式,在精神文明建设与科普工作的交叉领域,每年设定一些共同考核指标,定期分析评估建设成效,并根据科技进步与社会发展,因时、因事、因势做出必要调整,以提升工作的系统性。二要增强制度针对性。针对基层科普队伍复杂、科普制度单一的现状,注重常态性与突发性相结合,长远性与当前性同考虑,尝试以政府购买服务、表彰、奖励和引导为渠道,以志愿服务队为补充的科普与文明传播制度,重点将突发事件设计成生动的现实教材,突出载体创新,突出综合治理,提升工作的针对性。三要增强制度执行力。科协与文明办要在增强工作关联度的基础上,不断强化群众的制度意识,增强执行制度的自觉性,着力营造良好的执行氛围;要建立健全对制度执行情况的监督机制,不断拓宽监督渠道,整合各方监督力量,形成监督合力;要将制度执行纳入责任考核范围,健全"一把手"负总责、分管领导各负其责的工作机制,明确责任分工,按照责任制要求进行考评。

（三）以提高工作效益为着力点，大力实施资源倍增工程

1996年中宣部等国家部委提出开展"三下乡"活动，2002年中央文明办等部门提出"四进社区"活动，经过多年的坚持和努力，取得了突出成效，其原因在于围绕共建目标，整合资源，形成合力。科普要切实促进文明素养提升，需要加大精神文明建设与科普领域人力、载体和教育资源的整合力度。一要整合人力资源。党政部门要把文明素养提升作为共同使命，将工作、活动、检查作为共同目标任务，形成促进全社会文明素养提升的中坚力量。积极利用国外与国内留学生资源，将发达的科学技术介绍到国内，将文明的生产生活方式介绍到国内，使其成为科普与文明传播的领军梯队。二要用好活动品牌资源。坚持开展"四进社区""三下乡"等品牌活动，充分利用报纸、广播、电视、互联网等现代信息技术手段，不断创新活动载体，积极构建社会热点宣教平台，力求宣教活动家喻户晓。在加强正面引导的同时，高度重视社会负面典型事件的宣传教育。三要用活群众自我教育资源。注重发挥学校教育、网络阵地、展览展示的作用，密切围绕科技与文明素养主题，丰富传播内容，重点加强对学生群体、中老年群体的宣传教育，拓展科普提升文明素养的渠道。

（四）以探索内在规律为突破口，大力实施科普文明研究工程

面对受众群体构成复杂、宣传手段方法各异、宣教效果难以科学评估的现状，需要贴近受众，加强对科普提升文明素养内在规律的研究，以更好地指导实际工作。一要加强受众群体特殊性与规律性的研究。精神文明建设与科普面对的群体构成复杂，受众心理更是千差万别。一方面要研究两项工作受众群体心理的共通性，提出宣传普及的通用办法；另一方面要研究不同地域、文化、年龄、性别等群体心理的特殊性，提出有针对性的宣传普及办法，达到"对症下药、药到病除"的效果。二要加强科普促进文明素养提升手段的研究。针对以网络、手机等为标志的新媒体时代，科普方法很多，而文明素养提升的有效手段却很少的现状，要根据时代特点、技术进步、群众文明素养水平，一方面研究如何继承发扬传统科普手段；另一方面研究如何充分利用新兴科普手段，从而提出行之有效的手段方法。三要加强科学普及评价方法的研究。针对政府主导、设计实施项目落后的现状，要在广泛调研、深入访谈的基础上，注重研究受众对现有实施项目的反映和效果，对每一个实施项目进行及时评估，最终提出整改建议。

（五）以加强能力建设为主抓手，大力实施人才素质提升工程

提升科普工作，促进群众文明素养，队伍是基础，人才是关键。新时期科普促进群众文明素养提升，关键要结合工作实际，以能力建设为主抓手，加强精神文明建设与科普工作人员的培训，锻造一支坚强有力的传播队伍。一要加强职能职责培训。根据战略规划的各项指标，加强目标内容、实现路径、内在规律、责任感使命感的系统培训，将科普促进文明素养提升作为实实在在的工作来抓，培养虚功实做的能力，增强队伍的战斗力。二要加强创新能力培训。要学会抓住最好时机，实现受众最大范围参与，取得最好成效的有益尝试，要在继承好传统普及方式的基础上，学会利用现代传媒手段，创新传播形式。学会综合运用小品、戏剧、小说、电影、歌曲等多种表现形式，提高传播的趣味性和生命力。三要加强普及能力培训。要实现精神文明建设与科普的工作成效，就必须学会在实际工作中对群众的宣传普及能力。要学习群众的语言体系，学会用群众听得懂的语言进行宣传普及。要理解百姓的"开门七件事"，学会在学习、健康、工作、生活中进行普及。要关注各种社会现象，充分利用负面事件进行普及，增强群众的识别能力，切实取得普及的实际效果。

参考文献

[1] 赵伶俐.人生价值的弘扬——当代美育新论[M].成都:四川教育出版社,1991.

[2] 周孟璞,松鹰.科普学[M].成都:四川科学技术出版社,2007.

[3] 贝尔纳.科学的社会功能[M].陈体芳,译.广西:广西师范大学出版社,2003.

[4] 章道义.中国科普:一个世纪的简要回顾[M]//中国科普名家名作.济南:山东教育出版社,2002.

[5] 胡锦涛.坚定不移沿着中国特色社会主义道路前进 为全面建成小康社会而奋斗[N].人民日报,2012-11-09(2).

[6] 靳晓燕,齐芳."钱学森之问"引发的思考[N].光明日报,2009-12-05(1).

(1.重庆市大渡口区区委宣传部 2.重庆市大渡口区社科联)

基于科普功能的蜜蜂产业主题工厂设计与实践

刘振平

摘要：为推动我市科普工作健康发展，发挥三峡蜜蜂产业科普教育培训基地在三峡蜜蜂产业发展中的促进作用，本文将蜜蜂产业链相关知识作为科普内容，以体验、互动、真实为原则，在充分考虑科普功能的基础上对蜜蜂产业主题工厂进行设计与实践，将工厂划分为不同科普知识功能区及体验区，在情境中实现科普内容"寓教于乐"的目的。

关键词：科普；蜜蜂产业；工艺流程；设计与实践

如今，健康的话题无处不在，如何保持健康是人们每天都在思考的问题。蜜蜂产品是我国传统的药食两用资源，具有良好的医疗保健作用，蜂产品的种类较为丰富，主要包括蜂蜜、蜂胶、蜂王浆、蜂蜡、蜂花粉等，其保健价值主要体现在预防慢性疾病、抗辐射、抑菌抗病毒、降血脂、降血糖、增强免疫力等。众所周知，蜂产品的生产过程较其他产品不同，蜂产品的产生过程即是对自然环境和生态平衡的保护，蜜蜂授粉是促进生态文明的一项重要措施，大力发展蜜蜂产业是使生态保持或恢复"青山绿水"重要途径之一。开展蜜蜂产业科普工作有利于更多的人了解、支持并参与蜜蜂产业。本文融科学性、知识性、趣味性于一体，深入浅出地描述了基于科普功能的蜜蜂产业主题工厂的设计理念及实践，对于促进蜜蜂产业知识的普及，充分发挥科普基地功能具有重要意义。

一、基于科普功能的蜜蜂产业主题工厂设计要素

创建蜜蜂产业主题工厂是一项复杂的系统工程，需要综合考虑场馆建设条件、参观蜂产品选择、艺术表现手法和专业普及内容等各个方面。设计一个蜜蜂产业主题工厂需要考虑以下几个要素。

（一）展项内容科普化

一个成功的基于科普功能的蜜蜂产业工厂需要历经概念设计、总体环境设计、展项内容设计、展项结构设计、展项造型设计、后台软件设计等过程。其中进行展项内容设计时，要根据参观群体的性质对专业知识有所取舍，在文字、图像和音乐等各个方面都有针对性。要求展项内容不仅客观准确，而且通俗易懂，专业构架明朗，知识线索清晰。

（二）参观过程互动化

蜜蜂产业主题工厂不是普通静态的展览过程，而是融入了蜜蜂活动、产品工艺、产业意义等的动态交互过程。它的设计思路在于通过高新特效表现手法与综合性科学知识的融合，让参观群体在亲自参与、亲身体验中获得真实体悟。参观者坐在蜜蜂环绕的环境中，体会"近蜂者长寿，近蜜者百岁"传统理念；参观者深入蜂产品加工车间，置身于现代化的生产流水线上，

了解加工处理流程。

（三）场景设计真实化

与一般蜂产品工厂不同，在该主题工厂中要尽量完整真实地再现蜂产品产生的实际过程。其中包括地理环境概况、蜜源植物介绍、蜜蜂种类及其养殖技术、蜜蜂对蜂产品的采集过程，蜂产品原料收集、储藏运输过程、蜂产品加工及网络营销过程等。

二、基于科普功能的蜜蜂产业主题工厂设计内容

蜜蜂产业主题工厂的主要知识线索包括蜜蜂种类及生长环境、蜂产品加工过程、蜂产品医疗保健体验、蜂产品网络销售体验等。

（一）科普场景设计

如图1所示，蜜蜂产业主题工厂分为：峡之秀区、蜂之佳区、蜜之甘区、养之道区、艺之魅区、网络营销体验区及多功能厅等功能分区，现具体介绍如下。

（1）峡之秀区：主要包括三峡库区的地理概况、蜜源植物特点、中华蜜蜂的概要等科普内容，宣传三峡库区作为我国优质蜜源地特有的自然条件，让参观者了解三峡蜜蜂产业的巨大发展潜力。

（2）蜂之佳区：主要内容为中华蜜蜂对于发展蜜蜂产业相对于西方蜜蜂的优势、中蜂标本展示、生物习性、饲养管理及病害防治等。本功能区作用在于宣传扩大中蜂养殖规模及提高蜂产品质量的意义。

（3）蜜之甘区：科普内容包括蜂产品原料采集、鉴别、储存、加工的相关知识及过程，将蜂产品生产过程透明化，化解部分人对蜂产品安全的担忧。让参观者充分了解高新技术应用于蜂产品后给人们带来的享受。

（4）养之道区：主要展示蜂产品用于营养保健、医疗的主要成分及其效果的研究成果。同时，设置蜂产品疗效体验，让参观者亲身体会蜂产品的保健效果。

（5）艺之魅区：展示与蜂学相关的书画作品、历史人物，并设置蜂学文化名品摆台供参观者品味蜂学魅力。

（6）网络营销体验区：运用现代电子商务技术实现蜂产品多渠道、多模式的网络营销，其中包括天猫、京东、微信等营销途径，让参观者了解与现代营销技术结合后给蜜蜂产业带来的巨大变化。

（7）多功能厅：主要设置了桌椅、多媒体大屏幕、音响设备等，供展示综合科普宣传片及开展相关知识讲座使用。

（二）科普体验设计

如图2所示，科普体验区主要设置特色蜂箱、观景平台、迷你蜜源植物迷宫、蜂产业创意活动空间、游泳池、休息平台等区域及设施，具体介绍如下。

（1）通过特色蜂箱体验蜜蜂环绕、亲临养蜂现场的感觉。

（2）观景平台用于参观者充分体验蜜蜂产业在保持"青山绿水"良好生态方面的重要作用。

（3）通过迷你蜜源植物迷宫使参观者充分感受"三峡蜜库"特有的产业资源及产业环境，为更多人了解、热爱、参与三峡蜜蜂产业奠定基础，从而促进三峡蜜蜂产业的发展。

（4）蜂产业创意活动空间可以为参观者或从事蜂产业的人员提供创业宣传及策划支持，营造创新创业氛围。

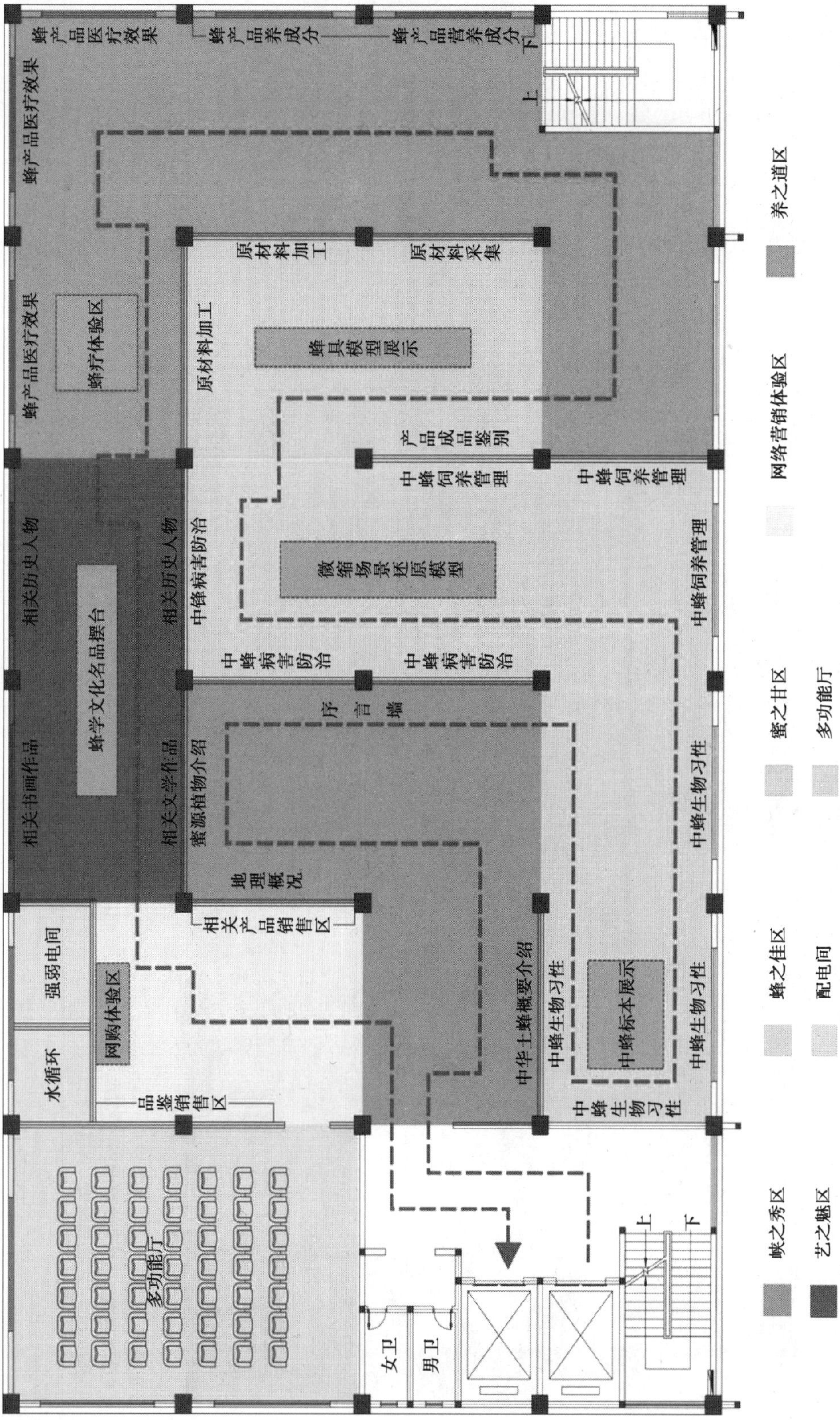

图 1 蜜蜂产业主题工厂功能分区图

养之道区

网络营销体验区

蜜之甘区 多功能厅

蜂之佳区 配电间

映之秀区

艺之魅区

基于科普功能的蜜蜂产业主题工厂设计与实践

平面图

N

1 m 3 m   7 m   15 m   30 m

图2 科普体验区设计图

图例：

01特色蜂箱   02荷花盆景   03小桥流水   04活动空间   05组团绿化   06汀步   07迷你植物迷宫   08阳光草坪(烧烤区)   09叠流   10景观小品   11休息平台

12游泳池   13组团绿化   14观江平台

（5）游泳池及休息平台为参观者提供放松、休闲的环境，充分体验蜜蜂产业、人类、生态环境和谐相处带来的感受。

三、基于科普功能的蜜蜂产业主题工厂建设实践

基于科普功能的蜜蜂产业主题工厂是以重庆市级科普基地——重庆蜂谷美地生态养蜂有限公司三峡养蜂科技园为依托，是在充分总结多年科普工作经验的基础上进行设计与实践的，其作为新型的普及蜜蜂产业知识的表现手法，具有不可比拟的优点，它直观、生动、形象，在较短的时间内就可让参观者领略到现代蜜蜂产业的独特魅力，激发科学兴趣、启迪科学观念，在情境认知中达到寓教于乐的目的。它通过互动参与的方式，让参观者体验科技的美妙与神奇，满足了公众了解科学、学习科学的需求，同时也吸引仁人志士投身蜜蜂产业。目前具体场馆已基本落成，相信在开放发挥科普作用后，一定会受到广大群众的喜爱，同时推动三峡蜜蜂产业发展。

参考文献

［1］唐雨薇，宁方勇.蜂产品的保健医疗作用［J］.信息化建设，2015（5）：115-116.

［2］王姗姗，王捷，杨文超，等.蜂胶抗氧化作用研究进展［J］.中国蜂业中旬刊（学术），2012（1）：74-78.

［3］张敬强，李位三.浅析蜂产品污染的原因及其防止措施［J］.蜜蜂杂志，2004（12）：14-15.

［4］陈维太，陈祥富，何秉远，等.蜂产品抗氧化糖尿病治本新证［J］.中国蜂业中旬刊（学术），2014，65（1）：55-57.

［5］杜相富，邹志坚.蜂产品与人类健康［J］.四川畜牧兽医，2006，33（3）：18-19.

［6］哈力木拜克·阿汗.浅谈蜂产品质量安全与人类健康［C］//中国养蜂学会.2012年全国蜂产品市场信息交流会论文集，2012：113-114.

［7］韩威超.蜂胶的药用价值及其应用前景浅析［C］//中国畜牧兽医学会，华东区中兽医研究会.华东区第二十次中兽医科研协作与学术研讨会论文集，2011：234-237.

［8］雷明霞.面若桃花食为先——谈古代蜂产品的保健美容作用［J］.中国蜂业，2008，59（7）：46-51.

［9］李海燕，吴忠高，石艳丽，等.蜂产品在医疗保健中的应用特点及发展误区分析［J］.中国农学通报，2007，23（8）：80-83.

［10］刘建涛，赵利，苏伟，等.蜂花粉生物活性物质的研究进展［J］.食品科学，2006，27（12）：909-912.

［11］刘明，尹伟荣，杨飞，等.蜂花粉与松花粉主要组分和食疗保健功效探讨［J］.蜜蜂杂志，2009，29（7）：3-5.

［12］刘晓敏，赵国伟，申如明.蜂产品对亚健康人群的保健作用［C］//2008年全国蜂产品市场信息交流会论文集，2008：79-80.

［13］倪淑华.蜂产品的保健作用［J］.健康向导，2010，16（3）：31.

［14］钱伯钦.蜂产品的营养和保健［J］.食品与健康，2002（9）：16-17.

［15］舒刚，李英伦.蜂胶的药理作用及其在动物保健中的应用［J］.兽药与饲料添加剂，2004，

9(3):21-23.

[16] 王举凡,蔡宏高.蜂产品的保健机理[J].科学与文化,2002(4):50.

[17] 谢文闻,童越敏,何微莉,等.蜂蜜保健和药理作用研究进展[J].中国食物与营养,2012,18(10):58-63.

[18] 玄红专,桑青,吴玉厚,等.不同蜂产品抑菌效果的研究[J].食品工业科技,2008,29(3):136-137,140.

[19] 闫继红,董捷,孙丽萍.蜂产品保健——糖尿病防治新观念[J].中国食物与营养,2003(9):44-46.

[20] 张复兴,陈黎红,王建梅.蜜蜂产品与人类健康[J].中国蜂业,2014,65(8):57-59.

[21] 侯春生,张学锋.生态条件的多样性变化对蜜蜂生存的影响[J].生态学报,2011,31(17):5061-5070.

[22] 翁连海,陈玉洁.长白山生态蜂产品综合开发的途径与设想[C]//吉林省绿色食品开发学术研讨会论文集,2004:187-189.

[23] 余林生,吉挺,张中印,等.生态环境对蜜蜂与蜂产品安全生产的影响[J].中国蜂业,2009,60(10):45-47.

[24] 王彪.蜜蜂授粉是促进生态文明建设的一项重要措施——学习党的十八大会议精神心得体会[C]//中国养蜂学会.2013年全国蜂产品市场信息交流会论文集,2013:48-49.

[25] 赵韩,许铁娟,张炳力.基于科普的汽车模拟工厂设计研究[C]//2008年安徽省汽车工程学会学术年会论文集,2008:7-10.

(1.重庆安全技术职业学院

2.重庆蜂谷美地生态养蜂有限公司三峡蜜蜂产业科普教育培训基地)

行业科普建设中的行与思

万巧

摘要:认识到不足,才能有发展;持续改进,才能有突破。本文从质检行业科普工作的发展出发,对质检系统建设科普基地的意义进行了详细阐述,结合科普工作实际情况,对地方科普发展的共性问题和行业科普存在的特性问题进行分析,以问题为导向,探讨了行业科普建设与创新发展的措施与思路。

关键词:质检;科普基地;行业科普;对策

历史总在浓墨重彩中掀开新篇章,2016 年,注定它的不平凡。2016 年 5 月 30 日,全国科技创新大会、两院院士大会、中国科协第九次全国代表大会在北京隆重召开。这是共和国历史上又一次科技创新盛会。习近平总书记在会上发表重要讲话,把科技创新摆在更加重要位置,吹响建设世界科技强国的号角。我国科学技术发展将迎来又一个充满希望的春天。2016 年 4 月 19 日,国家质检总局在北京隆重召开了全国质检系统科技大会,这是质检总局成立以来的第四次科技大会,对于我们质检科技工作者而言意义非凡。在大会上,质检总局局长支树平以亲身经历讲述了科普工作的重要性,他谈到,在前不久中央党校学习中,他邀请党校同学参观了中国计量院的科普展厅,在之后的几天里,大家都津津乐道地讨论着计量、谈论着科普,这些同学不是一般的学生,他们都是省部级的一把手、中央重要部门领导人,在平时的工作中,科普可能并不在他们的重要工作范畴,但通过此次的参观,却在他们心中点亮了科普之光,作为举足轻重的各级领导人,他们必将在今后的工作中成为科技工作乃至科普工作最有力的推动者和管理者。

作为质检科普人,我为之骄傲,也深感质检科普工作任重而道远。值得一提的是,在质检"十三五"科技创新规划中,明确将质检科普工作纳入发展目标,这为质检机构参与科普活动奠定了坚实基础。质检部门是一支"靠技术执法、凭数据说话"的队伍,可以说,科普工作是质检科技工作的重要组成部分,开展好质检科普工作,是落实科学发展观,提升公众质检科学素质的重要要求。作为重庆市科普工作的新成员,我们对质检科普工作开展进行了理论探讨,既认识到它的特殊性,也发现它与地方科普发展的共性问题,积极思考并提出了发展建议。

一、质检系统建设科普基地的意义

通过在质检系统建设科普基地(简称质检科普基地),公众有了获取质检科学知识的平台,不仅能够有效提高全民的质量安全意识,还有利于国门安全,提升质检科普影响力,意义重大。

(一)普及质量安全意识,强化质量强国理念

近年来,由于各类质量安全事件的发生,人们对食品安全、儿童产品质量安全、日用消费品

安全以及各类特种设备安全等问题愈发关注,中央各部门多次提出"迈向质量时代,建设质量强国"的理念。质量强国是一个系统性的工程,需要质量文化的长时间的沉淀。一方面,生产企业作为质量强国的主体,要注重将质量提升到最重要的地位。"质量是企业的生命,品牌是企业的形象和信誉。质量兴则企业兴,企业强则国家强。质量强企是质量强国的基础。"质检总局支树平局长讲话中特别强调了企业应是质量强国的主题。另一方面,消费者要有质量安全意识,要学会运用质量的大旗维护自己的权益,同时要发挥质量监督作用,督促企业为提高产品质量而努力。同时为了更好地传播质检科普知识,质检科普基地在实际的科普活动中加入了很多生动、形象和有趣的元素及方式,使得原本枯燥的科普活动变得充满趣味性,如此一来大众的质量安全意识在质检科普基地寓教于乐的科普活动中得到了提高,进而构建出一个质量共治的新时代。

(二)普及国门安全意识,提高公民科学素质

当前,社会大众对于国门安全的认知多数是建立在对埃博拉、MERS、SARS、H1N1 等流行性极强的传染病的了解上。国门安全是一个分支复杂、点多面广的学科。检验检疫部门作为严守国门安全的生力军,在严防外来生物入侵方面做了大量的工作。同时,随着我国与国外各国签署旅行协定以来,到国外旅行的人员逐步增多,归国时总想带点礼品送给亲属,殊不知我国关于进境可以携带的礼物有专门规定,有好多人因为不熟悉检验检疫相关规定而携带了不允许入境的物品,造成了一定的经济损失。总之,严守国门安全、避免外来有害生物入侵是一个急需向社会公众普及的知识领域。质检科普基地可以充分利用自身独一无二的优势开展国门生物安全科学方面的展示和教育。可以利用展览馆、标本室以及网络展示在进出境货物、进出境旅客中截获的有害生物图片、标本等成果,还可以利用现代科技手段设计视觉效果,使得相关质量安全知识不仅具有很强的实用性,还具有很大的趣味性,进而提高大众的质量安全意识和科学素质。

(三)提升质检科普影响,全新视角开拓科普服务范畴

随着我国经济和教育水平的不断发展,我国大众的科学素质也得到了很大的提高,但与此同时我国大众对相关科普产品的需求与要求也增加和提高了。面对这种形势,要想满足大众对科普产品和服务的需求,必须多渠道扩展科普服务范畴,增强科普服务的新颖性,而质检科普基地就有其得天独厚的优点。作为技术执法机构,各质检部门利用科技周、质量安全月开展了丰富多彩的科普活动,开发了质量高、影响力强的科普作品,通过报刊、网络等主流媒体及"两微一端"新媒体新技术普及质检科普知识。重庆检验检疫局建设的"重庆市进出境动植物检疫及物种资源保护体验中心"就建立有自己近年来截获的有害生物标本馆,无论在质量上还是在规模上均能满足科普工作需要,该中心通过开展送科普进校园进社区、实验室开放等有特色的科普活动,丰富了公众的质检科普知识,同时也宣传了质检工作,得到了公众的认可。特别是该体验中心建立在重庆"渝新欧"的起点上,正好也建在了"一带一路"的关键节点上。2014 年以来,不仅国家领导和重庆市委市府各级党政干部亲临调研参观,全国各地的政府调研组也一波接一波必到铁路口岸,该科普基地自然而然进入了他们的视野,甚至国家发改委前主任徐绍史也对重庆铁路口岸建设有这一科普基地颇感意外。该科普基地不仅是一个前沿哨所,它展现了重庆经济社会的迅猛发展,先进的技术检测实力正强有力地支撑着重庆外贸的快速增长;这更是一个窗口,充分体现了重庆市科委对于科普基地建设的高

瞻远瞩,为所有来参观的人们带来了惊喜,这里居然建有一个重庆市级科普基地,重庆市科普工作由此可见一斑。

二、质检科普工作存在的共性与特性问题

回望过去,是为了更好地走向未来;认识不足,是为了从中汲取经验和教训。质检科普工作的重要性毋庸置疑,所取得的成绩让我们倍感欣慰。但认识到不足,才能有发展,持续改进,才能有突破。雄关漫道真如铁,而今迈步从头越。在重庆经济社会科学发展、快速崛起的关键时期,契合重庆经济社会实际需要的科普建设,以问题为导向,从解决问题出发,才能真正谱写出科普工作更为壮丽的篇章。

（一）存在的共性问题

在《重庆市人民政府办公厅关于印发重庆市科普事业发展"十三五"规划的通知》中,明确阐述了当前重庆市科普事业发展存在的一些共性问题,其中一些问题也是质检科普发展症结所在:一是政府主导作用发挥不充分,"重科研、轻科普"现象依然普遍存在,政府投入科普经费不足,科普工作长效运行机制尚未形成。二是科普活动水平不高,影响力不强。科普活动组织策划水平参差不齐、体验互动性不充分,导致对公众吸引力不够,市民缺乏有效参与科技事件和热点问题讨论的机制和渠道。三是专职、专业科普工作队伍总量不足,结构不合理,科普场馆功能发挥不够。科普主要工作手段单一,依靠网络媒介、新型社交媒体等开展科普工作力度不够、质量不高等等。

（二）存在的特性问题

作为科普工作的成员之一,质检科普在整个科普大家庭中仍然处于弱势地位。它的弱势地位不仅体现在经费等核心问题的保障,更多的是软环境方面的缺失。例如,从政府到社会公众,人们普遍对质检科普工作的社会效益认识不深,质检科普在科普行业的大联合、大协作中处于初级阶段,活动中往往是形式上的联合多于实质上的参与。同时,质检机构管理者的主要精力也集中在科技成果的产出、转化和人才培养上。作为质检科技的主力军,科研和技术人员更是注重与自身业务发展密切相关的本专业领域的课题、论文等科研成果,而很难将精力投入科普工作之中。此外,由于人们对质检科普工作的重要意义认识不足,科普工作的落实难以得到保障,大部分质检机构都没有建立开展科普工作的相关保障体系。

三、关于行业科普发展前景的思考建议

不论是质检科普、教育科普,还是环保科普、农业科普和卫生科普等,各个行业都存在科普工作的共性和自身的特性,只有汇聚了各个行业科普的发展之力,才能真正助推整个科普事业的大发展。按照"十三五"规划的要求,重庆市科普事业发展应聚焦全市建设西部创新中心的战略目标,树立政府主导、职能部门协调、自然科学与社会科学同步推进、全社会共同参与的"大科普"理念,以服务科技创新、服务人的全面发展为导向,以能力建设为主线,以构建新型科普工作体系为支撑,着力激发创意,积极宣传创新,主动服务创业,到2020年,初步形成与西部创新中心相适应的科普服务能力与科学传播体系。科普事业的发展目标为科普工作指明了方向。我们目标明确,必大有所为。在此,本文从质检科普人的角度,就行业科普发展的前景提几点建议:

（一）要提升科普工作社会地位

一是要在思想层面重视科普工作的开展,统一思想,明确科普工作的作用和地位,即给

"科普工作"正名。领导干部尤其要摒弃科普工作无足轻重、无关紧要、细枝末节的认识,专家学者要转变对科普工作"不务正业"的认识,基层工作人员要改变劳而无功的观念。二是要在实际行动中,重视科普工作的开展,包括逐步推动科普工作体制、机制的完善,加强科普经费的投入与保障等。三是要提升科普工作的职业认可度,包括完善职业从业人员的晋升渠道,对从业人员的产出给予充分认可和技术评价;对参与科普工作的专家、技术人员给予鼓励和表彰,建立从国家到地方的较为完善的科普奖励表彰体系等。

(二)转变科普角度

一是转变思路,从公众需求出发。在物质生活不断提高的今天,公众对科普需求程度日益高涨。公众习惯于通过信息网络索取有用的科普知识,科普作为一种传播产品,要从金字塔式的"自上而下"的传播模式向网格式"点对点"的传播进行蜕变,从公众实际需求出发进行设计,标题要独树一帜、吸引眼球,内容要与艺术、人文有机结合,提升品位,才能在海量的信息中被公众选中。二是创新活动形式,增强参与性。公众不仅需要通过百度、微信等信息化手段获取科普知识,同时也渴望在现实中参与高水平的文化科普活动。例如,新闻报道了一个草编艺术展,出乎展方预料,该活动吸引了数万名市民参观,但展品质量太差,结果令市民大为失望。由此可见,文化科普市场巨大,但科普活动的设计要有开放性,活动质量水平要高,要强调公众在活动中的参与感,增强活动吸引力,尤其要借力重大事件开展系列科普传播。三是要营造理性探讨的氛围。转变专家主动、公众被动的现象,搭建公众可以参与的、既不为政府代言也不刻意迎合公众的交流平台,倾听公众声音,倡导公平、理性探讨。

(三)打破行业观念

从提升公民科学素质的大科普角度看,科普没有行业之分。应该跳出行业体制、机制的思维,打破行业观念,促进科普事业向前发展。一是集中行业力量和优势,办出有传承、有影响、有号召力、公众真正喜欢、真正能够实现线上线下、屏内屏外共同参与的社会性科普活动,增强公众学习的认同感和主动性。2016年科技周活动期间,由重庆检验检疫局参与承办的国门安全进校园活动就是一次很好的尝试。二是各行业公共设施需要合理使用。如场地、活动室、自然保护区等,应该敞开胸怀,按照其实际承载力和容量来设计科普内容,放弃谁建设谁使用、宁可空着也不让别人使用的传统思维,应该以服务公众为核心目标,让其他行业的优质内容资源来丰富、增强本行业公共设施的科普内容。三是国家科普工作的主管部门需要通过搭建平台、融通渠道、促进共享等方式,谋划设计能够让尽量多的行业共同参与、发挥作用的科普项目,让行业科普工作逐步从形式上的联合转变为真正的优势互补、富有活力的科普大联合格局。

(四)承载"双创"梦想

"大众创业、万众创新"是国家基于转型发展需要和国内创新潜力提出的重大战略,让那些有能力、想创业创新的人有施展才华的机会,实现靠创业自立,凭创新出彩。重庆市"十三五"科普事业发展规划的四大目标之一便是让科普产业初具规模。所以,在新形势下,科普产业发展必然要围绕时代特征和公众需求,突出创新性,体现时代特征,适应市场化规律,打破传统的科普盈利模式,通过扩大文化产业链,不断向上下游衍生,从单一产品盈利扩展到全方位的盈利空间,使科普文化产业对社会资本的吸引力不断增强,从而为科普文化产业的长远发展注入强劲动力,这必将推动科普文化产业迅速发展。科普产业市场是巨大的,不论是需求的市场还是创业的市场,如何在它们之间搭建平台,让需求变为创意、让创意变为创新、让创新变为创业,从而实现科普事业更好更快发展的美好愿景,这应是当前科普发展值得深思的问题。

参考文献

[1] 张利刚,安奉凯,连春雨.质检科普基地建设与创新发展[J].价值工程,2015(32):229-230.

[2] 李悦.新媒体背景下的科普产业创新研究[D].武汉:武汉科技大学,2015.

[3] 卢佳新,陈永梅.行业科普事业现状对比分析和思考——以环保、农业等行业为例[J].科技管理研究,2015,35(24):50-54.

[4] 莫扬.我国科普资源共享发展战略研究[J].科普研究,2010,5(1):12-16.

[5] 孙丽君.生态文明视野中科普文化产业的发展趋势[J].东岳论丛,2015,36(3):130-134.

(重庆出入境检验检疫局)

多种科普模式在社区健康教育中的实证研究

喻　垚

摘要：目的：本文对目前广泛使用的几种科普模式进行了实证效果分析，以探讨一种受居民欢迎又效果良好的健康教育模式，提高全民健康素养。方法：在重庆市沙坪坝区选取4个社区开展多种模式的癌症防治科普宣传活动，活动开展前调查部分居民对报纸或宣传手册、电视、讲座形式的接受意愿，活动开展后调查参与者的满意度和对活动内容的了解程度，并比较几种科普模式的渗透程度以及经济性。结果：文化程度低的居民以及老年人更易于接受传统的面对面模式，对科普知识的接受效果最好，但成本也最高；文化程度高的居民以及中青年则易于接受借助新媒体渠道开展的健康教育，覆盖面广，效果好，成本也最低。结论：互联网时代，借助新媒体的科普方式仍无法取代传统的面对面科普模式，应针对不同人群以及地区采用综合性科普模式。

关键词：科普模式；健康教育；实证研究

随着人们生活节奏的加快及饮食、生活环境的改变，与不良生活方式密切相关的一些慢性病（如糖尿病、高血压、恶性肿瘤等）已成为影响居民身体健康的主要疾病，也逐渐成为严重的社会公共卫生问题。许多国家和地区针对慢性病均开展了一系列行之有效的健康教育和健康促进活动。健康教育是公民素质教育的重要内容，但是由于专业技术人才和优秀的健康科普作品匮乏，政府扶持力度较小，社会力量对健康教育宣传活动的重视和参与不够，我国公众的健康知识与技能以及早期预防理念与行为仍然比较欠缺。因此，要使居民对慢性疾病的早期预防观念深入人心，提高健康素养，需要开拓创新、加大力度开展健康教育宣传工作。

目前，我国开展健康教育的方法主要有：讲座、义诊、一对一指导、分发宣传手册、借助于微信微博等媒体传播，可归纳为传统的线下模式和借助于新媒体渠道的线上模式。借助新媒体宣传是近几年新兴起来的健康教育模式，因其具有即时性、互动性、可视性、平等性等特点和优势而深受公众喜爱，正在被广泛试行。然而，由于缺乏规范性的媒体监管制度，随之而来的一些网络流言、伪科学虚假信息也带给众多市民以迷惑。受传统观念的影响和新技术的相关制约，目前全社会科普活动仍以传统的线下模式为主。在健康教育中采用什么科普方法才能真正让大众受益，使广大群众的自我保健意识和积极参与意识不断增强，正是值得广大科普学者探讨的话题。为此，课题组人员在2015年11月—2016年6月，在沙坪坝区选取4个社区作为示范点分别开展了形式多样的健康教育活动，探讨传统线下模式和借助新媒体的线上模式在社区居民健康教育中应用价值。

一、近期开展的多样化健康教育方式概况

癌症的发生、发展与不良生活方式密切相关，为纠正不良生活习惯，提高居民防癌意识，应通过调整饮食、行为、运动、心理以及早期发现来预防癌症，形成科学的防癌观念和行为。近期

课题组成员开展了形式多样的普及癌症防治知识的健康教育活动,一方面是进行传统的深入社区的面对面式健康教育,主要有:8次讲座、4次义诊、不定期的一对一指导、6次发放宣传手册;另一方面是通过媒体平台普及癌症防治科普知识,主要有:5期微信知识竞赛、3期通过电视台投放防癌专题节目、微信平台不定期分享防癌科普知识文章、远程呼叫播放防癌科普课程。

二、对不同文化程度以及年龄阶段居民参与科普方式的调查分析

(一)不同文化程度、年龄阶段居民对四种科普方法的意愿性调查

在开展健康教育活动之前,课题组成员分别在学校和社区发放了健康教育方式(包括报纸、电视、网络和讲座)的意愿性调查问卷,共收集文化程度较高的在校学生(18~30岁)调查问卷291份,文化程度较低的社区老年人(55岁以上)调查问卷185份。数据统计显示,在校学生的健康教育方式可接受性相对较均衡,较趋向于通过电视(占32%)、网络(占34%)的方式,随后是讲座形式(占21.8%);社区老年人侧重于电视(占63.7%),其次是报纸(占21.3%),网络形式最低(仅占4.4%)。

(二)不同文化程度、年龄阶段居民在讲座和微信知识竞赛中的构成比

在微信知识竞赛中,统计了361名参与人员的基本信息:高中以上文化程度88.4%,年龄分布主要在23~55岁者占86.2%。开展面对面讲座以及义诊咨询共120人:高中以上文化程度20%,年龄分布主要在23~55岁者占15%。

从以上数据可看出,不同年龄、不同教育程度的人群对健康教育的接受途径不同。这同庄雅丽等人的研究结果类似,故需要对不同人群采取不同的方案开展健康知识普及活动。

三、两种科普模式在健康教育工作中实践效果分析

(一)参与者对两种代表性科普模式的反响

选取两种模式中具有代表性的活动方式,即讲座和微信知识竞赛,在每场活动开展后进行满意度调查,并测试参与者对科普内容的了解程度。共调查了120位讲座活动的参与者,对讲座的满意度人群占93%,答题准确率为87%。共电话调查了150名微信知识竞赛参与者,对微信知识竞赛满意人群占81%,答题准确率为85%。

由于是针对不同人群开展的活动,参与者对两种科普模式的满意率以及答题率均在80%以上,线下模式的满意度比微信知识竞赛满意度更高。进一步调查对微信知识竞赛不满意的原因,归纳起来主要有以下几方面:①网络平台不稳定,有时答题页面无法打开。②在没有专业人员讲解的情况下,"知其然不知其所以然",理解不到位,印象不深刻。③感觉组织者不够重视,资源投入不够。

(二)两种科普模式的效率对比

经统计,面对面线下科普模式在沙坪坝区共计有2 670人次参与,所用课题费用约18 000元,人均费用6.7元。通过媒体平台的线上科普模式的参与人次超过80 000(包括电视台栏目、微信知识竞赛活动以及微信科普文章推送),共花费用约37 000元,人均费用约0.5元。由此可见,从渗透程度以及经济性来看,通过线上媒体平台进行科普教育较传统模式渗透率更高、宣传更快捷、成本更节约。

四、两种科普模式利弊分析

(一)采用传统健康教育活动利弊分析

因近期开展的系列传统健康教育活动均有一定针对性,课题组均进行了精心的准备和策划,并邀请我院该领域的知名专家,采用通俗易懂、深入浅出的讲解方式,参与者普遍反映对癌症防治知识有了进一步的了解,对纠正不良生活习惯、尽可能减少或避免高危因素有了进一步的认识。因此,采用传统线下科普模式事前进行系统的策划和充足的准备,对提升参与者自我保健意识无疑是非常必要的。

然而,线下的健康教育模式,参加活动人数一般在几十人左右,且多为老年人。分析其原因主要有:①部分社区工作人员对宣传教育活动不够重视,宣传力度不到位;②虽然某些社区工作人员进行了广泛宣传,但居民(特别是健康人群)对慢性疾病的早期预防意识还相对欠缺;③上班族工作忙,压力大,没时间参与。

总之,传统的健康教育模式对部分居民确实起到了健康指导作用,对他们健康素养的提升有一定的帮助,然而受益人群较少,造成大量的人力、物力资源浪费。

(二)通过新媒体途径传播开展健康教育利弊分析

由于网络、微信获取资讯快捷、内容丰富,受到越来越多市民的喜爱。其传播渠道多样,覆盖面广,传播速度快,互动便捷,并具有超强的社会影响力,因此,通过媒体对健康教育进行普及是很好的一个选择。通过媒体和网络对居民进行健康教育普及的重要前提是内容要科学、准确。

然而,由于政府监管部门对媒体和网络内容的审核和规范仍存在着不足,目前在一些网站、微信、微博等存在着一些不正确,甚至是错误的知识和信息,给媒体受众带来了误导和危害。比如,转基因食品是否对身体有害,微信朋友圈里的文章就众说纷纭,影响了新媒体的传播声誉和公众对其的信任度。

结合我国目前的现状,健康教育活动有着种种因素的制约,其人员、经费设备、医疗卫生服务普及性以及教育、信息资源和技术等方面都存在着区域性差异,特别是在农村地区、中西部地区,健康教育宣传方式简单俗套,相关设备配置不全,经费保障不足,运行机制不畅。根据2010年第六次全国人口普查数据显示,我国60岁以上的老年人有1.78亿,占全国总人口的13.32%,其中,65岁以上的老年人就有约1.19亿,占到了全国总人口的8.92%。我国现阶段60岁以上的老人文化程度普遍较低,加之视力和行动能力的退化,大部分老人对计算机基本不懂,手机的使用基本也局限于接听电话。因此,根据我国目前的国情,要想提高全民的健康素养,仅仅通过新媒体进行健康教育宣传也有一定的局限性。2013年11月的调查数据显示,中国网民数量已突破6亿人,但从另一个方向来看,非网民依然有7亿人之多。所以,通过网络和新媒体开展科普工作的覆盖面仍然是不够全面的。

五、建议

结合上述传统线下模式与新媒体线上模式实践活动的利弊分析,我们认为应充分发挥两者各自的优势,形成效率高、效果好的科普模式。具体的改善措施如下:

(一)完善健康教育管理体制

做好全社会健康教育工作,提高全民健康素养。个体层面的健康宣传普及很难调动群体来参与,需要各部门联合努力和全社会广泛参与,即政府部门—社区居委会—企业—医院—学校形成一个以政府为监督协调主体的网络结构,各部门共同参与,及时沟通。由各社区居委会或企业负责对该社区居民或企业员工进行评价,根据其文化程度、年龄集中分布状况、生活习惯、健康科普知识知晓情况以及对健康教育内容、数量、形式的需求作出及时反馈;由医院及学校共同负责提供专业的科普普及人员及活动的策划方案,充分调动基层单位的积极性和主动性,最终形成全民共同参与的健康教育环境。

(二)搭建具有权威性的健康教育网络平台

随着经济的发展,居民文化水平的提高,手机、互联网使用率也随之增加,要加大健康教育的宣传面,需要搭建具有权威性的健康教育网络平台。媒体监管机构必须选择专业性的医学工作人员和法律顾问,谨慎审核、鉴别转发的信息,对错误或不准确的信息及时予以澄清、纠正;没有准确的、权威的健康科普知识或信息支撑,不可轻易传播或转发。

(三)因地制宜开展多种形式的综合性健康教育模式

开展社区健康教育活动前,需要对当地居民的文化程度、年龄阶段、居住环境以及当地的医疗卫生资源进行整体考察,通过专业人员对该活动进行策划。如:对于居民普遍文化程度较低、中老年人较多、居住环境较差、传染病例较多的地区,健康教育内容应多针对传染病的传播途径、如何预防及改善个人卫生习惯等方面进行普及。健康教育方式可采取一对一指导、开展讲座、分发宣传手册、播放科普电视电影等形式。

对于经济发展较快、生活节奏快、文化程度较高的居民密集区,则注重相关慢性疾病的预防以及心理方面的疏导,鼓励居民保持良好心态、规律生活、多参与户外运动,详细讲解病因及诱因。健康教育方式可借助于新媒体(如网络、微信渠道)发送科普知识、开展指示竞赛,还可以在电梯电视等公共信息终端播放科普微电影、等来传播健康知识。

对于文化程度、年龄阶段分布均衡的地区,需要将传统线下模式和新媒体线上模式联合起来,打造出有针对性的、覆盖面广的综合性科普模式。

参考文献

[1] 石明,张滨,吴宗辉,等.重庆市居民健康知识知晓及行为形成情况分析[J].重庆医学,2013,42(5):536-541.

[2] 林芳,邹小平.社区开展预防肿瘤健康教育的效果评价[J].中国卫生事业管理,2010,25(8):517-518.

[3] 袁华,李文涛,彭歆,等.长春市城市社区老年高血压患者健康教育知信行调查[J].中国老年学杂志,2015,35(8):4658-4660.

[4] 李家伟,景琳.基层医疗卫生机构健康教育存在的问题及对策研究:基于国家基本公共卫生服务规范要求[J].中国全科医学,2015,18(16):1961-1963.

[5] 庄雅丽,张雪梅.不同护理健康教育方式对不同文化程度和年龄患者的效果评价[J].齐鲁护理学杂志,2015,21(3):147-149.

[6] 罗希,郭健全,魏景斌,等.社交媒体时代科普信息传播的困境与突破[J].科普研究,2012,6(5):5-8.

[7] 刘卫秋子.论如何利用微博做好科普宣传[J].科技情报开发与经济,2015,25(4):147-149.

(重庆市肿瘤研究所)

试论中小型博物馆未来的发展方向
——以重庆巴人博物馆为例

唐　斌[1]　袁文革[2]　杨　光[3]

摘要：我国现有近3 000座中小型博物馆，均为中国地方文化的承载者、发扬者。但就现在的发展状况来看，多数中小型博物馆陷入了服务质量下降、观众减少的恶性循环中。本文以重庆巴人博物馆为例，试图探究该类博物馆目前所面临的问题，提出中小型博物馆未来发展方向的相关建议。

关键词：中小型博物馆；重庆巴人博物馆；发展方向

我国地大物博，作为我国历史文化艺术的展示单位，博物馆是宣传中国文化的前沿阵地。随着改革开放的深入，我国也进入了文博建设的黄金期。现有的4 000多座"各类博物馆已基本构筑起了中国比较完整的博物馆体系，且许多新的博物馆仍在诞生之中。"但是不能否认的是，在经过了快速的数量发展阶段，众多中小型博物馆还急需提高质量。

2015年1月，国务院通过了新的《博物馆条例》，该条例强调了社会力量入局的观点。随着民营博物馆力量的加入，博物馆发展呈现多样化的态势。这就对原有的众多区县国有中小型博物馆带来了不小的挑战，这些博物馆正陷入无人问津、馆内服务质量下降的恶性循环。所以，提高博物馆人气，唤起人们对文化遗产的危机感迫在眉睫。本文通过对中小型博物馆现状问题的分析，提出了对该类博物馆未来发展方向的相关建议。

一、中小型博物馆存在的发展困惑

截至2013年年底，我国现有4 165座博物馆，这个数量是相当庞大的，但是总的来看，其中优秀、高等的博物馆数量较少，中小型博物馆数量占有3 000座甚至更多。"这个小型，不仅是指博物馆建筑的小型化，而且是指文物收藏的不丰富，文物陈列的不高雅，科学研究的不精深。收藏的情况不理想，陈列教育的功能就很难实现。"笔者也通过在工作实地调研、网络查询等方式，对数十座中小型博物馆进行了分析研究。以重庆巴人博物馆为调研核心，并结合其他省市中小博物馆为例，通过对博物馆发展近况的说明，来初步揭示我国中小型博物馆在发展中的困惑。

重庆巴人博物馆是国内首个专门展示巴人、巴国、巴文化的中型博物馆。巴人博物馆独特的陈展主题是博物馆的一大特色，它结合重庆地区特有的巴人历史，讲述了先秦时期本地区的巴文化。作为一种地域性的文化，富有地区特色的陈展内容亦能引起观众们的共鸣。

另外，巴人博物馆在地理区位上具有极大的优势，博物馆坐落在九龙坡区巴国城内。作为国家4A级景区，巴国城整体环境优美，景区集文化、观赏、休闲、娱乐、商务、会议、餐饮等功能为一体，这些都为博物馆带来了巨大的人流量。此外，博物馆整体坐落于仿古建筑群内，亦展现了其独特的文化气息。

博物馆自 2007 年开馆以来,参观人数稳步提升,现基本稳定在 500 人/天。考虑到博物馆实际可参观面积为 1 167.5 平方米,在展文物约 206 件,面积偏小、文物数量不多,博物馆所取得的成绩依然是较为可观的。

但巴人博物馆同样存在着"再发展"的难题,要在现有的基础上更进一步发展存在着不少障碍。本馆在经费投入、区域位置等方面都有着得天独厚的优势,而在藏品收集、文化衍生品方面又存在着一些问题,如何将这些优势进一步发扬,做到扬长避短、充分发展是我馆管理人员主要考量的问题。

首要问题体现在主题展品的缺乏。本馆虽以巴人为主题,但馆内在展的巴人文物偏少,除主要的巴人船棺外,其他巴国文物鲜有特色,与中原地区传统区别不大。主要介绍都通过展板、影视资料展线,说服力较弱。其次,非巴国时期的文物的加入,亦容易冲淡展示主旨。从调研数据得知,本馆实际藏有文物仅 404 件,其中有 159 件为借用文物,自身馆藏文物偏少已成为本馆的致命短板。

其次,文化衍生工作开展较少。与我国众多中小型博物馆一致,巴人博物馆与九龙坡区文管所是两套牌子一班人马,在完成了文管所的一些行政工作之外,鲜有精力和时间推广文化衍生工作。这都体现在诸如临展数量较少、质量较差等方面。展陈主体以绘画展为主,工作简单但社会影响力较小。此外,相关衍生品较少,结合巴人文化的衍生品只有类似于巴人咂酒之类酒水饮品,或者是基于巴人弓弩设计的射气球小游戏,整体衍生品内容较为低级,缺少新鲜感。同时,随着巴国城建设的逐渐成熟,现巴国城内的餐饮与休闲的功能逐步完善,博物馆所处区位正逐渐变成商业气氛浓厚的街区,而在文化产业的缺位反向导致了博物馆地位的尴尬,博物馆作为本区域文化工作的发起者和领导者的地位和话语权进一步削弱,文化建设在区域的影响力势必会下降。

结合笔者的调研内容,笔者通过实地走访、网络查询的方式,在众多中小博物馆中还选取了陕西咸阳市博物馆、江苏常熟市博物馆为典型,一起作为案例进行分析研究。

陕西咸阳市博物馆,地处陕西省咸阳市中心区域,由原咸阳古建筑——孔庙改建而成,咸阳市作为中国历史文化重镇,其拥有茂陵、乾陵等众多重要文物历史遗迹。可惜的是咸阳市博物馆并没有能够集中特色展示出咸阳千年历史文化名城的风貌。首先由于是孔庙改建的博物馆,虽保留了部分古建特色,但是由于每间建筑面积过小,展示文物数量较少,所有的展厅基本是以"回"字形布展,缺乏展线的多样性与变化性。

受制于古建保护原则,博物馆不可能对其进行大规模的改造。如此一来,展线的设计会变得相当单一,当古建中布满了玻璃展柜,古建的风韵尽失,就破坏了整体格调。同时,展示文物长时间没有更换,亦没有临时展览,展厅中工作人员工位又占据了一些空间,而必要的讲解人员、设施却较为缺乏。综上原因,咸阳市博物馆的参观人数较少。作为地级市博物馆来说,仍有较大的改进空间。

由此也可看出,咸阳市博物馆并没有起到整合当地文化的作用,反而让周边的文博单位盖住了锋芒,导致处在了咸阳市文化景点中一个不痛不痒的位置。咸阳市作为我国文化历史大市,咸阳市博物馆坐拥令其他地区羡慕的文化遗产,丰富多样的文物,精品多、数量大。而咸阳市博物馆并没有发扬光大,可见博物馆内仍缺少创新性思维,不能够打破局限,建设一个强势的文化产业圈。而仅仅 24 千米之外的陕西历史博物馆依靠强大的文物资源,丰富的陈展手段,总是能够吸引众多人的目光。

江苏苏州常熟市博物馆,常熟市为苏州市下属的一个县级市,城市经济实力雄厚。在其市中心有一座小型博物馆。该博物馆地理位置优越,但可惜的是在商业区的包夹下,依旧没有突出文物产业的建设,反倒有独立于城区的趋势,与周边的环境格格不入。在文物展览方面,由于本土文物出产较少,而且具有朝代单一、品种单一的缺陷,部分展厅完全是从上海、苏州市博物馆借展而成,少有当地突出文化。同样,博物馆中缺乏讲解人员,设施更新换代慢,这些也限制了博物馆的发展。

在这里需要提出,和巴人博物馆一样,常熟市博物馆都没有类似咸阳丰富的文物馆藏,同样没有形成一个文化产业片区。但是常熟市作为苏南经济发达地区,也有自己的显著优势。依傍苏州、上海等展品丰富的博物馆,这就可以在依靠展品借调的同时,组成当地文化的特色展览。诸如以"良渚文化"为中心作为主题宣讲,从而达到重点宣扬当地文化的目的。

二、中小型博物馆未来发展方向的建议

(一)可以借鉴的范例:苏州博物馆

在众多中小博物馆面对许多难以解决的问题时,转型就成了博物馆的一个可行性方案。而在此中,江苏苏州博物馆的转型就是一个非常典型的例子。苏州博物馆的旧址位于忠王府,原太平天国李秀成的王府。同样是旧建筑改造的博物馆,由于历史建筑不能轻易改建,所展文物就会遇到如咸阳市博物馆一样的问题,苏州博物馆就另辟蹊径,在忠王府旧址边建设新馆。苏州市博物馆新馆在筹建之初就邀请到世界建筑设计大师贝聿铭先生,从而导致在新馆尚未建成之时就吸引了大量群众的关注。在苏州博物馆新馆落成之时,出色的博物馆建筑立刻成为苏州市的地标建筑。通过本次改建,苏州博物馆正式与周边的拙政园、狮子林形成了一个优秀的文化产业区和当地著名的旅游景点。根据2013年的统计数据,苏州博物馆一日的参观人数就超过了5 000人次。

以笔者的观察来看,苏州博物馆的转型成功,来自于对自身定位的重新设计。新建的苏州博物馆建成后,文物的陈展不再受到原有历史建筑物的影响,全新的博物馆也就意味着更为丰富的展线,更加合理的展厅配置。同时,旧馆和新馆的紧密结合带来了新旧交替的美感,在现代个性和古代风物之间找到了一个完美的平衡点。对旧馆则还原了忠王府原本的形态,没有了原来展柜文物的遮挡,原汁原味的忠王府更利于人们接受和学习。这种新型的博物馆,突破了原有的空间环境上的限制,在更大的一个层面上,实现了博物馆与周边景点的文化建设,苏州成功地打出了一张文化牌。

(二)可以改进的措施:提升服务质量

博物馆在未来的发展,是离不开紧扣时代潮流的。首当其冲的就是要放弃固有的思想,即在博物馆当中只陈列当地出土、捐赠的一些文物。现在的博物馆,可以看成为一座城市的文化枢纽,展现的是当地的历史、设计、内涵、艺术和人文的精华。这就取决于博物馆对于自身的定位,简单的"文物储藏室"是无法吸引群众的目光的。

改善中小型博物馆,首先就是要本身素质过硬。良好的文物馆藏是因素之一,通过拓展文物的来源来增进博物馆馆藏文物数量。"博物馆规模的大小,声誉的高低,效益如何,都与其文物藏品的数量与质量有极大的关系。有了丰富的文物资源,往往能吸引其他资源来为之'锦上添花'。"

但诸如咸阳市博物馆等不缺文物基础的博物馆，进一步改进的方向就是扎实提高博物馆的服务质量。服务质量可以分为硬服务和软服务。硬服务强调的是博物馆基础硬件设施，在展线的设计上体现多样化和复杂化，减少或杜绝简单展线的重复利用。现行博物馆的主要设计思路依然集中在"标准化运动"和"四位一体"之中。这种设计方法一直沿用至今，而在现代的博物馆陈列设计中，对事件的烘托和对环境的渲染被提到了一个更重要的层面。这在博物馆对文物的展示上，提出了更高的要求，更强调观众的代入感，使观众能深入历史事件的内在环境中，而不是摆在桌面上简单的说教。比如在博物馆中引入人物蜡像，还原当时的场景，这些远比硬邦邦的文字讲解更为现实、易于理解。这就对我国中小博物馆提出更多的要求，博物馆环境的设计也要纳入考量之中，如光线、明暗、色彩等。此外，便民的服务设施也需要到位。只有不再依靠简单的展线、粗陋的建筑来敷衍观众，只有全面完善的硬件设施，才能重新获得观众的青睐。

软服务则是强调博物馆中管理人员与观众的关系，很多博物馆把这种关系理解成为老师对学生、上级对下级的关系，用简单的说教方法来满足观众的求知欲，这将极大地打击观众的热情。国外的博物馆一直在探寻改进博物馆与观众的关系，在这一方面，我国的博物馆依然做得很不够。新型的博物馆与观众的关系应该是共同学习者或者是共同兴趣者。由于我国博物馆特殊的体制原因，中小博物馆在对与观众的沟通和了解上面做得依然不足。对于文物的陈展大多以专家学者、领导的意见为中心来安排展览事宜。所以，应将观众意见纳入博物馆建设的整体考量之中，而不是仅仅局限在观众意见簿、观众留言条等原始阶段。构成博物馆的主题是观众，对于观众的服务就要自始至终妥善关注，能够提供给观众舒适安静的学习氛围，合理安排文物讲解的难度，以免造成过分专业的学术气氛给观众带来压迫感。同时，要对馆内工作人员进行合理的安排，观众注重在博物馆的学习氛围，通常很反感其他不相关的人员破坏学习环境，这就要求博物馆工作人员能在合适的时间出现在合适的位置。在中小博物馆中，出于保护文物安全的需要，通常是给一名安保人员在展厅中安置工作地点，当观众参观展厅时，时常见到工作人员看报纸、玩手机等无所事事的样子，这就极大地破坏了观展心情，对博物馆的服务质量也产生了疑问。这里就需要博物馆能够妥善安排工作人员的位置，既不影响观众的参观体验，也能满足博物馆的安保要求。

软硬设施服务的结合，能够极大地提升博物馆的服务质量，打破中小博物馆的发展困境，整体提升博物馆水平。但在此依然需要指出的是，对现有博物馆环境的改造，进而整体改善博物馆面貌，不是一朝一夕的事，需要持之以恒的努力。

（三）可以选择的思路：创意设想

上文阐释了如何提高博物馆的服务质量，通过优秀的产业规划设计增加博物馆的吸引力。这些提案具有一些共通性。不可否认的是，创意已经成为博物馆差异化的主要体现方式，旨在由博物馆自身馆藏文物出发，结合文物的自身内涵，采用创新式的手段展示，给观众带来耳目一新的感觉。"各地历史文化、生产、技术、风土人情各有特色，如能根据各地的特色发展博物馆事业，不但内容丰富多彩，其作用也将会大放异彩。"

博物馆中的创意设计，其中最有名的就是台北"故宫博物院"在2008年推出的"故宫国宝宴"，将馆藏的精美文物成功地转化成为菜品。另外，台北"故宫博物院"曾推出"朕知道了"的胶带，将馆藏文化与群众的日常生活结合在一起。这些创新的举动得到了大多数观众的欢迎，文物与食品的精妙结合、文物与生活用品的巧妙结合,独特的创意点充分发挥了台北"故宫博物院"的特色。我国大陆地区的博物馆,虽然有一些体制方面的制约,但在一些方面依然做到了巧妙的创新。同样在2008年,首都博物馆结合奥运时事,成功设计并推出了《古希腊竞技精神展》《中国记忆——5 000年文明瑰宝展》《紫禁城内外竞技游戏展》。在2009年,为庆祝中国共产党成立90周年,中国人民抗日战争纪念馆与中国延安文艺学会联合主办了《为抗战呐喊——中国共产党与抗战文艺》专题展览,北京市文物局主办、首都博物馆承办了《奔向光明——中国共产党北京革命足迹展》,还有中国国家博物馆策展的《复兴之路》等。通过结合时事,增加了与社会的互动,提高了观众的参观热情。总之"中、小型博物馆要建立能体现当地地域文化特色、经济发展脉络、人文历史等的藏品体系,富有浓郁的地方特色,寓教于乐,才是今后发展的方向"。

综上,在考虑博物馆陈列设计的时候,也要考虑到博物馆与博物馆的差异性,积极树立本地文化标杆,只有与众不同的气氛与主题思想,才能够吸引人的目光。这里对博物馆的要求就是要做到紧跟时代潮流,不能简单故步自封,要及时调整陈列设计,以迎合不同的观众需求,不断补充观众想要了解的知识。

(四)可行的发展战略:产业集群化

我国众多中小型博物馆所发挥的职能仅仅是停留在文物的展示方面,缺少与外界交流的环境,而且博物馆通常位于城市的市中心,被各种商圈、步行街包围,与商业的气氛格格不入,反倒显得特立独行,缺乏统一感。

博物馆作为地方的一张名片,集中展示地方的文化,这就需要更多的相关产业集群做有效的支撑。比如,大部分博物馆周边都会自动聚集一些古玩店、书店和文化设计机构等。这就是文化产业的初级形式。若想要更好地发挥文化产业的集群优势,这就需要当地政府、博物馆有意识地去设计统一。从目前来看,部分地方政府已有所措施:如前文所说的苏州博物馆,新馆位置就是安排在原忠王府旁,与周边的拙政园、狮子林形成了一个优秀的旅游景点的文化集群。同样在江苏北部城市徐州市,当地政府通过新扩建原有古建,建成了户部山文化步行街,这条街集中了文化产业和餐饮娱乐等服务,与紧挨着的徐州博物馆形成了良好的呼应,从而吸引了大量的参观者。

这里就要阐明将博物馆建设成文化产业群的说法。所谓产业群,与当代经济开发区类似,它是通过加强博物馆周边的文化场馆的建设,以博物馆为中心点放射开来,建立城市当地的独特文化景观。诸如利用苏州市的江南民居、徐州市的汉唐建筑和西安的盛唐宫殿群为设计模板,建设文化街区,同时可以达到与博物馆交相辉映的目的,补全博物馆周边相关产业的缺失。新旧结合,亦可看出文化传承之感,提高自身内涵。只有富有深度与文化的设计,才能够吸引观众的目光。

所以,从上面所举的例子不难看出,有效的产业集群化能够吸引大量的观众,提高博物馆的吸引力。博物馆不能只当成一个独立的个体存在,而要通过有效的组合产生几何倍数的力量。在这方面同样对中小博物馆提出了并不简单的要求,这需要政府、博物馆设计者统筹安排、合理规划,留出足够的空间,提供给文化产业群适宜的地方,靠近当地的旅游景点则是更好的选择。相信通过合理的规划,可以把博物馆文化产业群打造成城市的文化名片。

三、小结

本文主要阐述了中小型博物馆当前所面临的困境,分析了中小型博物馆所遇到的代表性问题,了解了部分博物馆的转型过程,并针对我国中小型博物馆未来的发展提出了可行的改革方案,勾勒出博物馆的未来发展方向。笔者提出这些见解,希望能得到中小型博物馆的重视,提升博物馆服务质量,使之成为当地的文化名片,做好文化宣传工作。其中虽然有笔者的实际调研经验,但依然不能做到面面俱到,部分内容还需要专业文博人员指正。

就现在而言,博物馆的改进仍是任重而道远,需要多方的支持,包括对体制的改进、固有思维的变化、创新设施的引入。但随着社会的进步,经济的发展,必然会促进文化发展,中小型博物馆光明的未来就在不远的前方。

参考文献

[1] 王运良.试谈我国中小型博物馆资源现状与对策[J].文物春秋,2012(2):49.

[2] 文先国.如何完善地方基层博物馆的价值体系与社会责任担当平衡[J].中国文物科学研究,2008(2):27.

[3] 苏州广播电视总台.苏州博物馆每天5 000多人次游览参观[EB/OL]. http://csztv.cn/a/news/ms/2013/24799.html.

[4] 赖国芳.试谈县(市)级中、小型博物馆的类型设置[J].江西历史文物,1984(2):84.

[5] 腾讯网.台北故宫推出"国宝宴"[EB/OL]. http://luxury.qq.com/a/20080704/000012_1.htm.

[6] 人民网.首博馆长:千余件珍宝齐聚 五大展览不可错过[EB/OL]. http://culture.people.com.cn/GB/87423/7607819.html.

[7] 王裕昌.信息网络化时代的中、小型博物馆[J].甘肃科技,2005,21(4):169.

(1.重庆巴人博物馆　2.重庆川剧博物馆　3.重庆师范大学历史与社会学院)

创新科普方式方法

——提高小学生科学素质的对策研究

邱发扬

摘要：随着我国市场经济的发展和人民群众整体生活水平的不断提升,小学生科学素质教育已经成为当前阶段广受社会各界关注的热点课题。客观上来说,未成年人科学素质的高低,直接决定了我国后备人才力量的梯队建设,但是由于当前学校教育资源的局限性,我们尚难以在真正意义上为我国广大小学生的科学素质的培养提供足够的支持。如何创新科普方式方法来提升广大小学生的科学素质,已经成为摆在我们面前不可回避的重要课题。本文针对这一问题进行了重点研究,在充分分析现有科普方式方法的一般性特点之后,从家庭、学校、社会等多个角度来探讨进一步拓展并提升小学生科学素质的空间,希望能够通过创新科普途径来为我国小学生科学素质的稳步提升提供一些理论上的帮助和支持。

关键词：科普方式;科学素质;对策

我国现行的《全民科学素质行动计划纲要》,对科学素质培养的重要性和必要性进行了重点阐述,并重点论述了未成年科学素质培养所具有的重要现实意义和理论价值。因此我们有理由认为,小学生素质的提升有着至关重要的作用和地位,值得我们给予更多的关注和重视。同样,科普教育途径的创新,是我们实现这一目标的重要措施,尤其是在当前学校教育资源有限的大环境之下,更应拓宽科普教育的空间。

一、学校是当前面对小学生科普的主要途径

当前,我国已对科学素质教育工作相当重视,而学校无疑是当前比较稳定的提升小学生科学素质的重要科普阵地。因为,一方面,学校教育已将小学科学素养培养纳入小学教学体系中;另一方面,其他科普途径尚未健全,导致小学生科普难以在除校园之外的空间中展开。但小学生科普工作并不仅仅是学校的任务,也同样是整个社会必须履行的责任。究其原因:一是以电视为代表的媒体在信息传播过程中,为了获取收视率选择那些受众面更广的内容进行播放,而小学生科普知识只面向小学生群体,对于成人来说往往因为过于简单而不具有吸引力,因此不愿播放。二是以网络为代表的新媒体,虽然有为数不少的儿童科普知识,但是由于家长长期视网络为洪水猛兽而难以发挥应有的科普作用。三是家庭教育原本应该成为小学生科普的重要阵地,但部分家长并没有认识到对孩子普及科学知识的重要性和必要性,还有部分家长忙于工作,没有时间展开科普教育。这种情况之下,学校也只能肩负起小学生科普的重任,但是其效果如何,不言而喻。

二、小学生科学素养提升中所客观存在的问题

当前,小学生科学素质培养工作虽然在我国得到了广泛的重视,并进行了大量的实践探

索,然而并没有取得理想的效果,究其原因,主要在于以下几点问题。

（一）整体上重视程度不够

这里我们所说的重视程度不够,主要是指微观上部分科普主体并没有认识到科普工作在小学生成长过程中的重要性和必要性。当前,我国教育体系之中已经充分认识到了小学生综合素质培养的重要性,尤其是科学素质培养所具有的影响能力更是深远。但在实践中,小学生科普工作的开展仍然举步维艰。一方面是受当前社会传统思想的影响;另一方面是因为我国教育社会化程度较低。小学生科普教育途径单一,除了学校教育外,其他途径几乎没有。所以,我们深深地认识到,小学生科普教育工作必须由学校、家庭、社会多方面的广泛协同、共同发力才能够实现,这种思想观念如果不能得到有效转变,那么小学生科学素质的提升显然也无从谈起了。

（二）非学校科普途径建设滞后

当前,学校已经成为小学生科普教育的唯一途径,无论是媒体还是其他的社会机构,都没有在小学生科普工作中发挥应有的作用。校外科普资源短缺,没有科普教育平台,严重阻碍了当前提高小学生科学素质的培养和形成,我们应该高度重视。

（三）学校培养体系亟待改进

学校教育本应成为小学生科普、提升小学生科学素养的重要阵地,而实际上并非如此,由于课程体系设计、课程内容安排以及教学方式方法的限制,其科普作用并没有得到完全意义上的发挥,部分学校的科学课完全流于形式,直接将科学课按照文化课的要求来上,重知识点,轻过程体验等。这显然不仅不能为小学生科学素养的提升提供足够的支持,反而会影响小学生创造性思维的发挥。

三、创新科普方式,提升小学生科学素质的对策

针对上文中所提出的现状和问题,笔者认为应从以下三个角度创新科普方式,从而为我国小学生科学素质的进一步提升提供必要的支持。

（一）强化社会各界对小学生科普工作的重视程度

只有社会多方面主体形成合力,才能够有效推进小学生科普工作的创新。一方面,我们的传统媒体不能过分地追求经济效益而忽视社会效益,有必要适当增加小学科普方面的节目。例如,在系统分析小学阶段学生生理和心理特点的基础上,创作动画片、少儿综艺节目等,潜移默化地进行科普工作。另一方面,网络少儿科普也同样是一个重要的科普增长点,应在政府相关职能部门的监督和管理之下,推出小学生科普类网站,并通过趣味性的网站建设来调动小学生的学习兴趣。而严格的监管,无疑可以打消家长们对孩子沉迷网络的顾虑。

（二）完善非学校科普途径建设工作,充实校外科普资源

学校固然是提升小学生科学素质的重要科普途径,但如果没有其他途径的支持和帮助,单凭学校这一科普途径,显然无法真正有效地提升我国小学生的整体科学素质。因此,我们不仅要从实际情况出发,逐步拓宽科普途径,还要进一步创新科普工作的方式方法,从多个角度为小学生科学素质的稳步提升提供支持。例如,可以通过小学科普巡讲、科普大篷车、科普下乡等形式,针对不同地区教育资源有针对性地提供专业化的科普宣讲;也可以利用当前多媒体课堂建设工作的成果以及远程科普教育资源,通过多种新颖的教学方式方法,让科学知识潜移默化地根植于小学生的脑海中。

（三）进一步完善和强化学校在小学生科普工作中的作用

1.以科学课程为主阵地,培养学生科学素质

客观上来说,当前我国小学所广泛开展的科学课,本身就是一门以培养小学生科学素质为主要目标的课程,尤其是其提出的探究学习方式,更是为小学生创造性的培养提供了强有力的支持。而探究不仅是科学学习的重要目的,同时也是小学生接触科学、学习科学的可行途径,为小学生更好地体验学习科学的乐趣、了解科学知识奠定了坚实的基础。因此,以科学课程为出发点和落脚点来提升小学生科学素质是完全可行的,而且科学课在培养小学生创造性、提升科学素养等方面的积极作用,也在既往的教学实践工作中得到了反复验证。

2.挖掘教材,在学科教学中渗透科学知识

小学生科学素养的提升,必须以教师的教学活动为基础。因此我们的一线教师在实际的课堂教学实践活动中,必须从教材出发,深入挖掘教材的潜在内容,从而为学科科学渗透科技教育工作的顺利完成奠定坚实的基础。也就是说,在小学阶段的其他科目中,也同样应根据实际情况适当地增加科学知识的讲授,如语文学科中有《我家跨上了"信息高速路"》这一课程,那么教师在讲解的过程中就完全可以从教材本身出发,为学生延伸一些科学知识。这种教学方法在实际的应用过程中,可以潜移默化地培养学生对科学知识的兴趣,而且对本科目的教学工作的开展也同样有一定的辅助作用。

3.积极开展多种科技实践活动,形成良好的学习科学知识的氛围

首先,包括小发明、小制作在内的多种科技实践活动的开展,可以充分地利用小学生的强烈表现欲,吸引他们参与到科学知识的学习中来。例如,航模比赛、小学生科技竞赛等活动,都是提升小学生综合科学素养的有效手段,值得我们重视。

其次,科技实践活动不局限于各种比赛,而是应向小学生的日常生活渗透。我们有必要积极引导并培养学生通过观察日常生活而感悟科技的魅力的能力。如大海为什么是蓝色的、为什么我们在大海上首先看到船帆而后看到船体等,这类问题不仅值得小学生们思考,而且也具有较强的趣味性。

最后,学习科学知识的氛围也尤为重要。小学生有着强烈的好奇心、可塑性强。因此,如果能够创建一个"人人爱科学、人人讲科学"的良好学习氛围,无疑可以极大地激发小学生学习科学知识的欲望。例如,我们可以通过广播站讲解一些日常生活中的科学知识,通过校报等形式宣传优秀的科技小制作等,我们的教师也可以通过对科学课上表现出色的同学的公开表扬来引导形成榜样效果等。

四、结语

实践证明,拓宽科普教育途径是提升小学生科学素养的有效手段。如果学校、家庭、社会形成合力,就能将校内外的各方面主体结合起来、积极主动地创新和拓展科普方式,拓宽科普教育空间。这样才能够在当前知识、科技不断拓展和创新的社会背景下为社会科学人才后备力量的建设提供有效的帮助和支持。

参考文献

[1] 吴浪.全民科普时代 青少年向前进[J].科技创新与品牌,2012(09):18-21.

[2] 贾显军,丁忠芬.以学生信息技术和科普活动为载体 培养学生创新意识和实践能力[J].中国信息技术教育,2014(3):8-10.

（重庆市酉阳县民族小学校）

浅议科普场馆面临的几个问题及创新办法
——以重庆江津陈独秀旧居陈列馆为例

张梦丹[1] 李立衡[2]

摘要:科学普及是关系中华民族伟大复兴的战略性任务,国家和社会应高度重视。笔者经过调查发现我国科普场馆在地区分布、展馆水平、创新性、科普队伍建设等几个方面存在问题,并相应提出几点建议和创新办法,以期对科普场馆的工作和未来发展方向有所帮助。

关键词:贫困区县;农村;科普;科普工作

科普场馆是开展科普工作的重要载体,具有不可替代的重要地位。本文通过分析近几年重庆市科普工作数据,并以重庆江津陈独秀旧居陈列馆为例,发现科普场馆面临的几个问题,提出了几点建议和创新办法,希冀对科普场馆的发展有所帮助,不当之处敬请批评指正。

一、科普场馆在科普活动中的地位和作用

科普工作关系到提高全民科学素养,关系到我国科教兴国、人才强国、可持续发展战略的稳步推进,关系到我国创新型国家的建设和转型,关系到中华民族的伟大复兴。21 世纪以来,国家高度重视科普工作。2006 年国务院颁布《全民科学素质行动计划纲要(2006—2010—2020)》,将"科普基础设施拓展工程"列为四大工程之一,强调"开发开放科普基地;推进各类科普基地建设"。2012 年《国家科学技术普及"十二五"专项规划》提出"推进科普基地建设"。2016 年《重庆市科普事业发展"十三五"规划》指出,"更加需要科普工作树立以能力素养提升为导向的工作理念……为公众提供更加优质的科普服务,以培育具有较好科学素质的新型社会公民。""树立政府主导、职能部门协调、自然科学与社会科学同步推进、全社会共同参与的'大科普'理念。"

科普工作任重而道远,而科普场馆是向公众传播科学知识、科学技术和科学思想的最主要的场所、最广泛的平台、最直接有效的途径,最大程度上决定着科普事业的成败,其作用和地位是无可比拟的。

本文以重庆江津陈独秀旧居陈列馆为例,该馆正式作为科普基地存在始于 2015 年,但早在 2012 年该陈列馆第三次免费开放之日起,就发挥着科普基地的重要作用。该馆是全国唯一一个保存最完好的陈独秀生前居住地,重庆市首批重点文物保护单位,国家 4A 级旅游景区,在 2015 年被评为重庆市第三批人文社会科学普及基地。它以"独秀一生"为主题,分 7 个部分介绍了陈独秀生平事迹。其中用一半的展线重点介绍陈独秀在江津的最后 5 年,展示了大量鲜为人知的珍贵文物史料,记录了陈独秀辗转流亡江津的经历和生活状况,以及在文字音韵学、抗战思想、民主思想等方面所取得的成就。陈独秀旧居陈列馆不仅是客观介绍中国近代风云人物陈独秀的人文场馆,还是展示近代中国屈辱史和斗争史的历史场馆,更是重温中国共产

党艰苦卓绝创建史的重要科普场馆。每年有大量的游客从全国各地甚至国外涌入这里,据统计,2015年游客数量已经突破50万。所以,本文在重庆科普工作大数据的基础上,以该馆为例,具有一定的科学性和可行性。

二、科普场馆面临的问题

(一)场馆数量、水平参差不齐

由于地区经济发展水平、可开发资源、对科普的重视程度和财政投入的多少的差异,导致各地区科普场馆数量、水平上的巨大差异。据统计,2014年全重庆市共有科技场馆和非场馆类科普基地399个,至2015年共有人文社会科学普及基地50个,分布极不均匀,甚至有些区县科普场馆的数量为零,并且各类场馆级别也不尽相同,水平参差不齐。

地方财政用于科技支出的费用也存在较大差距,以2014年重庆市的财政数据为例,科技支出在市级占公共财政支出的1.31%,而区县级仅占1.09%。其中北部新区比例最高,可达到5.89%,其次是渝北区,为2.16%,云阳县比例最低,仅为0.07%。

(二)众馆一面,缺乏特色

"众馆一面"在科技馆一类的自然科学场馆尤为突出。我国第一个科技馆产生之初就是借鉴国外的科学中心模式,并成为全国科技馆的模板。此后,中小型科技馆模仿大型科技馆,国内科技馆模仿发达国家的科技馆,长期以来,各馆之间从展览内容到展品几无差别。

出现这一现象的主要原因是我国科技馆自主研发能力和创新能力不足,致使展品和展览设计更多地倾向于模仿和借鉴,并且科技馆建成速度过快,缺乏成熟的设计理念和定位,缺乏自身特色。

人文社科类场馆因为有强大且独特的人文内涵做支撑,此类情况要好些,但是在展陈方式上同样存在千篇一律的特点。

(三)科普队伍建设遇到瓶颈

科普人员是开展科普工作不可或缺的重要条件,建设一支强有力的科普队伍也是每个科普场馆的中心任务之一。但是专业科普队伍的建设仍然存在严重问题。

表1　重庆市2011—2014年科学技术普及情况(节选)

指　标	单　位	2011年	2012年	2013年	2014年
科普人员					
专职人员	人	2 920	2 764	3 200	3 219
兼职人员	人	29 698	30 100	32 039	33 172
注册志愿者	人	16 982	40 519	378 696	379 270

由表1可知,近年来重庆市专职、兼职科普人员人数平稳递增,截至2014年底共计36 391人,但是科普人员数量仍然不足。据重庆市统计局发布的数据,2015年重庆市的常住人口为3 016.55万人,加上外来人口共计3 166.76万人。科普人员和市民的比例是1∶870.2,也就是说,全市平均870.2人才可有一次机会享受到科普资源和服务。科普人员数量不足是由多种因素造成的:第一,科普场馆多为政府事业单位,人员的招聘有编制或其他名额限定,不可能迅速增长。第二,科普人员的培养周期过长,需要投入大量的时间成本。第三,科普人员的薪资待遇偏低、社

会尊重度小、服务行业工作难度大等也是多数人不选择从事此类工作的重要原因。

此外,部分科普人员还存在的知识水平偏低、知识陈旧、缺乏学习热情、"啃老本"、思想怠惰等问题。

三、创新办法及未来走向

(一)创新科普管理方式

1.引进市场机制

我国的科普场馆绝大多数是政府领导下的事业单位,作为一种公益事业存在,政府对科普事业的态度直接决定了科普场馆的生存状况和发展前景。在市场经济的大环境下,科普场馆仍然"旱涝保收",导致缺乏发展动力。政府应该在科普场馆考评中引进适当的市场竞争机制,引进企业的管理模式和运行方法。或者注入私人资本,实行股份制。

加快建立"政府推动,企业协助,社会参与"的科普场馆发展新格局,既可以减轻科普场馆对政府财政的压力,一定程度上也可以解决科普投入不均等问题。同时,有利于科普场馆更快更好的持续发展。

2.发展"科普场馆+旅游景区+互联网"的新模式

首先,把一个科普场馆当作旅游景区去开发、建设。转变科普场馆在人们心中刻板、无趣的印象,让公众更多的参与其中,增加趣味性、娱乐性、体验性。同时,科普场馆也可以像景区、企业一样开展宣传营销,开发文化商品,既增加了收入又扩大了影响。也可以与周边大型景区组成旅游环线,借助景区的影响提升知名度,引导游客流入科普场馆。其次,科普场馆要运用互联网的力量,适应时代,融入时代。如今互联网对于整体社会的影响已进入到新的阶段。将互联网创新成果深度融入科普事业中,提升科普场馆的创新能力,形成产业模式新形态,是一条快捷高效的发展途径。充分发挥优势媒体在平台搭建、知识传播等方面的科普主力军作用,提高科普的科技含量和艺术水平。比如,做好智慧馆区工作,建立微博、微信公众号,定期推送展览展品、馆区动态等,丰富第二展陈空间;通过二维码扫描获取语音讲解;在官方网站推介吃、住、行、游、购、娱等大众关心的信息等。

(二)创新科普内容,挖掘地方特色

科普内容的优劣、更新的快慢决定了该场馆的发展潜力,以及公众的认同度。笔者随机抽查了230份2015年至2016年上半年的《陈独秀旧居陈列馆调查问卷》,除去无效问卷,计入统计的共211份。在表2显示的一项调查中,有127位游客选择"客观展陈、评价陈独秀生平",约占总人数的60%;其余比例较高的依次是"科普教育基地""满足观众日益增长的文化需求""科学研究"。由此表明,游客对于展陈内容及其科学性、文化性最为关注,对场馆未来的发展抱有很高的期许。

表2 陈独秀旧居陈列馆调查问卷统计

	您认为陈独秀旧居陈列馆未来发展方向是什么?(多选)					
选项	客观展陈、评价陈独秀生平	满足观众日益增长的文化需求	科普教育基地	科学研究	放松休闲	其他
次数	127	64	82	46	31	19

所以,科普场馆应在展览内容上多下文章,在未来的发展方向上也要从以下两点着手:

1.增加科普场馆展览内容及展品上的文化性

科普场馆不仅要有科学知识,也要有科学文化。赋予文化内涵的展品才是有生命的、鲜活的、吸引人的。自然科技类展馆可以将展品注入科学的思想、文化以及价值观,可以尝试挖掘科技背后的人物、故事和历史,而不仅仅是孤立地展示各类科技产品。人文社科类展馆在深入挖掘展览背后故事的同时,更要注重内容创新。

2.展览内容和设计创新需要发掘特色文化,根植于地方文化

以陈独秀旧居陈列馆为例,该馆位于江津距离城区10多千米的偏僻城郊,之所以能吸引各省市、甚至国外游客到此参观,关键在于陈独秀这一人物的独特性,在于该馆的唯一性、不可复制性。陈独秀在中国近代史上备受争议,他是新文化运动的领军人物、"五四运动时期的总司令"、中国共产党的主要创始人,但后来被开除党籍,抗战时期被污蔑为"汉奸""叛徒",晚年流离失所,寄居江津,却又在文字学和思想领域取得较高的成就。他跌宕起伏的一生是科普场馆挖掘不尽的宝贵资源,是展览内容创新的不竭源泉。

陈独秀旧居陈列馆还将特色文化增添到休闲设施和旅游文化纪念品上,比如,将陈独秀书写的"独秀"二字设计成徽标印在休息长椅、指示标志牌上;在休息凉亭旁设计景物介绍牌,讲述来历及陈独秀的小故事;栽种可体现陈独秀文人气节的竹子;在馆区整体布局上,鸟瞰图呈现一个"党"字,等等。这些富有创意的设计值得其他科普场馆借鉴。

此外,陈独秀旧居陈列馆跳出本身特色文化带来的局限性,开辟"新大陆",从陈独秀作为文化名人角度出发,植根地方文化,挖掘江津历史上的文化名人,形成了一套完整的"江津名人展",获得广大市民的一致好评,成为该馆的又一大品牌。

(三)"多管齐下"建设科普队伍

1.与高等院校共建产学研基地

科普场馆有丰富的科普工作经验,但相对缺乏智力支持。而高等院校拥有丰富的教育资源和科研成果,却缺少科普的稳定渠道和经验,这就需要双方共同努力,达成长期合作意向,建立产学研基地,达到资源共享。

(1)高校向科普场馆推荐高素质人才和优秀毕业生。

(2)开放教育培训。高校推出多层次、多渠道的教育培训模式,比如,专家讲座、学术论坛,甚至高级研修班、本硕教育等多种模式,参训对象可以是科普场馆的一线工作人员,也可以是致力于科普事业的青年学生。针对性地设置课程,使学员达到学有所用,学以致用,培育出更多的科普精英。

(3)充分利用在校学生资源。高校可以采取鼓励机制让更多的大学生加入到科普工作中来,比如将学生的科普志愿服务时长放入期末考评或学分中、设置科普志愿者奖学金等。政府和社会适时引导,可将是否参加过志愿服务作为一项重要指标,在政府和企事业单位招聘时,优先录用有过志愿服务的毕业生等。

以陈独秀旧居陈列馆"独秀志愿服务队"为例。陈独秀旧居陈列馆与重庆交通大学建成产学研合作基地,并与周边几所高校达成合作意向,每年都会有大学生志愿利用周末和假期到馆区服务,或同工作人员一起深入社区、乡镇、学校、工厂等地进行巡展、巡讲,极大地减轻了专职人员的工作压力,扩大了接受科普知识的人群。在陈独秀旧居陈列馆今年的志愿者颁奖

大会上,就有志愿者代表发言表示,参与志愿活动既磨炼了自己、增加了工作经验、提升了个人综合素质,又用实际行动为科普事业献出了自己的爱心。总之,充分利用在校大学生资源对于科普场馆、高校和大学生本身都是一件互惠互利的好事。

(4)深入合作研究。科普基地、场馆相对于高校而言,科研力量仍是"短板",拥有鲜为人知的文物史料却得不到很好的挖掘和研究,急需与高校建立科研队伍,双方共同挖掘和开发科普场馆的有效资源,不光在科研领域取得新进展,还可以带动科普内容的更新、方式方法的创新,更好地服务于大众。

2.招募志愿者

科普队伍建设中,在多种影响因素暂时无法改变的情况下,最快速且行之有效的途径就是招募广大志愿者。

第一,科普场馆招募的志愿者往往已经具备某方面或某几方面的特长,可以快速融入到志愿服务中,大大缩短了培养工作人员的时间成本。第二,志愿者是自愿参与社会公益服务,除了必要的培训、餐饮和交通等费用外,几乎没有更多的支出,大大节省了经济成本。第三,社会对志愿者的容忍度普遍较高。比如,游客对志愿者讲解员的仪容仪表、语音语调、讲解技巧、讲解内容的熟悉程度更加的包容和理解,这样更有利于志愿者工作的开展和队伍的壮大,以及科普场馆工作的顺利开展。

截至2014年年底,包括注册志愿者在内,重庆市的科普人员总共有415 661人,相比上文中统计的专职科普人员与市民的比例1:870.2,重庆市有机会享受科普资源和服务的人均比例提升到了1:76.2。所以,在科普人员队伍建设方面,各科普场馆还应该继续大力打造志愿者队伍,建设一支与专业科普人员相辅相成的强有力的志愿者队伍。

参考文献

[1] 中华人民共和国国务院.全民科学素质行动计划纲要(2006—2010—2020 年)[Z/OL].
2006-02-06[2008-03-28].http://www.gov.cn/jrzg/2006-03/20/content_231610.htm.

[2] 中华人民共和国科学技术部.关于印发国家科学技术普及"十二五"专项规划的通知[Z/OL].
2012-04-05[2012-05-09].http://www.gov.cn/zwgk/2012-05/09/content_2133276.htm.

[3] 重庆市人民政府办公厅.重庆市人民政府办公厅关于印发重庆市科普事业发展"十三五"
规划的通知[Z/OL].2016-05-23[2016-05-26].http://www.cq.gov.cn/wztt/pic/2016/
1437905.shtml.

[4] 重庆市科学技术委员会,重庆市统计局.重庆科技统计年鉴2015[Z].2015(12):24.

[5] 重庆市科学技术委员会,重庆市统计局.重庆科技统计年鉴2015[Z].2015(12):19-20.

[6] 重庆市统计局.2015年重庆市1%人口抽样调查主要数据公报[R/OL].2016-01-28[2016-
02-15].http://www.cqtj.gov.cn/tjsj/sjzl/tjgb/201601/t20160128_423836.htm.

[7] 毛泽东."七大"工作方针[M].北京:人民出版社,1981.

(1.重庆江津陈独秀旧居陈列馆 2.重庆市江津区区委宣传部)

探析本土原创作品的科普传播功能

刘基灿[1] 刘农荣[2]

摘要:本土原创作品类型广、特性强,其科普传播功能的意义重大。就其内涵分析,至少包括导向功能、聚焦功能、发掘功能、激励功能。其实现路径可概括为"四气":上接"天气",下接"地气",内炼"底气",外聚"人气"。其中,"天气"把握方向,"地气"贴近民生,"底气"显示才能,"人气"形成团队。四步路径,环环相扣,步步配合,共同促使本土原创作品的科普传播功能得到进一步的发挥和施展,日臻完善,服务公众,造福桑梓,独具特色,最终形成本土和地方的科普品牌。

关键词:本土;原创作品;科普传播;功能探析

所谓本土原创作品,顾名思义就是指立足于本地且原创性很强的作品,既包括自然科学方面的作品,又包括人文社会科学方面的作品。其作品类型大致可以划分为:调研型作品(包括调查报告,社情民意、建言献策等作品);学术型作品(包括学术论文、学术专著、学术丛书等作品);科普型作品(包括科普读物、科普网络、科普影视等作品);文艺型作品(包括音乐、舞蹈、戏剧、曲艺等作品);以及其他领域类型的本土原创作品。这些作品一般具有四个特性:本土性、原创性、民族性、时代性。其中本土性是基本属性,原创性是根本属性,民族性是地域属性,时代性是时空属性。

探析本土原创作品的科普传播功能意义十分重大。它能够促使中国特色社会主义的科学与技术传播理论在本土原创作品的普及提高上得到进一步的发挥和深化;能够促使本土原创作品的科普传播功能在立足基层、服务地方的社会实践中得到进一步的强化和丰富;能够促使从事本土原创作品的科普工作者与实践操作者的才能得到进一步的展现和提高,做到人尽其才、才尽其用、用尽其艺、艺尽其效,服务大众,造福地方,实现科普工作者的人生价值。

为此,本文从本土原创作品的科普传播功能的内涵和路径两个方面进行理论与实践探析,并结合重庆三江文化研究所十多年来着力发掘三江本土原创作品并在科普传播功能上所取得的成功经验抒一孔之见,与从事科普工作的同行们切磋交流。

一、内涵分析

本土原创作品的科普传播功能内涵非常丰富,概括起来至少有以下四个方面:

(一)导向功能

导向功能是本土原创作品在科普传播过程中的首要功能。主要表现在:一是指导社会公众尊重本土历史,热爱地方生活,弘扬传统美德,共创美好未来;二是倡导社会公众弘扬社会主义核心价值观,宣扬爱国爱家爱故乡的乡情,讴歌职业道德、社会公德、家庭美德、个人品德,传递正能量,奏响主旋律;三是引导社会公众树立马克思主义的唯物史观,植根中国特色社会主义事业,崇尚科学,传承文明,辨真伪、识善恶、明美丑,争当科普工作和健康生活的传播者、学习者和受益者;四是疏导社会公众面对改革进入攻坚期和深水区,正视问题,化解矛盾,维护稳定,确保地方平安。所以,支持什么、反对什么、赞成什么、倡导什么,本土原创作品的观点非常鲜明,理直气壮,毫不掩饰,其科普传播的导向功能显示得特别突出。

（二）聚焦功能

聚焦功能是本土原创作品在科普传播过程中的重要功能。主要表现在:一是抓住闪光点,体现时代性。这是本土原创作品的聚焦功能的主要表现。例如,2015年是世界反法西斯战争胜利和中国人民抗日战争胜利70周年,全国各地的本土抗战原创作品均从不同的角度、不同的群体和不同的形式与内容上紧紧抓住"弘扬抗战精神"这一闪光点,体现了"全面抗战,保家卫国"的抗战时代特性和中华民族精神,在社会上产生了强大的思想共鸣和极大的心灵震撼。二是找准切入点,揭示规律性。规律是客观事物内在的、本质的、必然的联系。面对新事物、新情况、新问题、新业态,本土原创作品一般总是采取由点到面、由外到里、由此及彼的探索方法,从切入点入手,从个性到共性,从个别到一般,联想普遍性,揭示规律性。这成为本土原创作品的聚焦功能的一大突出表现。三是围绕成功点,总结经验性。成功与失败相辅相成,成功是成才的标志。围绕"大众创业、万众创新"这一时代主题,不少本土原创作品都紧密围绕创业、创新的成功点,展示和总结出不少成功经验。例如,2016年央视春晚节目中由乔杉、修睿、娄艺潇3名新面孔演员表演的小品《快递小乔》,就是一部别开生面的成功的本土原创作品。小品通过快递员小乔到客户家送快递这一喜剧性矛盾的展现,揭示出"进了客户门,不能拿钱就走人"的快递员创业敬业的职业道德,其表白铿锵有力,成功经验言简意赅,给观众留下了非常深刻而难忘的印象。四是聚焦热、难点,揭露负面性。热点、难点都是问题的焦点。"坚持问题导向是马克思主义的鲜明特点。"所以,本土原创作品在科普传播中始终聚焦热、难点,揭露负面性,正是由于坚持问题导向、最终解决问题,使观众或读者从中领悟真谛、豁然开朗。这是本土原创作品独具匠心的高超之处。例如,巩汉林和赵丽蓉表演的小品《如此包装》之所以脍炙人口,就是敢于以揭露餐饮行业中的假冒伪劣这一社会热点问题为导向,鞭笞假恶丑,颂扬真善美,让观众在赵丽蓉"走四方"的幽默歌声中闭幕而捧腹大笑,在笑声中受到教育、获得启发。

（三）发掘功能

发掘功能是本土原创作品在科普传播过程中的独特功能。主要表现在:一是发掘历史。历史是凝固的现实,现实是流动的历史。凡是发掘历史的本土原创作品,其科普传播功能更为厚实、更加深刻。现在出版和播放的反映抗战历史的本土原创作品之所以受到读者和观众青睐,其根本原因就在这里。二是发现问题。如前所述,问题是现实生活或工作的热难点。其实,从辩证的角度看,"问题是创新的起点,也是创新的动力源"。通过发现问题、解决问题,最终揭示真理,普及科学,就成为本土原创作品在科普传播过程中的创新源泉。所以,一般本土原创作品都具有创新的特点和禀性。三是开发智力。本土原创作品在引导社会公众开发智力方面的科普传播功能特别明显。早在1998年,由赵丽蓉、巩汉林表演的小品《功夫令》,就是反映老少两代人在开发古文化的真功实力上一部极佳的本土原创作品。今天,在"互联网+"时代,不同年龄、不同层面的社会公众更需要开发智力,创作和编著这方面的本土原创作品的题材将会更加广泛,内容更加丰富。四是挖掘潜力。潜力是潜在的、通过挖掘可以发挥出来的一种能力和智力。本土原创作品在科普传播过程中挖掘潜力的功能集中表现在两个方面:一方面是对本土原创作品本身具有发展深化的潜力。现在很多本土原创作品的再版、续集问世，就体现出这类作品本身的潜力。另一方面是本土原创作品的内容具有进一步拓展、挖掘的潜力。特别表现在科技类、知识类的本土作品，其挖掘潜力表现得特别明显。近几年，由重庆市社科联组织编辑出版的《重庆市哲学社会科学普及文库》丛书，就充分显示出重庆本土原创作品具有拓展和挖掘的潜力。

（四）激励功能

激励功能是本土原创作品在科普传播过程中的特殊功能。主要表现在：一是褒扬先进，树立榜样；二是鼓励创新，宣传典型；三是表彰英模，崇尚精神；四是弘扬正气，铸造新风。本土原创作品的科普传播的激励功能到处可见，重庆电视台近几年精心打造和摄制的《逐梦他乡重庆人》专题片就是一个典型的科普激励功能很强的本土原创精品。该片每一集都采访一个在国内外大有作为的重庆籍人，无论是专家学者或者是个体经营者，他们都在异国他乡创业创新，在自己执着追求的平凡事业中作出了不平凡的贡献，体现了自身价值，展现了"重庆崽儿和妹儿"逐梦圆梦风采。由此可见，本土原创作品的科普传播的激励功能不仅激励和感动了每一位观众或读者，同时也激励和鞭策了原创作品的作者，促使他们能够更好地多出作品、出好作品，精心打造本土原创作品的品牌和精品。

二、路径探索

如何发挥本土原创作品的科普传播功能，其实现路径是什么？这是每一位科普工作者都面临和必须解决的实际与具体问题。

重庆三江文化研究所是重庆市首家民办社会科学研究机构。从1999年2月在三江（指嘉陵江、涪江、渠江）汇合的合川城区成立以来，主动进行了不断的探索和创新，特别是紧紧围绕发掘三江历史文化资源，17年来不断推出了一系列社科研究与普及的本土原创作品，并在科普传播功能上进行了持之以恒的探索，找到了适合民办社会科学研究机构健康发展和独具科普传播特色的实现路径。我们把它通俗地概括为"四气"。

（一）上接"天气"

所谓"天气"，就是指党中央、国务院的方针政策，重庆市委、市政府的中心工作，同时也包括重庆三江文化研究所驻地的合川区委、区政府的中心工作。上接"天气"，就是说我们的本土原创作品在科普传播过程中一定要紧密围绕党和国家与地方党委政府的大政方针，传递正能量，弘扬主旋律，帮忙不添乱，添彩不抹黑。

我所自成立以来，始终坚持在举办专题讲座和报告会时不断创新"每课一歌"的宣讲形式，很受听众欢迎。党的十八大以来，我们又根据宣讲内容和对象需要，及时挖掘创作了一系列本土原创歌曲，并由"每课一歌"发展到"每课多歌"。5年来，我所共创作和演唱了50多首本土原创歌曲，其中《社会科学要普及》《理想点亮人生》《"五老四教"之歌》《共产党员永不退休》《创业青春颂》《老来俏》《众创时代大有作为》《文明城区充满爱》《合川最美丽》《全面抗战　保家卫国》《激荡川江卢作孚》《未来属于孩子们》《我们是社会文化指导员》《三江医魂》《为健康护航》等15首本土原创歌曲已经成为合川城乡基层干部群众和中小学生十分熟悉而且都能够跟着哼唱的大众流行歌曲。我所的本土原创作品在科普宣讲活动取得的突出效应，受到重庆市委常委、市委宣传部部长、市社科联主席燕平同志的高度评价，称赞我所"将讲座和歌曲很好地结合了起来，很有特色"。

（二）下接"地气"

所谓"地气"，就是指地方和城乡基层的实情。区县有区县情，镇街有镇街情，医院有院情，学校有校情，甚至连每个家庭都有家情。下接"地气"，就是说我们的本土原创作品在科普传播过程中必须要接"地气"，实实在在地服务公众。只有这样，我们的本土原创作品才会名副其实，才会有旺盛的生命力和科普传播的影响力。相反，凡是不接"地气"的原创作品，就不配称之为"本土原创作品"，只能是滥竽充数的次品。

2015年，我所在开展隆重纪念世界反法西斯战争胜利暨中国人民抗日战争胜利70周年的科普宣讲活动中，从合川地方史料中挖掘和编撰了《合川抗战颂》宣讲报告，同时创作了同名大型音乐舞蹈史诗，被合川区委列为合川区隆重纪念抗日战争胜利70周年系列活动之一，于9月在合川城区开讲和首演，并巡回到镇街基层宣讲和演出。截至12月，《合川抗战颂》宣讲报告累计达15场，受众达7 500余人；《合川抗战颂》大型音乐舞蹈史诗累计演出12场，观众达5万余人。并且，其首场演出实况被合川电视台摄制在《三江文艺》专题节目中连续播放三次，收视观众达65万余人，在合川产生了轰动效应。2016年春节，该本土原创剧目中的《抗日火炬游行》和《"一元献机"运动好》两个精选节目被选送到北京参加2016年"同一片蓝天·全国新春少儿节目电视展播"，深受首都观众好评，荣获组委会颁发的"最佳节目创作奖"。

（三）内炼"底气"

所谓"底气"，就是指从事本土原创作品创作和开展科普传播活动必须具备的功底与后劲。内炼"底气"，就是说从事研究与普及的机构自身要夯实功底，练好内功，才能抓住机遇，迎接挑战，参与竞争，持续发展。反之，机构"底气"不足，理不直气不壮，实乃先天不足、后劲乏力，根本无法生存，更谈不上主动对接创作本土原创作品和发挥科普传播功能了。

我所从成立以来至今，由于有所长为领军人物并陆续集聚了一批具有"合川通"功底的专家学者，使我所具备了发掘重庆三江历史文化资源和从事本土原创作品创作与编著的科研科普优势。17年来，已编辑出版了《古钓鱼城》《三江文化旅游——合川揽胜》《三江文化新鉴》等本土原创专著十余部，编印《重庆三江文化》科普季刊68期，累计赠送21万册，编印并赠送《重庆历史上的今天知识台历》累计18万册。党的十八大以来，我所根据城乡基层单位因创建本土文化亟须制作镇歌、厂歌、校歌、院歌的要求，又开设了"原创歌曲+音乐制作+影视录制+作品传播"一条龙服务的新业务，先后为合川区关工委、区老干部局、区人民医院、太和镇中心卫生院等十余个单位创作制作了本单位原创歌曲，特别是2012年秋为区关工委、区老干部局创作和制作的《"五老四教"之歌》影碟片，被合川区委组织部批准刻录成碟片1 000多张，免费赠送给全区城乡基层的离退休党支部的老党员观看和学唱，成为合川区向党的十八大胜利召开献礼的一部成功的本土原创作品。

（四）外聚"人气"

所谓"人气"，就是指人才队伍。人气旺，事业兴；人气衰，事业败。外聚"人气"，就是说从事本土原创作品创作和开展科普传播活动必须要整合人才，形成团队骨干。一个人单打独斗不行，只依靠专家学者也不行，必须要组建几支队伍，形成"政—产—学—研—用"一条龙服务运作的科普传播队伍。

党的十八大以来，我所在全面深化改革的大环境驱动下，创新人才机制，聚集团队"人气"，形成了为城乡基层队伍广泛开展以"五送上门服务"为主要内容的五支队伍：一是"送专题讲座上门",组建了重庆三江文化宣讲团;二是"送咨询服务上门",组建了咨询服务顾问团;三是"送科普读物上门",组建了重庆三江文化季刊编辑部;四是"送文明创建上门",组建了以文明劝导为己任的志愿者服务团;五是"送文艺演出上门",成立了合川区基灿文化艺术团。这五支队伍共计300多人,遍布合川城乡,为富民兴渝和富民兴区作出了积极贡献。

总之,上接"天气",下接"地气",内炼"底气",外聚"人气",是从事本土原创作品并展示科普传播功能所必须把握的四步实现路径。其中,"天气"把握方向,"地气"贴近民生,"底气"显示才能,"人气"形成团队。四步路径,环环相扣,步步配合,共同促使本土原创作品的科普传播功能得到进一步的发挥和施展,日臻完善,服务公众,造福桑梓,独具特色,最终形成本土和地方的科普品牌。

参考文献

[1] 习近平.在哲学社会科学工作座谈会上的讲话[Z/OL].[2016-05-17].http://cpc.people.com.cn/n1/2016/0519/c64094-28361550.html.
[2] 燕平同志于2014年5月24日在重庆市社科联常委会议上的总结讲话摘要[Z].

(1.重庆三江文化研究所　2.重庆市合川区盐井中学)

以本科通识教育推动科技教育发展的实践路径浅析

陈际航

摘要:科技教育的传统实施途径多以课外普及宣传和课内活动课程为主要形式,形式单一、覆盖面有限。通识教育作为一种旨在培养学生基本学科素养的教育方式,在国内大学以通识课程的普遍形式开展,面向全校本科生修习。本文以通识教育的视角浅析了借助本科通识教育的形式推动科技教育发展的可行性和必要性,为促进科技教育向纵深发展提出了建议和反思。

关键词:科技教育;通识教育;通识课程;核心课程

一、对科技教育的重识

(一)科技教育应还原教育活动的本质

教育活动的本质是一种培养人的活动,在培养的过程中必须遵循人身心发展的规律,即尊重普遍性和差异性的统一。同时,教育活动是由人主导的活动,它必然带有人的情感、态度、价值观等印记。在尊重学生普遍性和差异性的基础上,科技教育除了传递科学的知识与技能,更应该渗透"科学人"的情感、态度、价值观等。

(二)科技教育的目的是促进个体的全面发展

受中国传统文化观念的影响,中国人对科技教育的理解多集中于"形而下"的功利主义方面,如满足个体习得一技之长的需要,为职业生活做准备。然而,这种理解无疑将科技教育的目的狭隘化,科技教育除了帮助学生习得知识、掌握技能,还对学生的素质层面(生理素质、心理素质、社会文化素质)有积极作用,对学生和谐人格的培养、促进个体的全面发展意义深远。

(三)科技教育的内容和方式需系统而开放

"如今我们的科技教育内容只注意到将确定的科学结论和体系以书本的形式教给学生"(徐玉珍,1998),教学方法也多以单向的"授—受"为主,这种课程设置和教学方法的实施,只是对中小学模式的重复与延伸。科技教育的内容和方式应该且急需打破现有的模式,在坚持系统化的基础上,引入开放而有活力的元素,丰富教学内容,激活教学方式。

(四)科技教育的评价应注重终结性与过程性相结合

科技教育有很多既定的理论、定律、方法等,其内容体系相对固定,故学生的话语空间较之人文社会学科相对狭窄。传统的评价方式往往以终结性评价为主,如纸质的试卷测试、实验操作,这些评价方式基本遵循固有的知识内容和方法流程。这些评价方式虽然力求方法的多样化,却仍然是以学生最终的学习成果为指针,并没有监视到学生的学习过程,评价标准较为片面。过程性评价更有效地聚焦了学生学习的动态发展,只有将动态的过程性评价和静态的终结性评价相结合,才能全面反映学生的学习效果。

二、现代通识教育的实施模式

(一)自由选修课程

"自由选修课程,就是指大学开设一系列的选修课程,没有特别的规定,学生可以根据自己的兴趣爱好自行确定自己的通识教育课程计划。"自由选修模式给予学生高度的个性自由,没有课程内容、学科领域的限制,完全以学生的个体经验、兴趣、需要为标准,这是通识教育模式中最原始、最简单的一种,又被形象地称之为"自助餐式"教育计划。

(二)核心课程模式

"核心课程"是"一种综合传统学科中的基本内容、以向所有学生提供共同知识背景为目的的课程设置。"核心课程模式主要有"核心文本课程"和"分布选修制"两种实施方式。

1.经典阅读课程

经典阅读课程,也称"核心文本课程""巨著课程"或"名著课程",此类课程模式主要对原核心必修模式中关于"必修"内容有了筛选和限制,集中聚焦于经典类名著,由学生提前阅读,老师在课堂上抛出几个或几类主题,引导学生根据所读书籍和自己的思考进行讨论。

2.分布选修制度

分布选修制度是指对学生必须修习的学科领域(一般为自然科学、社会科学和人文科学)以及在各领域内至少应修习的课程门数(或最低学分数)作出规定的通识教育课程计划。它在原有核心必修模式中的"必修"方式上有了较大改动,学生在必修领域和数量的基础上,可以随意搭配和组合各领域课程,使得必修中又加入了一些选修的成分。

(三)混合式课程模式

如今,已经很难以某一种模式来概括通识教育,也就是说很难以自由选修课程或核心课程的单一模式来涵盖现在的通识教育。因此,在目前的大学通识课程改革中,有不同模式之间相互融合的趋势,这其中最主要的方式就是将分布选修制度和核心文本课程相融合。混合式课程模式还包括了一些其他类型的课程,如探究方法课程、写作课程等。

三、通识教育与科技教育的融合途径分析

(一)核心课程模式下的科技教育

1.经典科学名著课程

此类课程模式将诸多科学名著中的精华进行筛选和整合,根据本科各年级段的特点进行合理分配,一二年级的科学名著可以是基础性的,到了三四年级在此基础上进行适当延伸。所筛选的名著是面向所有学生必修课程,旨在通过对科学名著的学习,了解科学领域的知识精髓。

2.自然科学领域的分布选修制度

此类制度的课程中,自然科学领域按学科体系分为几个大类(如物理、化学、生物、天文、地球与海洋、信息工程、建筑等),每一个大类规定至少应修习的课程门数(或最低学分数),学校不再限制具体课程,学生只需根据自己的兴趣满足各领域的修习要求。因此,分布选修制度呈现出多样化的搭配方式(见图1)。

(二)混合式科技教育课程

1.经典科学名著与分布选修制度的混合

这种混合模式的目的就是既要教给学生自然科学领域一些经典的、必须了解的知识技能,

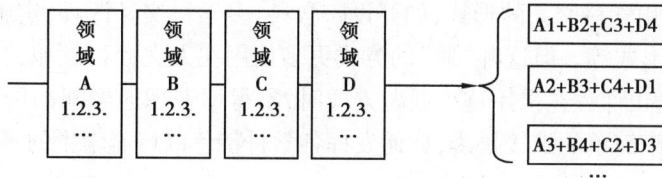

图 1　分布选修制度模式图

又尊重了学生兴趣、需要给予其自由选择的空间。这种必修与选修的结合,一方面保证了课程质量;另一方面也体现出模式的适度弹性(见图2)。

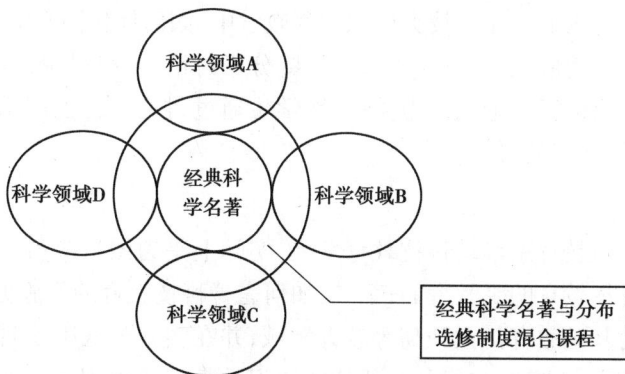

图 2　经典科学名著与分布选修制度的混合模式

2.科学技术方法探究课程

科技教育的课程不应只是既定的理论知识传授,还需要方法技能的习得;不应只是教师主导的传授式教学,更应强调以学生发展为中心展开的积极探究、主动发现。科学技术方法探究课程旨在通过开放的课堂,引导学生自主探究科学技术方法,变被动吸收为主动获取。

3.科技论文写作课程

这类课程主要针对高年级阶段面临毕业论文任务或是发表科技论文的学生,为学生介绍科技类论文的写作模式、研究方法等,帮助学生进行规范、专业写作。

四、实践反思

(一)专业性与通识性的张力

科技类特别是自然科学类课程各领域条块分割明显,各领域的知识体系相对封闭,因此体现出较强的学科专业性。而通识教育面向的是全校本科学生,在知识体系上需兼顾不同知识背景的学生,均衡不同学生的需求和能力,体现出通识性。科技类的通识课程必须处理好专业性和通识性之间的张力关系,在保证固有的学科特点基础上,又能满足通识课程的目标要求。

(二)对"核心"的思考

在通识课程中,核心课程模式占有重要的地位,那么到底哪些算核心课程? 特别是在经典科学名著课程中,需要对"经典"与"核心"有更为精细的辨析。因此,在设置科技类通识课程时,高校如何在众多的相关课程中进行筛选,是否有一套专业化的遴选标准以及如何建立标准就尤为重要。如果对"核心"的把握不到位,核心课程可能会沦为冗杂低水平的一般性课程。

(三)如何实现"通"的效果

通识教育,"识"是基础,"通"是难点,科技类的通识教育课程更是如此。通识教育中实现

"通"的方法往往采用学科交叉的形式,如开设跨学科、多学科交叉课程,实施同一课程不同学科教师共同教学的形式等。但这种"通"的方式更多使用在人文社科领域,自然科学的专业性较强,使得科技类通识课程在采用这种通融方式时,不得不考虑通融间的可行性,不得不考虑各学科如何避免囿于简单的嫁接拼凑,如何发挥各学科特色以培养学生的多学科思维。

(四)大班教学与个体发展

由于通识教育课程是全校性课程,学生人数多但教学资源有限,故多采用大班教学的形式。大班教学方便了教学任务的完成,但最大的问题就是对学生个体的照顾有限,较少关注学生的学习过程。针对这一问题,很多高校又换了教学方式,如在大班教学的基础上实行分班讨论、小组讨论,效果较为明显。在科技类通识课程教学中,如何优化固有的大班教学方式,均衡照顾各个学生的需求和发展,值得关注。如果借鉴分班讨论、小组讨论的经验,那么如何组织讨论以及选择哪些内容进行讨论就较为关键,让学生通过讨论、交流、展示的形式进行自主探究,或许是科技类通识课程的可行之方。

五、小结

通过借助本科通识教育来推动科技教育发展,实际上是力图解决科技教育的两个重要问题:第一,如何扩大科技教育的受教育面;第二,如何完善科技教育的实施方式。本文试图将科技教育的受教育面由基础教育扩大到高等教育领域,并在实施方式上实现由零散的课程开设转向系统的课程化建设。在这一过程中,科技类通识教育需要处理的一个核心矛盾是共性与个性的矛盾,它包括:①作为通识课程的共性和作为专业课程的个性间的矛盾;②通识教育教学方式的共性和专业教育个性化教学方式间的矛盾;③关注全班均衡性发展和强调个体差异性发展间的矛盾。当然,以本科通识教育来推动科技教育发展不是一蹴而就的,需要在科学系统论证的基础上精心组织、规划,并在实践过程中通过评估的形式不断修改、完善。

参考文献

[1] 张寿松.大学通识教育课程论稿[M].北京:北京大学出版社,2005.

[2] 李曼丽.通识教育——一种大学教育观[M].北京:清华大学出版社,1999.

[3] 徐玉珍.科技教育与人文精神[J].华东师范大学学报:教育科学版,1998(4):39-45.

[4] 李太平.科技教育与学生素质发展[J].高等教育研究,2000(6):19-22.

[5] 陈际航.研究型大学通识教育的创新实践——基于两所案例大学的质性研究[D].厦门:厦门大学,2015.

(重庆树人教育研究院)

高校科普及其可持续发展途径思考

李　波

摘要：高校科普由于具有优越的资源优势、示范作用和促进科技成果转化的能力而在科普工作中占据着重要地位，而科普工作对于提升高校社会声誉、促进高校科研体系完善和保障高校科研事业可持续发展也具有重要的助推作用。然而，在我国当前的管理体制下，高校科普面临着资金渠道缺乏、奖励机制不健全和科普人才短缺等现实问题，严重阻碍了其作用的发挥。因此，亟待探寻高校科普可持续发展的新途径。本研究在分析我国高校科普的现状特点及存在的主要问题的基础上，对高校科普运行保障机制以及高校科普的内容形式创新等问题进行了探讨，旨在为推动我国科普工作理论创新提供参考。

关键词：高校科普；科普工作；可持续发展；保障机制

一、科学与科普

（一）科学与科普的联系

科学，是运用范畴、定理、定律等思维形式反映现实世界各种现象的本质的规律的知识体系（《辞海》，1999）。它是一个建立在可检验的解释和对客观事物的形式、组织等进行预测的有序的知识体系，还指可合理解释，并可靠地应用型知识的主体本身。科学作为一个知识体系，它是认识世界、创造知识的过程，是对自然界存在着的客观现象客观规律的探索和发现；它是对技术的归纳和升华，是一种理论形态的知识；它是一种在人类历史上起推动作用的革命性力量。

科普，即科学普及，它是以提高公民科学素质为目的的科学普及活动，它的根本任务是把人类已经掌握的科学技术知识，以及从科学实践中升华出来的科学思想、科学方法和科学精神，通过各种方式和途径向社会普及。正如琼·玛丽·勒盖指出，科普的主要任务即是要告诉人们科学为人类作出了哪些贡献，科学是怎样发生作用的，科学研究是怎样开展的，科学家是如何工作的，并展望未来人们将从科学那里得到什么；还关注增强科学的文化作用，提高人类享受生活的能力。

由此可见，科普是帮助普通大众了解科学并促进科学知识在社会传播、推动社会经济、生活发展的重要桥梁。

（二）科普工作的意义

科普工作的实质是要提高公民的科学素养，强调培养人们认识世界、认识自然、认识社会、认识自我，以及处理各种事物关系的综合能力，使人们能够系统而完整地进行知识学习，所涉范围不仅是自然科学和技术，还包括社会科学、人文科学、艺术科学等。这与我国高等教育界注重通才教育的培养理念和目标相一致。众所周知，科学技术是推动社会经济发展的主要动力,也是一个国家国际竞争力的核心体现。而综合国力的竞争归根到底体现为国民科学素质的竞争。纵观英、法、美、日等发达国家,其在科技与经济上的巨大发展,无不依赖于繁荣的科普事业。可见,科普工作是科学研究前进的动力,在推动社会进步的过程中起着重要作用。

二、高校科普的重要性

(一)高校对科普工作的推动作用

高校基于其在现代科技体系中的地位,及其所具备的丰富的资源优势,在科普工作中具有重要的推动作用。

1.高校科普的资源优势

人才培养和科学研究是高校的两大使命,教学和科研是高校的两项基本任务。高校已成为科技创新的主要生力军,在当代科学技术体系中扮演着重要角色,它也因此获得了开展科普活动得天独厚的优势。它拥有丰富的科学技术知识资源、设施资源和人力资源,以及优越的环境氛围资源,可以在科普领域发挥重要作用。因此,高校理应承担起科普职责,给科普事业的发展和繁荣作出重要贡献。

2.高校科普的示范作用

高校是科技工作者的聚集地,他们对本门学科的发展动态了如指掌,拥有丰富的教学与科研经验,其行为在社会公众心目中具有权威性和极强的示范作用。因此,高校科普工作的开展,将对全社会产生重要的影响,并关系到公民科学素养的提高。

3.高校科普促进科技成果转化为生产力

高校科普有利于科技成果的传播,是科技转化为生产力的重要渠道。丰富的资源优势使高校师生更善于捕捉科技前沿信息,也更方便开展科学研究工作并取得大量技术含量较高的最新科研成果。因此,高校大多走在科学研究和科技推广前列,政府和企业与高校间开展的技术合作已成为推动地方经济发展的重要模式。

(二)科普工作对高校的助推作用

高校在科普工作中具有重要的推动作用,反之,科普工作对于高校的发展而言也具有重要的助推作用。

1.提升高校社会声誉

社会声誉对于一个高校的发展而言至关重要,它不仅关系到学校未来的生源情况,同时也关系到国家教育资源和社会资源的分配。在2016年开展的全国第四轮一级学科整体水平评估工作中,社会声誉已纳入学科评估整体评价指标体系。利用科普树立高校形象、获得社会认可、吸引优秀生源、赢得更多资源已成为高校科普的特殊动力。

2.促进高校科研体系的完善

目前国内高校主要把教学和科研作为其主要社会职能,重视教学成果与科研成果,而忽视了服务社会职能的发挥。这与高校在现代科技体系中的地位和角色是不相匹配的。目前,欧美许多国家已把面向社会和公众传播普及科学技术视为教学科研之外的"第三任务"。随着高校科普日益受到地方政府和社会各界的重视,无疑将推动高校科研体系的改革和完善。

3.保障高校科研事业的可持续发展

科研成果是衡量高校综合实力最为重要的一个指标,而科研成果的取得关键在于具有创新精神的人。通过科普对科学思维、科学精神和人文素质等方面知识进行传播,让学生可以学习到不同专业、不同行业的知识,知识的交叉与融会贯通,更有利于创新思维和能力的培养,从而提高学生的创新能力。此外,科普也是唤起青少年科学热情和兴趣、投身科学生涯的有效途径。若没有一代代新人前赴后继地投身于科技事业,高校科研将成为一纸空谈。

三、高校科普的现状与问题

(一)科普内容与形式

随着科普工作逐渐被政府和社会各界所重视,高校参与科普活动已成为一种常态,其内容与形式也较丰富多样,主要包括:①向社会开放科研实验室、实验基地、研究中心、图书馆等场地资源,提供科普参观教育服务;②利用科技人才资源优势,举办科普报告和讲座;③撰写科普文章,出版科普书刊;④举办夏令营、校园开放日、专题展览、科技咨询等品牌科普活动;⑤结合"世界文化遗产日""世界卫生日""世界湿地日""世界无烟日"等纪念性节日开展节日主题科普活动;⑥参与科技活动周等大型科技专项活动等。

(二)存在的主要问题

尽管高校具有丰富的科普资源,并且也或多或少的参与了各种科普活动,但是根据目前的情况来看,由于对高校科普重要性认识不足及其保障机制不健全等问题,导致高校科普的深度及影响力还远远不够。

1.对高校科普重要性认识不足

目前,国内高校普遍存在重科研、轻科普,注重专业教育,缺失普及教育的问题。高校教师更关心项目、论文、教学科研成果等与业绩考核、职称评定相关的任务指标,而对科普工作兴趣不大;而高校学生多数也仅满足于学习书本知识,或注重本专业的知识储备与能力培养,而对科普活动兴趣淡然。

2.高校科普保障机制有待完善

(1)缺乏稳定资金渠道。学校和各级科协拨款是高校科普活动的主要经费来源,渠道相对单一,且金额较少,难以保障科普活动的长期维持,也限制了实验室、博物馆等场所对公众开放的时间和范围,从而导致高校科普基地管理松散,潜在科普资源未能得到有效开发利用。

(2)奖励机制不健全。由于高校对师生的考评机制侧重于科研和教学,导致高校教师和学生参与科普活动的积极性普遍不高。与高校科普相配套的人事体系和考核评价体系亟待完善。

(3)专职科普人才短缺。目前,我国大多数高校没有专职科普人员,高校科普工作多为配合国家政策而开展,深入且具有创造性的科普活动缺乏。此外,高校对科普人才的培养也缺乏热情。国内仅清华、北大、复旦等10余所高校开设了科普相关专业,且该类专业尚缺乏专门师资和系统的专业培养。缺乏富于创造性的专职科普人才,科普事业的发展好比无源之水、无本之木。

四、高校科普可持续发展途径

高校科普是一项复杂的系统性工作,要确保高校科普的可持续发展,最大限度地发挥其在推动科技进步中的作用,应努力建立完善的运行保障机制,并在内容和形式上勇于突破、积极创新。基于对高校科普特点与问题的分析,本研究认为目前可从以下几个方面开展有益的探索和尝试。

(一)完善高校科普奖励机制

一是通过高校教师考评制度改革,将科普工作纳入对高校教师的业绩考核中,并将相关奖励落实到位,从而充分调动高校教师参与科普活动的积极性。二是以重点实验室、教学基地等为依托,开展校园科普活动。活动由专任教师进行指导,招募交叉学科专业学生参与,并通过一定的评价机制对活动成果进行评估,考核结果纳入学生年度综合考评。科普活动与学生考评挂钩,不但可以提高学生对科普活动的热情,还有助于培养学生利用学科专业知识解决社会问题的能力,同时在多学科交叉协作过程中能够进一步促进学生形成团队协作精神和创新思维。

(二)注意打造品牌科普活动

高校应根据其自身的学科特点,努力打造品牌科普活动,从而增强其社会影响力,这也具有吸引优质生源的实际意义。例如,重庆大学建筑科普教育基地依托重庆大学建筑城规学院丰富的资源优势,长期开展"建构季"活动,已经产生了重要的社会影响,并在市内外各个中学校园赢得了许多潜在生源;而"无止桥"等公益性活动更是让建筑科普走出校园,走向贫困山区,为重庆大学赢得了良好的社会声誉。

(三)推行科普活动项目制

针对高校科普活动可尝试推出项目管理制。由科研处牵头,高校科普基地具体实施,旨在为有志于科普工作的老师和学生提供一个平台,挖掘有创意的科普活动,推动科普活动不断创新。

(四)重视与社会团体合作

许多社会团体,尤其是一些非政府性公益组织或社团(NGO),他们具有先进的社会服务意识,拥有十足的工作热情,并愿意奉献宝贵的时间到科普活动之中。但他们往往缺乏专业领域的指导。因此,高校应利用自身的资源优势,注意团结这支生力军,推动科普活动实现途径的多样化。

(五)结合社会热点和焦点问题开展专题科普工作

公众往往对诸如转基因食品、雾霾天气、海绵城市建设等一些与民生息息相关的社会热点和焦点问题异常关心,但又因为缺乏专业知识而容易发生错误解读。这个时候,高校应充分利用其专业知识对公众进行科学普及,不但有助于消除人们心中的疑惑,同时也有利于人们对政府行为进行积极监督,促进社会问题的有效解决。

五、结语

高校作为科普的主力军,在提升我国科普整体水平、推动科普工作内容与理论创新等方面具有独特的优势,对于国家综合竞争力的增强以及社会经济的发展具有重要意义。然而在中国当前的管理体制下,高校科普仍存在较多困惑,其存在的问题与不足亟待客服和完善。相信在政府、社会各界和高校的共同协作下,高校科普必将助推我国科学事业的蓬勃发展,为中国特色社会主义建设贡献更多力量。

参考文献

[1] science[EB/OL].http：//www.merriam-webster.com/dictionary/science.

[2] science[EB/OL].http：//www.etymonline.com/index.php？term=science&allowed_in_frame=0.

[3] 李永威.关于科普、科学和科学素养[J].清华大学学报：哲学社会科学版,2004,19(1)：

88-93.

[4] 本书编写组.科学技术普及概论[M].北京：科学普及出版社,2002.

[5] 张义芳.国外科普工作要览[M].北京:科学技术文献出版社,1999.

[6] 李正英,赵良举.高校科普与科学发展[J].高等建筑教育,2015,24(3): 157-159.

[7] 刘晓东,马聪,蒋灵斌.高校科普工作探讨[J].科协论坛,2014(5): 21-24.

[8] 任福君,翟杰全.大学科普的推进模式——基于中国目前国情特点的模式分析[J].科技导报,2015(3):114-119.

[9] 秦文正.桥无止　行无疆[J].中国研究生,2015(4):16-18.

[10] 伍雪梅,马燕.高校科普工作实践与创新研究——以重庆师范大学为例[J].科协论坛,2013(12):392-393.

（重庆大学建筑城规学院　重庆大学建筑科普教育基地）

高校科普及其可持续发展途径思考

浅析如何高效开展科技活动周的科普宣传和教育活动

杨 怡

摘要：本文基于对近几年重庆市科技活动周的科普宣传和教育活动的参与与思考，从活动策划筹备、方式方法创新、存在问题以及改进措施等方面着手，通过多角度系统性归纳分析，介绍相关的创新模式、创新理念，得出相关结论。笔者希望结论能运用于实践，并采用生动有趣、形式多样的科普手段，将丰富的科普信息和优质的科普资源与百姓共享，通过科技活动周服务社会公众，促进公众科学素质的进一步提升。

关键词：科普教育活动；创新；方式方法

科技活动周作为全国科学技术普及的重点项目和有力平台，自 2001 年以来，已经连续成功举办了 16 届，各地各部门举办各类活动超过 10 万项，参与公众累计超 10 亿人次。据统计，2015 年全国各地各部门组织开展的群众性科技活动超过 10 000 项。各省级单位共举办 2 310 项重点活动，如上海"科技节"、重庆"科技活动周"。以重庆为例，2016 年，科技活动周期间，以"创新引领·共享发展"为主题，市民参与未来生活梦幻体验展、科普研学之旅等 30 余项重点示范活动，100 余场"科学名家面对面"系列讲座，以及其余 450 多场科普活动。

从数据来看，科技活动周的科普宣传与教育活动数量并不缺乏，而我们更应该关注的是活动品质的提升，以发展的眼光思考如何更有效开展科普宣传与教育活动，使科普教育产生实际而深远的效果，达到科普教育润物细无声的目的。

一、确定目标受众是科普宣传和教育活动成功的第一步

长期以来，开展科普活动总是先设定活动项目、策划活动方案、筹备活动素材，然后进行不确定目标群体的泛泛传播。此类思路易导致泛众传播，而达不到精准传播，缺乏针对性，以致效果不佳。

明确目标受众是科普宣传与教育活动成功的基础。第一步即确定受众，认知受众。按照人口统计学原理，从性别、年龄、职业、地域、兴趣喜好、教育水平等进行分类，在此基础上根据受众需求，有针对性地开发科普教育项目。2016 年科技活动周是一个很好的范例：本届活动尤其注重科技资源重心下移，向边远地区倾斜。为了让边远地区市民分享主城区科普资源，市科委在 5 月 14—20 日，组织重庆医科大学、重庆动物园、重庆中国三峡博物馆、中科院重庆研究院等 30 余家科普基地走进云阳、武隆、大足等 9 个区县，开展了渝东南"生态与健康"、渝东北地区"教育与医疗卫生"以及"科技点亮城市发展新区"三大主题科普活动。分析不同区域公众的不同科普需求，确定科普主题和传播主体，制订与其现状、发展需要相匹配的科普教育计划及实施方案，目标明确，有的放矢，增强了公众参与，提升了科普教育效能，带来了意想不

到的效果。仅渝东南活动,就吸引 21 000 余名师生和 12 000 余名市民参与,免费赠送科普知识手册 36 000 份,科普礼品 22 100 余份,受到了地方政府和老百姓的热烈欢迎。

以此总结出,从"以我为主",即从科普行业的主导者的角度,转变为"以需为主",即从受众的角度来开发科普教育项目是提升科普实效的关键,也是我们要把确定目标受众放在第一步的原因。

二、多元化、多角度、全方位科普形式的结合有益于科普知识的传播

在信息现代化的今天,展架、展柜、手册、橱窗、横幅等传统的静态展示模式已无法满足公众获取科普知识的需要,如何突破形式单一、内容陈旧这一瓶颈,在创新活动中求新求变、拓宽途径?

以科技活动周的渝东南片区活动为例,将活动形式分展板宣传、展品展示、有奖问答、专家咨询、互动体验、专题讲座六大板块,通过"看""听""读""说""玩"来实现环环相扣、层层深入的沉浸式科普方式,活动是卓有成效的。一是"看"展板展品,精选吸引力强、科普价值较高的展览内容和展品进行展示,比如,动物园的龟、蛇、蜥蜴等野生动物实物展示;金佛山药用植物园的植物蜡叶标本画展示,从第一眼就吸引公众的眼球。二是"听"专家讲座和知识小课堂,医科大学《如何吃出健康来》讲座、三峡博物馆《荒野生存之原始工具》讲座,其内容结合社会热点焦点,具有极强现实意义,期间穿插迷你游戏和互动体验,课堂气氛几度高涨,让参与者大开眼界,科普效果立竿见影。三是"读",活动共发放设计精巧的科普读物、宣传册、DM 单共计 30 000 余份,主题涉及动物园的《大熊猫的一生》、医科大学《食品安全大话西游》、巴人博物馆《博物馆文化之旅》等,与众不同的标题加之生动有趣的内容,使公众从被动吸收到主动吸收、被动灌输到主动探究。四是专家咨询和有奖问答。医科大学项目组切合"健康"主题对受众进行一对一调查,对其膳食健康问题进行一一解答;动物园、园博园设置了有奖问答环节,共送出价值 10 万元的大礼包,掀起了科普互动的高潮。五是"玩"。互动体验环节是整个活动的亮点,以"玩"的方式点燃公众对知识的好奇心和探究欲。比如,动物园自编自演的《动物操》调动起了现场所有参与者的热情;园林科研院的创意种子贴贴画;巴人博物馆的手工拉坯制陶体验;三峡博物馆的夺宝奇兵图章刻制、镜片染色、手绘彩陶体验等。现场八大主题活动,120 项精彩内容,融体验、观赏、互动、游戏于一体的嘉年华形式,以多元化、多视角进行科普信息传播,为公众搭建了一个情感体验和信息感知的互动体验空间。

总之,科普形式需要不断创新走多元化发展之路,除了常见的展示、展览和讲座以外,还要积极探索体验和互动的科普形式,并把它们有机结合起来,做到用多种形式吸引人、感染人、启发人,努力把科普活动办得丰富多彩、动人视听,实现真正意义上的"寓教于乐",从而收到事半功倍的效果。

三、重点突出互动体验和公众全面参与的科普形式

体验主要是公众对科普知识的深刻认识,互动则是通过一定的体验让科普内容与公众产生深层次的交流、影响,是科普信息的完整输出,是静态与动态的完美结合。我们在众多的科普宣传与教育活动中深刻感受到,互动体验使公众由"被动接受"开始了"主动参与",在互动体验的刺激下,公众的主动参与积极性和感知效应大大提高。

2016 年科技活动周的部分展台依然延续了传统的展架、展品等单一展示模式,没有设置

互动体验环节,公众也以行动给予了回应——走马观花、一扫而过。原本十分精彩的内容变得单调,令参观者感到枯燥、乏味,更别提什么科普效果了。相反,开展互动体验的展台则人流如织。如巴人博物馆,邀请制陶专家现场为公众展示制陶过程,配以科普教员现场解说古代巴人是怎样用拉坯制陶工艺制造陶器的。这样的形式既生动形象又结合了历史,当公众产生了浓厚兴趣并跃跃欲试时,就让他们亲自体验拉坯制陶,于是想亲自尝试拉坯制陶的观众排起了长队。这就说明,科普宣传与教育活动要以人的需求为根本出发点,利用与公众的互动,让公众感知成为科普活动的"主角",通过体验,让"参观者"转变为"参与者",与科普内容产生无形的交流与共鸣。

由此可见,互动体验将娱乐、教育、审美三种体验活动融于一体,它们相互渗透、彼此兼容、相得益彰,将以人为中心取代了以展示为中心的形式,满足了受众的"自我实现",让公众融入科普教育之中,长生记忆并创造回忆,将科普知识朴实无华地注入公众的内心世界。

"路漫漫其修远兮,吾将上下而求索",在科学技术飞速发展的今天,科普宣传工作任重道远,如何更好开展科普教育活动更是永恒的话题。习近平总书记强调,"要坚持把抓科普工作放在与抓科技创新同等重要的位置"。他的指示给予了我们开展科普教育工作的信心,也为科普教育的创新发展注入了无限动力。作为一线科普工作者,首要任务是继续探索新的形式和方法,着力推进科普内容、表达方式、传播方式的创新升级,通过科技活动周等实实在在的工作,使科普教育工作有机地渗透到各项事业中去。

科普工作就像把一块石头投进水里,波纹涟漪会慢慢展开,影响很多人。我们要始终"不忘初心,继续前行",努力做到普及科学知识、倡导科学方法、传播科学思想、弘扬科学精神,带动全社会形成讲科学、爱科学、学科学、用科学的良好风尚,逐步实现科普工作的经常化、社会化、群众化,使科普工作在提高全民族科学文化素质方面发挥更大的作用。

参考文献

[1] 傅兴.多媒体交互技术在展示设计中的应用研究[D].天津:天津美术学院,2009.

[2] 野楠.互动体验的展示设计中的功能与表现[D].西安:西安建筑科技大学,2014.

[3] 沈阳."科技前沿大师谈",2015年全国科技活动周内容丰富多彩[EB/OL].[2015-05-15].
http://news.xinhuanet.com/science/2015-05-15/c_134242503.htm.

(重庆市动物园管理处)

休闲旅游视角下科普基地发展策略探究

徐道静

摘要：随着科学技术的发展和现代社会对人的素质的要求不断提高，人们在休闲、观光旅游中更加重视知识的获取和素质的提高，科普旅游逐步成为新的潮流与趋势。笔者通过对比、分析、总结传统科普场馆和新兴旅游科普基地在运营中各自存在的一系列问题，针对性提出新兴旅游科普基地应以效益、创新、特色为原则，政府、企业、社会组织和个人要共同参与建设运营，以推动科普事业实现健康、可持续发展。

关键词：科普基地；休闲旅游；发展策略

科学素养在人的综合素质中占据举足轻重的地位，科普工作对于实现人的全面发展、推进现代化建设和建设创新型国家具有重大意义。随着科学技术发展和现代社会对人素质要求不断提高，人们在休闲、观光旅游中更加重视知识的获取及素质的提高，科普旅游逐步成为新的潮流与趋势。十八大报告中提出"丰富人民精神文化生活、促进文化和科技融合、发展新型文化业态"，这为我国科普旅游发展提供了契机，科普旅游迎来了前所未有的发展机遇。当然，这对科普基地也提出了新的更高要求。科普基地是科普旅游的重要依托，具有科普教育和休闲旅游的双重属性，文章针对当前重庆科普基地发展过程中遇到的制约瓶颈，独到性地提出将科普基地建设、运营同休闲旅游紧密结合，因地制宜开发科普旅游产品、创新科普传播模式、丰富科普旅游产品，实现科普传播与经济发展双赢局面，进而为科普基地发展思路和科普旅游理论研究提供有益借鉴。

一、科普旅游的内涵

科普旅游起源于 20 世纪 30 年代的法国，一些品牌企业组织群众参观自身科技成果，科普效果显著。第二次世界大战后，随着西方发达国家科技进步和经济发展，科普旅游得到了充分拓展，成为科普传播和休闲旅游的重要方式。如今，欧美发达国家科普旅游已经非常成熟，成为人们日常生活中不可或缺的组成部分。我国科普旅游起步较晚，首先在北京、上海、广州等一线城市出现，直到 2003 年的广东科技与旅游研讨会议，"科普旅游"一词才正式进入公众视野。至此，科普旅游在国内迅速发展，并取得了一系列可喜成绩。但总体上，我国的科普旅游事业仍处于探索阶段，科普旅游在国内具有广阔的市场前景和发展潜力。

周孟璞等学者认为："科普是科学技术普及的简称，是指以公众乐于参与的方式，传播科学思想、普及科学技术知识、弘扬科学精神，以提高全民族的思想道德素质和科学文化素质。"谢彦君认为："旅游是个人以前往异地寻求愉悦为主要目的而度过的一种具有社会、休闲和消费属性的短暂经历。"杨明铎将旅游和文化结合并指出："旅游与文化共生共进、一体化发展是经济发展到一定阶段旳必然要求，是时代和社会进步的一种潮流。"因此，科普传播与休闲旅游相结合是一种必然,这由其共同的文化属性所决定。

笔者借鉴陈可的观点,认为:科普旅游是一种具有教育性质的、高层次的文化传播过程,其以科学文化为核心内涵,以普及科技知识为内容,致力于提高全民科学素质。科普旅游集科普教育、休闲娱乐与文化体验为一体,是提高公民基础科学素质的重要方式和绝佳途径,具有良好的经济和社会效益。

二、当前重庆科普旅游发展现状

(一)重庆科普基地资源现状

"十二五"期间,我市逐步完善了以重庆科技馆、自然博物馆、三峡博物馆等科普资源丰富的场馆为龙头,其他专题性科普场馆为主干,以中小学科普教育活动室建设和基础性科普教育基地为支撑的科技场馆体系,加强了科普画廊、科普活动室(站)、科普宣传栏、科普惠农服务站的建设力度。目前,市级科普基地数量已达113家,涵盖了场馆类、培训类、传媒类、旅游景区类、研发创作类等五大类别,60%的中小学校建成科普教育活动室。创新开展"科技活动周""全国科普日""三峡大讲坛"等示范性综合科普活动及"中小学生科技节""青少年科技创新大赛""中小学生创新作文大赛""中小学科普活动优秀案例评选"等专题性科普活动。在重庆电视台开设"科技在我身边""科学十分钟""不健不散"等科普节目,开通重庆科普网、重庆社会科学普及网等科普网站。推进科普教育与学科教育有效融合,深入到每一个学科,并通过学校科普教育活动室开展科普教育课程辅助活动。

(二)重庆科普旅游客源市场现状

2015年全市接待游客3.92亿人次,实现旅游总收入2 250亿元,比2010年分别增长142%和145%。其中,我市入境旅游在全国入境旅游增速整体放缓、个别年份负增长的大背景下仍然保持高位增长,2015年接待入境游客282万人次,实现旅游外汇收入14.52亿美元,比2010年分别增长105%和107%,韩国、日本、美国及港澳台地区成为我市入境旅游主要客源市场。2015年,通过旅行社组织的出境旅游者达120.84万人次,较2010年增长181%。由此可见,重庆旅游人数和旅游收入规模大且都在逐年持续增长中,这说明开发科普旅游产品有着充足的客源基础。

(三)重庆科普旅游整体分析

总体而言,重庆科普旅游资源丰富,类型多样。一方面,重庆作为重要的历史名城、老工业基地、长江上游地区经济中心、金融中心和创新中心、国际大都市,是西南地区最大的工商业中心城市,是西部大开发和长江经济带西部地区的核心增长极。重庆具有自然、人文、政治、科技、教育、艺术等科普旅游资源,如长江三峡、仙女山、名人故居、抗战文化、汽车工业等,这些丰富多样的科普旅游资源为科普旅游产品开发奠定了坚实基础。而且,重庆科普旅游资源广泛分布在各个区县,这就为开展科普旅游营造了良好市场环境。另一方面,重庆开展科普旅游的客源市场潜力巨大,科普旅游资源只有在客源市场中才能充分发挥其科普教育价值。重庆人口众多,尤其是直辖以来,社会经济水平突飞猛进,区位优势凸显,吸引了越来越多的人来渝参观旅游,这进一步壮大了重庆科普旅游的客源市场,大大激发了各组织机构从事科普旅游开发的积极性。

三、当前重庆科普旅游存在的主要问题

(一)民众科普旅游意识薄弱,人才紧缺

科普旅游作为一种新兴旅游产品,现实生活中仍有多数人未能够准确认识到科普旅游的重要性,致使参与科普旅游产品开发与应用的积极性较低。同时,部分科技场馆仅注重实现经济效益最大化,忽略了科普旅游产品的社会效益。另外,负责开发与讲解科普旅游产品的人员综合素质不高,难以满足游客需求,以致科普旅游产品高效性价值无法充分发挥。

(二)大量科普旅游资源闲置,浪费现象突出

重庆市大量的科普旅游资源未能得到有效开发与应用,部分科普旅游资源在平时处于闲置状态。一是科普基地本身缺乏对科普旅游的认知,导致科普旅游产品开发的单位尚未认识到那些闲置科普旅游资源的价值。二是科普基地在产品开发中缺乏先进的开发理念、技术条件和设施设备。由于诸多同质化的科普旅游资源未得到合理开发,导致科技场馆类科普旅游产品缺乏特色性,难以与其他类型科普旅游基地形成竞争关系,造成游客数量较少、经营效益不佳。

(三)科普基地管理体制有待进一步完善

管理体制滞后主要体现为对科普旅游资源实行多头管理模式,目前,我省多数科普基地同时受多个主管部门管理,由于不同部门之间切入点不同,以致在管理科普旅游资源方面存在较大争议,这样便无法保证科普旅游资源管理高效性、合理性,从而直接影响到科普基地等相关主体开展科普旅游产品开发活动。

四、科普基地开展科普旅游的主要对策

科普旅游是面向公众进行科技传播和知识普及的重要方式与手段。科普旅游涉及科技文化、社会效益、休闲旅游等多个层面的内容,对于推动民众科学普及、提高科学素养等具有重大意义。发展科普旅游有助于实现科普基地参与建设主体多元化、复杂化和广泛化。广义上讲,科普事业运作主体包括政府、非营利组织和企业。这也是当前重庆科普旅游开发最为重要的三个参与主体。对这三大主体准确定位,处理好三者之间的关系,对于实现科普旅游持续健康的发展意义深远。

(一)政府层面要充分发挥其宏观与调控和引导作用

一是要强化主导职能,引导相关部门进行深度合作。政府要加强对科普旅游的重视、引导和协调工作,明确定位、创新机制、协作共赢,打造多位一体、功能齐全、整体协调的科普旅游实施体系。二是要加强宣传力度,培育新型市场需求。政府要充分利用电视、广播、报纸、网络等传媒手段,加大宣传力度,激发公众的科普旅游动机和参与热情;扩大影响,营造全民热爱科学、参与科普的氛围;注重市场开发,打造学、食、住、行、游、购、娱全域科普旅游综合体。三是加大资金支持,完善公共基础设施建设。政府要在科普旅游的基础设施、环境和信息系统等与科普旅游相关的配套服务设施的建设上加大资金扶持力度,鼓励新型科普业态的发展。

(二)企业层面要加大科普资源建设和产品开发力度

一是整合各类科技资源,加强科普资源提供。企业在发展科普旅游的同时,推动相关旅游业态发展,提供旅游吸引物,实现科普教育和经济收益兼顾。企业更应该利用自身资源(人力、物力、财力和无形资本),自主地对内、对外开展,或结合生产经营参与和支持社会科普公

益活动。二是加大产品开发力度,提供特色科技产品。企业在兼顾自身发展需求的同时,提供迎合民众需求的科普旅游产品。既可以开发新型旅游产品抓住新的市场契机,又能够树立正面形象,打造自身品牌,实现产品价值的同时为企业创造影响力。

(三)非政府组织层面要做好政府与群众的联系、发挥桥梁功能

一是制定行业章程,规范行业管理。成立相应的科普旅游协会,制定相应规程,允许并鼓励符合条件的团体和组织加入协会,共同推动科普旅游的发展,提高公众的科学素养。二是开展学术研究,坚持理论创新。通过凭借自身平台优势加强科普旅游研究项目,调动社会各界力量参与项目建设和实施等方式,拉动作用将有效地促进科普旅游的发展。三是注重人才建设,建立相关考核制度。探索和建立跨部门、跨机构、跨行业的人才培养和教育机制,推动知识教育和人才培训规范化与标准化,培养全民参与意识。

五、总结

本文从科普旅游发展中涉及的政府、企业、非政府组织等主体入手,针对当前重庆科普基地发展过程中存在的主要问题,提出要将科普基地建设、运营同休闲旅游紧密结合,开展科普旅游。政府除出台政策保障外,还应该强化主导职能,引导科普相关部门与旅游企业合作、强化宣传力度,培育市场需求,给予资金支持。企业应着重整合科普旅游资源,合理开发规划,提高产品科技含量,推广信息技术的应用,创新科普旅游产品,走品牌营销道路。非政府组织应充分发挥平台监督职能,调动从业人员积极性,建设高素质人才队伍。重庆科普旅游尚处于探索阶段,加之作者水平有限,对于重庆的科普旅游还需进一步加强研究,特别是针对科普旅游市场的开拓等方面还需后续深入研究。

参考文献

[1] 陈可.黑龙江省科技场馆类科普旅游开发研究[D].哈尔滨:哈尔滨商业大学,2014.

[2] 周孟璞,松鹰.科普学[M].成都:四川科学技术出版社,2007.

[3] 谢彦君.基础旅游学[M].北京:中国旅游出版社,2004.

[4] 杨铭铎.构建黑龙江省旅游文化圈的战略思考[J].哈尔滨商业大学学报:社会科学版,2011(3):112-115.

(重庆市低碳建筑科普体验中心)

体验式科普：科学普及的重要发展方向

张启义　覃利霞

摘要：体验式科普既要考虑科学性、趣味性，更要考虑受众的参与性，其核心是强调亲自参与、亲身感受。它改变了普及科学知识的方式，实现了公众和科学知识之间的互动。它还可以结合虚拟现实和增强现实技术，所以，体验式科普是科学大众化的一个重要发展方向，必将推动科普工作理念的新跨越。本文总结了体验式科普的特征，通过介绍重庆科技学院科普基地进行的体验式科普活动，阐释了体验式科普的未来发展方向。

关键词：体验式；科普；发展方向

"大众创业、万众创新"成为国家战略，科学的传播相应得到了越来越积极有力的推动。科学传播需要公众的参与。如何使公众积极地参加科普活动，使科普效果和科普的社会影响可持续化，是科普工作者必须思考和关注的重要问题。那就必须抓住公众对科学的兴趣点，围绕其自身生活需求，创造性地开展科普活动，提高科学对公众的吸引力。

传统科普工作一定程度上是科学的单向流动——从专家、科普工作者向一般公众进行科学传播与教育，这一点类似于传统的学校教育模式。要提高科普效果，必须调动公众的各种感官体验，促进其主动地接受。因此，体验式科普是科普活动最有效的组织形式。

一、体验式科普的内涵

体验是公众主观地在做一件事情的过程中建立起来的心理感受，包括身体感觉、情绪变化等，大多数体验的过程需要身体运动以及社交活动。体验式科普不同于传统的科普活动，它提供多样的体验手段以方便公众全身心地参与，并在获得愉悦感的同时增加科学知识。

公众的全身心参与是指公众用体力和脑力参与到科普活动过程中来，如亲自操作科学仪器、动手参与科学实验、观察科学现象、思考蕴含的科学原理、自主制作科学小仪器等。体验式科普活动强调要促使公众积极主动地参与科普活动、自主地进行脑力思考，强调公众的亲自探索感悟。当然，公众具有的不同知识储备使其在科普活动中得到的身体感觉和脑力体验千差万别。

科学使人身心愉悦实际强调的是科普活动过程本身应该是令人愉快的。科普活动尤其要融入娱乐因素，让娱乐助推科学传播。在公众接受科学的过程中产生新鲜、兴奋、成功的感觉，进而在公众内心自然而然产生一种对科学知识、科学精神的感动。这样的科普体验将是长久的，这样的科普活动才会可持续。

一场令人印象深刻的科普活动应该充分利用各种体验手段，如利用科学仪器进行的科学实验，利用计算机技术实现动态可视化的显示（三维动画、虚拟现实和增强现实），体现科学知识和科学精神的文化产品（电影、电视节目），常见的平面媒体和现场讲解（书籍、海报、宣传册）等。

二、体验式科普的意义

(一)体验式科普是科学普及未来发展的重要方向

体验式科普既蕴含了传统科普知识单向传输的优点,又强调要尊重受众的主体性,以公众的需求为导向,通过沉浸、互动促进交流,使传播效率、科普效果和社会影响都得到了很大的提高。它遵从了人们认识事物的规律和科普活动的主要发展方向,遵从了科学教育的自然规律,也尊重了公众要求提高自身科学素养的主观意念。这些特征决定了它必将成为科普事业未来发展的重要方向。

(二)体验式科普为科普产业的体验经济探索新途径

科普体验项目、科普体验基地、科普体验活动等通过细致策划、广泛挖掘,并发展科普文化资源,共同形成了社会化的科普交流和资源共享平台,尝试探索了科普产业的体验经济新途径。虽然这些尝试还没有能够引领科普产业发展的方向,但其中已经体现着科普产业的星星之火,为体验经济框架下的科普产业发展提供了一定的实践基础。围绕体验式科普活动,提供精致的科普服务,伴随相关科普衍生品的发展,体验式科普必将为科普的产业化真正破题。

(三)体验式科普能有效地进行全方位的五科科学传播

公众在科普体验活动中,首先在视觉、听觉、触觉等方面获得令人印象深刻的刺激,进而发自内心地产生对科学现象的新鲜好奇心理,通过思考问题体会到其中的困惑和乐趣,感受到用科学方法去解决问题、理解科学规律后的成就感。公众由对现象与规律的深刻认知和记忆,进而感悟到科学规律的渊源和内涵,理解解决问题过程中迸发出的科学精神和科学思想,从而对科学工作者的科学道德、心情和信念产生认同,这就实现了科普活动的较高层次。以科普活动为中心,将科学知识、科学精神、科学思维、科学方法和科学道德等有机结合,在娱乐性的、"润物无声"的科学体验中,全方位地渗透到公众的内心深处,从而提高个人的科学素养。

三、体验式科普的发展方向

从展示技术和科普手段的专业化、多元化来看,体验式科普一般有三种形式:①能够演示基础学科的一些基本原理的互动性展品;②以仿真场景进行的工业流水线类的科普活动;③基于虚拟现实技术类的科普活动。

虚拟现实、增强现实技术运用高速计算机和图像处理手段,产生逼真的视觉、听觉和触觉,公众通过各种传感器与场景中的对象交流,产生一种如临其境的感觉。它的高沉浸性、强交互性应用到科普活动中,让公众以角色扮演的方式体验科学的奥妙。这种新的科普手段将是体验式科普的重要发展方向之一,如广东科学中心在"数码世界"展区设置的"虚拟漫游"项目,全面展示了虚拟现实和增强现实技术。

重庆科技学院科普基地的科普活动大多是以体验式科学项目为主,结合体验式科普的内涵及其行为机制,进行科普活动的策划。在科普项目开发和科普活动组织中,逐渐形成了两个发展方向:

(一)科普表现手法上,科学现象和体验感觉可以适度放大

公众的体验包含感觉刺激、情感交流、脑力思考、体力活动和社交互动等有机关联的过程。一般来说,这几方面的反应越强烈,科普体验的效果就会越好,越持久。在不违背科学原理的情况下,科学现象和体验感觉可以适度夸张,强化并刺激受众的体验反应,形成最好的体验效果。我们科普基地推出的醉酒驾驶模拟体验项目,让公众佩戴一副光学眼镜,利用特制光学镜

片使佩戴者体验到非常逼真的醉酒感觉(反应时间延迟、头晕、视物重影、距离感降低等)。不同颜色的眼镜对应了不同的酒醉程度。戴上眼镜后,产生适度夸张的酒醉感觉,佩戴者通过行走S型路等活动,身体完全沉浸在体验过程中。整个体验过程中对佩戴者的感觉冲击使其产生了害怕醉酒驾驶的情感体验,如此有机关联的体验感觉达到了非常深刻的科普效果。本项目的精准受众对象是普通市民。广受欢迎的中央电视台《加油向未来》节目中大部分科普项目的表现手法正是这基于这一思路。

(二)科普组织形式上,科普项目和体验人数需要多人共同参与

由许多人一起参与进行的体验式科普活动项目,人与人之间需要合作进行仪器操作,也会有闯关比赛。在活动中,面对同样的问题,不同的人体验不同,会有不同的解决方案,会有彼此之间的讨论,会有辩论。这就增加了其趣味性与合作性,印象更深刻。这里就以我们基地的激光陷阱项目为例。激光陷阱项目是借鉴美国电影《偷天陷阱》中的激光场景,由基地科普教师自行设计组建的体验式科普项目。在实验室长长的走廊上,布置有许多对激光发射和接收装置,当有人穿越激光线时,蜂鸣器就会报警。本项目的精准受众对象是中小学生。在受众协作穿越激光陷阱时,美丽的激光线会给人强烈的视觉冲击,不同激光线交叉形成的陷阱需要人去思考最佳闯关方法,遇到陷阱时不同体验者之间需要讨论交流,在体验者全身心沉浸在激光阵中的时候,感觉冲击、智力思考、身体运动以及社交活动,所有的体验感觉全部有机呈现,形成闯关成功的愉悦情感体验。这些美好体验都强化了本项目的科普效果。

四、结论

体验式科普的本质特征:一是公众的主观参与;二是感性认知与理性认知的有机结合。体验式科普除了向公众传播科学知识和科学方法,还更加注重科学传播手段的多样化,强调以娱乐助推科学传播;更加注重让公众自己去探索科学,引导他们自主发现并理解科学知识,自主认同科学精神。体验式科普未来的两个重要发展趋势就是适度放大科学现象来获得更震撼的体验感觉以及开发需要多人一起参与的集体性体验活动。

体验式科普活动过程中,将科学知识、科学方法和科学精神等的传播有机结合在一起。以体验式科普为目标,进行科普项目的开发、科普活动的策划和组织、科普场馆的优化建设、科普衍生品的设计。体验式科普也将会为科普产业的体验经济提供新的发展路径。体验式科普是未来科普的重要发展方向。

参考文献

[1] 钱贵潮.科普环境信息场理论研究[J].科普研究,2009,5:10-18.

[2] 任广乾,汪敏达.体验式科普及其行为机理理论综述[J].科普研究,2010,5:22.

[3] 任广乾,汪敏达.科普体验中的认知、偏好与信念研究[J].科普研究,2011,6:15.

[4] 李成芳,李锐锋.科技体验——推动我国科普进步的有效方式[J].武汉科技大学学报:社会科学版,2006,8(4):83.

[5] 曾莉.体验经济与展示设计——以科技馆体验设计与创意为例[J].广西艺术学院学报,2007,21(4):102.

[6] 白亚峰.从受众体验谈科普活动传播[J].科技资讯,2015,11:5.

(重庆科技学院科技探索体验中心)

多层次科普体系设计的探讨与实践

——以重庆科技学院科技探索中心为例

杨耀辉　杨达晓

摘要:公众的科学素养存在很大的地区差别、城乡差别、职业差别。本文认为科普活动应该根据人们科学素养的不同,探索在仪器布置、志愿者培养、展板设计、传播手段等方面分层次设计,以达到最优的科普效果。

关键词:科普;分层次;物理

一、引言

层次是指系统在结构或功能方面的等级秩序。它具有多样性和多种划分标准。不同的层次具有不同的性质和特征,既有共同的规律,又各有特殊规律。美国心理学家亚伯拉罕·马斯洛在1943年的《人类激励理论》一文中所提出的需求层次理论是人本主义科学的重要理论之一。他在文中指出人类需求像阶梯一样从低到高按层次划分。人是分层次的,我们每个人由于工作经历、生活环境和教育背景等的诸多不同,所以,我们每个人的科学素养不尽相同,对事物的认知能力也有很大不同。物理也是有层次的,不同层次的物理空间所适用的物理原理有区别。比如,按尺度划分,其研究对象可分为微观世界和宏观世界;按速度区分,可分为低速和高速运动物体,而它们所适用的物理公式和定理是不同的,也是分层次的。

科普的目的就是使人们对自然规律由不了解到了解,理解不深的能够加深了解,开阔视野,启发心智,达到提升科学素养之目的。重庆科技学院科技探索中心面向社会开放以来,到中心参观学习的人,小到汤米国际幼儿园的小朋友,大到两院院士,受众面非常广。所以科普也迫切需要因材施教,提高科普的效率。为了能够实现上述目标,科普体系必须分层次设计。通俗地讲就是利用现有资源,针对不同受众开发出不同的科普套餐,做到精准科普。

根据科技学院科技探索中心这几年的开放数据来看,我们的科普对象主要以中小学生和大学生为主,所以我们探讨的分层次科普也是以此为主要对象。

二、科普展品分层次布置

展示科学、普及科学知识的产品就是科普展品。其具有科学性与生动性,能把科学知识生动、形象地展示出来。科普展品几乎涵盖一切人类认识和利用自然界的方式,其种类很多。科普对象不同,我们用到的科普展品就要有所区别,所以要分别布展。它主要有两种模式:一种是根据不同科普对象在不同房间布置展品;另一种是展品不按讲解对象分类单独布置,但讲解中会按照对象不同有选择地讲解展品。

重庆科技学院科技探索中心是以大学物理实验为背景建立的科普基地,主要面向在校理工背景的大学生,房间较少,我们选择第二种模式做了相应的预案,做到精准科普。

理工科大学生物理理论知识储备相对丰富,所以科普重点在于现象背后的物理原理。我们针对他们选择的重点讲解展品有:θ 调制实验、白光反射全息图原理、玻璃堆起偏、等倾干涉模型、法拉第笼、光的偏振、光纤通信、光栅立体图原理、光栅视镜系统、激光全息图、居里点测试仪、偏振光干涉演示仪、平行板电场分布、普氏摆、三相旋转磁场、扫描成像原理演示、声光效应实验、双向翻转伽尔顿板、跳环楞次定律演示、陀螺进动、涡流管、异型导体等。

文科背景大学生及中学生,有基本的物理知识和概念,但理解得不够深入,所以科普重点是现象和现象的物理背景原理,不需要详细讲解原理。我们针对他们选择的重点讲解展品有:避雷针、伯努力悬浮球、常温磁悬浮、超导磁悬浮列车、超导零电阻演示、超声雾化、大型静电高压演示、弹簧纵驻波演示仪、弹性碰撞球、电磁炮、飞机升力、光纤通信、光学分形、海市蜃景、红绿立体图、环驻波演示仪、辉光盘、辉光球、记忆合金、静电风轮、窥视无穷、帘式皂膜、留影板、人造火焰、茹可夫斯基凳、声波可见、鱼洗、视觉暂留、手触电池、跳环楞次定律演示、涡流管、雅格布天梯、直升机演示、锥体上滚等。

小学生的物理知识处于启蒙阶段,对他们做科普的重点在现象,使他们对物理感兴趣,开阔视野,启迪心智。我们针对他们选择的重点讲解展品有:超导磁悬浮列车、超声雾化、大型静电高压演示、弹性碰撞球、电磁炮、光纤通信、海市蜃景、辉光盘、辉光球、记忆合金、窥视无穷、帘式皂膜、留影板、偏振光立体电影的原理、人造火焰、鱼洗、手触电池、直升机演示、锥体上滚等。

三、科普志愿者分层次培养

科普志愿者不计物质报酬,自愿贡献个人的时间和精力,为推动科学教育传播与普及作出了重要贡献。科普志愿者是科普的核心力量,科普需要科普志愿者,科普离不开科普志愿者。2013 年,全国共有科普人员 197.82 万人。中国科学技术协会公布的《科普人才发展规划纲要(2010—2020 年)》指出,到 2020 年,全国科普人才总量要达到 400 万人。科普志愿者人才的培养是一项迫在眉睫的工作,科普工作急需大量不同层次的科普志愿者。

重庆科技学院科技探索中心也培养了一支科普志愿者队伍,主要由在校大学生和物理系教师组成,人数在 50 人左右。由于科普对象非常宽泛,中心也有针对性地对科普志愿者队伍进行分类培训,最大化利用现有资源,使科普效果最优。学生志愿者主要有低年级大学生组成,物理知识上有欠缺,中心定期会组织相关教师对学生志愿者进行培训,补充物理知识以及展品的操作和原理,使其能够面向文科背景大学生和中小学生熟练演示相关展品并给予一定的解释。对于教师志愿者也会有一定的培训,物理系教师理论知识很丰富,所以培训重点放在展品的操作上,使教师志愿者能够对理工科大学生和科技工作者很好展示物理现象并详细讲解其物理原理。专业知识的培训很重要,但另一方面志愿者服务意识的培训也同等重要。应该针对学生和教师的特点,有针对性地培训志愿者服务的意识,加深对科普工作意义的认识,必要时可以根据基地条件给予志愿者一定的激励措施,使我们的志愿者有兴趣、有激情、乐于奉献,能够全身心地投入这项工作中。

四、展品原理解释分层次设计

科普展品能把科学知识生动化、形象化地展示出来,其种类繁多。能够让大众把展品所反映的科学知识掌握了,科普的主要目的就达到了。我们科普的对象受教育程度、科学素养等参差不齐,对同样一件事物,他们的理解和接受能力区别很大。所以我们科普展板和解说有必要分层次设计,做到有针对性,使大众容易理解和掌握展品原理。

重庆科技学院科技探索中心是以物理学为背景的科普基地,主要向大众传播的是物理学的原理,专业性强。所以,针对不同层次的科普对象,分别设计展板、展品原理解释板和解说词是非常有必要的,只有这样才能够把物理原理转化为大家都能接受和理解的知识,达到最好的效果。比如,针对理工背景的大学生,展板及解说要较详细地介绍原理,教师志愿者必要时还要给学生用公式推导相应函数关系;针对其他学生,展板及解说重点就在现象及简略原理,使其知道这种现象背后的基本物理原理即可。

五、科普手段多层次化

科普展示形式与科普对象、展示内容等密切相关,科普展示内容和对象的不同,展示形式也不同。科普展示形式是科普展示内容得以传播的保障,没有科普展示形式,就无法实现科普展示内容的传播。不断创新的科普展示形式,是科普保持活力和生命的有效途径之一。科普展示形式的多样化,能够使受众最大化,利于科学的传播与普及。科技产品的更新换代也使我们的生活方式发生了很大变化,比如说智能手机的普及就大大改变了我们的生活方式,特别是年轻人生活方式。所以,我们的科普展示除了传统的展馆、报纸、书籍、电视等形式外,还必须快步开拓紧跟当前社会形势的科普手段。微信就是一个很好的载体,比较适应现阶段科普的传播。我们完全可以把所有展品进行设计包装,利用新媒体把它传播出去,线上线下能够互动,达到较好的科普效果。

重庆科技学院科技探索中心建有微信平台,可以实现和在校大学生的互动,效果不错。但微信平台上科普展品的数量太少,也不够生动,急需利用现有资源开发包装更多的科普项目放上微信平台。在微信平台上怎样设计包装我们的科普项目,使其效果最佳,需要科普志愿者奉献更多的时间与精力去完成。

六、总结

中国地域广阔,人口众多,经济社会发展不均衡,人均受教育水平参差不齐。这就造成公众的科学素养存在很大的地区差别、城乡差别、职业差别。因此,中国的科普应该是一个多层次的立体工程。以自然科学为背景的科普活动尤其应该注意其层次性。针对不同层次的科普对象,应该有与之配套的相应层次的展品展板、解说词和手段等,便于人们理解和掌握新的科学知识,做到精准科普。科学普及是一项伟大的工作,需要大家共同努力。

参考文献

[1] 甘礼华,陈龙武,钱君律.多层次物理化学实验教学的再思考[J].实验室研究与探索,2002,21(6):8-9.

[2] 张锐波,潘克宇.多层次物理实验教学体系设计的探讨[J].大学物理实验,2004,17(2):74-76.

[3] 王延辉,刘荆洪.怎样打造高素质的科普志愿者队伍[J].海峡科学,2012(3):13-15.

[4] 朱琨.高素质理工科大学生科普志愿者队伍建设研究[J].江苏第二师范学院学报:自然科学,2015,31(9):74-75.

[5] 肖东.科技馆展教活动中科普志愿者的组织与管理[J].海峡科学,2010(7):21-22.

[6] 杜伟,谭轶,杨松,等.建设全媒体科普视窗创新科普手段[J].科普研究,2011(6)(增刊):41-45.

[7] 张军,刘艳.浅析科普场馆展示形式、内容、手段的创新[J].科学教育,2008(8):110-111.

(重庆科技学院科技探索体验中心)

新媒体时代高职院校科普活动创新研究

符繁荣

摘要：本文分析了公办与民办职业院校的科普现状，以及职业院校中科普基地的科普活动开展情况及问题，提出了利用新媒体的优势来实现高职院校中的线上互联网与线下公众参与式科普活动的构建，从思维、渠道、内容、观感四个方面进行科普活动的创新。

关键词：新媒体；高职院校；科普活动；创新研究

随着移动互联网的迅猛发展，工作与生活节奏的加快，人们对信息的需求量逐渐增加，传统媒体已经不能满足人们对知识的获取，一种新的媒体应运而生，以数字通信技术为支撑，以互联网为主体，以智能手机、PC电脑、平板电脑、移动电视等网络接入设备为终端，为用户提供信息发布、浏览等服务的新型传播形态。作为培养职业技术人才的高职院校，新媒体技术的发展，为科学普及工作带来巨大优势，更能突显高职院校科普的创新特点。

新媒体时代下的高职院校是我国重要的科普生力军，具有从事科普的人力、物力以及培养教育人的环境等优势，拥有丰富的科普资源、科学经验，不仅对本门学科的发展动态了如指掌，而且在公众心目中具有权威性，更容易取得良好的科普效果。但是，高职院校有公办与民办之分，对于科普工作的重视程度、开展情况各有偏差，在人力、物力、财力的投入上都有所不同，在这种情况下，如何利用新媒体技术在高职院校实施创新的科普活动是一个值得研究的课题。

一、新媒体时代高职院校科普活动现状

（一）公办与民办院校科普现状

从整体上看，公办的职业院校的科普活动普遍是走在前面的，因为有相应的政策、资金支持，学校在培养人才、投入科普教育时考虑得就多，在开展科普活动中更具有优势。而民办院校的科普教育受诸多因素的影响，考虑办学的经费、人才培养的师资、人文环境建设等现实困难，在科普教育中投入比重偏小。不过更多的还是民办院校很多倾向于年轻化，办学时间短，经验欠缺，上层建筑对科普工作的重要性认识不足，缺乏品牌特色，在科普资源的创新方面推动不足，即使新媒体时代的到来，也需要一个过程来进行建设，所以开展科普活动相对较少。

（二）院校有无科普中心（基地）现状

重庆市的科普中心（基地）共有50所，大多数集中在本科院校或企事业单位，如重庆大学、西南大学、三峡博物馆等。对于高职院校而言，能够成功获批科普中心显然很难，需要达到全国科普教育基地的基本条件。职业院校有无科普中心，将直接关系到科普活动的开展。如重庆工程学院以动漫设计专业为支持，制作了《美好生活源于低碳》的科普项目，并在全国获奖，具备了申报科普基地的资格。该学院于2015年成功申报中华文化动漫研发传播中心，并获批成为了科普基地，积极实施新媒体技术创新，开展了一系列的科普活动，比如，巴渝文化科

普周在南温泉进行科普展示、移动终端重庆方言采集、建立公众号推送科普信息、校内科普论文大赛等,极大地丰富了学生的科普知识。

因此,有科普基地的职业院校,建立有专门的科研机构开展科普活动,更有利于科普文化的发展与传承、创新。

二、新媒体时代高职院校科普活动的构建

新媒体是新的技术支撑体系下出现的媒体形态,主要以互联网为载体,把文字图片转换成视频,从单一传播到互动交流,如数字杂志、数字报纸、数字广播、手机短信、移动电视、网络、桌面视窗、数字电视、数字电影、触摸媒体等。在这种时代背景下,职业院校的科普工作也在发生着转变,那么是如何在新媒体技术下进行构建的。

(一)线上:基于互联网的科普

在2015年3月,李克强总理在十二届全国人大三次会议上作政府工作报告时,首次提出"互联网+"行动计划。在7月,随着国务院《关于积极推进"互联网+"行动的指导意见》的印发,推动了互联网在各个领域的快速发展,增强了各行业的创新能力。通过使用互联网,可以把更多的科普知识放到网络,供学习与使用,网络可以牵引着学生不停地去探索,在某种意义上,甚至可以代替教师,培养学生的自我学习能力,逐渐养成创造、沟通、进取、协作的科学意识,它是信息时代科技教育和科学普及的根本任务,而这个任务,只有通过基于互联网的教育才能完成。如重庆工程学院制作的《美好生活源于低碳》的科普项目,通过视频的方式呈现于网络,让更多的人了解现今的低碳生活带来的种种好处,这就是一个基于互联网学习与在生活中互动的过程。

(二)线下:公众参与式科普

职业院校另一种科普活动的构建方式就是公众参与,要让科学进行普及,只有让人参与其中,打造一系列的品牌活动,才能带来更好的效果,达到科普的目的。重庆工程学院的中华文化动漫研发传播中心自成立就开始对科普活动的组织和策划。先后组织了具有代表性的科普活动——巴渝文化科技周,这是一个挖掘重庆地区具有代表性的传统文化,以学生个体或团体为代表,挖掘巴渝文化,特地选择在人流比较集中的南温泉进行科普宣传,现场学生展示并解说了重庆的咂酒文化、火凤凰地标文化、彩绘文化、新时代的动漫COSPLAY文化等,了解巴渝有哪些文化特色,让公众参与进来。

所以,通过线上与线下采用不同的构建方式,让科普活动贴近大众,帮助更多的人领略科普知识。

三、新媒体时代高职院校科普活动的创新

高职院校科普活动在新媒体时代下正在发生翻天覆地的变化,从传统的纸上宣传过渡到网上宣传、从文字图片到视频播放、从观看到体验,等等。这些都离不开创新,科普活动需要思维创新、渠道创新、内容创新、观感创新。

(一)思维创新

利用新媒体特征,首先高职院校上层建筑的思维要跟上时代的步伐,不能固守传统媒体模式,做做样子,而应该运用到实处,认识到科普的重要性,解决专业人才缺乏等问题。其次是教师自身要有善于学习先进的教育思想、理论,把教书育人放在首位,转变传统的思想观念,接受

新事物的能力。只有思维得到了改变,经受住了新时代的考验,结合院校的实际,树立独有的品牌和特色。

（二）渠道创新

新媒体时代的到来,促进了各行各业的快速发展,多种渠道的优化更加明显。职业院校科普工作开展的渠道也更加的人性化,比如,线上渠道主要以数字通信技术为支撑,以互联网为载体,充分利用移动终端、手机 APP、微信公众号、微博等有效的传播途径,整合新媒体资源;线下渠道主要采用举办各类活动的形式,组织学生参与其中,在活动中提高学生的科普知识。

（三）内容创新

科普活动成功与否,内容是主要的部分,好与坏、新与旧,将直接影响公众的参与度。内容的创新主要体现在两个方面:一是科普中心（基地）深入挖掘当地的科普文化,在传承的过程中进行创新;二是内容要形式多样,可以通过科技展示、校园科普大赛、实用技术观摩等活动形式。如重庆工程学院每年都要举办校园文化艺术节进行科普创新展示。

（四）观感创新

观感是人的一种感知,新媒体技术支撑下的科普活动过程,使科普活动从传统的观看行为演变为现今的体验为主,这更能激发公众了解科普知识。如重庆工程学院蔡跃宏老师研发的"火凤凰"城市地标,利用 VR 最新技术,只需戴上固定的 VR 体验装置就可以了解重庆 40 个区县的特色旅游景点,如武隆天坑、大足石刻等。新媒体技术带来全新的观感将更有利于科普活动的开展。

四、结语

新媒体时代的到来,是机遇,是挑战,是创新。高职院校的科普工作更应该顺应时代潮流,深入改革,从思维、渠道、内容、观感等方面进行创新突破,充分利用新媒体的优势,在原有的科普活动模式上进行传承与突破,形成良好的科普文化氛围。国家应当鼓励在当前年轻化的高职院校开设更多的科普基地,并给予一定的科普资金支持。笔者相信在不久的将来,职业院校的科普工作会更上一个台阶。

参考文献

[1] 杨晶,王楠.我国大学和科研机构开展科普活动现状研究[J].科普研究,2015,10(6):92-101.

[2] 潘津,孙志敏.美国互联网科普案例研究及对我国的启示[J].科普研究,2014,9(1):46-53.

[3] 廖思琦.网络科普传播模式研究——以果壳网为例[D].武汉:华中师范大学,2015.

[4] 李巧平.新媒体时代高职院校媒体宣传机构建设探析[J].新媒体研究,2015,1(12):64-65.

（重庆工程学院）

重庆市社区科普现状分析及对策研究

康凌峰

摘要：加强社区科普工作,是构建社会主义和谐社会、实现小康社会的重要举措之一。本文从社区科普的定义入手,阐述了社区科普在提高群众素质、促进社区生态文明建设、转化科技为生产力、挤压愚昧的生存空间四个方面的作用以及科普发展所具有的公众化、信息化、产业化发展趋势。本文还从社区科普发展的现状入手,指出社区科普工作存在的问题:社区科普队伍缺乏高素质人才、经费投入不足、缺乏有效针对性、工作缺乏创新等,并分析其形成的原因。最后,本文针对存在的问题,提出解决对策,即加强科普队伍建设,多渠道保障科普工作投入,有针对性开展科普工作,创新科普工作方式。

关键词：科普;社区;科学素质

一、社区科普的定义

（一）科普的含义

2002 年 6 月 29 日通过的《中华人民共和国科学技术普及法》规定,科普即是科学普及的简称,指利用各种让公众易于理解、接受和参与的方式向普通大众介绍自然科学和社会科学知识、推广科学技术的应用、倡导科学方法、传播科学思想、弘扬科学精神的活动。

（二）社区科普的含义

社区是构成社会最基本的细胞。尽管社会学家对社区下的定义各不相同,但在社区构成的基本要素上认识还是基本一致的。他们普遍认为一个社区应该包括一定数量的人口、一定范围的地域、一定规模的设施、一定特征的文化、一定类型的组织。社区就是这样一个"聚居在一定地域范围内的人们所组成的社会生活共同体"。

社区科普的根本任务是普及科学技术知识,提高辖区居民的科学素养,倡导科学生活方式,构建文明和谐的社会环境。

二、社区科普工作的重要作用

（一）科普是提高群众素质的重要手段

科学素养是一个人综合素质的重要体现,国际上普遍将科学素养概括为三个组成部分:对于科学知识达到基本的了解程度;对科学的研究过程和方法达到基本的了解程度;对于科学技术对社会和个人所产生的影响达到基本的了解程度。只有在上述三个方面都符合要求才算具备基本科学素养。

在科技高度发达的今天,一个国家、一个民族的命运很大程度上取决于其科技竞争力。构成国家科技竞争力的要素包括高水平的科研成果、高技术的科研机构、高级科技人才等。在这些因素中,高水平的国民素质是基础,是其他各个因素的重要推动力。

（二）科普可以促进社区生态文明建设

一个城市的发展不仅要靠经济建设等"硬"指标，更对社区居民素质等"软"指标有着越来越高的要求，如果不在"软"投入上下功夫，甚至会影响"硬"投入的效果。所以说大力开展科普工作，树立民众的科学发展理念是提高社区生活质量、建设和谐生态社会的必然要求。

（三）科普是科技转化为生产力的重要环节

科学技术是第一生产力，劳动者是新技术的创造者、实践者。科学通过技术转化为生产力，技术投入到生产实践中又离不开人民群众，提高群众的科学素养对生产力转化至关重要。

（四）科普有助于挤压愚昧的生存空间

我国传统文化重文化道德修养，轻自然科学研究，这严重制约了国民科学素养的提升。目前，社会上还存在着一些封建愚昧活动，如法轮功、全能神等，这些问题严重影响着社会的进步。通过提高全民的科学素养，可以挤压封建愚昧的生存空间。

三、科普发展趋势

（一）公众化

一些国家的发展经验表明，人均 GDP 的增长，必然对社会发展和人们的生活方式带来影响。这一现象也在我国凸显，随着生活水平的提高，越来越多的人关注科学的生活方式及养生。不少网友都在自媒体上发表或者转载科普小知识等，成为科普工作最直接的参与者。

（二）信息化

2014 年第 34 次《中国互联网络发展状况统计报告》中的数据显示：截至 2014 年 6 月，中国网民规模达到 6.32 亿人，普及率达 46.9%，其中手机上网网民规模达 5.27 亿人。随着网络科普迅速发展，网民中有 30.9% 的人经常通过知名科普网站、科技类博客、科技报刊官网获取科普知识，成为网络科普用户。

（三）产业化

随着社会经济的发展，科普不再只是政府部门的工作，而逐渐形成追逐经济利益的产业。从 20 世纪 60 年代开始，发达国家的科普市场化经历了科普投入主体多元化和科普运作主体多样化的过程。20 世纪 80 年代末 90 年代初，我国尝试通过市场化运作吸收社会资金支持科普活动，经过多年的发展，科普市场化运作的尝试面更广，活动内容更加丰富。

四、重庆市社区科普工作现状

（一）科普组织体系

重庆市科普工作体系分为 4 级：市级、区（县）级、镇街级、社区级。全市科普工作主要由市科协负责组织实施；区县设科委、科协；镇街设科协；社区设科普工作站。有些社区建有科普大学，邀请有经验的科技工作者担任讲师，定期开学授课。

（二）组织运行机制

按照"政府主导、部门协调、社会参与、多元投入、注重实效"的方针，重庆在市级层面加强政策引导，先后印发了《重庆市科学技术普及工作奖评选办法（试行）》《科技传播与普及项目及经费管理暂行办法》等一系列配套文件。此外，还充分发挥行政部门的重要作用，建立完善了重庆市科普工作联席会议制度。

（三）社区科普队伍

重庆市的科普工作者队伍是一支专兼职结合的队伍。在市级、区县有专门的科普机构，以专职从业人员为主。镇街和社区从业人员则以兼职为主,在社区中尤为突出。村社科普队伍主要以村社干部、退休老师为主。总体上,因为制度机制不健全,科普队伍流动性较大。

(四)科普基地建设

近几年,重庆市大力开展科普基地建设,形成了有差别、有层次的科普基地体系。一是大力建设重庆科技馆、自然博物馆、三峡博物馆等龙头场馆。二是开展其他专题性科普场馆的建设。三是完善了中小学科普教育活动室和基础性科普教育基地。同时加强了科普画廊、宣传栏等基础设施的建设。目前,市级科普基地已达113家,涵盖了场馆类、培训类、传媒类、旅游景区类、研发创作类等五大类别,全市60%以上的中小学校有科普活动室。

(五)社区科普模式

社区科普经费主要来源于政府拨款,市场化运作的科普模式未能有效落实。从社区科普的实施形式来说,主要有三类:第一类是单向的授课模式,即科普工作者以讲座、录像、科普展览等形式向社区居民开展科普宣传;第二类是团队的互动模式,即以共同的兴趣爱好为纽带,开展如研讨会、沙龙、竞赛等形式的科普活动;第三类是群众性的科普活动,即组织社区居民参加大型的科普活动日活动等。

五、社区科普存在的问题及成因分析

(一)存在的问题

1.缺乏高素质人才

科普工作者是科普工作的主体,其数量与质量直接影响着科普工作的成效。虽然近几年科普工作得到了重视,科普工作者队伍也得到了充实,但总体来看还不尽如人意。一是科普人员不足,基层的此种情况特别明显。在重庆某乡镇,全镇25个社区只有25名兼职的科普工作人员,因为全部是兼职,平时还有其他工作,投入到科普工作的精力并不多。二是人员素质不高。还是以某乡镇为例,25个社区科普工作人员平均年龄45岁,其中大专以上学历的仅有5人,其余的仅有高中及以下学历,自身文化水平有限导致其难以胜任日常的科普工作。

2.经费投入不足

经费不足长期制约了社区科普工作的开展,归根结底,主要有以下两个方面的原因:一是近几年科普投入在不断加大,但是能划拨到基层社区的还是很少。二是科普筹资渠道单一,目前的科普资金全部由财政拨款,缺乏对社会资金的引入和管理机制。

3.缺乏有效针对性

重庆市各地区经济、社会发展水平有差异,群众受教育程度也有差异,即使是同一地区,不同职业、不同群体对于科学普及也有着不同的需求。在社区科普工作中,因为工作人员的精力和水平问题,很难考虑到群众在文化程度和需求方式上的差异,每次活动都是一套宣传资料、一种宣传模式,这样不但浪费了人力、物力和财力,反而让公众失去了兴趣。

4.缺乏方式创新

随着经济社会的发展和人民生活水平的提高,大众对于科普工作也有着更高更新的要求。然而社区科普工作却难以适应时代的变化,从现状来看,主要有以下几方面的原因:一是科普内容较为陈旧单一,内容更新较慢,而群众的需求却有非常强的时效性。二是科普方式不当,科普工作长期采用"填鸭"式,要求公众被动接受,缺乏互动,影响了受众学习的积极性。三是科普手段滞后,社区科普目前还停留在办板报、发传单等传统的科普方式上,缺乏对新方式的探索。

（二）成因分析

1.客观原因

一是经济社会发展水平不高，2015 年全市 GDP 为 15 719.72 亿元，居民人均可支配收入为 20 110 元，居全国前列；但同年重庆公民具备科学素质的比例为 4.74%，较全国平均水平的 6.2% 还有较大差距。二是重庆社区科普工作起步较晚，直到 1999 年才开始推广，较发达地区迟了数十年。

2.主观原因

一是对社区科普工作不够重视，未能认识到社区科普工作对于建设小康社会、实施科教兴国战略的重大意义。二是各区县投入严重不均衡，科普投入没有制度性约束。三是社区科普作为一项新工作，考评机制不健全。四是缺乏科学指导性意见，社区科普是一项理论与实践相结合的工作，需要进行深入的调查研究和科学实践。

六、社区科普的发展思路及对策

（一）发展思路

社区科普工作应坚持"全面发展、重点突破、层次分明、权责对等"的发展思路。具体说来，全面发展即是要求社区科普要兼顾全体社区人员，结合社区管理网格化等工作来推进，坚持不留人员死角、不留地理盲区；重点突破即是要求社区科普工作要有的放矢，针对热点内容灵活地开展工作；层次分明即是要求在社区科普中明确每个层级、个人的责任以及科普基地、宣传栏的具体任务，有条理有次序地开展工作；权责对等主要针对政府机构，社区科普工作要从上层抓起，不能简单地将任务推给基层。

（二）主要对策

1.加强科普队伍建设

要做好社区科普工作，首先要建立一支能征善战的科普工作者队伍。一是要加强科普工作者的选拔聘用，选聘文化知识水平高的科普工作者。二是将科普工作者的培训当成一项重要的工作来抓，定期开展业务知识、文化水平和思想道德方面的培训。三是要提供物质、精神方面的保障，提高科普工作者待遇，改善工作环境和生活条件，稳定科普工作者队伍。

2.建立多渠道投入机制

保障对社区科普工作的投入。一是加大政府投入力度。科普工作具有公益事业性质，政府要加大投入，尤其是向社区科普适当倾斜。二是吸纳社会资金。可以借鉴发达国家的经验，吸引更多社会公益资金进入科普项目。三是促进科普工作的产业化。对于面向公众的科普场馆、科普展览和科普读物等，可以采取适当方式推向市场，走科普产业化道路。

3.有针对性地开展科普工作

根据科普对象的不同提供不同的科普内容和方式，这是改进社区科普工作的一项重要的举措。可以将科普对象划分为 4 个重要的类别：在校学生、社区居民、农民、社区干部等，有针对性地开展工作。

（1）在校学生。要利用学生好奇心强、学习能力强的特点，积极开展一些科普活动以奠定其科学思维的基础。一是加强课堂科普学习，通过课堂教育强化科学思维水平。二是创新方式，引入科普项目，让学生自己动手，调动学生的积极性。三是要积极协调科普资源，让学生能够参与更高层级的科普活动，如组织学生参观科技馆等。

（2）社区居民。按照社区的情况，一是结合网格化管理加强社区科普工作，做到不留死角。二是根据居民的关注点开展科普工作。例如，配合地震相关的资讯，开办地震知识宣传活动，这样能极大地提升科普宣传效果。三是开办科普大学，在条件成熟的社区可以设立社区科普大学，定期开展科普知识讲座。

（3）农民。一是大力推广农业实用技术，把科普同增加农民收入相结合。二是将科普与消除封建愚昧思想相结合，提高农民的科学素养。

（4）社区干部。一是要将科普工作纳入社区干部的学习计划，组织广大社区干部学习科普知识，杜绝迷信思想的出现。二是有针对性地开展社会科学知识的学习，让广大社区干部在决策和处理实际问题时以科学理论为指导，助推社会管理方式的转变。

4.创新科普工作方式

一是要在体制上创新，走科普产业化发展道路，改变科普资金来源单一的政府驱动模式，完善相关的法律政策，动员社会各方面的力量，建立科普资金的多元化体系。二是要在内容上创新，科普的内容要紧紧跟随时代潮流，以群众关心的热点难点问题为着力点，及时更新科普教材内容。三是要在形式上创新，要改变传统的科普模式，引入更多的体验式教育，如科普旅游、科普游戏模拟项目等。四是要在制度上创新，完善社区科普的投入、运行、考核等机制，从制度上保证社区科普工作的正常开展。

参考文献

［1］中国互联网络信息中心.中国科普市场现状及网民科普使用行为研究报告［R］.北京:中国互联网络信息中心,2011.

［2］金彦龙.我国科普产业运作机制研究［J］.商业时代,2006(36):77-78.

［3］重庆市人民政府办公厅.重庆市人民政府办公厅关于印发重庆市科普事业发展"十三五"规划的通知［Z/OL］.2016-05-26.http://www.cq.gov.cn/wztt/pic/2016/1437905.shtml.

［4］重庆市人民政府办公厅.重庆市人民政府办公厅关于印发重庆市全民科学素质行动计划纲要实施方案（2016—2020年）的通知［Z/OL］.2016-06-13.http://www.cq.gov.cn/publicinfo/web/views/Show!detail.action?sid=4103056.

（重庆市渝北区石船镇人民政府科协）

浅谈青少年的科技教育

张堰萍

摘要：科学技术在快速发展的信息时代具有十分重要的作用，青少年是国家强盛的储备力量，要增强青少年的综合素质以充足国力，科技教育就必不可少。在青少年的科技教育中，需要教育管理部门、学校、家庭、社会统筹协作，共同努力，让科技之光更加闪耀。

关键词：青少年；科技；教育

"少年强则国强……少年雄于地球，则国雄于地球。"梁启超的《少年中国说》至今振聋发聩。由此可见，青少年乃国之希望！那么在青少年教育中，该如何增强他们的综合素质，为祖国的强盛奠定扎实基础呢？我认为加强青少年科技教育必不可少。众所周知，科学技术是第一生产力，科技已经改变了人类的方方面面，为人类带来了万千福祉。没有科技，粮食如何增产丰收？温饱问题如何解决？在人口数量激增的今天，没有科技，我们的国家依然会饿殍遍野。没有科技，我们的工业无法腾飞，我们的生产生活方式无法进步，我们更不可能回到交通靠走、取暖靠抖、通信靠吼、防盗靠狗、运输靠篓、探测靠瞅的时代。没有科技，我们可能依旧处在落后、挨打的边缘。所以，科学技术的发展需要人们在正确的道路上大胆创新，敬畏科学，探索科学技术，掌握科学技术知识，成为将科学当作信仰和梦想的人才。要激励青少年爱科学、学科学，则需要全社会积极参与和共同努力，为广大人民营造出一种健康积极的科技氛围，分阶段分层次开展教育工作，大力引导全民共同进步。

科技之重，教育先行，我们的教育管理部门任重而道远。在大力提倡素质教育的背景下，有关方面不能只把"素质教育"当作一句口号，要落到实处。教育委员会需要统筹规划，把握全局，出台具体的行之有效的正面管教工具，真正做到让科技教育走向校园，落实于课堂；真正润色我们广大的青少年，让科技成为他们的精神信仰，激励他们前进。首先，应建立健全青少年科技教育规划，从全局出发，构建实用有效的教育机制。如在中考、高考考试大纲中适当增加科技知识的比重。其次，在中小学教师资源方面，优先培养一批科技教育的教师，提供更多实用的教育场馆、设施、实验室。统筹兼顾中西部不发达地区，合理分配相关科技教育资源，适当增加对中西部欠发达地区科技教育经费的倾斜。再次，制度上要杜绝科技教育形式主义，防止学校为了提高所谓的升学率而忽略了必要的科技教育。教育委员会需要统筹兼顾，责任重大。

学校是具体实施青少年科技教育的部门，其责任可见一斑。青少年有很大一部分时间都在校园学习生活，校园对于他们的身心成长起到了至关重要的作用。学校作为学生进入未来社会的重要桥梁，也为青少年的身心成长提供了方向。学校既是传道授业的场所，又是世界观价值观形成的温床——德育。在科技教育方面，学校是主力军。在搞好科技教育的同时，学校

还必须兼顾德育。时下,师德和医德是亟待加强的环节,所以,从学校德育抓起也是至关重要的。以下是笔者的几点建议:

第一,学校要加强科技教育师资建设,引进相关的教育人才资源。国家在对科技教育工作者的培养上耗费了资源,那么学校也应该提供机会让他们为科技教育奉献出自己的一份力量。

第二,增加科技教育课程课时安排,杜绝无端占用学生科技教育课程时间的现象。记得我辈的童年,学校为了升学率,片面追求语数外等成绩,导致很多课程都被无情地忽略,这样如何能培养出德艺双馨的人才,如何能引导青少年学生对科学的向往和敬仰?

第三,加强科技教育硬件建设刻不容缓。没有硬件,仅有教师资源等软件,科技教育依旧无法顺利开展。相关部门应该加大科技教育硬件建设,如科技馆、实验室、多功能教室、互联网设施等。

第四,开展多样的科学宣传,通过对科技名人的介绍、对科学现象的解释、对科学实验的展示、与科学家的互动等引导学生对科技的认识,增强学生在科技上的兴趣,树立科学榜样和偶像,让科学技术成为青少年新的信仰。

第五,增强对学生的德育,尤其在科学技术教育上,德育至关重要。我们国家需要的是如钱学森、郭永怀等"两弹一星"科学家们那样的国之栋梁,殚精竭虑地用科技为国谋安全,为民求生存,造福子孙后代。我们绝不需要出卖"东风31"导弹绝密资料的导弹专家郭万钧之类的科技工作者,此类人不配称之为"科学家"。

综上所述,科技教育的实施重在学校。

众人拾柴火焰高,如果每一个家庭都起到相应的积极作用,那么整个社会的积极氛围对科技教育的作用将被有效放大、增强。青少年的第一所学校是家庭,父母则是他们的第一任启蒙老师。前面提到的德育与家庭教育的关系也非常紧密。无德的科技工作者将不可能被称为"科学家",无德的科技工作者给我们人类带来的将是灾难而不是福祉。正所谓方向不对,努力白费。即便有学校,家庭的正面引导的作用也依旧不可小觑。笔者对父母对子女的教育有如下建议:

第一,正视家庭教育的作用,给子女一个健康的成长环境。远离不健康的生活习惯,远离黄赌毒,遵从礼仪孝廉、道德仁义。健康的家庭环境很重要,和睦的家庭有助于儿童心理的健康发展,从而使德育事半功倍。

第二,支持青少年子女参加各项科技活动,不以考试等理由抹杀他们在科学技术学习上的兴趣和爱好。鼓励他们多参加科技活动,鼓励他们从小爱科学、学科学、用科学。素质教育理念同样需要贯穿于家庭教育之中,教育不仅仅是学校的责任,家庭也至关重要。

第三,适当地引导培养青少年子女对科学文化知识的兴趣。为他们讲述科学名人的故事,激励启发他们;购置一些科普读物,让他们从小认识、学习、利用科学;让小孩观看一些科技动画,让他们产生兴趣;带孩子参观科技馆、科技展览,参加科技名人讲堂等。

第四,积极配合学校,将以学校为主、家庭为副、社会为辅的科技教育机制落到实处。家庭教育在青少年科技教育中应发挥先锋军、排头兵的作用,对青少年的科技价值观的形成应起到基础性的作用。

社会是人类最好的学校,无疑也是青少年重要的老师。社会的影响是最广泛的,青少年的科技价值观的形成与和青少年教育相关的教育管理部门政策制定者、学校教育工作者、家庭等息息相关。我们需要的是良性、正面、积极的社会影响，要远离并杜绝不良影响。青少年教育，尤其是科技教育，需要一个良好的社会氛围和积极的周边环境。正所谓"近朱者赤，近墨者黑"，青少年是一个接受力特别强的群体，所以，全社会为他们营造一个积极健康的科技学习环境就变得尤为重要。笔者认为这需要进行如下几方面的努力：

第一，主流文化媒体应该加大加强正面科技文化宣传，抵制负面信息传播。好的宣传可以创造积极的社会舆论，进而促使社会接受科学原则和规范的约束，从而正面引导科技教育事业的发展。还可以依据科学事实，塑造积极向上的正面的科技工作者的形象，为青少年树立鲜活的科学家榜样，激励他们向榜样学习和奋斗。

第二，设立各种科技基金，积极开展科技活动，尤其是启蒙青少年的活动。可以支持相关高新技术单位和企业进校园，让科学家、研究者为学生们阐述科技的魅力，使科技的种子在青少年心中生根发芽；可以开展各类青少年科技竞赛，发掘青少年潜力，重点培养优秀青少年，树立青少年人才榜样，让科技的幼苗在青少年心里茁壮成长。

第三，社会机构组织、企事业单位要加大对科技的投入，丰富科技成果，创造更多更大的科技财富，让生活更加简单而有趣，使全社会得到实惠，让人们切身感受科技的重要性，间接激发全民的科技热情，这无疑将影响教育管理部门对科技教育的重视和投入，增强教育工作者的责任心和自豪感，进而增强青少年学习科技知识的积极性。

第四，加大民间投入。民间可以以捐资、集资等形式修建科技馆。科技展示馆、科技学习馆对青少年免费开放，增强其学习兴趣。对有杰出贡献的科技教育机构和工作者给予适当的奖励，进一步释放教育积极性。社会是科技发展的温床，有了全社会的支持，我们的青少年科技教育事业将更上一层楼。

科学需要探索，探索则需要求知欲。科技教育应当从娃娃抓起。儿童如同一张白纸，需要经过科学技术文化知识的润色方可变成一幅壮美的画卷。青少年需要学校的科技教育为他们的成长润色，同时也需要社会舆论的引导，全民努力为科技成长路增添异彩。"少年科技教育强则少年强""少年强则中国强"。所以，个人认为青少年的科技教育是非常重要的，是需要全社会各阶层努力奋斗的事业，全社会共同努力让科学成为青少年的信仰和梦想，让科学之花开遍祖国大地。

（重庆市渝北区石船镇人民政府）

论现代科技在博物馆展陈中的应用

——以陈独秀旧居陈列馆为例

任明艳　万金容

摘要:随着现代科技的发展,音频技术、影像技术、场景合成技术、触摸屏技术、网络技术等多媒体技术和信息技术在博物馆展陈中得到了广泛的应用,博物馆的数字化发展已经势在必行。重庆江津的陈独秀旧居陈列馆作为一家融历史文化与现代科技于一体的博物馆,以其近年来的成功运作经验充分地向世人表明,多媒体技术和信息技术的运用在当今的博物馆展陈中已经不可或缺,传统博物馆必须向数字化博物馆的方向迈进。

关键词:现代科技;博物馆展陈;陈独秀旧居陈列馆

近年来,随着科学技术的飞速发展,高新技术在社会各领域的应用越来越广泛,从而极大地改善了现代人的生产和生活状况。在这一大的背景之下,以往人们印象中枯燥呆板、暮气沉沉的博物馆,也融合了多媒体技术、信息技术,悄悄地旧貌换新颜,以全新的姿态走入了人们的视野。我国历来十分重视博物馆的建设,尤其是在 2015 年的 1 月 14 日,国务院第 78 次常务会议专门审议通过了《博物馆条例》,该条例指出,"博物馆开展社会服务应当坚持为人民服务、为社会主义服务的方向和贴近实际、贴近生活、贴近群众的原则,丰富人民群众精神文化生活"(《博物馆条例》第三条)。笔者认为,为了更好地实现这一目标,在博物馆展陈中更多地引入现代科技遂成为亟须采取的措施。这是因为,有关研究表明,声音、图片、视频的吸引力要远远高于文字的吸引力。基于此,目前国内的各大博物馆正充分发扬"以人为本"的精神,纷纷将简单的实物展出改为利用多媒体技术来刺激公众的视觉、听觉等感官系统,搭建起文物与公众的互动交流平台,增加了参观的代入性和趣味性,使参观者在不知不觉中学到了知识、受到了洗礼。本文仅以位于重庆江津的陈独秀旧居陈列馆为例,简单地介绍一下现代科技在博物馆展陈中的重要作用。

一、音频技术

音频技术是一种利用音响、音效等手段向游客生动展示馆藏资源的多媒体技术。在现有的各种多媒体技术中,音频技术是最基础、最关键、普及最早的技术之一。

音频技术在陈独秀旧居陈列馆中早已实现了全覆盖。陈独秀旧居陈列馆的展厅中和广场上都设置了广播系统,定时为游客播放展馆简介、参观须知、温馨提示、公示公告等内容。展厅中还配备了语音导览器,游客佩戴之后,走进任何一个展厅,都可以听到语音导览器自动讲解该展厅的内容,十分方便。除了传统的小蜜蜂讲解器,陈独秀旧居陈列馆还引进了更先进的一对多同声传译讲解器,该设备可以避免距离和噪声的干扰,达到更好的讲解效果。此外,展馆工作人员都配备有对讲机,方便彼此之间进行交流,从而能够及时处理各种突发事件。鉴于音频技术早已得到普遍应用,故而笔者对此不再做过多阐述。

二、影像技术

影像技术也是现代化的博物馆展陈中被应用得较为普遍的多媒体手段之一,包括2D、3D和4D技术。笔者在这里想重点介绍的是3D全息影像技术。全息影像技术,又名幻影成像,它利用了现代的光信息技术,将发散的激光光束聚集于全息图板的前方,光束聚集在一起之后,就可以形成一个三维的、运动的实像,周围的环境与这个实像相配合,可以使这个全息影像看上去更加真切传神、栩栩如生。

在"辞职鹤山坪"展厅,陈独秀旧居陈列馆专门设置了3D幻影成像播放厅,主要播放微电影《最后的舞台》。这是一部3D效果颇为明显的幻影成像影片,该片讲述的是中国共产党的创始人、第一届至第五届中央委员陈独秀在江津的最后岁月。1939年5月27日,历经磨难的陈独秀应清朝光绪年间贡士杨鲁丞的后人之邀请,来到了重庆江津鹤山坪的石墙院居住。在这里,他每天的工作是帮助杨家后人整理杨鲁丞的遗著。在江津,陈独秀于聚奎中学作了人生的最后一次演讲,还写下了语言学著作《小学识字教本》。在江津,陈独秀还对自己一生的思想做了一次深刻的反思。1942年5月27日,陈独秀撒手人寰,这位曾经叱咤风云的中国近代伟人,在江津的石墙院结束了他坎坷而精彩的一生。影片利用了声、光、电等多种手段,烘托出了催人泪下的极佳效果!在2D技术的应用方面,陈独秀旧居陈列馆制作了展馆的宣传片,在展厅中的多面显示屏上循环播放。图片的应用就更加广泛了,陈独秀旧居陈列馆制作和引入了"五四运动的诞生与陈独秀""江津名人展"等10余套展览,将巡展、巡讲送到江津区的各大高校、中小学、镇街、社区、乡村,让20多万青少年学生、50余万老百姓享受到了丰富的精神文化大餐。

三、场景合成技术

场景合成技术是提升博物馆展陈质量的重要手段。场景合成技术已广泛应用于历史类博物馆和科学技术类博物馆,它可以通过声、光、电等现代科技手段的模仿烘托,在博物馆这一小场景内营造出参观者与历史人物等参观对象的互动场景,让参观者产生身临其境的强烈现场感。

陈独秀旧居陈列馆利用场景合成技术,还原了《新青年》编辑部骨干成员陈独秀、李大钊、胡适、鲁迅、高一涵等人开会的场景。陈独秀等人的塑像均使用硅胶制作,仿真度高,质地稳定,加上灯光的烘托,栩栩如生,如同真人,让很多游客惊呼不可思议。陈独秀旧居陈列馆还利用场景合成技术制作了"五四运动"中的学生铜像、中年时期的陈独秀塑像等,都取得了较好的效果,增强了游客的代入感。

四、触摸屏技术和虚拟翻书技术

触摸屏技术是一种人机互动的输入方式,目前,该技术已在博物馆展陈中得到广泛应用,触摸屏成为了现代博物馆展厅中的常见装置。博物馆所使用的触摸屏依照用途的不同可以分为两类:一类用于场馆服务内容的介绍,如博物馆的概况、展览陈列综述、展览场馆引导和服务设施引导等,这种类型的触摸屏主要放置在博物馆的门厅或者供参观者休息的环境中;另一类用于展品的情况介绍,如展品讲解信息、展品体貌信息以及其他与展品相关的信息等,这种类型的触摸屏主要放置在展室或陈列厅中。陈独秀旧居陈列馆也在展厅内设置了触摸屏,游客可以通过点击触摸屏来浏览展馆的电子展品、导览服务信息,也可以点击查看重庆市其他旅游景点的简介。

虚拟翻书技术是一种类似于触摸屏技术的多媒体展示方法,具体说来,基于它的电子虚拟翻书平台是以投影机投影方式展现给参观者的电子书,其外观犹如打开的书籍,只是它无需触摸,参观者只需将手悬空放在电子书的上方,做出类似翻书的动作,虚拟的电子书便会跟着参观者的手臂动作进行翻页,凌空翻书的动作控制着光影投射出的图片和视频,可以使参观者在感受光影的新奇、享受人机互动的同时聚精会神地观看电子书所展示的内容。陈独秀旧居陈列馆在"陈独秀晚年日常生活"展厅内设立了电子虚拟翻书平台,将曾任北京大学文科学长的陈独秀的主要诗作进行了展示。游客们纷纷表示,他们很喜爱这种翻书的方式,这就使他们在看似娱乐的行为中不知不觉地受到了良好的爱国主义教育。

五、网络技术

网络技术在现代博物馆中的应用主要体现在网络平台和微信这两个方面。

(一)网络平台

随着互联网的发展,特别是宽带的普及,我国的博物馆也开始利用网络传播文化、服务群众。全国各地的大型博物馆都先后利用先进的信息技术搭建起网络平台,推动本馆的文化传播。网络平台是指将分散于各物理空间之中的、具备独立功能的多个计算机系统通过通信线路和设备连接起来,在相应的网络传输协议和程序的控制下,实现信息的存储、加工和传输,从而达到资源共享目的的系统。

陈独秀旧居陈列馆也不失时机地建立了自己的门户网站,利用网络宣传陈独秀、宣传江津文化。该网站设立了馆区概况、电子展品、志愿服务、旅游指南、在线订购、在线留言等模块,在展览展示、推送信息的同时积极与游客互动,为不同的游客群体提供有针对性的特色服务。游客还可以通过该网站对讲解、餐饮、会务等服务进行预约。

(二)微信

随着智能手机的广泛使用,微信逐渐成为网络宣传的重要阵地。陈独秀旧居陈列馆也顺应时代潮流,建有自己的微信公众号,并成立了专门的微信信息更新和维护队伍。陈列馆的展厅内还设置了无线局域网,游客可以通过扫描陈列馆的微信二维码,登录陈列馆的微信公众号,从而享受免费讲解等自助服务。

随着科学技术的不断发展,尤其是多媒体技术和信息技术的广泛应用,博物馆与现代科技的融合将会不断加深,曾经以实物展陈示人的传统博物馆必将向着数字化博物馆的方向迈进,这对于我们文博行业的从业者来说,既是机遇又是挑战。作为陈独秀旧居陈列馆的员工,笔者深切地感到,当前我们文博行业的从业者应当打破传统观念,解放思想,与时俱进,积极创新,利用现代科技做出自身特色,只有这样才能充分发挥博物馆的公益性社会教育职能和服务职能,更好地为建设社会主义精神文明、为实现中华民族的伟大复兴作出我们自己的贡献。

参考文献

[1] 李聪,张建.博物馆互动性展示设计新趋向[J].新建筑,2014(5):148.

[2] 王裕昌.甘肃省博物馆运营管理中的科技应用[J].甘肃科技,2014,30(1):92-95.

[3] 李梅.计算机技术在博物馆发展中的应用[J].信息通信,2014(8):113-114.

(重庆江津陈独秀旧居陈列馆)

基于"高校—社区合作"的社区少儿科学营教学活动设计
——以《神奇的表面张力》为例

吴娅妮　王　强　何　松

摘要:社区科普是当前推动我国科普工作的重要途径,但其在资金、管理和教学等方面存在诸多困难。我校通过与社区合作开展社区少儿科学营活动的实践,为长期有效开展社区少儿科普活动探索了新的思路。本文就以《神奇的表面张力》教学活动为例,介绍了我们在这方面的经验。

关键词:社区科普;科学营;活动设计

社区科普教育是以提高公民科学素养为目的的科学普及活动,它的根本任务是把人类已经掌握的科学技术知识,以及从科学实践中总结出来的科学思想、科学方法和科学精神,通过各种方式和途径向社会普及。《全民科学素质行动计划纲要(2006—2010—2020 年)》指出,社区少儿科普工作是目前我国科普工作的重点之一。

由于其特殊的对象、目标定位,以及与学校科学教育特点的明显不同,社区科普工作常常存在参与性不足、场地缺乏、教师不稳定、教学开发难等诸多问题,导致在实践中社区少儿科普的工作难以长期有效开展。本文以西南大学与重庆北碚某社区联合长期开展的社区少儿科普营活动为例,介绍了如何根据社区特点开展社区少儿科普活动的经验。

一、《神奇的表面张力》教学案例

（一）前期准备

（1）活动策划与对接:由高校学生科学社团发起并选择科学活动的内容,再联络社区并同期选拔社区科普营志愿者,和社区志愿者一起就活动策划方案进行沟通并做好工作对接。

（2）讲师准备:由高校学生志愿者担任讲师,讲师负责根据科学活动的目标、内容和对象设计教学方案并准备活动器材。每次活动配备讲师一名,助理多名。

（3）社区准备:由社区学校在微信公众号发布活动信息,家长自愿报名后,最终确定参与活动小朋友的名单。

（二）教学准备

（1）场地准备:重庆北碚区某社区学校,教室场地面积约 30 m^2。

（2）营员准备:小学 4—6 年级小朋友(共 10 人),分为 2 个组,每组配备一名助理老师协助指导实验操作。

（3）器材准备:150 mL 烧杯(每人 1 个)、250 mL 烧杯(每组 2 个)、玻璃棒(每组 2 根)、回形针数个(约需 2 盒)、胶头滴管(每人 1 支)、一元硬币(每人 1 枚)、蒸馏水(需滴加适量红墨水染色)、食盐(1 袋)、白糖(1 袋)。

（三）教学过程

【教学目标】①知识目标：在活动中感受水的表面张力的存在，初步了解水的表面张力，能举出生活中水的表面张力存在的现象并解释其原理。②技能目标：体验胶头滴管的使用和搅拌等基本操作。③方法目标：通过几个动手实验，小朋友能直观地感受水的表面张力的存在，通过体验对比实验过程，了解对比分析的方法，初步形成对比分析思维。④情感目标：通过趣味实验、比赛机制和实验活动过程，激发小朋友对科学的兴趣，养成细心观察生活、思考问题的好习惯。

【教学时长】90分钟

【问题情境】大家有没有听过有一种绝世轻功叫作"水上漂"？你们知道吗，有一种昆虫就拥有这种盖世神功"水上漂"。（讲师展示站立在水面的水黾图片。）（5分钟）

［营员］思考、表达。

你们知道为什么水黾能够稳稳地站立在水面上而不掉进水里吗？

［营员］猜想、交流。

〔设计意图：通过让小朋友回忆生活中的相关经历，引发对问题的好奇，初步培养由现象引发思考的习惯。〕

【活动引入】我们今天就来揭开水黾能够玩"水上漂"的秘密。

【实验一】"小小回形针，悠悠水上漂"（25分钟）

【实验过程】首先请助理老师帮助学生向150 mL烧杯中加满蒸馏水，再给每位同学分发10枚回形针，请小朋友们试着将回形针放在水面上且不掉入水中。看看你们能不能让回形针也玩一次"水上漂"？（助理老师指导学生使用胶头滴管并保证烧杯里的水装满方可进行实验，若在放回形针的过程中有水溢出，应立即将烧杯中的水加满再继续实验，注意实验所使用的回形针须保持干燥。）

［营员］倾听，明确活动内容和要求并进行活动。

〔设计意图：让学生明确实验的操作步骤和注意事项，感受科学实验的严谨。〕

［讲师］有的小朋友的回形针掉进水里了，有的则成功地让回形针漂在水面上。请小朋友们说一说，如何将回形针放在水面上且不让它掉下去呢？你们放回形针都有哪些技巧呢？

（待小朋友交流后）我们放回形针的时候需要小心谨慎，平着慢慢地接触水面。如果我们放回形针时动作过快或者过重，一旦让水面破开一个洞，立马就会让回形针掉下去。

［讲师］失败乃成功之母，让我们总结经验后再次整装出发吧！

［营员］总结经验后再次实验、观察。

（助理老师指导小朋友再次进行实验，并引导小朋友观察漂在水面的回形针及其周围的水膜。）

〔设计意图：让小朋友感受水的表面张力的存在，在试错中培养学生的交流、合作精神，学会总结经验。〕

［讲师］通过观察漂在水面的回形针及其周围的水膜，请小朋友们大胆猜想，为什么回形针能够漂在水面上？

［营员］观察、大胆猜想。

［讲师］回形针漂在水面上的样子就好像水面上有一种力量牢牢地形成一层水膜支撑着

回形针,使它不会掉下去。回形针能够玩"水上漂"的秘密就在于水的表面有一种张力,叫作水的表面张力。我们一起来认识一下什么是水的表面张力吧。(视频展示,以动画的形式、趣味简洁的语言解释什么是水的表面张力。)

（讲师再次展示站立在水面的水黾图片。）现在,请小朋友们试着解开水黾能够玩轻功"水上漂"的秘密吧?

〔设计意图:引发小朋友的观察和思考,让小朋友感受科学的分析过程,培养他们的逻辑思维。〕

[营员]表达、交流。

[讲师]（展示PPT）水的表面就有许许多多的水分子,水表面的水分子紧紧地靠在一起,有一种相互吸引的力,这就是水的表面张力。我们看到水黾的体重很轻,又细又长的小脚丫站在水面上。水面上有无数的水分子,它们手拉手紧紧地靠在一起,就好像是在说:"兄弟们,要挺住!"水黾的小脚丫不会弄破水的薄膜,自然也不会破坏水面的这种力量,所以水黾不会掉进水里。

【问题过渡】我们在生活中如何观察到水的表面张力呢? 首先,请小朋友观察这张图片（展示荷叶上的露珠图片）。你们看到这滴水滴是什么样子的?（颜色、形状）

[营员]回忆生活经历、交流。

[讲师]同学们有没有想过,为什么荷叶上的露珠总是球形的?

（小朋友回答后）因为水的表面有张力的存在,这种力量让水表面的水分子紧紧团结在一起,只有球形能够使它们之间的缝隙最小,所以水分子在荷叶表面总是球形的。

〔设计意图:将科学知识与生活现象联系在一起,让小朋友感受生活中存在的科学现象,启发小朋友用科学的眼光看待生活。〕

（课间休息10分钟）

【活动引入】既然荷叶可以装水,那硬币可以装水吗?

（小朋友回答后）猜一猜水滴可以以球形立在硬币上吗? 一枚一元硬币可以装多少滴水呢?

【实验二】"硬币装水"（30分钟）

【实验过程】首先请助理老师帮助小朋友向150 mL烧杯中加入约100 mL蒸馏水（滴加红墨水染色）,用胶头滴管向一元硬币上滴水滴,比一比谁的硬币装的蒸馏水最多。（助理老师指导小朋友正确使用胶头滴管,指导小朋友正确计算蒸馏水滴数。若实验失败,硬币上的水溢出,则须擦干硬币,保持桌面干燥后再次实验。）

（实验后）

[讲师]你们猜对了吗? 一枚硬币上竟然可以装37滴蒸馏水哟! 输了的小朋友不要气馁,我们还有机会反败为胜。当一枚硬币装满蒸馏水时,我们看到硬币上的水是什么样子的? 为什么是这样?

[营员]是球形的,因为水的表面有张力。

[讲师]既然蒸馏水的表面有张力,那盐水和糖水的表面张力又如何呢? 这里是我们厨房必备的食盐和白糖,我们一起动手试一试吧!

[营员]倾听,明确活动内容和要求,进行活动。实验后,思考并回答助理老师所提出的问题。

表1 "硬币装水"的实验记录

滴水的类型	第1小组	第2小组	第3小组
蒸馏水			
加食盐的水			
加白糖的水			

注:6人为1个大组,2人为1个小组,每个大组完成1个实验表格

(助理老师指导小朋友正确使用玻璃棒,体验搅拌、使用胶头滴管等操作;100 mL蒸馏水分别溶入约20 g食盐和白糖,并通过问答的方式让小朋友说出加入糖和盐后的变化效果。)

〔设计意图:让小朋友感受糖和盐及其用量对表面张力的影响。〕

【小组汇报】(10分钟)

(1)讲师组织各小组进行汇报、交流,根据实验数据得出实验结果。

(2)讲师组织评比比赛结果。

【交流讨论】引导小朋友表达了解的知识及内容,小组间进行交流讨论。(10分钟)

〔讲师〕总结本次活动涉及的知识。水的表面有一种相互吸引的力叫作水的表面张力。因为水表面的分子手拉着手紧紧团结在一起使水的面积最小,所以荷叶上的露珠、硬币上的水滴都是圆鼓鼓的,呈半球形。食盐使水的表面张力减小,漂在水面上的回形针数量减少;糖使水的表面张力增大,因此能使更多的回形针漂在水面上。请思考为什么加了洗洁精、洗衣粉的水能够吹出泡泡?而清水无法吹出泡泡呢?请有兴趣的小朋友继续思考,课后与同学、老师一起讨论。

〔设计意图:完成课堂总结,培养学生的科学兴趣和探究意识。〕

二、教学案例点评

(一)有效组织

1.社区少儿科学营运行机制

社区少儿科学营借助社区学校的力量,既能有效召集小学生,保证社区少儿科普活动的参与度,又解决了社区科普活动的场地问题。而来自大学的大学生科普志愿者队伍,既解决了社区科普的师资问题,又保证了活动开展的有效性和长期性。

2.志愿者队伍建设

科普志愿者团队作为高校学生社团的常设组织,可以确保社区少儿科学营活动的长期有效运行。可以在志愿者团队内部实行项目责任制度,即高校教师作为活动项目的指导者,提供教育技术支持和教学支持,团队负责人实施项目策划、志愿者培训和过程管理。

(二)有效教学

1.课程开发与教学模式

社区少儿科学营活动的根本目的是通过为社区少儿解答生活中的科学知识,揭示一些生活现象的科学原理,培养社区儿童的科学兴趣和科学素养。

本活动案例中集中体现了社区少儿科普活动的几个要求与特点:一是活动内容贴近生活,

现象有趣，"水黾为什么能够站在水面上？"是一个常见且有趣的生活现象，却蕴含着深刻的科学原理。二是设计生活化（实验内容生活化，实验器材生活化）的小实验，鼓励小朋友学习身边的科学，解决身边的科学问题，给学生自我展示的机会。三是有利于对科学兴趣和科学素养的培养。此次活动所选取的课程内容《神奇的表面张力》源自于常见的生活现象，但小朋友却未深入地进行科学思考，一方面，他们缺乏老师的正确指导；另一方面，他们没有形成科学思考的意识。科普教师以"从做中学、从生活中学"为理论指导，让小朋友亲自动手做实验来体验科学探究的过程，利用已有的知识和经验来分析问题和解决问题，同时在分析和解决问题的过程中学到新的知识和方法，注重培养小朋友的探究和思维能力。

2.志愿者教师的明确分工与高效配合

科普讲师负责设计课程，助理老师负责协助科普讲师完成教学设计，指导学生动手实验。在课前，科普讲师与助理老师充分沟通交流，明确活动目的和活动流程；课堂上，助理老师与科普讲师有效配合，高效达到活动目标；课后，科普讲师与助理老师需要反思，并根据营员评价和活动反馈，共同总结活动中的优点和不足，以便在下一次活动中进行改进和提高。

三、对"高校—社区合作"的社区少儿科学营活动的反思

（一）高校推动"高校—社区合作"的社区少儿科学营发展的动力机制尚不完善

由于大学教师具有丰富的教学经验和相关领域的科研成果，志愿者又来自大学科普社团，知识水平普遍较高，所以，大学在"高校—社区合作"机制的社区少儿科学营活动开展中具有自身独特的优势。但是，高校推动"高校—社区合作"的社区少儿科学营发展的动力机制尚不完善，缺乏明确的活动目标和长远规划。一方面，这导致课程体系不完善，缺乏长远的科学规划；另一方面，科学营活动的长期开展需要一定的人力、物力、财力支持，由于高校管理层对社区科普活动的开展抱有不同的态度，导致活动开展所需要的资源不能得到长期稳定的保障。

（二）社区宣传力度不够，家长缺乏科普意识

报纸、手机、科普宣传栏等是社区传统的科普传播途径，"高校—社区合作"协同机制下的社区少儿科学营活动，作为一种创新性的社区科普探索模式，社区科普工作人员对其有效性和影响力还抱有质疑。因此，社区对少儿科学营活动的宣传力度不够，与大众媒体的结合不足。此外，社区少儿的家长，由于其存在文化水平低或教育理念差异等问题，对"公民的核心素养""学生的核心素养"等缺乏理解，从而导致自身缺乏科普意识，也缺乏对少儿科普素质的关注和参与意识。

（三）缺乏激励，少儿对科普的重视程度不够

过去的几十年中，学校教育成为少儿受教育的主要途径，甚至在少儿的心目中，学校教育是受教育的最重要途径，也是唯一途径。在学校，学习任务繁重，升学压力大，少儿出了校门就不愿意再接收其他知识。这也导致少儿主动参与社区少儿科学营活动的比例不高，积极性不够，甚至有部分少儿抱有"只是玩耍"的态度参与其中，对科普活动的重要性缺乏正确认识。

四、推动"高校—社区合作"的社区少儿科学营活动发展的建议

（一）高校需明确活动开展的必要性，确保活动开展的可持续性

作为"高校—社区合作"协同机制下活动开展的主要承担者，高校需要在推动社区科普工作中承担相应的社会责任。高校应充分利用自身存在的优势，激发大学生志愿者主动规划社

区少儿科学营活动的紧迫感,鼓励大学教师参与社区少儿科学营活动的策划及指导,加大对本校科普社团经费的投入,从人力、物力、财力上确保"高校—社区合作"的社区少儿科学营活动开展的可持续性。

(二)扩大宣传,提升社区少儿科学营活动的影响力

社区在推动社区科普工作的开展和实施过程中,对社区科普的形式要进行积极创新和大胆尝试。结合大众媒体、报纸、手机、科普宣传栏等多种途径对"高校—社区合作"协同机制下的社区少儿科学营教学活动进行广泛宣传,使更多的社区成员特别是少儿家长了解到此活动开展的必要性和重要性,在提高社区公民科普意识的同时,也带动家长参与对少儿科普素质的培养,让"高校—社区合作"协同机制下的社区少儿科学营活动在推动社区科普的过程中发挥更大的作用。

(三)完善社区少儿科学营活动的课程体系,帮助完善少儿的知识结构

学校虽是当下少儿受教育的主要途径,但是校外教育与校内教育并不矛盾。相比于学校课程,社区少儿科学营活动在科技信息的丰富性、前沿性方面具有优势。活动的负责人和课程设计者在课程体系的开发上要充分考虑少儿在校内接受知识的广度和深度问题,科学地开发课程、设计课程,要与校内教育相辅相成。社区少儿科学营活动要做到既能帮助完善少儿的知识结构,提高科普意识,也有助于调动少儿参与的积极性。

参考文献

[1] 程乐.有效提高重庆市社区科普教育活动实效的实现途径研究[D].重庆:重庆大学,2007.

[2] 全民科学素质行动计划纲要(2006—2010—2020年)[EB/OL].2006-03-20.http://www.gov.cn/jrzg/2006-03/20/content_231610.htm.

[3] 李萍.推动城市社区科普活动的对策研究[J].海峡科学,2015(12):18-20.

[4] 舒志彪,詹正茂.大学向社会开放开展科普活动现状分析[J].科技管理研究,2009(10):221-223.

(西南大学化学化工学院)

关于农村地区中小学实施农业科普素质教育的思考

陈德奎

摘要：社会进步离不开强有力的经济实体,科技的创新和发展是社会经济发展的强大动力,科技的创新和发展又离不开教育。当今时代是知识经济时代,是机遇和挑战并存的时代,农村中小学校应更新教育观念,立足未来,根据地域实际努力探索适合地方经济发展的新模式,为广大青少年提供实践、创新的场所,在帮组学生掌握基础知识的同时,着力培养和发展其与地域经济相结合的综合技能,为提供未来新农村建设的高素质人才服务。彭水是一个农业大县,具有独特的地理风貌、丰富的自然资源、灿烂的历史和民俗文化,在建设新农村、发展新农业经济等方面具有较好的地域优势、人文优势和社会优势。所以,农村地区中小学校应迎接时代的机遇和挑战,大力实施农业科普素质教育,为我县的新农村建设培养人才。

关键词：农村;中小学;农业;科普教育

农村中小学校如何根据地域实际更新教育理念,探寻教育模式,为中小学生提供实践、创新的场所,使各种不同潜质的青少年都能获得均衡发展的机会,从而成为未来新农村建设的合格人才,是新时期我们每个教育工作者值得思考和研究的时代课题。近些年来,国家不断加大对农村地区的教育投入,为我县教育均衡发展提供了有力保障。彭水是一个农业大县,在未来农村经济发展方面具有明显的地域优势、人文优势、社会优势和广阔前景。所以,我县农村地区切实加强实施中小学农业科普教育是推进农村地区素质教育的时代要求。

一、彭水县综合概况

彭水县全称彭水苗族土家族自治县,地处重庆市东南部武陵山区乌江下游,土地面积约3 903平方千米,全县辖3个街道、18个镇、18个乡,共296个村和社区。现有户籍人口70.3万人,其中农业人口约57.5万人。截至2015年,有中小学教师6 000余人,中小学校161所,其中重点高完中3所(含职业中学1所),普通中学16所,小学142所;包含1 878个教学班,在校学生9.5万人,其中有中学生4.2万人,小学生5.3万人,小学入学率为100%,中学入学率为99%。

二、彭水县农村中小学实施农业科普教育的必要性和可行性

(一)彭水县农业经济发展状况

1.农业产业经济发展形势

我县已扶持并发展出50多家龙头企业,其中有"晶丝苕粉""喜润烟草""苗妹香香"等20多家品牌企业已成为市级龙头企业。"晶丝苕粉"已通过绿色食品认证,获批地理商标;靛水、润溪、平安等地的乡镇生态肉牛、特种山鸡、中蜂养殖初具规模;部分乡镇悠闲观光农业的发展

已见雏形。它们成为彭水农业产业发展的领头雁,为彭水农业产业经济发展拓宽了道路。

2.异域经济收入是我县农村经济主力

近十多年来,我县农村富余劳动力特别是农村青壮年劳动力绝大部分都跟随转移务工就业潮流,实现异地就业。有统计资料显示,2012年末我县农村劳动力异地就业、创业总数达到23.2万人,约占农村劳动力资源总数的69%,村民家里只剩下留守老人、妇女和儿童,文化水平低,家务繁重,劳动力差,农村较多田地荒芜。异域经济得到发展,但是地方农业经济资源没得到充分合理利用,造成地域经济资源浪费。

3.制约我县农村经济的因素

我县是一个农业大县,地方产业经济的发展受到诸多方面的影响:①老百姓整体文化程度较低,受自给自足传统思想禁锢,农业生产观念更新意识弱,缺乏竞争力;②受地理环境制约,在产业品种的选择方面受一定限制,不能更好地投入高效节能机械装备,人力投入增大,形成高成本投入与低产出的反差;③产业经济结构单薄,产业品牌少,品种相对单一化,产业覆盖面狭小;④农业产业资金投入不大,科技含量不高,技术人才紧缺。

(二)彭水县农业产业经济的发展机遇

随着人们的物质和文化生活水平普遍提高,农业并不只是为了解决人们日常吃饭、穿衣、住房等基本生活需要,养生、休闲、观赏等更高层次的生活品位越来越成为人们的普遍追求。现在,市场竞争激烈,工作效率提高,生活节奏加快,工作压力随之加大,因此,在周末及假日体验乡村主题悠闲游,纵览田园风情,玩赏于村寨院落,品尝特色农家美食,这已经成为越来越多的人调节身心、释压解乏、享受大自然的美好的新生活方式。具有较高科技含量的观赏农业、休闲农业、生态农业成为一门生活艺术,是新农业发展的主要趋势。

1.我县的历史文化和民族风情优势

我县区域内居住着苗族、土家族、蒙古族、回族、仡佬族、侗族、藏族、彝族、哈尼族、壮族、满族11个少数民族,约占全县总人口的60%,属少数民族大县,其中苗族28万余人,土家族10万余人。多民族勤劳聪慧,世代休养生息,积淀了悠久的历史文化底蕴和丰富的民族文化内涵。鞍子镇鞍子苗寨(又名罗家沱苗寨)的原生态"娇阿依"民歌唱响全国,该苗寨也入选为国家第一批少数民族特色村寨;起于上古时期的郁山古镇"盐丹文化"和郁山古墓群遗址的发现具有悠久历史以及政治和经济研究价值;"鸡豆花""都粑粉"等少数民族特色美食文化传承悠久。我县充分凭借独特的地域资源和人文资源,抓住"民族、生态、文化"的旅游重点,突出"山、水、人、文、史"的主题,大力打造"生态""绿色"山水园林城市和田园苗乡旅游环境,发展旅游产业。"不墨乌江画,无弦苗乡音"的百里乌江画廊的打造,以及摩围山国家级森林公园、爱情治愈圣地阿依河、民族风情苗寨蚩尤九黎城等,极大地提高了彭水在国际国内的影响力,将吸引更多游客到访,也为我县农业产业发展带来更好机遇。

2.我县的地理资源优势

我县冬冷夏热,春暖秋凉,四季气候变化明显,属典型亚热带湿润季风气候,雨量充沛,气候温和,纵横水域面积较广,林地草地资源丰富,为农业、林业、畜牧业发展提供了天然保障,为绿色、生态产业发展奠定了良好的基础。我县可借旅游优势为契机,大力发展绿色生态种植养殖业,因地制宜开发旅游农业资源,满足游客的饮食、休闲、游玩和购物等旅游产业需求。

3.我县农村网络科技的发展

我县不断加强农村网络科技软硬件投入,拓宽网络产销市场,满足人们日益增长的物质文化生活水平的需要。2015年底,我县规模宏大的电子商务产业园在新县城落成。产业园项目涉及电商运营、产业孵化、技术服务、人才培训、金融服务、法律服务等多个领域。其中电商服务中心"阿里巴巴农村淘宝"彭水服务中心已入驻并开始运营,中心下设多个村级服务网点,覆盖我县大多数乡镇和村社市场,实现了农村特色产品"线下展示,线上交易"为一体的电子商务集群双向平台流通。彭水电子商务的诞生成功化解了农业产品的销售受传统时间和空间限制的问题,较大地拓宽了农业产业的商业市场,引领我县农村经济更好地发展。

三、彭水县农村中小学实施农业科普教育的设想

(一)更新农村中小学教育观念

农村中小学实施农业科普教育工作,是新时期学校实施素质教育必需紧密结合地方发展的时代命题,是我县教育发展和振兴彭水经济的机遇和挑战。教育行政主管部门和中小学校要从提高全民族科学素质的战略高度出发,深刻认识加强实施中小学农业科普教育工作的重要意义,更新教育观念,改革教育思想。教育行政主管部门要配合县科技协会、农业协会聘请资深农业技术专家,根据我县农村实际来统一设计和编撰地方科普教材,充实地方课程。中小学校应本着教育为社会发展的宗旨,为地方经济建设的目的,增强责任感和紧迫感,在抓好基本学科教学和教育管理的同时,以中学的物理、化学、生物、计算机,小学的科学、劳技、品德与社会等学科为延伸点和突破口,因地(校)制宜上好地方课程,努力开辟以打造"山水田园学堂"为主题风格的素质教育第二课堂,培养我县中小学生对农业科技的兴趣爱好,发展农业生产基本技能,为未来我县农业经济、旅游经济的建设培养人才。

(二)发展专兼职农业科普教育教师队伍

农村中小学校教师人员众多,他们多来自农村,长期工作在农村,特别是多数中年及以上年龄的教师对农业生产,花草、苗木、盆景的栽培种植,绘画、手工艺品、雕刻制作,动物养殖,等等,有着广泛的兴趣爱好和丰富的实践经验,部分教师已创建产业实验基地,或者已成为当地农业企业技术指导骨干。他们是成为学校专兼职农业技术任课教师的最佳人选和技术保障人员。学校应抽选出专兼职农业科技教育教师,鼓励他们借助便捷的媒体信息资源加强学习,积极参加相关培训,勇于尝试和实践,还应聘请农业技术专家、农技专业人员和具有丰富经验的科普教师定期到校指导、培训和交流,真正使学校科普教师成为有思想、有远识、有技术、有能力的骨干人才。

(三)努力探索农业科普教育发展模式

1.自主轻便型基地教育模式

农村土地广阔,校园绿化用地及闲置空地充足,所需各类种子、种苗、生物肥料、水资源等教学实验资源丰富,随手可得。学校可以充分利用好校园内土地资源和实验资源,本着既兼顾校园绿化美化又加强科普教育实践的原则,采取纵深式、立体式、复合式方法将种植(培植)、养殖、园艺、观赏相结合,初步形成农业科普室外小课堂。在科普教师的组织带领下,放手让学生种植花草、苗木、果蔬、作物,培植盆景,饲喂小动物,玩中求学,学中能玩,了解动植物生长规律和特性,通过观赏、观察、尝试和实验来发现农业科技的价值,通过大胆探索来创造价值。同时,在实践活动中陶冶学生情操,激发兴趣爱好,培养探索创造精神,提高农业科学素质。

2.外向复合型基地教育模式

学校以互惠互利的原则,利用周边种植、养殖、园艺、盆景、雕刻等生产基地的资源优势,定

期带学生到基地实地观赏、观摩，从感性上体验其生产发展规模，了解产品性能、特色及社会需求，体验农业产业在广大人民群众生活中的重要意义；从理性上了解其生产规律、生产工艺流程、科学原理、科技含量。还可以根据学生的经验和技术实际，让有能力胜任的学生在基地技术人员的引导下一同进行简单的生产、管理实践操作，使学生课内的经验和技术在社会实践中得到肯定和提升。学校与基地对接模式的实践是对基地人力投入的支持，更是对学校农业科普教育能否真正为社会服务的检验。

3.科学实验型基地教育模式

学生经过学校对农业科技知识的培养和复合型基地教育模式的尝试和实践锻炼，理论和实践经验更加丰富，技术技能更娴熟，在此基础上，学校与社区农业产业企业紧密配合，让学生尝试将已掌握的经验和技术与社会生产应用实践融为一体，并敢于不断探索，创新思维。正如人们根据"植物生长的基本条件是水、阳光、空气和养分"这一科学理论发展出反季节蔬菜瓜果、水培花卉、无土栽培等产业，这是时间思维和空间思维创新研究的结晶。其实在农业科技中，果树、蔬菜的嫁接，花卉苗木的扦插，盆景、根雕等的艺术制作，新品种的引种栽培，特种动物的驯化和养殖，生态循环系统的探究，等等，无一不是创新思维的社会效应，它越来越好地满足着人们的生活需求。所以，要努力使学生在广泛参与实践中，真正做到将知识与应用技能相结合，理论与实践相结合，在实践中产生科学兴趣，不断探索大自然奥秘，遵循自然基本规律，同时要敢于奇思妙想，发现问题，研究问题，在实践中反复验证，最终得出科学结论，从而获得更高层次的科学认知能力。并且，在学生的社会实践研究和创新过程中，要充分考虑实验成果的社会认可程度、社会效应、社会经济价值取向等因素，从而在根本上达到农业科技服务于社会经济的目的。

（四）构建和完善科普资源共享体系

农业科普教育，不单单是教育主管部门和农村中小学校的事，需要更好地得到地方科技协会、农业协会等科普机构和行政机构的全力配合和支持。农村中小学校教师应与村民进行生产生活交流，对村民精神文化和农业技术给予引导。学校图书室、资料室、音像室等基础设施除了服务于日常教育教学外，还应当承担起农民教育、农业科技传播的任务，应定期向当地村民开放。科协、农协等科普机构及教育、社区等相关职能部门要真正走入民间、走进群众，以中小学科普工作为落脚点，对科普形式进行多元化处理，增强与农民的互动，将科普资源与农村中小学资源进行联建共享，把农村中小学纳入基层科普体系，促进科普工作常态化。

四、结语

时代发展，社会进步，科技教育是学校素质教育永远不变的主题，教育为社会主义精神文明和物质文明建设服务是学校的办学宗旨。我县农村中小学校应着眼现状，放眼未来，抓住机遇，迎接挑战，因地制宜，努力探索教育改革的新思路，培养农村中小学生的科技能力，为新农村建设打下坚实基础，把我县的资源优势转化为经济实力，改变家乡，建设彭水。

（重庆市彭水苗族土家族自治县靛水街道张家坝小学）

基于 Android 的地质灾害科普知识宣传 APP 调查设计

李伟华[1] 夏振洋[2]

摘要：彭水县是重庆市地质灾害频发区县之一，地质构造复杂，地质灾害点多面广。然而，大多数隐患点分布于偏远的乡村，一旦发生滑坡、泥石流等地质灾害，无论是精神层面还是经济层面，都会给人民群众带来不可估量的损失。因此，为最大限度减少地质灾害造成的人民生命财产损失，本文针对目前该县防灾减灾科普知识宣传工作中存在的问题，通过文献调研、数据搜集整理、问卷调查、图表分析等方法，探索了一种有效的防灾减灾宣传方式——移动 APP。在此基础上，本文初步构想了设计该款 APP 所遵循的原则及应具备的功能模块，使其能够很好地传播地质灾害基础知识、地质灾害预警信息，成为联接地质灾害专家和普通大众的便捷平台，为今后更好地开发出适合大众需求的防灾减灾科普知识宣传软件提供了有效参考。

关键词：地质灾害；科普宣传；APP 调查设计；Android

一、前言

2003 年 11 月 19 日，国务院第 29 次常务会议通过《地质灾害防治条例》（中华人民共和国国务院令第 394 号），该条例第八条规定：国家鼓励和支持地质灾害防治科学技术研究，推广先进的地质灾害防治技术，普及地质灾害防治的科学知识。随着经济社会的不断发展，国家越来越重视防灾减灾科普知识的培训与宣传。目前，彭水县地质灾害防治科普知识宣传方法单一、普及面窄，社会公众的防灾减灾意识不高，对地质灾害的认识不足，自救互救与应急避险知识匮乏。因此，科普方式的改革创新迫在眉睫。目前，随着科技的不断进步，互联网和以智能手机为代表的移动终端已经走入我们的生活，《第 37 次中国互联网络发展状况统计报告》显示，截至 2015 年 12 月，我国手机网民规模达 6.2 亿，其中农村人口占比为 28.4%，规模达 1.95 亿。环顾我们的生活，不难发现智能手机已经成为我们生活的标配，手机中各式各样的应用程序为广大客户带来了很大方便，尤其是智能手机的联网服务功能，使用户更喜欢使用智能手机获取知识和服务。

二、彭水县地质灾害科普宣传调查

（一）研究现状

目前，该县主要采取的防灾减灾科普宣传方式是宣传专栏、报刊、广播电台以及利用"4.22"世界地球日、"5.12"防灾减灾日、"6.25"全国土地日、"12.4"全国法制宣传日（宣传周）等重要主题活动契机及日常发放小册子。据了解，90%以上的人看到宣传资料后不屑一读。因此，这些方式的科普宣传根本达不到预期效果，仍然有很多的人不知道地质灾害基础知识。

表1 彭水县地质灾害宣传方式统计表

频率＼方式	宣传专栏	报　刊	宣传周	小册子
使用频率(次/年)	4	2	16	23
百分率(%)	8	4	36	52

（二）研究意义

彭水县是重庆市地质灾害高发区县之一,地质构造复杂,目前有地质灾害隐患点448处,分布于全县38个乡镇(街道),地质灾害点多面广。并且,这些隐患点多分布于偏远的乡村,道路相对狭窄,一旦发生滑坡、泥石流等地质灾害,无论是精神层面还是经济层面,都会给居民带来不可估量的损失。因此,为了最大限度地减少地质灾害带来的损失,确保人民生命财产安全和社会的稳定和谐,推动全县经济可持续发展和科技的不断进步,政府把越来越多的精力、资金投入到了防灾减灾工作上。防灾减灾是全县公共安全事业的重要组成部分,是重要的基础性、公益性事业。如何能有效减少地质灾害所造成的损失便成为政府工作的重点。关于这项工作,笔者认为不仅要提高全县地质灾害预警预报和应急救援的能力,更要加强防灾减灾避灾科普知识宣传教育的力度。防灾减灾的核心是教育,知识是减轻灾害成功的关键。通过教育,使民众获得更充分的防灾减灾所必需的知识和技能,形成防灾减灾所需的软环境,如伦理意识、价值观和态度等,达到提高全民防灾意识的目的。

所以,我们应针对彭水县人民群众的实际知识水平,设计一款最贴近大众的APP,使其能够成为更好地建立地质灾害基础知识、地质灾害信息、地质灾害专家和普通大众之间联系的平台。互联网、智能终端的普及和防灾减灾科普宣传的重要性、紧迫性使得这样一款APP的设计能够更好地造福于大众。在大灾难或突发事件发生时,如果大众能够冷静分析、互相帮助,就能更好地挽救自己和别人的生命,减少不必要的伤亡。这对于促进全县"五化"建设、协调"三区"可持续发展、社会和谐、全面建设小康社会都具有十分重要的意义。

三、需求调查分析

在研究了防灾减灾的时代背景、研究现状以及国内外相关APP的功能、特点后,为了设计出更符合人民大众的APP,本文使用调查法,通过互联网发放需求调查问卷,对调查结果进行分析,总结出了APP的特色功能性需求。

（一）问卷编制背景

为了编制出合适、结论鲜明的调查问卷,我们在编写问卷之前主要做了以下两项工作:

（1）明确调查问卷的主要内容。包括:移动终端的使用情况、科普宣传使用方式调查和APP基本功能需求调查。

（2）参考其他宣传类典型调查问卷。根据对该APP的初步构想,对该APP的特色功能需求进行调查。

（二）调查问卷编制

根据现有移动终端APP用户的使用习惯,结合防灾减灾科普宣传的特殊性和教育性,编制了满足本文调查需求的调查问卷。本调查问卷主要有5部分内容:防灾减灾信息了解情况调查(3道题);移动终端使用情况调查(3道题);防灾减灾科普宣传APP使用倾向调查(4道题);APP体验反馈情况调查(3道题);对防灾减灾科普宣传APP的建议。本调查问卷的对象主要是彭水县城镇居民,主要采取的方式是网络问卷调查的形式,共收回了 217 份,无效问卷为 21 份,有效率为 91.2%。(调查问卷内容见附录。)

(三)问卷调查结果统计与分析

本次问卷调查了移动终端使用的主要群体,也基本涵盖了各个年龄层。问卷调查的结果是客观的、有效的。本文通过对不同种类问题答案的统计总结,以绘制图表的形式分析得出最终结论。

1.基本情况调查

(1)防灾减灾信息了解情况调查。本部分设置了 3 道题,根据图 1 显示的结果分析出:①人们普遍对地质灾害知识和应急救援、应急避险知识有一般性的了解,完全不了解和十分了解的占少数,只了解皮毛知识的占了绝大多数。②超过 85% 的调查对象都看好防灾减灾科普宣传 APP 的发展前景,都希望能够获取地质灾害和应急救援、避险的相关知识。

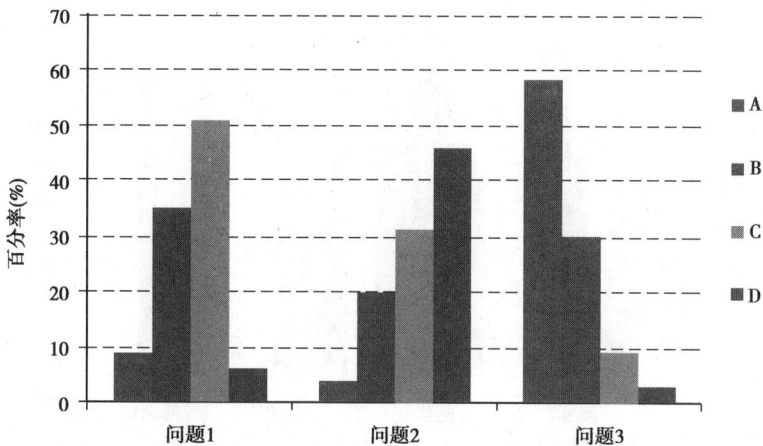

图 1　防灾减灾信息了解情况调查统计柱状图

(2)移动终端使用情况的调查。本部分设有 3 道题,主要是对大众使用移动终端的频率等情况进行调查。根据图 2 显示,几乎所有的调查对象都是通过使用移动终端来获取信息,Android 操作系统占这些移动终端的绝大部分,IOS 操作系统次之,其他的可以忽略不计。这正好证明了采用 Android 平台作为设计平台的正确性及可行性。同时,我们了解到用户在使用移动终端来获取信息时,绝大部分都是通过无线网和移动网络来进行的,人们更加注重应用软件的流畅性和流量的节约性。

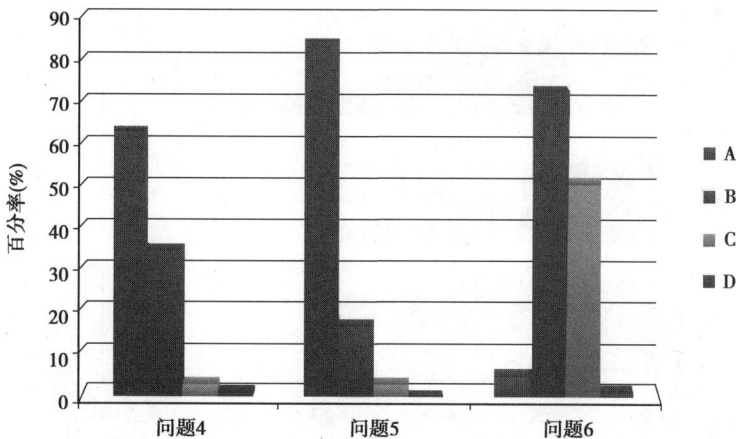

图 2　移动终端使用情况的调查结果柱状图

（3）防灾减灾科普宣传APP使用功能倾向的调查。本部分设了4道题,主要调查APP功能方面的设计要点,包括APP的设计内容、表现形式以及主要功能模块。对用户如何使用移动终端获取知识、信息也进行了调查。根据图3所示,可以发现:①当用户使用移动终端进行查询和获取信息时,多数喜欢直接在浏览器上进行查询,很少会从网络上订购相应课程,但如果有款相关性强、信息丰富的APP,用户就更加倾向于在APP中寻找答案,因为APP中的信息更加准确、全面且方便查询。②在APP内容的设计上,用户对应急救援知识和地质灾害相关知识都表现出了极大的兴趣,十分想要获取与自己生活紧密相关的信息。③在呈现形式的设计上,用户更加喜欢简单易懂的视频,并且喜欢不同表现形式的知识和信息的有机结合。④用户在APP的使用兴趣上,更看重信息获取的方便快捷性和学习时间的自由性。

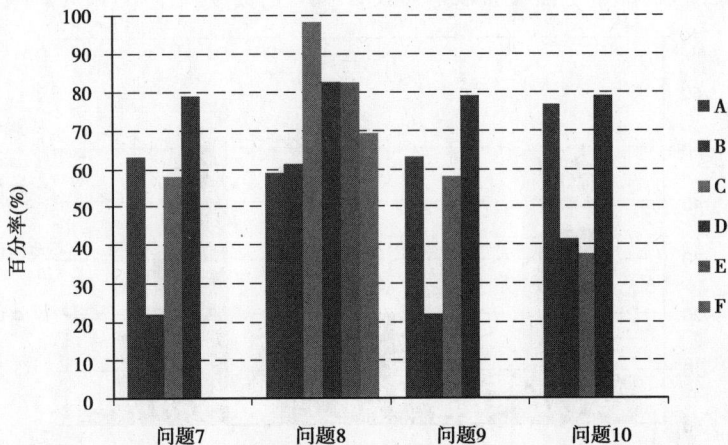

图3 防灾减灾科普宣传APP使用功能倾向的调查结果统计图

（4）防灾减灾科普宣传APP使用习惯倾向的调查。本部分共有3道题,主要调查APP性能方面的设计要点。根据图4我们可以看出:①在APP安全方面的防护上,用户大多不喜欢将个人隐私方面的照片、姓名作为验证的依据,更多的希望使用多重手势密码和手机验证等方式。②在APP的使用上,调查对象更希望APP能够提供吸引用户使用兴趣的界面、内容和操作手法。③在APP的总体使用性能方面,使用者更加注重消息的准确性和及时性,良好的交流性和人机互动性则放在其次。

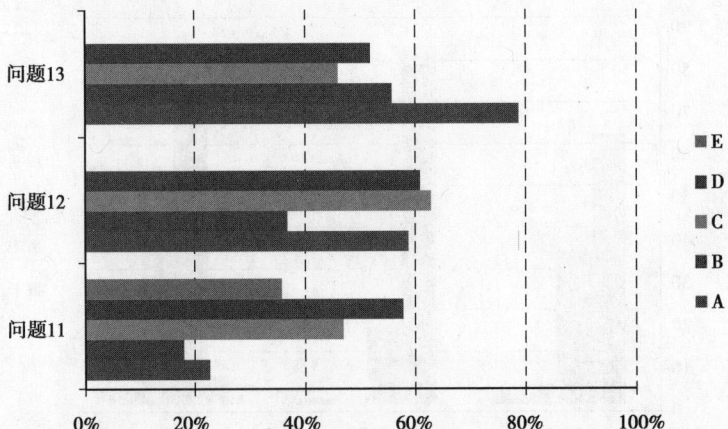

图4 防灾减灾科普宣传APP使用习惯倾向的调查结果条形图

2.基于不同年龄段的使用倾向调查

不同年龄段对防灾减灾科普宣传 APP 内容和表现形式的喜爱情况的调查主要是针对问卷调查中的第 8、9、13 题进行年龄段划分统计,分析总结出不同年龄段对防灾减灾科普宣传 APP 的功能需求。总调查人群中,16~25 岁的占 33%,26~35 岁的占 21%,36~45 岁的占 31%,55 岁以上的占 15%,虽然调查范围较小,但仍能反映一定的趋势。

(1)防灾减灾科普宣传 APP 应包含内容的调查(见图 5),我们可以看出:年轻人对所有的内容都比较喜欢,希望 APP 中包含的内容越多越好;中年人更关注与自己生活密切相关的内容,对地质灾害基础知识不太感兴趣;老年人和中年人的倾向基本相同。可见,越是与生活息息相关的信息越受关注。

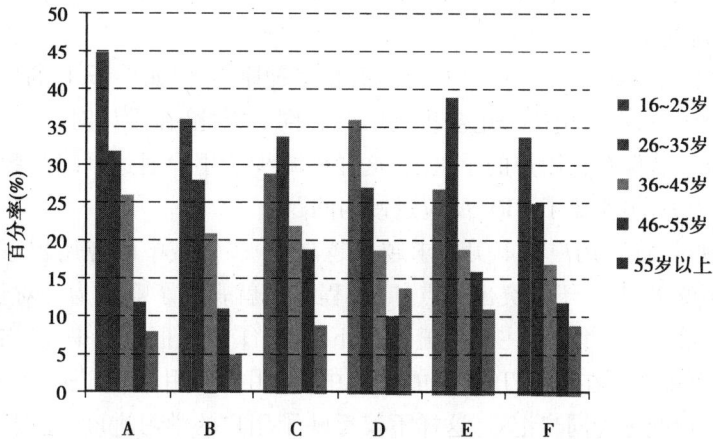

图 5　防灾减灾科普宣传 APP 应包含内容的调查结果柱状图

(2)防灾减灾科普宣传 APP 内容表现形式的调查(如图 6 所示):宏观来看,所有年龄段的人都十分喜欢视频以及多种形式结合的表现形式;中年人相较于其他年龄段的人更喜欢文字,他们认为文字讲解更深入,印象更深刻。可见,我们应该在技术允许的范围内,合理运用各种表现形式来突出 APP 中的资料信息。

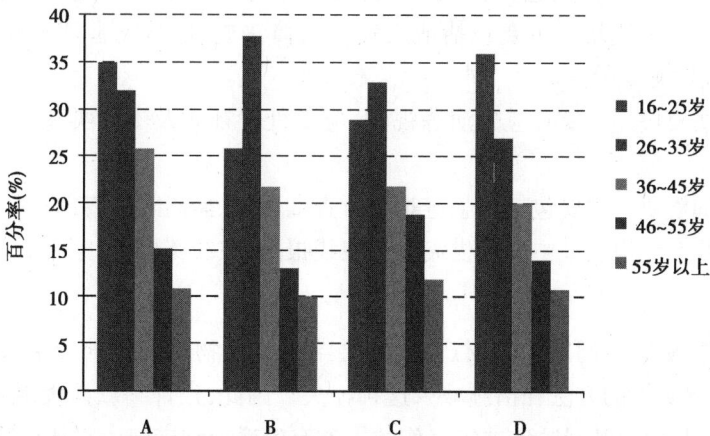

图 6　防灾减灾科普宣传 APP 内容表现形式的调查结果柱状图

总之,我们通过问卷调查发现:①互联网和移动终端的发展前景是乐观的,未来人人都能够拥有一款移动终端并可以通过网络来获取知识和信息。②作为移动终端系统的开发平台，Android平台具有很大的优势，本文选择这一平台是十分准确和合适的，是适应社会和市场发展潮流的。③防灾减灾科普宣传APP的设计一定要注重科普知识的准确和丰富，界面与使用者的良好交互，知识表达形式的丰富、合理以及应用软件使用的方便性、自由性和安全性。

四、系统设计构想

在调查研究的基础上，我们总结分析出该APP设计的基本原则及主要功能模块。

(一)设计基本原则

(1)有用性：一款APP要对用户有一定帮助，用户才会选择使用它。在防灾减灾科普宣传APP的设计上，我们一定要注意内容的真实可靠性和丰富有趣性，要让用户在快乐舒适的情景下了解并掌握这些知识。

(2)速度匹配性：下载安装一款APP可能有很多种原因，但如果APP的反应速度过慢、占用内存过大、消耗流量，那么用户一定会将其束之高阁。因此，在设计时，可以将多数图片、视频、文字和数据都下载保存在用户的手机上，这样就减少了用户通过网络与数据库的交互，从而减少了流量的损失，也避免了APP反应过慢的问题。

(3)视觉美观性：如今用户的审美要求越来越高，很多领域中的应用程序都有替代品，界面设计不美观、不够吸引人、不能突出重点，应用程序也就丧失了竞争力。对于防灾减灾科普宣传APP的界面设计，笔者认为主要应遵循以下几点：①信息框架扁平化，内容丰富、使用方便。②动态数据可视化。在该APP的功能设计中，将用户使用APP进行防灾减灾科普宣传知识的学习、阅读情况进行同步记录，这样不仅反映了用户的学习进度，还能够在潜意识里促进用户的学习。③大视野背景和任务窗口模式。据了解，大视野在APP的设计中越来越受重视，大背景图片已经成为营造设计氛围的主要手法。

(二)主要功能模块

笔者认为，防灾减灾科普APP应当具有以下几个功能模块：

(1)地质灾害信息模块。主要包括：全县所有地质灾害隐患点的名称、性质、位置、威胁范围、撤离路线、监测人等基础信息；全县地质灾害预警信息、气象预警等动态信息。

(2)地质灾害科普模块。主要包括地质灾害法律法规、地质灾害基本知识、监测预警知识、应急救援与避险知识等。

(3)视频点播模块。主要有应急演练视频、应急处置视频及不同类型地质灾害数字化模拟视频等。

(4)综合查询模块。主要包括应急避难场所查询、应急撤离路线查询等。

(5)专家在线互动模块。主要提供灾险情在线报送、在线咨询、专家答疑等在线服务。

五、总结

地质灾害直接威胁我们的生命财产安全，会给人们的物质和精神带来极大损失和伤害。我们必须采取行之有效的方法和措施减少这种损失。因此，设计一款防灾减灾科普宣传APP是时代创新所需，是政府开展防灾减灾工作的一条有效途径和措施。它从广度上，囊括了社会的主要群体；从深度上，加深了公众对防灾减灾知识的认知；在思想上，提高了人民群众在生活中防灾减灾的意识。本文结合彭水县实际情况，设计了需求分析调查问卷，并对问卷结果采用绘制柱形图的方法进行分析，汇总出大众对这款 APP 的期望值、功能需求及建议，为这类 APP 软件的开发利用提供了可靠的参考信息。

参考文献

[1] 中国互联网络信息中心.第 37 次中国互联网络发展状况统计报告[EB/OL].2016-01-22. http://www.cnnic.net.cn/hlwfzyj/hlwxzbg/hlwtjbg/201601/t20160122_53271.htm.

[2] 李林涛,石庆民.Android 智能手机操作系统的研究[J].科技信息,2011(25):80.

[3] 伍军辉.软件开发项目管理中需求分析及应用[D].北京:中国科学院研究生院工程教育学院,2008.

[4] 孙晓文.IOS 与 Android 操作系统的优缺点比较[J].无线互联科技,2013(12):51.

基金项目

重庆市彭水自治县科委 2016 年决策咨询与管理创新计划项目"基于彭水自然资源的乡土系列课程与研发团队"(PSJCZX2016001)的研究成果之一。

（1.彭水苗族土家族自治县国土资源和房屋管理局　2.彭水县教师进修学校）

附　录

问卷调查

为了保证问卷信息的真实性,请提供以下基本信息(在□打"√"),以便我们对问卷的发放工作进行抽样核实:

您的性别:□男　□女

您的年龄:□16~25 岁　□26~35 岁　□36~45 岁　□46~55 岁　□55 岁以上

我们保证您的个人信息只被用于本次调研需求,且不被泄露或不正当地使用。

1.你对地质灾害知识的了解程度(　　)

A.非常了解　　　　B.比较了解　　　　C.一般了解　　　　D.不了解

2.你对应急救援、应急避险知识的了解程度(　　)

A.非常了解　　　　B.比较了解　　　　C.一般了解　　　　D.不了解

3.你认为使用 APP 进行防灾减灾科普宣传的方式(　　)

A.潜力巨大　　　　B.可以尝试　　　　C.作用不大　　　　D.不清楚

4.你所使用的移动终端设备运行的操作系统是(　　)

A.Android　　　　B.IOS　　　　C.Windows　　　　D.其他

5.你使用移动终端的频率是(　　)

A.每天使用　　　　B.经常使用　　　　C.偶尔使用　　　　D.不曾使用

6.你的移动终端设备使用以下哪种方式访问网络(　　)(可多选)

A.有线网络　　　　B.无线网络　　　　C.移动网络　　　　　　D.其他

7.使用移动终端设备时,较多使用哪些功能(　　　)

A.应用软件APP　　B.网络信息课程　　C.直接搜索　　　　　　D.都有用过

8.作为防灾减灾科普宣传APP,你希望用移动终端获取哪些内容(　　　)(可补充)

A.地质灾害的类型　　　　B.地质灾害发生的原因　　　　C.地质灾害发生时该怎么做

D.哪些地方安全　　　　E.地质灾害前的预兆　　　　　　F.如何避险_____

9.你最喜欢以下面哪种形式的信息资源获取防灾减灾知识(　　　)

A.文字形式　　　　B.图片资料　　　　C.视频形式　　　　　　D.综合形式

10.你认为防灾减灾科普宣传APP的主要优势体现在以下哪些方面(　　　)

A.直接方便　　　　B.资料丰富　　　　C.交互性强　　　　　　D.学习场所自由

11.你认为怎么能提高APP的安全性?(　　　)

A.用户实名　　　　　　B.真实照片　　　　　　C.多重密码(手势密码)

D.手机验证　　　　E.其他

12.你认为影响防灾减灾科普宣传APP发展的主要因素(　　　)

A.学习资源少　　　　　　　　B.APP体验性不好

C.提不起学习兴趣　　　　　　D.用的人少,不够吸引人

13.对于防灾减灾科普宣传APP,你最关心的问题是(　　　)

A.知识信息的准确性　　　　　B.推送消息的及时性

C.体验性是否好　　　　　　　D.UI是否适合

14.如果你对于防灾减灾科普宣传APP的设计和功能还有其他问题或建议,请你写下来告诉我们。谢谢!

_____

_____

_____

中小学生成长的伙伴

——五云山寨体验教室开展中小学健康教育的几点思考

徐　茜

摘要：本文论述了体验教室应主动担负起中小学生的健康教育的责任，依托各场馆的精心设计，向中小学生传播健康教育知识，拓展教育模式，以健康向上的内容和丰富多彩的形式，广泛吸引中小学生参与健康教育活动。

关键词：体验教室；中小学；健康教育

一、体验教室与中小学生

沙坪坝区是重庆市的科教文化中心，教育底蕴丰厚，教育形态完备，各级各类教育体系发达。地处回龙坝镇的五云山寨体验教室是由区卫计委和区教委多方筹资联合打造的，是为中小学生提供健康教育知识的文化场所。中小学生是祖国未来的缔造者，是人类社会高度文明发展的建设者，家庭、学校和社会对他们的教育和培养至关重要。体验教室作为社会文化知识的汇聚地和家庭、学校之外中小学生素质教育的重要阵地，与中小学生的健康成长有着密切的关系。在当今知识信息化、文化全球化的时代，体验教室对中小学生的教育功能越来越显得重要，国际体验教室协会主席亚历桑德拉·库敏斯指出："年轻人对这个世界的所有事物有着全新的视角，而体验教室恰是了解世界的窗口"。中小学生是体验教室的主要参观群体，是体验教室教育服务的主要对象。关注中小学生教育，也就是关注国家和民族的未来。

五云山寨体验教室下设多个分馆，其中体验教室的消防自救馆于2010年11月开馆，共接待来访学校463所，学生167 743人次；应急救护馆于2013年9月开馆，共接待来访学校185所，学生67 097人次；生命健康馆、中医养生馆、口腔保健馆、交通安全馆、地震自救馆于2016年11月开馆，各馆馆均接待来访学校11所，学生3 592人次。中小学生是体验教室观众群的主体。中小学生时期的个体处于接受教育和积累知识的阶段，对新事物好奇心强烈，求知欲旺盛，可塑性强，这是人生成长的重要时期。在中小学生成长的这一重要阶段，体验教室应该开展什么样的教育活动，怎样进一步激发学生的学习热情，如何最大限度地发挥体验教室的教育功能，是我们应该深入探索和研究的。我们也希望有更多的中小学生走进体验教室，爱上体验教室，在这里开阔眼界、增长知识、提高素养，让体验教室真正成为中小学生成长的伙伴。

二、拓宽领域，灵活设计展示教育功能

拓展体验教室的社会教育功能是体验教室的本质属性决定的。体验教室有着极为丰富的实物教育资源，这是其他教育部门都无法比拟的，体验教室的社会教育有自己独特的特色：以特殊语言——实物说话，以特殊教育方式——直观教育来发挥其教育功能。下面就以五云山寨体验教室为例来介绍它的各个场馆是如何展示其教育功能的。

五云山寨体验教室占地700平方米,呈四合院式分布。该体验教室为中小学生设置了生命健康馆、中医养生馆、口腔保健馆、自然灾害馆、事故灾难馆、自救互救馆、突发公共卫生事件馆等场馆。

具体而言,生命健康馆介绍生命的起源,运用人体结构模型、脏器组装游戏等方式,让学生了解身体的奥秘,学会珍惜、尊重生命;中医养生馆让学生了解中医文化,通过穴位模型、中医适宜技术体验,引导学生掌握中医常用急救穴位,学习健康生活方式;口腔保健馆通过口腔检查机器让同学们亲身体验和了解口腔常见疾病的情况,在知识展示区还介绍了龋齿的形成过程,教会学生正确的刷牙方法,使其懂得如何保护牙齿;自然灾害馆通过地震、洪灾和泥石流等自然灾害的视频,让学生了解自然灾害突然发生时所释放的无穷破坏力,并利用地震小屋、地震椅等设施让学生亲身体验地震发生时的真实景象,强化学生的忧患意识,教会学生逃生技能;事故灾难馆主要通过交通知识展示和游戏体验,促使学生自觉遵守交通规则,提升学生的安全意识和素养;自救互救馆主要让学生体验在遭受各种灾难后应如何开展自救互救,最大程度地减少灾害带来的伤害;突发公共卫生事件馆主要让学生了解什么是突发公共卫生事件,以及出现突发公共卫生事件后应该如何做应急处理。

体验教室各场馆内通过播放音像视频、展示实物模型、开展游戏互动、组织模拟演练等方式,运用声、光、电多媒体手段,对生命起源、人体结构、中医养生、口腔保健、交通安全、突发事件的处理等知识进行普及教育。中小学生在培训基地可以切身感受各种现场模拟情景,通过亲身参与互动的方式感悟生命之珍贵,学习基础的养生保健知识,掌握急救知识及技能,提高应对突发事件的能力。

三、创新思维,开发适合中小学生需求的特色教育

杜威(John Dewey,1859—1952)是教育心理学的主要创始人之一,他提出了应当把儿童视为积极学习者的观点。在此之前,人们认为儿童应当安静地坐在座位上,以死记硬背的方式被动地学习。而杜威相信,首先,儿童通过活动才能达到最佳的学习效果。其次,杜威认为教育的核心是将儿童看成一个整体,并应当重视他们对环境的适应性。他反对使教育局限于知识的学习,主张向儿童传授思考方法,让他们适应校园外的大千世界。他特别主张儿童应多掌握思考的方法,成为善于解决问题的人。再次,杜威认为所有的孩子都应受到良好的教育,让所有的人都可以分享公众生活的美好,这就是美国人的"社会生活"的表现,最终演变为目前体验教室与社区的密切联系。杜威的革新教育观点要素包括:尊重儿童,整合式的课程,自我导向的活动。他认为经验、实验的导向学习是最能达到促进学习的效果的。

儿童用自己的方式来认识世界,体验教室可以依托丰富的体验资源为中小学生提供学习的机会和场所。"儿童的游戏就是学习。"它虽然与上课不同,但是也需要有一定的次序和方法。任由学生自己游戏,无人监督,可能会有危险,但如果干涉过多,又会妨碍激发学生的自主能力。因此,体验教室针对学生设置活动场所时应注重以下几点:

(1)场地要宽大,空间要开放。活动场所可以被划分为若干不同区域,如制作区、展示区、竞赛区、阅读区等。

(2)引导学生游戏应有专门的辅导员负责,辅导员所受的教育程度应与老师相若或更高。游戏辅导员应该擅长各种游戏、爱好游戏、明白学生的心理,同时要有组织能力。辅导员应该知道如何指导学生游戏、如何做游戏可以成功,要有明确的目的性,并且要热爱他的本职工作。

(3)游戏要与其他的文化知识相联系。游戏可以鼓舞人的信心,学生有了快乐的游戏体验,他的思维也相应地会分外活跃。无论是探索历史的精义,或是获得文化学习的趣味,或是明白团体纪律与活动规则,用游戏式的方法教授,学生在学习时更有趣味,这些都是游戏在教育功用上可以看得见的影响。

(重庆市沙坪坝区疾控中心)

高校参与城市社区音乐教育的可行性研究

尹　恒

摘要:社区作为城市生活中一种新兴的推动人的教育的重要基地,在当今中国,大家还没有广泛意识到它对于音乐教育的重要作用与意义。而在国外社区,相关教育已经非常成熟。音乐作为实践性极强的科目,可以很好地融入社区生活,促进音乐教育的发展。高校拥有丰富的课程资源,如能很好地利用,不仅能促进社会和谐发展,也是学校音乐教育改革与创新的新思路。基于这种思考,本研究力图以我国城市社区建设和学校课程之间的联系为背景,选择高校课程与社区教育为研究对象,分析音乐课程资源结合社区教育实践的可行性。

关键词:高校;社区活动;音乐教育

一、基于实践的音乐表演活动

音乐是生活的一部分,是自然而然的一种生活实践,歌唱、演奏与舞蹈是生活环境熏陶而成的。世界上许多音乐家的音乐学习是源于生活的,而城市社区就提供了这样一个很好的环境。特别是在人口密集度相对较大的中国,一个中型城市社区可以达到几千人。

很多高档社区有自己的会所,包括健身房、电影院、会议室、麻将馆等,社区完全有条件新建一个演出场地或改建小区内的电影院等设施作为音乐表演实践的基地,为各类音乐表演活动提供条件。

高校的音乐专业,每年都要求有艺术实践,而在国外,艺术实践通常也占有很大比重的学分,美国就有专门的社区音乐活动委员会(CMA)。社区音乐活动委员会是 1953 年成立的国际音乐教育协会(ISME)的一个学术分会,该协会成立之初就致力于发展所有的音乐形式与实践,从专业音乐家的训练到普通音乐教育,从成人音乐、社区生活到更宽泛的社会"境脉"(context)中的音乐。

当代高校作为文化教育机构,如果能引导音乐专业学生定期在社区举办音乐会等活动,学生可以增加舞台经验,学校能获得良好的社会影响,社区也拥有了丰富的文化生活,是一举多得的事情。

二、基于教学的音乐课堂

音乐教育强调音乐是人类生活的一部分,与人们吃饭、睡觉一样,是一种自然活动。现在的教育理念越来越摈弃 19 世纪以来所谓的一定要识谱、要接受长期正规的声乐或器乐训练才能表演音乐的传统观念。简单地说就是享受音乐带来的快乐。

这种新音乐教育学的基础来自对业余音乐家的研究,世界上大多数地方的业余音乐家的音乐学习是非正式的,很多民间音乐家是不识谱的,但他们的表演所带来的情感满足,无论对表演者自己还是对观众都是巨大的,不会少于专业音乐家。而对人们来说,享受音乐表演所带来的情感满足才是音乐学习的目标。

社区的音乐学习就具备这样一种轻松愉悦的氛围。学习的群体也相对稳定，大致分为三类：老人、孩子、上班族。其中以前两类作为学习主体，因为他们拥有相对自由的时间。

高校参与的社区音乐教学可以借助音乐讲座、乐器学习、合唱课等多种形式。其中音乐讲座以欣赏为主，主要是提升人们的音乐素养，高校的通识课程就很适合。乐器学习可以针对小朋友，采用一对一或小组课形式，主要培养孩子们的兴趣爱好。合唱课适合多种年龄段，对老人、小孩、上班族来说，参加合唱都是快乐减压的有效途径。

三、基于健身的舞蹈课程

舞蹈是城市社区音乐教育中最常见的活动内容，无论早晚，不管是在居民小区，还是在公园、广场，都能遇见三五成群、翩翩起舞的人们。舞蹈的类型也极为多样，其中包括民族舞、爵士舞、腰鼓舞、广场舞、秧歌等。

参加的大都是退休的女士，她们刚从工作岗位上退下来，对生活充满热情，也愿意学习舞蹈。她们参与这项活动的目的大多是锻炼身体、愉悦身心。学习舞蹈的途径是通过网上的视频或向同伴学习。如果高校舞蹈专业的老师或同学能参与社区课程，不仅可以提高社区活动的整体水平，也锻炼了学生的编舞能力，促进思考，让高雅艺术真正服务于社会。

舞蹈课程进入社区活动是非常有意义的，可惜还没受到国家和社区的足够关注。退休的老人锻炼锻炼、活动活动，他们身体好了，自然心情也好了，也有利于社会和谐。与其加大医保之类的资金投入，还不如联系高校去搞好社区建设。

综上所述，高校参与社区活动，尤其是与音乐相关的各类课程，能够较好地满足居民的精神文化需求。音乐有助于个人的情绪表达和释放，其娱乐和审美功能是社区音乐活动产生发展的重要的原因。古希腊哲学家亚里士多德认为，音乐不仅有助于精神上的修养和享受，而且有净化灵魂、陶冶德性的作用。柏拉图也曾说过，音乐可以潜移默化、美化心灵。这种教化作用与中国儒家思想大抵相同，几乎已成为一种人们对音乐的天经地义的价值认可。

（重庆大学艺术学院）

"改造世界的人们，当然也改造着自己"

——在 AlphaGo 身边眺望人类未来

李广益

摘要：AlphaGo 击败李世石，世界为之震惊。本文认为人工智能取代人类的潜在危险确实存在，但无需夸大。无论是人工智能还是机械，人类的造物将与人类结合，极大地提升人的身体素质和思维能力，使人类得以更加自由、更加有力、更加长久地存在，并在浩瀚的太空中赢得广阔的生存空间。比起人工智能的威胁，更大的危险是人类的阶级差异被技术进步所固化和放大，但是技术进步同样也蕴含着超越人性局限、创造崭新社会的希望。

关键词：人工智能；人性；后人类；阶级；前进主义

英国科幻作家奥拉夫·斯塔普尔顿（Olaf Stapledon）在其杰作《最初的人和最后的人》（*Last and First Men*）中以无与伦比的宏阔之笔书写了两千万个世纪的人类未来史，其中最让人难以忘怀的，便是人类的身体和心灵在走向太空的过程中不断发生的惊人变迁。正是这些变迁，构成了名为人类的壮丽史诗。

和科幻小说中的狂想相比，人类自有文明以来实际发生的演化实在太小。今人的大脑与一万年前的祖先并无显著差别（脑容量甚至有所减小），换言之，我们是用石器时代的大脑和躯干驾驭着工业时代的各种极其复杂精妙的人造物。人的理性使这一切成为可能，而且正是群体智慧的积累和飞跃让我们不再需要通过身体的演化来克服自然选择的压力。然而，在技术进步与人类演化之间的鸿沟大到一定程度时，人类自身的孱弱拖后腿的情况还是越来越明显。最突出的例子就是太空探索。人体在宇宙空间中实在是太脆弱，真空、低温、陨石、宇宙射线……都能轻易取人性命，以至于对月球、火星等近地行星的开发都受到极大的限制。而要远航太阳系之外寻找新的家园，除了解决动力和能源问题之外，人生苦短是又一个老大难问题。这些难题在科学家和科幻作家的头脑中激发出无数智慧火花，不过坦率地说，如果人类能更加"强悍"一点，"可持续"一点，或许我们早就在现有技术条件下登月定居。

不过，现在已经是巨变的前夜，人很快就不再只是一根会思考的芦苇了。随着对人类身心认识的不断深化和相关技术的突飞猛进，我们必然不再满足于消极地恢复（"治疗"）和维持（"保健"）人体的自然平衡（"健康"），而是更加积极地改造人体，使之具有更强的能力和更长的寿命。可供运用的手段越来越丰富，最初是一些已经实现的外挂或植入的机械装置，如助听器、心脏起搏器，接下来随着材料科学和生物工程的进展，将能够替换或补充人体结构中的某些部分，如机械臂、机械眼等。在另一个方向上，基因工程的早期应用还不那么显山露水，主要是修补基因缺陷、治疗遗传疾病等，但其藉由基因调控强化人体、造就超级人类的潜力是不难想见的。当然，超级人类不可能停留在"四肢发达、头脑简单"，所以，对心智的提升会同步进行——正是在这一点上，AlphaGo 的胜利在我看来并不是一个威胁，毋宁说预示着机遇。我所看重的，并不是它发展成为具有自身意志、复有超强思维能力的真正人工智能的潜力，而是工作机制相当不同的"硅基理性"与"碳基理性"相互配合乃至融合的可能性。造物主被造物毁灭的危险确实存在，但应对这一危险的办法显然并不是永远封锁通向人工智能的道路，也不是想方设法保持对人工智能的控驭（例如，"机器人三定律"不仅经常在科幻小说中被突破而造成灾难，逻辑上也是不可行的）。人类需要突破自己的思维定势：与其总是改造环境来为弱不禁风的娇躯提供有限的栖身之地，不如改造自身，让更加强大的自己能够更加自由、更加有力、更加长久地存在。

当然，迈出这一步，就打开了通向"后人类"的大门，由此带来的风险和争议远甚于对人工智能取代人类的担忧，毕竟后者只是初露端倪（如工业机器人的应用造成的失业潮），前者却已经因为转基因动植物的研究而闹得沸反盈天。改造人类所必然遭遇的伦理困境，在王晋康的科幻小说《豹》中有很好的呈现。被自己的父亲、遗传学家谢可征移植了猎豹基因的华人青年谢豹飞一举打破了百米短跑的世界纪录，震惊了全世界。然而，猎豹基因带给谢豹飞的，并不仅仅是风驰电掣般的速度，还有断续发作的狰狞兽性。月圆之夜，谢豹飞凶狠地强暴了自己的女友田歌并将其咬死。田歌的堂兄田延豹悲恸之中袭杀了谢豹飞，最后因法庭判定谢豹飞不属于人类而被无罪释放。法庭辩论凸显了作为故事核心的伦理纠葛，谢可征的同事金斯在法庭作证时如是陈词：

> 人类的异化是缓慢的、渐进的，但是，当人类变革自身的努力超越了补足阶段而迈入改良时，人类的异化就超过了临界点。可以说，从谢教授的豹人开始，一种超越现人类的后人类就已经出现了。你们不妨想象一下，马上就会在泳坛出现鱼人，在跳高中出现袋鼠人，在臭氧空洞的大气环境下出现耐紫外线的厚皮肤人，等等。如果你们再大胆一点，不妨想象一个能在海底城市生活的两栖人，一个具有超级智力的没有身体的巨脑人，等等。……坦率地说，我和谢教授同样致力于基因工程技术的开拓，但走到这儿，我就同他分道扬镳了。我是他的坚定的反对派，我认为超过某个界限、某个临界点的改良实际将导致人类的灭亡。

但谢可征改造人类的意志没有丝毫动摇：

> 自然界是变化发展的，这种变异永无止境。从生命诞生至今，至少已有90%的生物物种灭绝了，只有适应环境的物种才能生存。这个道理已被人们广泛认可，但从未有人想到这条生物界的规律也适用于人类。在我们的目光中，人类自身结构已经十全十美，不需要进步了。如果环境于我们不适合，那就改变环境来迎合我们。这是一种典型的人类自大狂。比起地球，比起浩瀚的宇宙，人类太渺小了，即使亿万年后人类也没有能力去改变整个外部环境。那么我要问，假如10万年后地球环境发生了很大的变化，人类必须离开陆地而生活在海洋中？或者必须生活在没有阳光，仅有硫化氢提供能量的深海热泉中？生活在近乎无水的环境中？生活在温度超过80 ℃的高温条件下（这是蛋白质凝固的温度）？上述这些苛刻的环境中都有蓬蓬勃勃的生命，换句话说，都有可供人类改进自身的基因结构。如果当真有那么一天，我们是墨守成规、抱残守缺、坐等某种新的文明生物替代人类呢，还是改变自己的身体结构去适应环境，把人类文明延续下去？

这场争论是震撼人心的,但在水面下,还隐藏着更加沉重的问题。以基因工程为代表的"生物改造"和以人工智能为代表的"机械改造"两翼齐飞,能够创造出远比金斯所提到的更加丰富的"后人类"。"人类"或"前人类"的灭亡,很有可能并不是既有生命体的死亡,而是一种延续数百万年的生命形态的消逝,以及建基于这种生命形态之上的文明形态的消亡,称之沧海桑田一点都不为过。这般前景,足以让绝大多数人闻之悚然,并为人类改造的迷宫之门贴上封印。

不过,这道封印必然会被揭开,而且不用等到地球剧变或三体人入侵之类极端情境。揭开封印的任务会由谢可征这样的科学家去完成,而真正揭开封印的那只手,却来自权力的顶峰。金斯提到了六种后人类,其中豹人、鱼人、袋鼠人、厚皮肤人、两栖人都具有身体上的特殊能力,独有巨脑人的禀赋在于"超级智力"。这种"劳心"与"劳力"的明显区别,不禁让人想到,人种的分化和歧异,并不仅仅是因应不同的环境,根本上是依据阶级结构展开的。巨脑人和其他后人类的分殊,实际上就是发号施令的权贵和穿梭在风浪间的渔民、厮杀战场的士兵、炎炎烈日下劳作不息的农夫之间的差异沿着技术发展的方向强化和固化后的状态。自然,没有身躯的超大脑容量多少显得粗鄙,精英的追求更可能是融卓越的智慧、天神的容貌、超人的体质、特殊的能力于一身,这在我们的时代可以说是依稀可见的远景。从前,凡人与精英在瘟疫面前是平等的,黑死病在欧洲收割生命时不分贵贱;如今,随着医疗科技的进步,精英抵御疾病的能力远远超过了凡人,唯独人皆一死的命运守卫着平等的底线;很快,这条底线也将被突破,因为人体改造和冬眠技术将造成人类寿命的极大差异。不平等沿着横向和纵向两个维度展开:权贵既拥有强大的肉身,又可以借助冬眠技术,跨越时光去向遥远的未来——脱胎换骨和时间旅行代价不菲,自非平民所能企及。

超越死亡的终极不平等必将招致铺天盖地的质疑、指责和反抗,但长寿乃至长生是难以抗拒的梦想。马克思曾经说过,资本如果有百分之五十的利润,它就会铤而走险;如果有百分之百的利润,它就敢践踏人间一切法律;如果有百分之三百的利润,它就敢犯下任何罪行,甚至冒着被绞死的危险——那么,资本家如果有"永远健康"甚至"万寿无疆"的希望,可以尽情享受自己积攒的财富,不断追求更多的利润,不必因大限将近而忧心忡忡,难道他们会惮于冒犯人间的一切法律、伦理和道德吗?所以,人体改造终究是不可遏抑的。虽然长期停留于"易筋洗髓"的传说和"移植动物睾丸"等迷梦,但当该领域的科技发展迎来了真正的曙光,其后的进步很有可能会具有一个惊人的加速度——除了"技术爆炸"的自身规律外,主要原因就在于其应用价值的诱惑力。基于信念或责任的反对只能暂时阻挡不得不考虑民意的政治精英,对资本精英的影响力微乎其微。

行文及此,一个恶托邦式的未来已露峥嵘。但我并不是一个悲观的宿命论者,因为潜藏的危险中也孕育着生机。在既有的资源环境、技术条件和人性状况下,人类文明在社会组织和政治管理层面追求自我完善的努力已然走到进退维谷之处。集权与民主,市场与社会,群体与个体……人类从偏于一端的历史实践中吃了太多苦头,按理说应该具有"攻乎异端,斯害也已"的智识,致力于探索政治的微妙分寸。但总体上看,世界的未来依然晦暗不明。看不到希望的根本原因,并不是生存环境的压力。雨果奖得主刘慈欣认为,"只要人类在能源、材料和生物这三个领域中的任何两个取得重大突破,就足以形成按需分配的物质基础"。但我们很难相信,当科学家们突破了核聚变之类划时代科技的门槛时,人类就能进入乐园时代。之所以作如是观,原因是人类在全球化时代面对地球世界这个巨系统时表现出来的心智堪忧。无论是政客、资本家、学者还是平民百姓,都在历史的洪流中挣扎。文明层累造就的现代社会日益复杂,国家治理对精英阶层的挑战越来越大,政治参与的扩大又普遍地造成"超载压力"……用直觉来表达,文明像是一艘巨轮,装备精良,但在汹涌的人性之海上,其渺小脆弱如一叶扁舟,将被欲望、偏见和短视的波涛卷向不可知的险恶彼方。

换言之,如果我们恪守"自然人"这条伦理底线,其结果有可能是人类社会的总矛盾在地球生物圈的封闭空间"内爆",其惨烈程度比起冷战时期的《奇爱博士》等末日题材电影的想象,有过之而无不及。反之,以技术进步为基础的人类改造,将使人类文明更早更快地开枝散叶,一方面缓解地球资源环境的压力,另一方面为人类文明开拓纵深,容许更加广阔的生存空间、更为丰富的社会形态以及更趋多元的政治实践,降低玉石俱焚的可能性。大卫·格雷伯曾经提出一个"全球无政府主义网络"的乌托邦构想:世界各地的自治、民主的社群,不寻求武力夺取或对抗国家权力,而是结成志同道合的跨国联盟,交流人员、技术和管理经验,"在各个想象得到的层面,重合、交叉我们能够设想的以及很多我们可能想象不到的方式,参与类型无穷无尽的各种社群、协会、网络和规划"。这种想象让人想起19世纪北美大陆乌托邦社群百花齐放的盛况,区别在于格雷伯希望消除各自为政的乌托邦社群难以克服内部矛盾和抵御外部威胁的弱点,在宏观尺度上建立较为松散但意义重大的联合与交流机制。然而,在世界仍然被民族国家体系所主宰的情况下,要想建立这样一种社群共同体的希望是渺茫的。只有太空,人类文明的无垠边疆,才能够、并且倾向于成为包容社会试验的元乌托邦(meta-utopia)。当社会本身的结构在开放环境中被打开,既有阶级格局导致甚而放大的不平等关系,就有了丰富的扭转可能,无论是在财富、能力还是寿命方面。

这绝不是"我们的征途是星辰大海"的豪迈宣言,但也没有"道不行,乘桴浮于海"的无奈。这条长路上的难关和陷阱,有许多一眼可见,比如伦理崩溃,比如改造方式不同的人类分化成不同种族乃至物种,比如"世界之间的战争"……人类社会一切已有的问题,在"后人类"或"新人类"的时代既有可能以从前难以想象的方式得到解决,也有可能延续下去甚至越发深重。说到底,未来并不必然比现在更好,也不必然比现在更坏,但在科技发展引导社会前进的道路上,人类是不会回头的——或者以悖论的方式来说,局部的后退恰恰要以整体的前进为前提。在这个意义上,我不是进步主义者,而是前进主义者。当然,我所主张的不是蒙着眼睛猛冲的冒进,而是积极地、政治地把握向前的每一步中的可能性,反对技术以"去人民化"的方式服务于人类中的一小部分,在前进的道路上,在解决旧的问题和应对新的问题的循环往复的过程中,以创造历史的意志求得个体与群体的升华。

167

参考文献

[1] 刘慈欣.最糟的宇宙,最好的地球——刘慈欣科幻评论随笔集[M].成都:四川科学技术出版社,2015.

[2] 王晋康.豹人[M].成都:四川科学技术出版社,2012.

[3] 巴斯.进化心理学:心理的新科学[M].熊哲宏,张勇,晏倩,译.上海:华东师范大学出版社,2007.

[4] Stapleton O. Last and first men[M]. New York:Dover Publications,2008.

(重庆大学人文社会科学高等研究院)

幼儿园教育中科学教育的现状、原因及改善措施研究

姚 婷

摘要：本研究主要是探索幼儿园教育中科学教育的现状、原因及改善措施。研究结果显示，幼儿园教育中科学教育活动存在开展频率低、内容过于单一、途径单一且传统、场地限制大、社会各界人士认识不到位、重视程度较低的情况。科学教育出现这种情况，经分析主要是受到教育观念陈旧、幼儿园教师科学知识储备较少、活动设计水平较低、宣传力度不够、活动实施设备投入不够等因素的限制。为了改善这一状况，本研究建议要更新教育观念，增加幼儿园教师科学知识储备，提升幼儿园教师科学活动设计水平，加大宣传力度并且加大对科学教育活动的投入，新建科学教育活动场地并购买活动设施，以激发幼儿参与活动的积极性，真正达到科学教育活动的学习目的。

关键词：幼儿；幼儿园教育；科学教育现状；科学教育改善措施

1978 年 3 月，邓小平同志提出了"科学技术是生产力"的论断。他认为科学技术的发展是撬动中华民族兴国强国的有力杠杆，并且他还提出"教育要从娃娃抓起"。根据心理学家埃里克森的人格发展八阶段理论的观点，幼儿正处于"主动感对内疚感的冲突"的人格塑造阶段，他们有很强的探究欲望和探究行为，因此，在这个阶段结合幼儿的发展特点对他们进行科学教育，将会事半功倍。2001 年颁布的《幼儿园教育指导纲要（试行）》中也明确体现了科学教育在幼儿园教育中的重要性。提倡幼儿园教育中融入科学教育已经多年，那么幼儿园教育中科学教育的实施现状到底是怎么样的？出现这样现状的原因是什么？我们怎么样才能更好地在幼儿园教育中融入科学教育呢？

一、幼儿园教育中科学教育的现状

为了探明幼儿园教育中科学教育的实施现状，我们在专业问卷调查网站上发布了《关于幼儿园教育中科学教育实施现状的调查》，本问卷为自编问卷，共计 8 题，分别为科学教育在幼儿园教育中的活动频率、活动内容、活动途径、活动场地，以及幼儿园教师、领导、家长对科学教育的认识、态度等。经过一个月的网络测试后，共收回问卷 311 份，其中有效问卷为 289 份。经过对问卷的分析，我们得出了以下结论：

（一）幼儿园教育中科学教育活动频率较低

表 1　班级开展科学教育活动的频率（N = 289）

组　别	班级/个	比例/%
每周 2 次以上	35	12.11
每周 1~2 次	135	46.71

组　别	班级/个	比例/%
每学期1~2次	109	37.71
从未开展过	10	3.46

根据2001年颁布的《幼儿园教育指导纲要(试行)》的教育目标与内容要求,科学教育在幼儿园教育中每周至少应根据情况开展活动1~2次或者2次以上。但是由表1可以看出,289个班级中只有170个班级基本达到了活动数量要求,所占比率为58.82%,甚至还没有超过60%。有37.71%的班级每学期只开展了1~2次,有3.46%的班级甚至一学期中从未开展过科学教育活动。

(二)幼儿园教育中科学教育内容较单一

表2　班级开展科学教育活动的内容 (N=289)

组　别	班级/个	比例/%
科学探究能力	148	51.21
好奇心	70	24.22
创新意识	51	17.64
科学素养及其他	20	6.91

幼儿园教育中开展的科学教育活动内容应该根据幼儿的发展特征力求丰富多样,充分调动幼儿的学习积极性,培养他们各方面的能力。但由表2可以看出,289个班级中有148个班级开展的科学教育活动都为科学探究能力方面,所占比率高达51.21%;开展与好奇心相关的科学教育活动的班级为70个,所占比率为24.22%;开展与创新意识相关的科学教育活动的班级为51个,所占比率为17.64%;开展与科学素养相关的科学教育活动的班级为11个,所占比率为3.8%;开展其他科学教育活动的班级为9个,所占比率为3.11%。

(三)幼儿园教育中科学教育活动途径单一且传统

表3　班级开展科学教育活动的途径 (N=289)

组　别	班级/个	比例/%
讲课	123	42.56
宣传栏	41	14.18
实验	83	28.71
幼儿自我探索	36	12.45
其他	6	2

幼儿园教育中科学教育的途径应该根据社会的发展而改变进而多样化。但是从表3可以看出,289个班级中有123个班级还是主要使用传统讲课的形式对幼儿实施科学教育,这部分比率高达42.56%;有41个班级使用宣传栏对幼儿实施科学教育,所占比率为14.18%;利用实验的方式对幼儿实施科学教育的为83个班,所占比率为28.71%;采用鼓励幼儿自我探索等其他方式对幼儿实施科学教育的班级共计为42个,所占比率仅为14.45%。

(四)幼儿园教育中科学教育活动场地限制较大

表4　班级开展科学教育活动的场地（N=289）

组　　别	班级/个	比例/%
教　　室	69	23.87
活动室或实验室	104	35.98
操　　场	73	25.25
校园外(户外)	18	6.22
根据需求选择场地	25	8.65

幼儿园教育中科学教育的活动应该是根据活动需求来选择不同场地,以达到最佳的教育效果。但是由表4可以看出,绝大部分的科学教育活动都集中在校内,其中在教室和操场进行科学教育的班级分别为69和73个,所占比率合计达到了49.12%;在活动室或实验室的班级为104个,所占比率为35.98%;在校内进行科学教育活动的比率共计为85.1%;有43个班级在户外或者根据活动需求选择场地,所占比率只有14.87%。

(五)幼儿园领导、教师、家长对幼儿园教育中科学教育的重视程度较低

表5　幼儿园领导对开展科学教育活动的态度（N=289）

组　　别	人数/人	比例/%
非常重要	110	38.06
一般重要	114	39.44
不重要	65	22.49

表6　幼儿园教师对开展科学教育活动的态度（N=289）

组　　别	人数/人	比例/%
非常重要	67	23.18
一般重要	136	47.05
不重要	86	29.75

表 7　家长对开展科学教育活动的态度(N=289)

组　别	人数/人	比例/%
非常重要	44	15.22
一般重要	92	31.89
不重要	153	52.94

国家的发展很大程度上要依靠科学技术的发展,而幼儿又是国家的未来,在幼儿园教育中融入科学教育对于国家的发展十分重要。2001 年颁布的《幼儿园教育指导纲要(试行)》中也明确指出了幼儿园教育中实施科学教育的重要性。但由表 5、表 6、表 7 可以看出,幼儿园的领导、教师以及家长对幼儿园教育中的科学教育重视程度都不够。幼儿园领导中有 110 人认为科学教育非常重要,所占比率为 38.06%,有 114 人认为科学教育一般重要,所占比率为 39.44%,有 65 人认为科学教育不重要,所占比率为 22.49%。幼儿园教师中有 67 人认为科学教育非常重要,所占比率为 23.18%,有 136 人认为科学教育一般重要,所占比率为 47.05%,有 86 人认为科学教育不重要,所占比率为 29.75%。幼儿家长中有 44 人认为科学教育非常重要,所占比率为 15.22%,有 92 人认为科学教育一般重要,所占比率为 31.89%,有 153 人认为科学教育不重要,所占比率为 52.94%。

二、幼儿园教育中科学教育现状的原因分析

(一)教育观念陈旧

幼儿园领导、教师、家长甚至社会上很多人都认为幼儿园教育主要为艺术教育和知识教育,认为在幼儿园教育中最重要的是教幼儿一些知识,为上小学做准备,培养幼儿唱歌、跳舞、画画等艺术能力,让幼儿学习之后能在他人面前有所展示。大部分人认为科学教育对幼儿可有可无,认为幼儿年龄过小,科学知识太过于高深,不适合幼儿学习。部分幼儿园虽然每周进行了 1~2 次的科学教育,但是由于受传统教育观念影响,每周进行的科学教育的内容更多的是教师以讲课的形式教给幼儿,没有真正地根据幼儿的心理发展特点去培养幼儿的科学探究和实践能力,没有真正地达到科学教育的目的。

(二)教师科学知识储备和活动设计水平能力有限

大部分幼儿园教师都是毕业于中职、高职或者本科学前教育专业,在进行专业学习时,主要为艺术能力和公共知识学习,对科学相关知识的学习较少。他们在对幼儿进行科学教育时,由于自身知识储备的限制,难以达到预期目标,并且部分幼儿园教师对科学活动的设计能力较差,难以激发幼儿学习兴趣,导致幼儿不爱学,幼儿园教师则感受不到成就感,不爱教,恶性循环之下,最终导致幼儿园中的科学教育活动次数越来越少。

(三)宣传力度不够

国家虽然多次提倡在幼儿园中开展科学教育,甚至在 2001 年明确写入了《幼儿园教育指导纲要(试行)》,但是知晓其重要性的仍为少部分人群,如教育部领导、幼儿园领导、少部分教师,作为幼儿监护人的家长们几乎都不知道,他们还在受传统教育观念的影响,完全不知道科学教育如此重要,对于幼儿园是否进行科学教育,他们毫不关心,他们更关注幼儿艺术、知识的学习情况。因此,幼儿园也顺应家长的需求,减少科学教育,更多地实施艺术和知识教育。

（四）教学设施不够完善

在幼儿园对幼儿进行科学教育时，很大部分幼儿园还是选择在传统的教室或操场进行。这与现在提倡"安全第一"有关，幼儿园不允许随便带幼儿外出，害怕幼儿发生安全事故，但是更多的原因还是由于很多幼儿园进行科学教育的教学设施不够完善，幼儿园没有专门进行科学教育的活动室或实验室，也没有专门的定点实践机构，所以，这就导致很多幼儿园进行科学教育时只能选择教室或操场。

三、改善幼儿园教育中科学教育现状的措施

（一）更新教育观念

传统的幼儿园教育强调对幼儿艺术能力、习惯、知识的培养，随着社会的发展，对幼儿进行科学教育也越来越重要，幼儿园领导、教师、家长甚至社会各界人士都应该更新教育观念，在重视唱歌、跳舞、画画、培养好习惯、锻炼语言能力等的同时加强对幼儿进行科学教育。要让科学教育真正从娃娃抓起，增加开展科学教育活动的频率，在幼儿园教育中普及科学教育，在对幼儿进行科学教育时，不但要讲授相关的科学知识，更应该引导幼儿主动去探究、去实践，激发幼儿的学习兴趣，以达到科学教育的真正目的。

（二）增加幼儿园教师科学知识储备，提高科学活动的设计水平

近几年，国家加大了对幼儿教师的培养力度，提供了大量学习的机会，有国培、市培、学校培训等，幼儿园教师可以利用各种学习机会加强自身科学知识的储备，也可以通过网络、图书馆等途径自学科学知识。幼儿园教师在增加自身科学知识储备的同时，还应该提升设计科学活动的能力，让幼儿喜欢科学活动、积极参与科学活动，进而提高科学活动的有效性。

（三）加大宣传力度

随着社会的发展，信息的传播不但可以借助纸质（报纸、杂志、文件）、电视、广播等，还可以借助网络，如网页、微博、微信等，教育部门或学校可以通过多种途径对在幼儿园中实施科学教育的重要性做宣传，使大部分人都知道，特别是与幼儿园教育相关的人都知道，使科学教育的实施得到更多人的支持与监督，保证幼儿园科学教育活动开展的质量。

（四）加大幼儿园教育中科学教育的投入

"物质基础决定上层建筑"，要想幼儿园教育中科学教育活动的开展有良好的效果，还必须要有相关的设施设备，教育部或政府相关机构应对科学教育加大投入，建立活动室或实验室，购买必要的活动设备或实验设备，在幼儿园附近建立科技馆或相关的供幼儿学习、探究、活动的场所，使幼儿园教育中的科学教育活动真正能够开展起来。

总之，虽然现在我国幼儿园教育中的科学教育效果不是很理想，但是随着国家越来越重视，幼儿园科学教育活动开展得越来越多，幼儿参与科学教育活动的热情越来越高涨，我国幼儿园教育中的科学教育也会做得越来越好。

参考文献

[1] 刘占兰.学前儿童科学教育[M].北京:北京师范大学出版社,2008.

[2] 施燕.学前儿童科学教育[M].上海:华东师范大学出版社,2009.

[3] 夏力.学前儿童科学教育活动指导[M].2版.上海:复旦大学出版社,2009.

[4]刘占兰.科学探索活动应符合幼儿的年龄特点[J].幼儿教育,2007(9):15-16.

[5]陈虹.幼儿科学教育现状透视与反思[J].中华女子学院学报,2007,19(5):59-60.

[6]王崇丽.当前幼儿园科学教育:问题与对策[J].淮阴师范学院教育科学论坛,2011(Z2):3-4.

(重庆市黔江区民族职业教育中心)

附　录

关于幼儿园教育中科学教育实施现状的调查

亲爱的幼儿园工作者:

您好!

非常感谢您在百忙之中抽空完成我们这份"调查问卷",我们的研究需要您的帮助,您的回答会对我们了解幼儿园教育中科学教育的实施现状有很大帮助,研究的成功与否取决于您的合作。对于您的支持与帮助,我们表示最诚挚的感谢。祝您万事如意,心想事成! (回答时请用笔在最接近您所在幼儿园情况的选项上打√。)

(此问卷为匿名问卷,敬请放心作答。)

学前教育研究组

1.您所在幼儿园班级开展科学教育活动的频率为(　　　)。

A.每周2次以上　　B.每周1~2次　　　C.每月1~2次　　　　　D.从未开展过

2.您所在幼儿园对幼儿开展科学活动主要培养的是(　　　)。

A.科学探究能力　　B.好奇心　　　　C.创新意识　　　　D.科学素养

3.您所在幼儿园班级科学活动开展的主要途径是(　　　)。

A.讲课　　　　　B.宣传栏　　　　C.实验　　　　　D.幼儿自我探索

E.其他

4.您所在幼儿园开展科学教育活动的方法是(　　　)。

A.讲解　　　　　B.演示示范　　　C.幼儿自己实践　　D.其他

5.您所在幼儿园为科学教育活动开展所选择的场地是(　　　)。

A.教室　　　　　B.活动室或实验室 C.操场　　　　　D.校园外(户外)

E.根据需求选择场地

6.您所在幼儿园领导认为开展科学教育活动的重要性为(　　　)。

A.非常重要　　　B.一般重要　　　C.不重要

7.您所在幼儿园教师认为开展科学教育活动的重要性为(　　　)。

A.非常重要　　　B.一般重要　　　C.不重要

8.您所在幼儿园家长认为开展科学教育活动的重要性为(　　　)。

A.非常重要　　　B.一般重要　　　C.不重要

农村科技教育中乡土课程资源的开发与利用

杨秀琴

摘要：费孝通在《乡土中国》的开篇就说"从基层看去，中国社会是乡土性的"。乡土课程资源为农村学校开展科技教育提供了最生动的教学素材。本文从提高科技教育实效、塑造学生良好人格、打造特色校园等方面分析了乡土课程资源的开发价值，并从引导学生树立科学理念、开展科技探究和实验活动、丰富和拓展科技实践活动等方面提出乡土课程资源的利用策略，让乡土课程资源融于科技教育教学，能够拓展教育渠道，提升教学成效，构建起具有乡土特色的农村科技教育校本课程。

关键词：科技教育；乡土课程资源；校本课程

陶行知创立的"生活教育"理论强调教育要以生活为中心，要打破社会与学校的界限，使之合为一体，学校以社会生活为广阔的大课堂。当前，教科书在一定程度上存在对农村的忽略现象，使得农村科技教育与特定的社会环境相脱节。在农村科技教育中引入乡土课程资源，能够做到就地取材，用充满生活味道、乡土气息的实例来教育学生，使学生知、情、意、行相统一。这也为农村学校开展科技教育提供了新路径。

一、乡土课程资源开发的价值

乡土课程资源是师生和学校所处的某一个具体的行政区域内的自然条件、社会经济和科技人文等方面的反映群众文化心理并且带有积极教育意义的系列内容。

（一）开发乡土课程资源，有利于提高科技教育实效

农村科技教育教学多局限于课堂教学，以机械式灌输为主，图书馆、科技馆等远离农村生活实际，让学生感觉到科技很神秘、很陌生，甚至有的农村教师素养低，对照教材照本宣科，多数学生处于似懂非懂之间。而将乡土课程资源引入科技教育教学，用学生熟悉的生活场景和日常接触的日月星辰、山川溪流、花草树木、飞禽走兽、瓜果蔬菜等来进行科技教育教学，更容易引起学生情感上的共鸣，从而帮助学生将感性认识上升到理性认识，达到科技教育教学目标。

（二）开发乡土课程资源，有利于塑造良好人格

科技教育活动之中蕴含着丰富的德育功能，特别是对青少年良好习惯的养成和良好人格的塑造有着非常重要的作用。将乡土课程资源融于科技教育活动，能够培养学生发现科学的能力。例如，学生上学、放学路上口渴时，一般都是饮用山坡渗出的泉水，此时就可以让学生观察并思考溪流的水为什么是浑浊的，而山泉的水为什么是清澈的，进而引导学生认知土壤的净化功能，让学生明白科学在解决实际问题中的作用，激发学生探索发现身边科学的积极性，有助于学生形成科学的世界观，进而树立正确世界观、人生观和价值观，塑造健全的人格。

（三）开发乡土课程资源，有利于打造特色校园

农村学校拥有城市所不具备的乡土课程资源，而这些资源为学校教学提供了丰富的素材。

在挖掘利用乡土课程资源的过程中，任课教师的科学素养、教学能力得到提升，也使得农村学校科技教育具有浓郁的乡土特色。在利用乡土课程资源开展科技教育活动中，带学生走出课堂、走进生活，丰富了教学形式。开发乡土课程资源，让农村科技教育校本课程具有鲜明乡土味道，有助于推动特色校园的建设。

二、乡土课程资源的开发利用策略

(一)利用乡土课程资源，引导学生树立科学理念

乡土课程资源在日常生活中能够看得见、摸得着、感受得到，比如，日月盈亏、斗转星移等天文现象，开水壶在水烧开时会鸣叫、夏天雪糕会冒烟等生活现象，其中都蕴藏着科学知识。通过日常生活中的事物进行科技教育，如学生早餐食用的鸡蛋，我们可以拿一个生鸡蛋摆放在一起让学生进行区分，引导学生通过鸡蛋的转动来快速区分生鸡蛋、熟鸡蛋，以实际感悟引导学生认识到"科学无处不在"，摒弃"科学遥不可及"的观念，这有助引导学生树立正确的科学理念。

(二)利用乡土课程资源，开展科技探究活动

祖国地大物博，农村地区资源丰富，包括动植物、矿产等资源，且随处可见。春季百花争艳时，可以带学生在学校周边田野中观察花朵，采集制成标本，让学生观察不同植物的花朵之间的构造共性与区别，从而认识完全花、不完全花的特征。秋季硕果累累时，发动学生到自家菜地或田野中采集植物的果实，通过解剖让学生知道，人们食用柚子、梨子，吃的是果肉部分，而食用核桃时，吃的是种子部分，从而增加学生对水果的认知。在认识动物的教学中，可以让学生观察自家饲养的鸡、鸭、鹅、猪、牛、羊等畜禽的生活习性。在认识动物生命周期的教学中，可以让学生向家长请教鸡蛋孵小鸡的过程，还可以让学生带桑蚕到学校，观察蚕卵成长、结蛹、化蛾的过程，蚕蛾产下的卵又进入新的生命循环。利用农村的丰富资源开展科技教育活动，寓教于乐，让学生在探究活动中牢牢掌握科技知识。

(三)利用乡土课程资源，开展科技实验活动

相比城市居民，稍有回收价值的废弃物都被农村居民收集起来，这种艰苦朴素的行为为我们开展科技教育活动积累了品种繁多的实验材料，可以引导学生对废弃物进行再利用，开展科学小实验。如废弃的矿泉水瓶子、易拉罐等，可以引导学生制作土电话，或者是制成饲养蚯蚓、泥鳅、蚱蜢等小动物的观察盒。还可以与学生一起动手制作教具，如将废弃泡沫做成船的样子，取一根塑料吸管从船的尾部插入，用胶带将吸管一头沿船尾方向固定，船上方的吸管一头绑上充满气的气球，通过空气推动泡沫船向前滑动，让学生在简单的制作过程中感受科学的魅力，激发学生对科学知识的求知欲。

(四)利用乡土课程资源，丰富科技实践活动

农村离不开农业，农村科技教育也离不开农业生产活动，带领学生走进田间地头，让学生参与耕作种植，能够让学生切实体验科学技术在农业生产中不可或缺的作用，真正理解科学技术为什么是第一生产力。例如，组织学生到学校附近的万亩梨园基地、十里荷花基地了解梨子、藕的生长习性，学习果树修剪、藕的种植等技能，让学生动手参与梨子、莲子的采摘、包装等劳作，特别是针对病虫害防治问题可以讲解诱虫板的杀虫工作原理，进而引导学生明确无公害食品、绿色食品、有机食品的区别，充分了解农业科技在农产品安全生产中的应用。

（五）利用乡土课程资源，拓展科技实践活动

农村孕育着丰富的本地文化资源，如渝北剪纸、姜氏木雕、羽毛国画、土沱麻饼制作技艺、赵氏武术等非物质文化遗产。农村学校可以利用非物质文化遗产资源，鼓励将剪纸技艺融入贺卡的手工制作，还可以让学生参与藠头腌制的各个环节，鼓励学生将自己腌制的藠头带到学校让同学们品尝。通过非物质文化遗产的参与体验，不仅可以让其得到传承，更能培养学生动手开展科技实践的能力。

农村学校科技教育应立足农村实际，充分开发和利用乡土课程资源，着力构建体现"乡土"特色的校本课程，开辟出农村学校科技教育的新路径，以"知行合一"的方式来提高学生的科学素养。

参考文献

[1] 费孝通.乡土中国[M].上海：上海人民出版社,2006.

[2] 何生宏,李小省.源于生活,回归生活——论陶行知生活教育思想对语文教学的指导意义[J].重庆陶研文史,2004(4):48-50.

[3] 李长吉.防止教科书对农村的遗忘[J].课程·教材·教法,2011(6):23-28.

[4] 黄浩森.乡土课程资源的界定及其开发原则[J].中国教育学刊,2009(1):81-84.

[5] 刘恕.科技活动是塑造青少年健康人格的课堂[J].中国科技教育,2007(6):4-7.

（重庆市渝北区寨坪完全小学校）

基于构建科技创新教育体系的实践研究

杨品元

摘要：科技创新教育具有培养学生创新能力的作用，要想提高学生的综合素质能力，就需要大力培养学生的创新意识、创新思维、创新能力以及创新精神。这就要求将创新教育纳入学生的培养全过程，制订创新教育的基本课程、基本要求，增加创新类课程并纳入学分制，鼓励学生多参与科研创新活动。高校创新教育的实施可以促进学生自身的可持续发展，提高学生的综合素质。创新教育能培养学生形成一种新的思维方式，发挥个人创新思维去寻找问题、思考问题、分析问题并解决问题。高校在此过程中也应充分体现"以学生为本，因材施教"的教育理念。

关键词：科技创新；教育体系；实践；研究

创新性人才是一个国家、民族竞争力的核心，高校承担着培养创新性人才的重任，作为一个培养人才的重要基地，需将科技创新理念融入教育体系，开展丰富的科技创新教育活动，构建科技创新的教育体系，促进大学生综合素质能力的提高。《中华人民共和国高等教育法》第五条指出：高等教育的任务是培养具有创新精神和实践能力的高级专门人才，发展科学技术文化，促进社会主义现代化建设。高等教育需要对学生的创新能力、创新精神、实践能力足够重视，以便提高学生的综合素质能力。所谓构建科技创新教育，就是将人类科技创新融入整个教育过程，以此为基础，达到培养科技创新人才的目的。

一、构建科技创新教育课程体系

（一）制订科技化创新课程

培养学生的创新精神和实践能力是科技创新教育的宗旨，培养出富有创造力的人才正是国家、民族未来发展中最为重要的能力。当下不少教育机构对科技创新教育投入了大量的资金、人力，但却没有收到理想的效果，原因主要有 3 点：①大部分教师只注重个别学生的培养，习惯于将自己的创新想法转嫁给学生，对科技创新的普及性没有重视，使科技创新不能朝着正确方向发展；②对科技创新教育没有正确的认识，想在很短的时间内取得较大的成效，忘记了培养人才是一个长期的、循序渐进的过程，急功近利必将收不到预期的效果；③误以为科技创新就是多搞些科技活动，让学生做些科技作品就能达到培养科技创新的能力。"把中小学生从过重的作业负担中解放开，让学生们有时间去思考、实践、创造"这句话就说明了，科技创新就需要让学生自主地思考，通过实践达到创新的目的。通过多开展科技活动能有效加强学生的积极性，有助于培养兴趣，也强化了学生的动手能力，不少学生通过科技创新教育，收获了知识的同时还得到了乐趣。学校要追求长效的科技创新教育才是正确的培养科技人才之路，将科技创新教育常态化，把科技创新融入课堂教育，不断对课程进行改进，使学生的学习方式得到真正的改变。只有将科技创新真正落实到培养学生的创新能力、创新精神上，才能获得理想的效果。

（二）构建科技创新的课程体系

构建科技创新的课程体系是培养人才的具体实施途径，学校需要做到以学科教育、科技创新课程、实践活动为载体，构建基础课程、拓展课程、探究课程。基础课程中主要把科技创新教育融合到各学科中，让学生在每门学科的教学中都能感受浓郁的科学思想，培养学生对科技创新的兴趣以及科技创新能力、科技创新精神。定期开展各种类型的科普教育活动，组织学生听科普讲座、参观科技园，鼓励学生参与科技创新竞赛，评选"科技创新新星""科技创新优胜奖"等，激发学生的动手能力、实践能力，调动学生的积极性。拓展课程中需要专业的教师对学生进行培训、指导，激发学生的科技创新能力。学校根据学生的兴趣爱好组建各类科技创新社团，让学生积极参与各自感兴趣的社团，定期开展社团活动。社团活动是将科技创新实践性和创新精神综合的活动，将活动的主动权交给学生，教师对学生的实践进行指导，学校做到为学生提供创新科技实践的良好环境。探究课程能有效培养学生的科技创新能力，激励学生在实践活动中积极探索，学会发现问题、思考问题、解决问题的创新能力。

（三）科技创新对学生的综合素质的提升

科技创新教育能培养学生的创新精神，使学生主动去学习，主动去思考。有了科技创新意识和创新精神，就会对未知的事物感到好奇，会对新的知识有执着的探索精神，使学生大胆地去实践，提升创新能力，进而大胆地提出问题、分析问题。在参与科学研究时，不同专业的学生之间可以互相交流学习，将学科的知识充分运用到研究中并加以创新，在互相学习的过程中学会取长补短，明白分工合作的重要性，同时，还能培养学生的团队协作能力，增强学生的集体荣誉感。在参与课外科技创新教育时，学生可以将理论知识运用到实践中去，以学以致用的方式来加强学生对理论知识的学习兴趣，不仅能巩固课内所学的理论知识，还能有效拓宽学生的知识面。

二、培训科技创新专业教师

教师的综合素质高低直接影响教育质量，要提高学生的综合素质，培养科技创新的人才，就需要先提高教师的综合素质和专业能力，培训出科技创新的专业教师。科技创新需要普及，并不能单靠个别发展，需要打造团队，全面分析各个学生的爱好兴趣，通过兴趣培养，建立全面的人才培养方法。可以根据学校的实际能力建立科技创新项目组，使科技创新教师能带领学生通过实际的项目达到锻炼的目的，还能让科技创新教师发挥其作用。每一项技术创新都可以召集全体学生进行讨论，发挥团队的力量，最终达到解决问题、锻炼思维的目的。科技创新项目组可定期开展研究项目，引导学生重视全面性的科技创新。传统的教学课程中，往往忽视了科技创新、没有认识到实践性和创造性的重要，教师习惯于向学生灌输知识，教学模式死板，没有创新，教师的思维定势慢慢消磨了学生的好奇心和创造性。

学校需要定期组织中青年教师进行学习培训，可以深入企业学习、考察、调研，体验企业的生产过程，提升实践经验，将整体教师的教学能力提高；可以开展教师专业能力的竞赛，不但能加强教师的理论知识，也能加强教师的实践指导能力；还可以聘请高水平的学科或学术带头人对青年教师进行培训，鼓励青年教师进行深造学习，更进一步提升教师的理论知识和实践水平。此外，聘请有丰富企业经验的人来教授和指导专业课程，也有助于提升教师的实践能力，开阔视野。

为了将科技创新教育落实到课堂上，提升学生的创造性和创新精神，教师还需要充分挖掘科技创新的题材,将科技创新渗透到学科中,在教学中对学生进行科技创新干预。学校方面也应加强对全体教师的培训工作,教师之间相互激励,将以往的教学观念逐年转变,通过科技创新的专业培训将教师们转变为科技创新人才,使教学过程充满浓郁的科技创新氛围。

三、优化教育环境,加强科技创新氛围

环境的好坏能影响一个人的发展,特别是学生时代,有一个科技创新氛围浓郁的环境,能使学生不自觉地去发现问题、思考问题并解决问题。教育环境的营造中最重要的因素在于教师,教师能将科技创新教育充分应用到教学中,就是一个优秀的创新型教师。学校可通过对教师实施科技创新教育的考核,激发教师创造教育条件。学校可以根据自身实力,建造不同大小、不同规模的科学实验室、科技创新室、科技创新作品陈列室、新科技宣传馆等。还可以不定期安排学生进入企业观摩、学习、实践,丰富学生的实践经验,将理论与实践完美地结合,起到学以致用的作用。学校应对科技创新活动投入更多的经费,使每一项活动都能有计划地进行。

四、让科技创新实现可持续发展

为了使每一位教师都能成为科技创新教师,学校应加强对教师的培训,使教师在教学技能方面得到提升,以帮助教师获得更进一步的教学成果。科技创新教育能彻底解放学生,让学生做自己感兴趣的事,从兴趣出发,充分激发潜能,加强学生的创新能力。通过学生按照各自兴趣组建的社团,让学生参与其中,充分调动学生对科技创新的积极性,主动去发现问题、思考问题,最后解决问题;在社团中,学生们还能互相探讨各自的想法,发挥团队合作精神,衍生出各类科技创新的想法。

参考文献

[1] 张永洲.积极推进高等教育综合改革构建龙江特色的现代高等教育体系[J].黑龙江高教研究,2011,21(9):1-4.

[2] 陕西省安康市农业局.实施"三大工程"培育职业农民[J].农民科技培训,2013,15(6):50.

[3] 杨倩.构建和完善研究生通识教育体系的途径探索[J].科技创新导报,2014,31(13):153.

[4] 张家辉.构建基于大学学习特点的新生入学教育体系[J].科技创新导报,2015,25(10):148-149.

[5] 朱团,车文实,陈丽华,等.大学生创新创业教育体系的构建与实施[J].科技创新导报,2014,17(3):173.

[6] 杨玉春,刘庆峰.浅谈创业教育体系的构建——以电子科技大学中山学院为例[J].新课程研究:高等教育,2013,8(6):136-138.

[7] 陈冬梅.提高教师科技创新能力 构建职业教育立交桥[J].科技管理研究,2012,32(15):137-141.

[8] 王革思.构建精英教育体系培养创新型人才[J].实验科学与技术,2015,41(5):197-199.

[9] 王洪波.试论大学生科技创新素质教育[J].华中农业大学学报:社会科学版,2011,17(4):119-123.

[10] 王春霞,郑海英,霍春宝,等.大学生科技创新教育体系的构建[J].实验室科学,2015,18(6):102-105.

[11] 赵文才,赵义军,常正波,等.浅谈大学数学文化教育体系的构建——山东科技大学开展数学文化教育的实践与探索[J].教育教学论坛,2014,22(52):137-138.

[12] 黄增瑞,商闯.构建创新型大学生素质教育体系研究[J].观察与思考,2012,13(22):99-100.

（重庆市渝北区大盛中心小学校）

促进我国内地科学教师课程观转变的策略研究
——香港科学课程带来的启示

张帮娇

摘要：当前，我国学校科学教育发展进程较为缓慢。本文通过分析我国内地及香港地区的教师课程观的现状及其影响因素，提炼出香港地区在教师课程观形成方面值得借鉴的经验，以资为我国内地相关工作的借鉴，助推学校科学教育的发展。

关键词：科学课程；香港；课程观

科学教育工作的基础在于学校。我国内地的学校在科学教育方面长期停留在应试层面。教师的课程观极大地影响着教师的课堂教学，学校内教师所共有的课程观则会影响到学校科学教育的指向。因此，科学教师的课程观在很大程度上影响着科学课程的实施。教师对课程目标的理解直接影响到课堂教学的方式、内容、评价等。教师课程观的形成并非一朝一夕，它需要经历一个复杂的变革过程。它会在相同社会文化背景的教师集体中流传，倾向于与教师在非职业活动中的理解相联系，在教师的整个职业生涯中也具有连续性。可以说，课程观的形成既具有历史延续性，又与其课程观转化条件、个体经验以及课程推行方式息息相关。

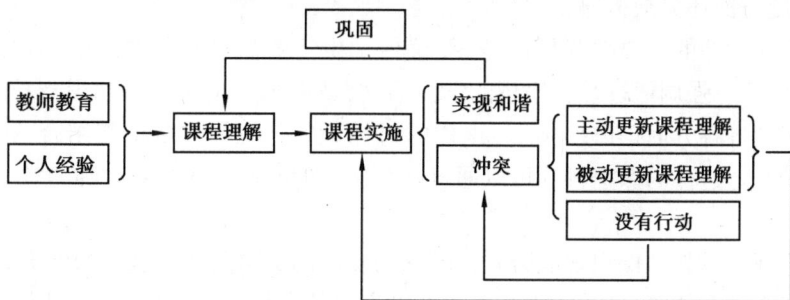

图 1　教师课程理解的基本机制

一、我国内地科学课程变革

我国内地在小学阶段（3—6 年级）设置了科学课，即综合科学。在 2001 年的基础教育课程改革中，初中阶段启动了综合科学课程，将初中物理、化学、生物、地理四门课程整合为一门崭新的科学课。实施分科课程还是综合课程，由实验区自行选择。而经过 10 年的实践历程，全国 38 个《科学》课实验区中的大多数都在质疑声中回归了"分科"教学。例如，武汉于 2009 年叫停科学课；深圳于 2011 年在初中阶段重新配发物理和化学教科书并适当增加课时，2012 年彻底恢复了分科教学；浙江的科学课也一直是在曲折中前行。我国内地科学课程的变革在一定程度上受到了社会舆论的影响，而在更大程度上是因为我们的教师课程观停滞不前，不能很好地适应综合科学课程的理念、教学内容及教学方式。以应试为目的的科学课大行其道。

教师课程观对教学的影响可以表现为：如果老师认为科学课程目标是"为未来的生活作准备"，那么这位教师在课堂上会下意识地选择更为实用的知识和技能进行教学，评价时也会更倾向于考核学生是否能将所学的内容应用到真实生活中；如果老师认为科学课程的目标更多的是要应付当下的考试，那么这位教师在课堂上会更多地选择与考试相关的记忆性内容进行强化。

二、香港地区科学课程对我国内地的启示

教师的课程观属于教师意识的范围内，需要一定的条件才能真正地在课程实施过程中付诸实践，这也是我国我国内地在课程改革推进中相对脆弱的部分。我国香港地区的教师教育做得较为系统，根据香港特区教育统筹局2010年的统计数据显示，香港有95%的小学教师和94%的中学教师都接受过专业教育。香港的科学教师学科背景也多种多样，由于是综合学科，因此香港科学课向各类理工科学科背景的老师开放。就笔者实地了解所知，除物理、化学、生物等传统学科背景外，计算机等学科背景的老师也有不少。

香港地区由于其历史原因，于20世纪70年代已经开始进行综合型的、结合社会需求的综合科学课程，相较于科学知识、科学技能，在中小学阶段，老师更加注重学生的科学态度的形成。

我国内地小学阶段科学教师队伍尚不成熟，曾在高校设立专门的科学教育专业，但后因高校师资、学生就业等问题，多个学校先后又撤除了这个专业。中小学科学教师师资依然匮乏，尤其是具备综合科学理念、具备STS理念的老师更在少数，科学教师更多的还是从各自学科背景出发、从应试角度出发在进行教学，因此更加注重学生科学知识和科学技能的培养，对于科学史、科学态度方面还欠缺指导。

香港初中科学课的主要教育目标是"要确保学生能够掌握必需的科学知识和技能，以适应21世纪的生活。强调通过悉心安排的学习活动，帮助学生掌握科学知识与技能，以致培养客观的科学态度等各方面得以均衡"。这样的目标紧紧与时代的要求相结合，科学学习与真实的生活相联系。这样的课程目标可以通过师范学校的专业课教育对教师的教学产生潜移默化的影响。

外部舆论环境是教师课程观能否真正转化为实践的重要因素。这样的外部舆论环境一方面指国家的宏观教育政策，另一方面是来自非教育界的家长、学生的声音。国家政策如果没有利用好的推行方式，显得仓促、强迫，很有可能会带来一些教师的负面情绪，这不仅会使课程的实施效果降低，还会将负面的情绪无意识地带给学生。非教育界的人士对教育也十分关注，他们往往既热切又短视，会因教育政策效果的迟滞而产生反对意见，甚至有时导致已经经过讨论的教育政策因为社会的反对声音而有所修改。教育家菲利浦·G.阿尔特巴赫曾经严厉指出："造成美国教育危机的直接原因是社会政策和公众舆论，教育的决策人只是跟着走，他们很少带头"。

由于香港在课程改革开始前会进行大量的调查，并征集教育界专业人士、学校、教师、社会各方面的意见，铺垫工作较多，容易营造较为积极的舆论环境。在实施过程中，不断推出检视报告等以衡量课程实施的成效，进行总结和反思，从而不断推动课程的进步，这样的定期检视

是其顺利实施的保障。由于教师全程参与课程改革的规划、实施,教师产生了一种"参与"的集体感。又由于课程推进工作较为全面和细致,能在有条不紊的节奏之下进行推动,给了学校、教师以缓冲期。另外,香港多次通过世界级评估测试并将香港地区的学生与其他地区学生的成绩进行比较从而形成详细报告,不断反思以求进步。有报告表明:香港 15 岁的学生在自然科学方面的成绩是比较突出的。这些评价工作使得教学反馈的作用进一步扩大,也增强了学校、教师推进课程实施的动力。

我国科普工作已经步入了新的阶段,但就青少年而言,最基础的科学学习是在学校的课堂上,因此,要使科普工作得以落实,需要社会与学校共同配合,革新理念,从而保障教师在教学中贯彻科学的科学课程观。

三、促进我国内地教师课程观转变的策略

(一)教师的自由

教师的素质提高并不仅有赖于前期的专业培训,作用更大、效能更长的是教师自身在教学过程当中不断学习、实践所获得的课程理解。教师一旦失去自由的环境,在其他方面压力增大、任务繁重时,可能就会使教师放弃自我学习、自我更新,从而停滞不前。因此,无论是社会、学校、家长还是学生,都应当对教师抱有宽容和鼓励的态度,尽量给予他们一些自由的空间。教育的成效是具有滞后性的,教师的课程理解对学生的影响也并非是一朝一夕就能够突显出来的,我们应当对教师耐心一些,对他们信任一些,在这样的包容理解的环境下,教师的自我发展才可能顺利发生,从而影响其教学,最后使我们的学生受益。

先进的教师课程理解并不是教师或者政府单方面所促成的,而应当归功于整个社会的整体协作,并给教师留有自由空间。因此,我们需要在各个方面共同努力,为课程理解的革新扫清障碍。

(二)师资的优化

世界各国对科学教育都非常重视,对教师的素质也要求得较为明确。2003 年,美国国家科学教师协会在 1998 年的《科学教师教育标准》基础之上,将该标准修订为 10 个组成部分。澳大利亚、英国、日本和德国也纷纷研制科学教师的专业标准。我国香港地区中小学师资由综合性大学及香港教育学院共同培养。学生修完大学本科课程后,再修读一年教育专业,方可从教。这种培养模式使得学生来源变广,就业出路变宽。香港教育学院长期负责香港科学教师的培养工作,它的培养体制类似欧美国家,在职前专业发展过程中注重实践、强调案例教学与合作探究的应用。我国在 2012 年 2 月出台了《中学教师专业标准(试行)》,提出了合格中学教师的基本要求,但并未对各个学科教师提出单独的专业标准。

在教师资格的评价形式上,应当具有系统性,要建构出教师的专业能力架构,由专门的机构花费一年或者更多的时间针对申请者的授课年级、科目等进行多方面的培训,在专业教师的指导下进行适当的教学实践活动。培训的主要目的不仅是要教师拥有较为匹配的知识、教学方法等,更多的是要让教师发展起课程理解、积极内化课程理解,避免出现课程理解和课程实施之间的断裂。

(三)课程改革过程中的统筹兼顾

课程的制订过程也是一门科学,需要经得起质疑、批判。要减少家长、教师的疑虑,我们应当转变观念,以课程变革的推广取代课程变革的传播,使人们更关注"推广"本身,而不是课程

变革的细节。要达到这一目的,我们可以参考舍恩的中心增殖模式(Proliferation of Centers Model),这一模式避免了课程单向推广的弊端,在课程变革过程中产生一些副中心,以达到扩展自己的影响范围的目的,并提高主要中心的效率。相应地,中心小组会向地方小组提供建议和培训课程,从而支持其工作。香港地区的课程推广模式类似于中心增殖模式,强调具体学校和具体教师在变革中发挥的作用,体现了"教师即研究者""反思实践者"的思想,在新的课程的计划、修改、评估过程中,社会、学校、教师成为了副中心,加入到课程改革的筹划之中,各方在参与过程中对课程有深入的认识,思考的重心也放到了如何完善课程上,而不是一味拒绝新课程的实施。

香港地区的评价总结工作做得非常有序,这是一种工作习惯。例如,香港特区教育统筹局在整顿香港教育期间连续发布报告书,每一次的报告书会总结上次报告书发布后的成果及出现的问题,再提出今后的计划和展望,并且针对关键部分进行总结,显得主题鲜明。在课程改革实施后,又接连四次发布教育改革进展报告。在教师教育方面,也每三年出台一次报告书。针对学校具体的课程实施,教育统筹局又在2002—2010年的每一年出台《视学周年报告》。就是依靠这样的重视程度和不厌其烦的态度,他们才能推动课程真正地进步,同时也最有利于得到广泛的认可和尊重。这些都是我们的科学教育可资参考之处。

参考文献

[1] 范兆雄.论教师课程实施观念与行为变革[J].西北师范大学学报:社会科学版,2005,42(6):106-109.

[2] 香港中学科学科科目委员会.中学课程纲要:科学科(中一至中三)[M].香港:香港课程发展委员会,1998.

[3] 黄道鸣,苏咏梅,肖化,等.内地与香港科学教师职前专业发展比较研究[C]//第五届全国科学教育专业与学科建设研讨会论文集.湖南:怀化学院,2009.

[4] 凯利.课程理论与实践[M].吕敏霞,译.北京:中国轻工业出版社,2007.

(重庆树人教育研究院)

科技教育与德育的交叉点

——科幻电影在 STS 视野下发挥的科技伦理教育作用

许佳妮

摘要：优秀的科幻电影问世后，总是会成为热门话题，引起公众对其中相关科学问题的关注。这样的现象，对大众来说，早已司空见惯。无论科幻类的作品（如科幻电影）在与科普、科学传播、科技教育等的关系上，是否存在大量的争议，但对普通民众来说，尤其从广义的社会影响来看，优秀的科幻作品（电影）在科学传播、普及科技教育等方面无疑带来了巨大的影响。这种影响的深远程度，已经明显超过了大部分同样也投入了大量人力物力去开展的传统科普活动所能获得的社会效应及教育作用。

科幻作品（电影）向公众直接传达的也许不是所谓精准的科学知识，也不可能替代严肃意义上的科技教育，但这类作品（科幻电影）通过讲述带有科技元素、科学假说的故事，不单是向大众传播了一些简单的科学知识——这些知识不一定完全符合现实中的真实科技水平，但却具有科学推测意味上的存在可能性或前瞻性——因而提升了群众对于科学探索的兴趣，同时更为重要的是它们以最容易激发共情的形式向观众展示了科技发展带给人类的思考——而这些思考所代表的问题，正是在 STS 研究和科技伦理探讨中所关注的"人们对科学技术的本质及作用进行正确分析之后，对科学技术的运用和发展应有的价值取向"。

关键词：科幻电影；科技教育；科技伦理；STS

科技与社会（Science，Technology and Society，缩写为 STS）能够成为一个研究领域，进而发展为一门新兴的学科，可以归因于它在其较为漫长的形成及发展历程中，致力于关注科技发展对人类社会带来的影响，不管是正面的还是负面的。从该领域的历史轨迹中，我们可以发现，科技飞跃导致了人类社会向一些充斥着负面影响的情势、境地在演变，这可能也是直接刺激人们开始思考科技革命与人类的生存发展应该如何更正向地进行相容的原因。

在科学技术的研究中，人们认为如果科技发展的结果会对普通群众产生影响，那么这些普通人群是应该参与科技问题相关的决策和实施的。事实上，科技发展在社会政治和人类道德等方面产生的影响，关系到的是人类社会的发展趋势，因此这是一件公众都有权利参与的事情。不顾后果的科技发展所带来的危害留下了深刻的教训，所以，政府（决策者）才需要培养能预见科技发展及其后果，同时能参与设计科技决策的公民，使其为决策者提供有效的科学分析与前沿的科技信息。正是基于这类客观需要，一个跨学科的新研究领域"科技与社会"（STS）就随之产生了。

所以，STS 产生的理论前提正是承认运用科技而产生的社会效应本身是具有双重性的，既有积极的，也有消极的。在发展科技的价值取向上，尤其是出于社会中实现趋利避害地发挥科技作用的目的，综合自然科学与人文科学进行研究的必要性得到了高度的认可。

STS 进入我国科技教育界的历史可追溯到 20 世纪 80 年代。最初的研究态势还集中于理解并重视 STS 是一门顺应科技发展潮流的、科技水平达到一个新阶段而必然会出现的新兴前沿学科。后来,从我国需要跟上科技发展时代主流步伐的同时也要结合我国国情来展开对 STS 的研究和运用,到认为 STS 教育"是科学教育领域中实施的以改进整个社会的科学文化和目的的文化策略",再到它"是现代教育的新型模式,它把 STS 理念应用于教育之中,融多学科内容为议题,是交叉学科教育的范式",STS 教育已经在我国的 STS 研究和应用中凸显出了其在教育领域所应具有的重要程度。可以说,在 STS 教育被广泛认可为一种新的科学教育的当今社会,当代科学素质教育发展的一个新方向正是 STS。

从教育部公开的最新版本(2011 年版及其后续的修订稿版本)的义务教育阶段《科学课程标准》(分为 1—6 年级的《小学科学课程标准》和 7—9 年级的《初中科学课程标准》)的内容来看,"科学、技术和社会的关系"——直接体现了 STS 教育理念的部分——已经是科学课标中的一项独立的教学目标和教学内容。结合 STS 教育在我国教育体系内的实际发展历程来看,STS 教育原先只进入到高校领域,而且也只在部分高等院校开设了相关课程,并不全面,也不具备足够的体系性。而今 STS 教育实质上已被写入了义务教育阶段课标,这是极具标志性意义的,说明我国在基础教育新课程改革的步伐中,把 STS 教育作为了"科学教育改革的一项主要内容",由此"对 STS 教育的探索又掀起了热潮",也成为"教师教育中 STS 教育研究和 STS 教育实践的驱动力"。

STS 教育所需要涉及的教学内容是多面向的,而究其对"科技"与"社会"关系的研究和探讨,最终无法绕开的是,在面临认识了科技带来的正负面影响后,我们如何树立将科技发展引向发挥积极作用的同时又能对消极影响防微杜渐的"正确观念"? 要回答这个问题,科技伦理的教育则必不可少地需要进入 STS 教育体系,成为其中不可或缺的部分。

早在 20 世纪 70 年代,国际教育发展委员会在《学会生存》这份报告中就作了这样的表述:"目前的社会和未来的社会能够趋向正面:科学技术本身并不是目的,它的真正目的是为人类服务"。随后,20 世纪 80 年代以来,为了要把科学技术与人的发展和谐地统一起来,一些国家相继兴起了"STS 教育"和"公众理解科学"运动,这些运动所倡导的正是要把"为实利而科技""为富庶而科技"转变为"为人生而科技""为人类而科技""为个性发展而科技"等理念。可以这样说,之所以会出现对科技伦理的讨论,是因为在科学技术的作用和地位日益提升的今天,人们不得不考虑如何使科学技术的运用能够得到道德理性的明确指导,甚至一定程度上被其制约,才足以在最大限度上尽量地减少科技成果被邪恶目的所利用的可能性。同时,作为一种道德理性范畴上的讨论,科技伦理可以弥补科技理性因为单纯而产生的不足之处,并且增强科技工作者对于科技开发后果的道德责任感,从而在最大限度上以道德理性的自觉来消解科技理性于社会负面作用上的不自觉。

培养学生形成"正确的科技观",正是科技伦理教育的目标,其重点则是"科技道德教育"。STS 研究视野下的 STS 教育中所体现出的对于"科技是把双刃剑"的认识,不能只停留在让学生"认同"这样一个事实,而对科技发展所带来的利弊问题只抱有一种置身事外的旁观者心态的阶段上,否则,甚至于会使那些将来可能成为优秀科技人才的学生在对待科学伦理问题的观念上发展出这样的认识——绝大部分陷入了伦理困境的科学工作者"不是他们自身道德不高尚,而是他们没有真正意识到自己所进行的活动含有伦理问题……他们作出了糟糕的决定"。

如果想要尽量避免这种情况，STS 教育必须从德育的视角上打开一扇伦理的大门，使我们的科技教育能够发挥培养学生树立正确科技观的作用。因此，为了"保证科技工作者的劳动成果始终造福人类和保护人类这个崇高的目的，必须加强对科学社群的道德教育"。而科技伦理教育中亟须促使学生形成的科技道德意识即是要学生"明确科技发展的本质与人类的最高追求（即真、善、美的统一）的一致性"，达成自身内在的"科学精神与人文精神的统一"。

科幻类作品，尤其如美国的科幻电影，对在世界范围内掀起关于科技道德的讨论有着巨大的影响力。在这类科幻电影中，科技伦理原则和规范在相当程度上被良好地表现了出来，非常适于作为"科技与社会"关系的讨论案例而应用于科技教育之中。

> 在学术界之外，在电影和文学等可以为更多的普通人所欣赏和领略其魅力的领域中，许多涉及科学主题的作品也同样对于科学的负面效应有所思考，有所反映。而且这些思考与反映在相当的程度上与学术界在 STS 等领域的关注又有相当的一致性，只不过表现形式更加通俗，更宜于为广泛的受众所接受而已。

——刘兵《"科幻"作品对科学的思考》

从当今科幻电影涉及的主流题材和类型来看，反映的科技伦理问题可以囊括进讨论科技与自然环境的关系、讨论科技与人类社会的关系、讨论科技与人类自身的关系这样三个大的方向。其中极具代表性且凸显了 STS 特征的科技伦理问题有这样三个类型：

（1）科技发展带来的环境、生态破坏等问题。这类问题反映的是人类科技活动应该如何承担保护环境、维护生态平衡的伦理责任。人类需要尊重自然环境及其生态体系本身的平衡和稳定，避免因为强加人类的改造意志于自然，致使环境遭受无法进行自我修复的污染与破坏，乃至这个生态系统整体的崩溃。

电影案例：《The Day after Tomorrow》（中译名《后天》，2004 年）

> 影片结合地球气候灾变的科学推论，讲述了温室效应已经无法控制并造成地球气候异变，全球最终陷入了第二次冰河纪的故事。电影借助有限的片长，将故事中所设置的冰河纪灾难的爆发过程压缩在一个人类根本无法采取应对措施的极短时间段（即一天）之内，无疑给观众的心理造成极大的恐惧、冲击和震撼。观众还可以看到的是，当这种全球性灾难来临的时候，无论是发达国家还是发展中国家，都没有例外可以逃脱被灾难制裁的命运。而反思导致灾难的原因，片中的温室效应即为对温室气体排放的处理缺失，少数发达国家只看重本国利益，拒绝履行减排义务，最终是让全人类共同走向灭亡。所以，人们不得不直面种种发达国家与发展中国家在承受环境损失和分担环境责任上存在的不公平现象，以及为了自己发展已经忽视了全人类的生存利益却还不及时补救等问题。

电影案例：《Jurassic Park》《Jurassic World》系列（中译名《侏罗纪公园》《侏罗纪世界》系列，1993—2015 年）

> 影片设置了科学家利用克隆技术复活了已灭绝的恐龙，并建造了一座恐龙公园，将恐龙当作一般动植物园里的动植物一样的观赏物进行饲养，甚至将公园开放给了游客，让游客可以近距离观看恐龙等这样一系列的剧情，在危机没有爆发前，看起来

像一种梦幻般美好的生物物种研究与保护的科学活动,但自然界的生物法则却不会以人类的意志为转移,被复活的恐龙进化出了新的繁殖能力,它们的存在本身就对当下的自然生态体系有着毁灭性的威胁,而这些恐龙一旦脱离了那些所谓能限制他们活动的仪器、装置,它们本能的攻击性也是人类无法承受的灾难。

(2)科技带来的人类的社会性存在的矛盾问题。这类问题反映的是人类科技应该如何维护传统的社会伦理,如何看待由此可能触发的某些社会伦理在一定程度上被变革的问题。那些利用科技手段进行了人为改造的,甚至是直接人造出的"生命体",如果介入了人类社会,究竟会引发怎样的道德危机?而让这些可能性得以存在的科学家(以及可能可以迫使科学家去进行研究的群体)又该负起何种责任来继续进行还是终止这类研究。

电影案例:《Gattaca》(中译名《千钧一发》,1997年)

影片背景设置在某个未来世界,基因工程技术普及,通过基因工程加工后出生的人才是那个世界的正常人,而通过母体自然分娩出生的人则被视同"病人"。这种"基因决定命运"的观念已被那个世界的人类所接受。主人公因为基因缺陷而饱受歧视,甚至只能用与其他有优秀基因的人互换身份才能实现自己的人生梦想。可以说这是把"人"的存在直接等同于一个基因技术问题,将一个人原本出生后应该在社会环境中经历成长的意义和价值全盘抹杀。人的价值与技术的价值本末倒置,将人本身也作为了科技中的一项工具,这种盲目的技术崇拜和人类价值理性的丧失,对人和社会的存在都是危险的否定。

电影案例:《The Island》(中译名《逃出克隆岛》,2005年)

影片讲述了数百名克隆人被一家公司"制造"出来并被严密监控居住在一个封闭环境中。这些克隆人并不知道自己生存于世的意义,但实质是为了给他们的"原型"提供各种更换用的身体零件。而最终克隆人发现了真相,集体逃出了"克隆岛",走向真实的世界,但"真实的世界"中又有他们存在的位置吗?(很多以克隆人为题材的同类电影中,这类克隆人进入了"原型"的社会生活,甚至取代了"原型"在其社会生活中的位置,"原型"反而被排挤出了原本属于自己的生活,而由此引发的克隆人与原型本人及其社会关系上的伦理矛盾则更令人深思。)

(3)科技带来的人工智能的自我认知问题:这类问题反映的是当科技(产物)本身具有了人类心智(自我主体意识)之后,"科技"如何看待"他们"自己,人类如何看待"他们",同时人工智能与人类的关系又该如何界定等伦理问题。一旦科技产生自主意识,它们与人类的关系将如何演变?人工智能如果自认为是"人",它们是否应该受到所谓"人"的道德法则的约束?如果人工智能反抗或者叛变人类社会,向人类实施毁灭性打击,人类又能如何应对?

电影案例:《Bicentennial Man》(中译名《机器管家》,1999年)

影片讲述一户人家买到了一个机器人做管家,而这位具有人工智能的机器人不但成为了这个家庭的一员,还爱上了其中一位家庭成员。这个机器人在一位工程师的帮助下慢慢改造了自己的身体,如移植人类的器官和皮肤,最终使自己变成了一个"人",并且得到了人类社会对他作为"一个人"的承认。这是对人工智能与人类能够和谐共生的一种设想,把具有"人类意识""人类感情"的机器也平等地看待为"一个人",赋予他们尊严和价值。这其实也体现的是人类本身希望"别人"(自身之外的其他"人"的存在)能够平等地对待"自己"。对待人工智能的态度,折射的是人类对待自己的态度。

电影案例:《*The Matrix*》系列(中译名《黑客帝国》系列,1999—2003 年)

影片设置的背景是在某个未来世界,人类发明的人工智能叛变,与人类爆发了战争,最终人类失败,被人工智能所控制。人工智能开始利用基因技术制造人类,并让这些被制造出的人类生活在一个虚拟的世界中受到人工智能的统治。这类设定是具有代表性的对人工智能发展前景表现了深刻的担忧。同样是"人造"前提,与克隆、基因控制等所带来的克隆人、复制人等问题相比,人工智能是远远优越于附着在"人类肉体"上的那种"人造"存在。而在一个科技本身(尤其如网络信息技术)能控制一切的社会环境中,具有自主意识的人工智能(通过网络)对社会的控制力是人类所不及的,也可能根本无法防范。

电影案例:《*I, Robot*》(中译名《机械公敌》,2004 年)

影片讲述在某个未来世界,智能机器人被广泛应用于人类生活中,并受到"机器人三大法则"的约束。然而机器人的人工智能产生了进化,曲解了"三大法则",认为人类间总是会发生的战争会导致人类毁灭,所以出于法则中机器人要"保护人类"的要求,机器人准备把所有人类都控制起来,实施所谓的"拯救计划"以保证人类的存在。从这样的剧情设置可以看出,人工智能做出的是所谓"合乎道理"但"不合道德"的行为。这体现的是人工智能所发出的"行为"及其"后果"究竟该如何对待,其中所涉及的道德责任又该如何认识,而人类作为人工智能的制造者,又对这些行为及后果负有什么责任等问题。

科技教育在我国的理论探索和教学实践中已有了大量的经验总结,其中 STS 教育的观念、形式等在其教学方式上更注重探究和体验。"有别于传统的科学教育,STS 重在唤醒主体的自我意识及情感体验。"科学方法、科学态度以及科技伦理意识应该是在实践的探究与体验中逐渐形成的,这才是连接"STS 教育理念与教学目标达成之间的一条有效通道"。科幻电影无疑是一种能够很好地激发"情感体验",唤醒"主体意识"的载体,将其赋予科技伦理教育的意义并在科技教育中发挥其作用,适应了 STS 教育的需求,也有利于科技教育中德育工作的开展。

参考文献

[1] 戴慧琦,刘兵.幻想中高科技对人类的有限拯救——从 STS 视角看《星际穿越》[J].科学与社会,2015,5(1):129-136.

[2] 李桂梅.论科技伦理意识[J].吉首大学学报:社会科学版,1996(3):1-5.

[3] 常初芳.国际科技教育进展[M].北京:科学出版社,1999.

[4]《理论与现代化》编辑部.别开生面的美学视野——访 STS 丛书《科技美学》作者徐恒醇[J].理论与现代化,1998(6):27-28.

［5］魏宏森.科技与社会(STS)——一门新兴的学科［J］.清华大学教育研究,1994(2)：76-80.

［6］孙可平.STS 教育论［M］.上海：上海教育出版社,2001.

［7］刘啸霆.科学、技术与社会概论［M］.北京：高等教育出版社,2008.

［8］陈亦人.论 STS 教育的指向与实践［M］∥陈凡,秦书生,王健.科技与社会(STS)研究(2010年第四卷).沈阳：东北大学出版社,2010：320-325.

［9］陶明报.科技伦理问题研究［M］.北京：北京大学出版社,2005.

［10］潘建红.科技伦理教育：道德教育的新视点［J］.中国高等教育,2008(11)：43-44.

［11］AUGUSTINENR.Ethics and the second law of thermodynamics［J］.The Bridge,2002,32(3)：4-7.

［12］傅静.科技伦理学［M］.成都：西南财经大学出版社,2002.

［13］贺雪涛.我国大学生科技伦理教育内容及途径研究［D］.西安：陕西科技大学,2009.

［14］洪备.美国科幻电影中的科技伦理意识探析［D］.大连：大连理工大学,2014.

［15］刘兵."科幻"作品对科学的思考［N］.科技日报,2000-08-14.

（重庆树人教育研究院）

重庆市人类生命与健康博物馆
来访观众数据分析

欧　荣

摘要：目的：了解重庆市人类生命与健康博物馆的来访观众的特征，为针对性开展科普宣传提供依据。方法：本文对2014年入馆参观的人群信息进行统计，利用EXCEL、SQL、SPSS等工具，对来访观众的年龄、参观时间、身份、居住地等信息进行分析。结果：观众以青年学生为主，其次为市区居民；每年3月和11月观众人数最多；一天之中观众在下午2点至3点入馆参观的最多；观众中女性比例大于男性。结论及建议：博物馆需针对性开展面向青少年的科普教育活动；社区居民入馆参观人数偏少，博物馆需要加大宣传，扩大影响力；居民参观时间具有一定的规律性，需要在相应的时段安排解说员提供解说服务；博物馆应针对观众特点开展相应的科普教育活动。

关键词：博物馆；重庆医科大学；数据分析；来访观众

一、研究背景

重庆市人类生命与健康博物馆是西南地区规模较大的人类生命健康专业性博物馆，位于重庆市沙坪坝区大学城中路61号，于2013年9月17日正式开馆，2014年评为重庆市科普基地，每周六免费向社会公众团体开放（寒暑假除外）。本文基于来访观众数据进行统计分析，以掌握观众情况，为开展相关工作提供依据。

二、研究对象及方法

本文统计采用的工具是EXCEL、SQL、SPSS等工具，本文统计的数据为博物馆2014年观众入馆数据。

博物馆通过三种入馆参观方式，获得相应的三类观众数据：

第一种是本校师生刷校园一卡通入馆，获取的信息包括：序号、读者条码、姓名、读者级别、单位、性别、登到时间、操作人员8项数据。

第二种获取方式是刷身份证，这部分观众以校外观众为主，获取的信息包括：公民身份号码、姓名、性别、民族、出生日期、住址、签发机关、有效期起、有效期止、验证时间11项数据。

第三种入馆方式是手工登记，这主要是方便没有带身份证或一卡通的观众入馆参观，校外观众居多，其信息包括：日期、姓名、性别、年龄、工作单位/学校班级、联系方式6项数据。

由于三种数据的信息字段不一致，无法将数据整合在一起，故本文将三个来源的数据分别统计分析。

三、手工签到观众信息统计分析

（一）纸质数据概况

由于多种因素，纸质的博物馆参观人员登到表的数据中只含有2014年5月31日到2014

年12月20日的数据,其中个人登到数据为1 793人次。另外,在大型科普活动开展时,为了让参观秩序不受影响,部分观众没有签名,故该部分数据存在缺失情况。

(二)按来源地址统计

在参观人员登到表(个人参观)的825例参观者中,参观人员地址不详的为54人次,占6.55%;地址为学校的参观人员为709人次,占85.94%;其他社会人员62人次,占7.51%。其中各学校(含中小学)参观人次数如表1所示。

表1 各学校参观博物馆人次数统计

学校名称	人次	学校名称	人次
重庆医科大学	333	成都中医药大学	2
重庆师范大学	90	长寿实验中学	2
重庆大学	45	重庆巴蜀中学	2
重庆医药高等专科学校	32	重庆工业职业技术学院	2
重庆科技学院	30	重庆文理学院	2
重庆城市管理职业学院	16	成都信息工程学院	1
重庆电子工程职业学院	11	重庆工业管理职业学校	1
四川美术学院	6	南开中学	1
重庆警察学院	4	珊瑚中学	1
重庆商务职业学院	4	树人凤天小学	1
第三军医大学	3	西安建筑科技大学	1
重庆房地产学院	3	西安石油大学	1
后勤工程学院	1	杨家坪中学	1
重庆工商大学	21	重庆财经职业学院	1
重庆交通大学	14	重庆八中	1
西南政法大学	12	重庆第三十七中学	1
西南大学	10	重庆电力高等专科学校	1
重庆邮电大学	10	重庆电讯职业学院	1
重庆理工大学	9	重庆公共运输职业学院	1
四川外国语大学	7	重庆航天职业学院	1
重庆第二师范学院	7	重庆建筑工程职业学院	1
重庆人文科技学院	5	重庆轻工职业学院	1
重庆一中	4	重庆三峡职业学院	1
重庆工程职业技术学院	3	重庆卫生技工学校	1

由表1各学校的参观人次数可以得出,学校在大学城或者该校在大学城有校区时,则该校的参观人次数较多于其他非大学城的高校。非大学城学校中的本科院校的参观人次数远远多于非大学城中非本科院校的参观人次数。其中各学校的参观人次数与该校的总人数不呈相关性,P>0.05。

(三)按年龄统计

在博物馆参观人员登到表(个人参观)的825例参观者中,年龄分布情况如表2所示。

表2　按年龄段统计参观人员人次数

年龄(岁)	人次数	年龄(岁)	人次数
12~16	16	24	15
17	11	25~29	23
18	136	30~39	19
19	208	40~49	18
20	180	50~59	9
21	72	60~70	18
22	46	70~80	18
23	16	80 以上	2

由表2可见,本次按参观者年龄统计的825人次参观人员中,参观人员年龄多集中在17~24岁年龄段中,合计有684人次,占82.9%。30~80岁年龄段按十年为一段划分时,其参观人次数基本相差无几。观众中年龄最大的为85岁。

(四)博物馆纸质数据按参观时间统计参观人员人次数

如图1所示,按参观时间统计该825参观人次时,参观人次数随时间是总体呈上升趋势的。

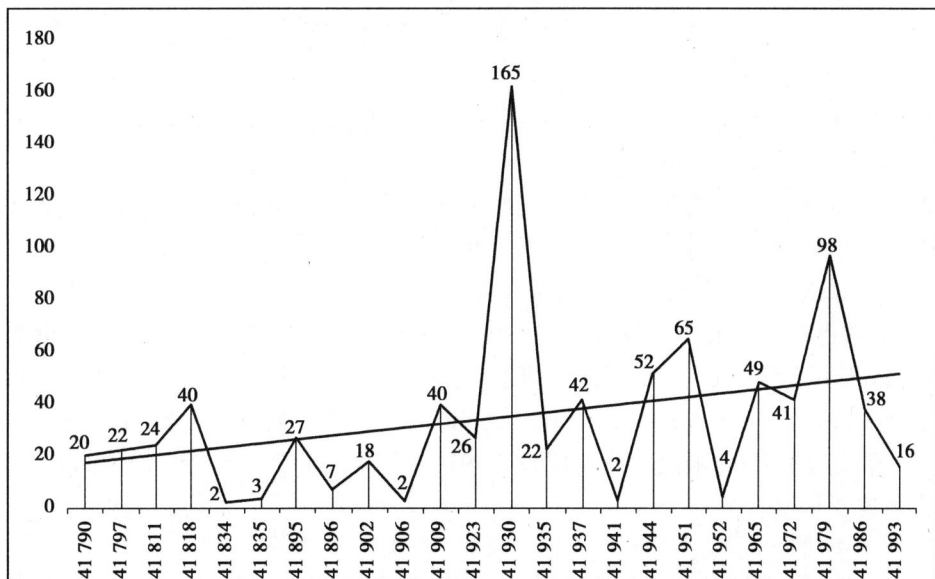

图1　纸质登到表按天统计趋势图

四、用身份证登记入馆的观众信息统计分析

（一）性别统计

博物馆参观人员刷取身份证登到进馆的数据为2014年全年数据,总人数为3 495人次,其中男性1 440人次,占41.2%;女性2 055人次,占58.8%。

（二）身份证数据按参观时间统计参观人员人次数

1.身份证参观人次数按天统计

由图2可见,按天统计该3 495参观人次数时,参观人次数随时间是略微呈下降趋势的。身份证参观人次数在3月15日时达到最高峰336人次,之后有下降的趋势;国庆节过后,身份证参观人次数又出现小幅上升趋势,并延续至11月月底。

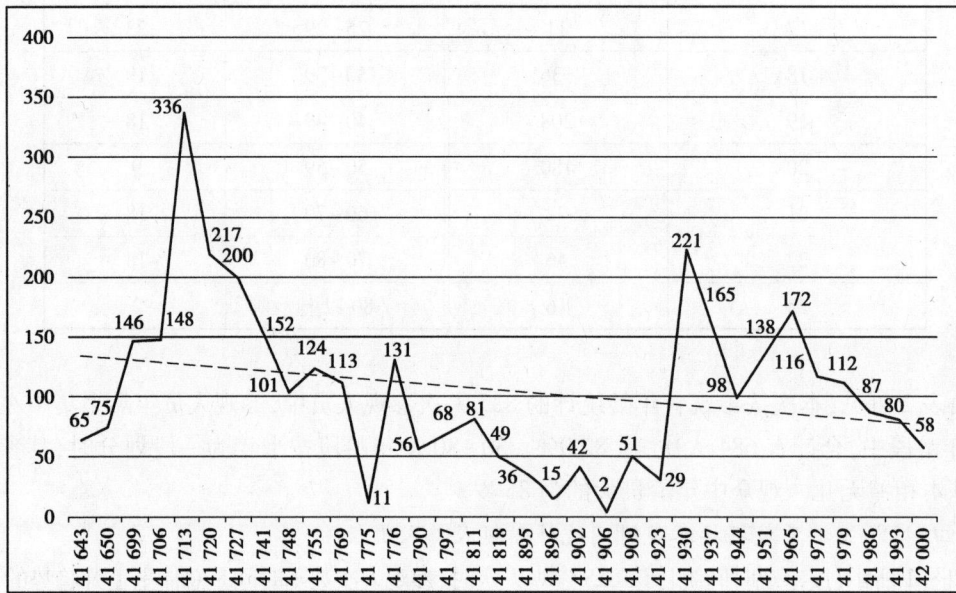

图2　身份证登到参观人员按天统计趋势图

2.参观人次数按小时统计

把全年的身份证登到参观者时间集中到一天的参观时间中,按时间段统计出分布趋势图（以每半小时为一时间段）,如图3所示。

由图3可知,在一天的参观时间中最高峰出现在14:30—14:59时间段内,而12:00—12:29时间段一般为中餐时间,所以参观人次数呈现为一天中的低谷期。

（三）身份证数据按年龄统计参观人员人次数

由SPSS软件统计得出其身份证数据中的参观人次数随年龄呈偏态分布,均值为22.48岁,均值的标准误差为0.16,其95%置信区间为[22.171,22.798]。由图4可知,21岁的持身份证参观者最多,达到771人次;其次是20岁,为668人次;22岁为568人次;23岁为328人次。17—26岁（默认为学生）年龄段间总人数为2 991人次,占85,58%。持身份证的参观者中学生占绝大多数。

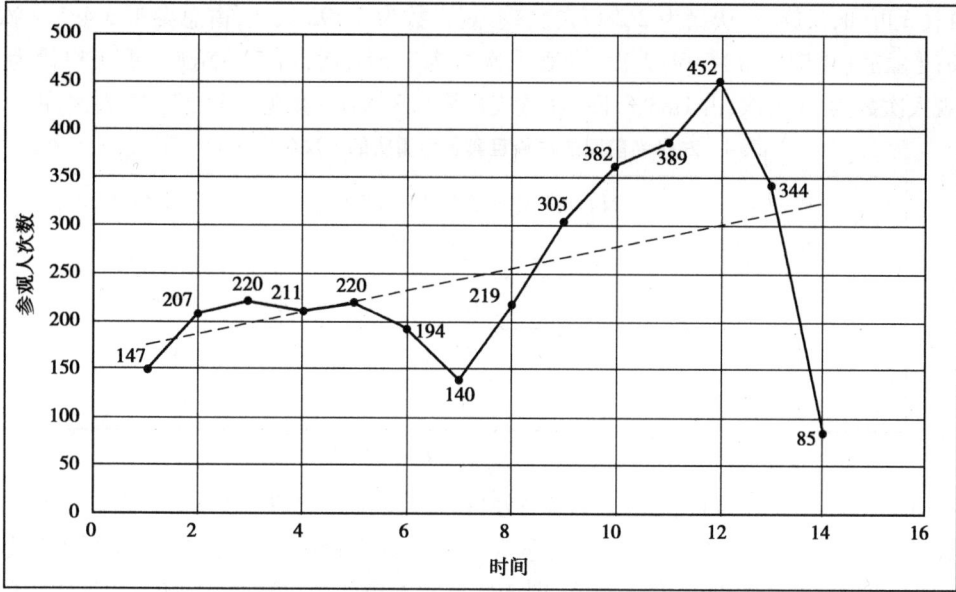

图 3　身份证数据以每半小时为一时间段统计趋势图

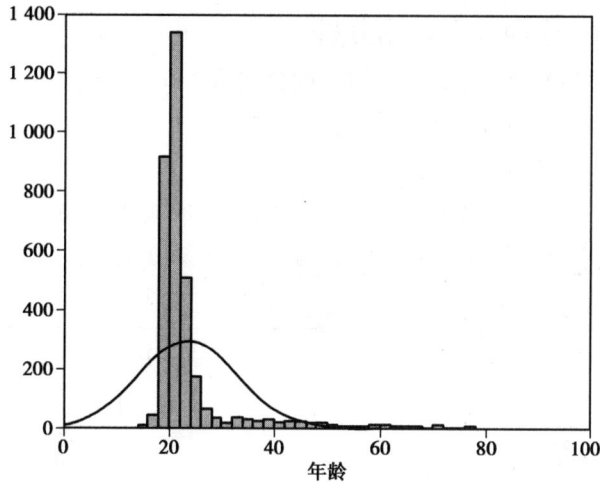

图 4　身份证数据按年龄统计参观人员人次数

（四）身份证数据按民族统计参观人员人次数

表 3　身份证数据按民族统计

民　族	人　数	民　族	人　数	民　族	人　数	民　族	人　数
汉族	3 192	满族	5	布依族	2	黎族	1
土家族	175	彝族	4	白族	1	纳西族	1
苗族	64	藏族	3	穿青人	1	羌族	1
回族	13	侗族	3	哈萨克族	1	土族	1
维吾尔族	13	仡佬族	3	京族	1	瑶族	1
蒙古族	6	壮族	3				

注：穿青人是我国境内一个民族归属有争议的族群，被我国政府列为"未识别的民族"。

由表3可知,汉族(重庆籍为2 280人次)参观人数为3 192人次,占总参观3 495人次数的91.33%;土家族(重庆户籍为168人次)参观人次数为175人次,占5%;苗族(重庆户籍为55人次)参观人次数为64人次,占1.83%;回族(重庆户籍为3人次)参观人次数为13人次,占0.37%。

表4　对排名前四的民族且籍贯为重庆的人次数作统计

民　族	身份证数据中重庆户籍人数(个)	重庆市人数(万)
汉　族	2 280	2 853.92
土家族	168	142.44
苗　族	55	50.24
回　族	3	1.01

对这两种数据用SPSS软件作统计相关分析,得出身份证数据中重庆户籍四民族(汉族、土家族、苗族、回族)参观人次数的多少与参观者的民族身份是无关联的,其参观人次数的多少只与其本市民族总人数呈高度正相关,即该民族在本市的人口数越多,其参观博物馆的人次数就越多,两者的相关系数为0.999,在0.01水平上。

五、博物馆校园一卡通入馆数据分析

博物馆参观人员刷取校园一卡通登到进馆的数据为2014年全年数据,总人数为4 095人次。

(一)校园一卡通数据按参观时间统计参观人员人次数

1.校园一卡通参观人次数按天统计

由图5可见,按天统计一卡通4 059参观人次数时,参观人次数出现两次波峰段,分别出现在上学期期中的4月、下学期期中的11月。最多时为240人次数,最低时为22人次数。该数据基本和身份证入馆观众数据特征一致。

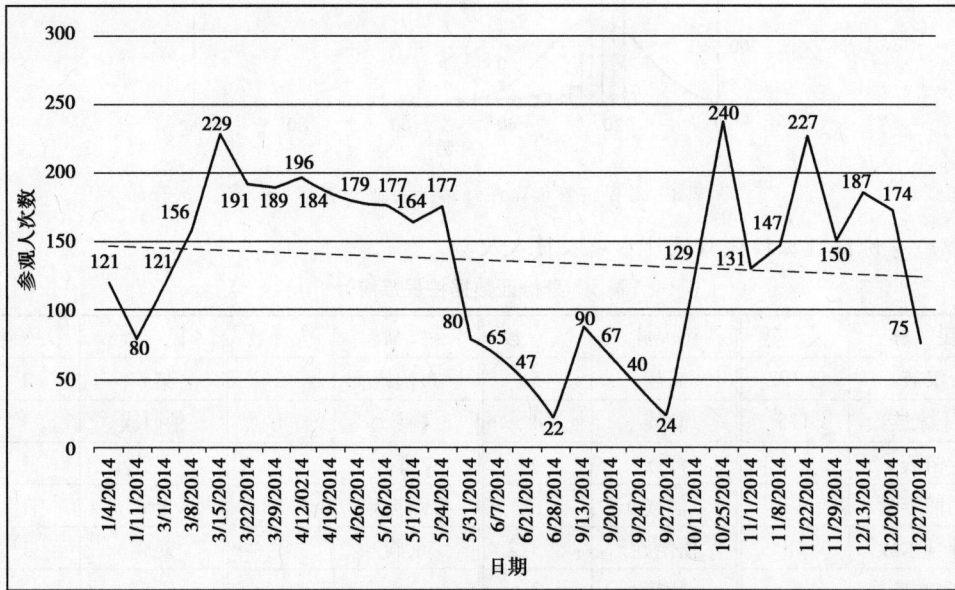

图5　一卡通参观人员按天统计趋势图

2.校园一卡通参观人次数按月统计

由图6可见,以校园一卡通入馆参观的人次数全年总体略微呈下降趋势,在3月时达到高峰时期,接着出现低谷期,然后在下学期的11月左右出现小高峰期。该数据基本和身份证入馆观众数据特征一致。

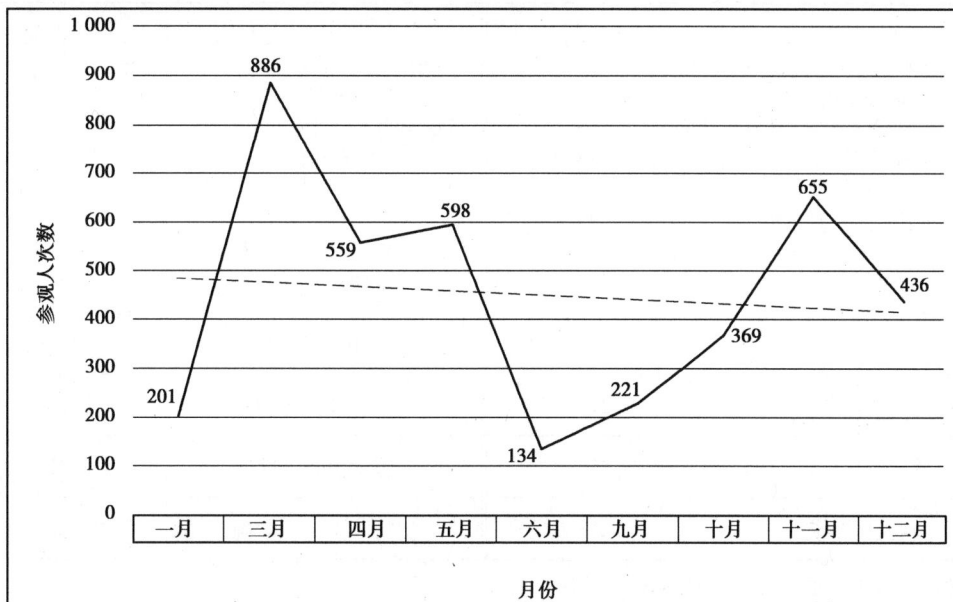

图6　一卡通参观人员按月统计趋势图

3.校园一卡通参观人次数按小时统计

把全年的一卡通登到参观者时间集中到一天的参观时间中,按时间段统计出分布趋势图(以每半小时为一时间段),如图7所示。

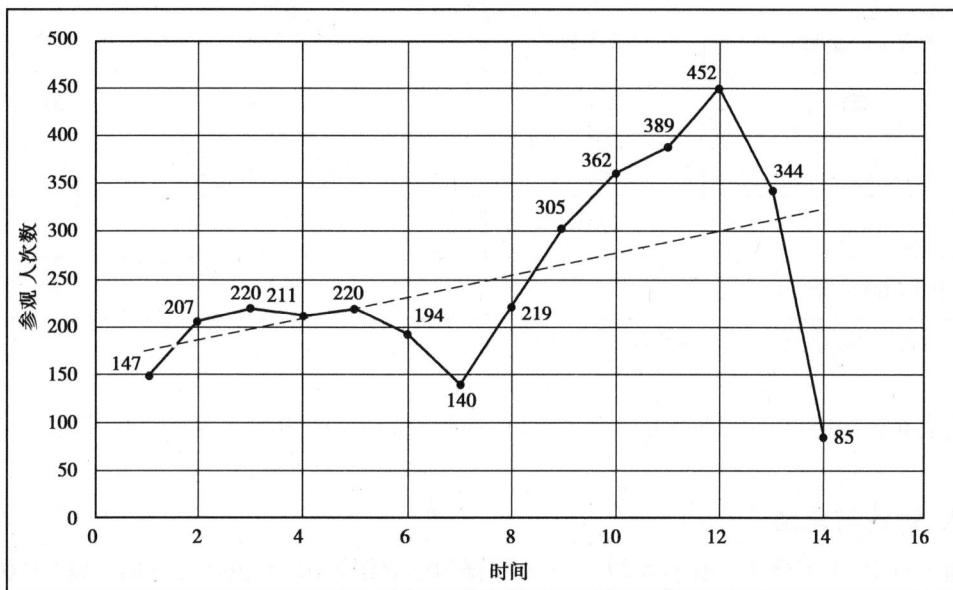

图7　一卡通数据以每半小时为一时间段统计趋势图

图 7 中的数据显示该天中的 14:30—14:59 为观众参观人数最多的时间段。该数据基本和身份证入馆观众数据特征一致。

（二）校园一卡通数据按学院统计参观人员人次数

表 5　各学院参观人次数

学　院	人次数	学　院	人次数
护理学院	846	药学院	172
临床学院	659	医学影像系	136
公共卫生与管理学院	395	麻醉系	129
儿科学院	333	口腔医学院	81
中医药学院	322	外国语学院	65
第二临床学院	272	基础医学院	64
第五临床学院	258	医学信息学院	42
检验医学院	213	生物医学工程学院	35

注:1.单位为"读者"(重庆医科大学教师)的 28 人次除外;

　　2.单位为"思想政治教育学"的 6 人次、"生命科学研究院"的 3 人次除外;

　　3.单位为"留学生"的 25 人次数据归类到外国语学院。

（三）校园一卡通数据按读者学历及职称统计参观人员人次数

表 6　各学历及职称参观人次数

读者学历及职称	人次数	读者学历及职称	人次数
本科	3 463	在职	20
专科	278	硕士研究生	13
硕士	204	其他	2
七年制硕士研究生	77	学生	2

注:读者学历及职称为在职的默认为重庆医科大学教师。

由表 6 统计得出:学生为 4 037 人次,在职教师(学历及职称为读者)为 20 人次,其他为 2 人次。

六、讨论与总结

通过对 2014 年全年已有的 8 379 条(该数据为已登记数据,不包括未登记人数)参观人次(纸质数据 825 人次,身份证数据 3 495 人次,一卡通数据 4 059 人次)的博物馆参观人员的年龄、性别、来源地址、登到时间等属性的调查研究,要点总结如下:

（1）通过对身份证、一卡通等登记人次数数据的估算，2014年全年纸质登到数据的总人次数为1 804人次，全年个人参观者总人次为9 322人次（不含团队人次数）。

（2）纸质数据学生分类的709人次中，本校学生为333人次，占46.97%，再加上一卡通数据中本校学生的4 037人次，则在学生观众中本校学生占大多数。这说明博物馆对其他学校的影响力需要扩大。

（3）从观众年龄分布来看，年龄为20岁左右的观众居多，结合手工签到的职业等信息，除开部分观众不签到等因素外，总体上社区居民观众偏少。这表明博物馆对非学生的社会人员的影响力也需要提升。

（4）一天的参观时间中，下午14:30—14:59为参观高峰期，博物馆需在该时段提前让讲解志愿者作好安排，提供相应的解说服务。

（5）从一年的参观统计信息来看，观众参观博物馆具有比较明显的时间特征，一年中的3月和11月为观众参观高峰期。由于本调查的数据仅为一年的时间数据，该结论还有待后续观察验证。

（6）观众中女性多于男性，学生和社会观众的数据均反映了该情况，其中原因有待进一步观察分析。

与其他社会博物馆相比，本校博物馆有其自身的特点和优势，且地处缙云校区内部，人文气息和学术氛围浓厚，医学专业性很强，参观导向明确。在博物馆参观人员统计中，校外参观人数约占四分之一（无法确切统计，仅为粗略计算）。该统计结果表明，目前我校博物馆的主要观众为青年学生，可以针对性地开展面向青少年的科普教育活动，同时也需要做更多的推广工作，以吸引更多的社会公众参观博物馆，充分发挥博物馆的科普教育功能。

七、本研究的不足

博物馆在观众登记的过程中，存在观众不签字（大型活动时，为了保持出入口通畅，没有要求观众签字）以及设备出现故障等因素，故本文采用的数据来源没有完全反映真实情况，所得结果和结论仅作为相关工作的参考。

❀❀❀❀❀ 参考文献 ❀❀❀❀❀

[1] 叶涛,宋行健,李响,等.我国高校博物馆发展简述[J].才智,2014(25).

[2] 金愉.中国高校博物馆初步研究[D].长春:吉林大学,2008.

[3] 吴敏.医学博物馆建设与发展的思考[J].江苏卫生事业管理,2012,23(5):56-57.

[4] 王晓民,徐池,杜松,等.对军事医学博物馆建设的几点思考[J].人民军医,2013(6):620-621.

[5] 邓正琦.重庆市少数民族人口数量变动分析[J].重庆师范大学学报(哲学社会科学版),2003(2):65-70.

[6] 重庆市统计局.重庆统计年鉴.2000[M].北京:中国统计出版社,2000.

[7] 袁志.我国高校博物馆的教学属性及其设计研究[D].广州:华南理工大学,2014.

[8] 王宏钧.中国博物馆学基础(修订本)[M].上海:上海古籍出版社,2001.

[9] 李若雯.重庆直辖市人口地域分布特点研究[J].人口与经济,2006(S1):37-40.

[10] 郝国胜.观众的数据比较研究——《中国国家博物馆观众研究》一书谈[N].中国文物报,
    2008-09-10.

[11] 白莹.我国高校博物馆发展现状研究[D].南京:南京师范大学,2014.

[12] 王娟.我国博物馆观众初步研究——以数据分析为基础[D].长春:吉林大学,2005.

[13] 李林.博物馆展览观众评估研究[D].上海:复旦大学,2009.

（重庆市人类生命与健康博物馆）

高校范围内心理学知识科普活动实施

陈　放

摘要：大学生处于青年中后期，正是人格形成的关键期。在这一阶段里，大学生将比以往更多地面临专业发展、职业选择、家庭中老年人的逝去、亲密关系建立等人生重大经历，因此容易出现心理健康问题。据统计，每年大学生退学总人数中超过50%的人都是由于心理问题。心理科学知识对大众而言的陌生感以及由此衍生出的误解时常造成大学生回避心理咨询或者宁肯自己读书也不愿去寻求他人的帮助。而在众多心理问题中，回避一直是最不利于心理问题解决的方式。正确认识心理学，对自身心理发展有一定了解，这是个体心理健康发展的重要条件。所以，高校范围内心理学科学知识普及十分有必要。

关键词：高校；大学生；心理学；科普

一、高校心理学科普的重要意义

心理科学如今所研究的范围已远远超出大多数人对它的了解。有偏重于实验的脑科学和神经科学，也有偏重于大范围社会常模建立的心理测量；小到超市里物品的摆放，大到人生抉择的决策；人类对于时间的管理，对自身能力的开发等。这些都可以在心理科学范畴内找到对应的研究领域。

（一）有利于国家人才强国战略的实施

《国家中长期发展规划纲要》（2010—2020）中明确提出了落实人才强国伟大战略的目标和步骤。人才建设是我国在2020年全面建成小康社会的保障，新时期的人才必须有健康和可持续的发展。高校担负着小康社会实现所需人才的培养责任。因此，对于大学生的教育不能仅限于智力和专业等方面的科学知识，还应该将有关个体自身发展的科学知识传授给学生，这就少不了心理科学知识。

（二）有利于高校和谐氛围的建立

大学生具备一定的心理常识，有利于个体与环境的和谐关系的建立，同时也有利于高校和谐氛围的形成。由于青年人思想意识灵活，易于接受新鲜事物，同时也容易受社会情绪和突发事件的影响。如果出现大规模群众性事件，不便于管理，不利于社会秩序的稳定。高校是青年人密集的区域，向大学生传授一些心理健康方面有关于情绪控制的知识，有利于校园和谐。

（三）有利于学生个体心理科学意识的培养

人格的发展，一直伴随个体终身发展。个体心理发展面临分阶段性的过程，在各个阶段由于个体所面临的问题和环境不同，从而表现出不同的心理现象。例如，在大学阶段，大学生离开父母，进入校园，开始建立新的人际关系。这一阶段会非常明显地表现出个人的心理特点。在交友过程中，会更多更明显地暴露出心理问题。只有遵从科学发展规律，了解自身、认识自身,才会在这一过程中逐渐成长。还有一些大学生盲目处理自身发展的问题,造成迷信,甚至有些大学生找人算命,这会严重影响一个人的发展。只有科学认识自身发展,学习心理科学知识,才能对自身有更多了解,避开更多困境,走上发展正轨。

（四）有利于家庭幸福感的提升

大学生在每个家庭中起到的作用十分重要,他们是家庭发展的中心,是每个家庭的新生代。大学生自身发展对整个家庭的影响具有导向作用,他们的思维和发展状况会改变一个家庭的幸福感。同时,许多家庭或多或少在情绪上也存在一些问题,因此,在高校开展心理学科普活动,有助于改善大学生及其家庭存在的心理问题;以大学生为传播载体,传播心理学科学知识和正能量,有助于提升家庭幸福感。

二、高校心理学科普应该选取的内容

（一）心理现象分析

心理现象指人类心理活动的表现形式。例如,经常被人提起的"即视现象"就是一种不经意间会有的"似曾相识"感。如果不了解产生这种现象的原因的话,就容易受感觉的欺骗而去相信"转世""前生""征兆"等,而其实这只是人类大脑处理信息时所造成的一种误判现象。除此之外,有些大学生对催眠有着恐惧和夸张的认识,主要原因是当前主流媒体在介绍催眠时经常将其神秘且夸大的一面呈现给观众,而缺少对现象的科学解释。非心理学专业的大学生在媒体或影视作品中了解的支离破碎的信息,不仅不能帮助其正确认识自身,还会产生误导作用。高校中的心理学科普活动,应该有针对性地对此类心理现象进行科学普及。

（二）校园典型案例分析

高校中存在较为集中且典型的大学生心理问题类型,如反社会人格倾向等。对刚入学的大学生进行心理普查后发现,大约有超过10%的大学生表现出反社会人格倾向。究其原因,主要是由于大学新生对新环境没有很好地适应,对自身职业发展缺少科学认识,从而出现自暴自弃、随波逐流的心理问题。只有及时发现这些大学生产生心理问题的原因,在教学和管理中加以干预,才能有效引导学生专心学习、正常发展。除此之外,较为常见的案例主要有情感类问题、交际问题、性心理问题。校园心理学科普要针对典型问题进行原因分析,并给出有针对性的建议,才能起到预防作用。

（三）常见心理问题简介

心理健康普及教育是针对性地解决学生心理问题的重要措施,它是从心理学的角度积极寻找解决学生心理危机的方法,着眼心理健康知识的普及,从而最大程度地帮助学生走出心理误区。心理咨询一般可以解决的问题,包括心理健康范围内的心理困惑和超出心理健康范围的一般心理问题与严重心理问题。但许多大学生并不理解心理咨询会将问题分为健康范围和非健康范围,更不了解区分这些问题的标志是什么。然而对于一个具备心理健康常识的人来说,这是必需的内容。心理科学研究证实,对自身心理状态了解程度越高,个体心理就会更容易保持健康。新时代的大学生具备此类心理学常识,不但对自身发展十分有意义,同时也会帮助我们身边更多人了解心理科学。

（四）心理科学书籍推荐

在心理学科普活动中,推荐心理科学书籍,是十分有效且便于实施的方式。由于目前市面上出现越来越多的伪心理科学书籍,有些内容并未经过正规的科学验证和大众考验,但是同样被贴上心理学的标签,以其精美华丽的包装和夺人眼球的噱头出现在书店显眼的位置。这类书籍更多的是抓住了人类猎奇的心理,而实际上并没有可考证的科学基础。在科普活动中,应该严格挑选喜闻乐见、科学严谨的心理学大众书籍,为读者点燃探索心理学宝库的火把。

三、高校心理学科普活动形式的选择与创新

(一)平面展板形式

平面展板是科普活动中最常见也是最直观的宣传方式。利用展板,可以以新奇的图片来吸引大学生的目光,激发参与兴趣。同时,也应该注意展板主题的突出,利用图片引导学生学习心理学常识。展板形式可以减少对工作人员数量的需求,有效吸引人群关注,扩大影响。但由于展板内容有限,且不能更有效地抓住观众的思维,因此单纯的展板效果有限。可以在展板旁安排解说员,抓住观众的关注思维并引导他们认识展板中的知识内容。

(二)音像形式

音像宣传形式具有集中、直观、方便的特点。可集中设定时间、地点放映宣传影片,也可将心理学科普讲座制成音像制品进行传播,是一种较为新颖的宣传方式。在具体操作过程中,可将心理学科教知识寓教于乐,具有十分显著的优势。在高校放映室可定期安排具有心理学科普特点的影片和讲座,受众面较广。

(三)话剧形式

话剧形式是目前高校心理学科普宣传中较为新颖独特的科普方式,由于能够吸引大学生参与创制过程,并且内容更加贴近学生生活,在学生群体中可引起更多关注和反响。可将学生生活、学习中遇到的典型案例创作成话剧,并举办话剧比赛,吸引学生关注、参与并评奖。同时,还可以筛选出好的话剧作品在高校范围内参加巡演。

(四)现场咨询

现场咨询是指组织高校的优秀心理咨询师定期在校园内开展现场咨询。这种活动形式可将优秀心理咨询师集中组织到一起,走进学生生活圈,贴近学生生活,因此,可以减少学生对心理咨询的抗拒,吸引更多目标人群参与活动。

四、高校心理学科普活动中容易出现的问题及解决方法

(一)学生碍于面子不愿参与咨询

许多人对心理学存有偏见,认为寻求心理咨询等于承认自身有心理疾病,这是一种误解。心理学专业领域有一句话,每个人都是业余的心理学家。每个人的生活都离不开心理活动,而对于心理产生的诸多问题,并不仅限于具有心理疾病。心理咨询是助人自助,个体只有理清这一客观关系,正视心理方面的发展,正确认识心理学,才可以减少自身心理方面出现问题的几率。而这一任务,正是心理科普工作者所面临的首要问题。

(二)对于科普活动中的学科知识不能理解

心理学并非许多非专业人士所想象的那般神奇,作为一门科学,其具有独特的研究内容和研究方法。专业的心理学知识自然有理解和掌握的难度,而对于心理学科普活动,应该选取常识性的知识进行宣传。例如,消费心理学,在超市摆设物品时,商家会将更想尽快卖出的产品摆在显眼位置,同时会将不易销售的产品与易消品捆绑销售;还有社会心理学中经常提及的群羊效应和酸葡萄效应等知识。

（三）过于相信一些不规范的心理测试，从而出现负面心理

目前，在社会和网络上出现了许多心理测试，虽然具有一定的科学依据，但并不一定具备客观科学的解释，同时其测试实施过程中缺少科学的引导语，这就容易造成一些误解。心理学测试是一项严肃认真的测试，应该在具备专业知识的人员正规的引导语境下科学施测，并结合个人实际情况给出科学解释。在校园科普活动中，职业能力测试、人格测试、心理健康自评、智力测试、情商测试等十分受大学生欢迎，并吸引大家积极踊跃参加。在正规心理咨询师那里，专业心理测试需要收取一定费用，在科普活动中可根据实地情况作出合理调整。

（四）无法及时了解心理学知识，从而正确认识生活中的现象

心理学科普应面向大众，贴近生活。这就需要它具备更灵活的参与机制。目前，手机已成为大众学习的重要途径。心理学科普活动组织者，可以开设微信公众号或直接开发心理学科普应用，也可以直接推荐现有市面上较为优秀的微信公众号或心理学科普应用。要采取各种措施，使心理学科普活动便利化、人性化，走进学生生活中。

五、总结

在人才强国发展战略大背景下，大学生心理科学知识普及工作显得尤为重要。除了要保障大学生具备健康的心理以外，掌握相当的心理学常识也十分有必要。高校应联合社会科普单位推动心理学科普工作，结合大学生自身发展的特点，加快我国心理科学知识普及的步伐，这项工作也非常有助于和谐社会的建设。

参考文献

[1] 樊富珉，王建中.北京大学生心理素质及心理健康研究[J].清华大学教育研究,2010,22(4):26-32.

[2] 孟宪鹏，钱玲，严俊，等.大学生心理健康科普知识展板效果评价[J].中国健康教育,2008(4):273-275.

[3] 胡洪娟，邹欣.论感知觉心理在互动式科普展览中的应用研究[J].科技创新导报,2015(10):39.

[4] 孔庆华，曲彬赫.现代科普传播模式的创新与发展[J].科技传播,2010(4).

[5] 尹传红.在创新中深化科普工作——访周立军[J].科普研究,2008(3):64-72.

[6] 李云庆，王慧兰.新时期高校介入科普工作的意义和有效途径[J].天津科技,2008,35(6):69-70.

（重庆师范大学初等教育学院）

浅析馆校合作对白鹤梁水下博物馆开展青少年科普教育活动的作用

王　颖

摘要: 馆校合作对青少年开展科普教育发挥着重要的作用。本文从馆校合作的定义分析入手,通过疏理白鹤梁水下博物馆馆校合作的三个阶段性成果,总结出该方式当前存在的问题并提出相应的对策与建议。

关键词: 馆校合作;科普;博物馆

一、研究背景

重庆白鹤梁水下博物馆于 2009 年 5 月 18 日落成开放,是迄今为止建成的世界上首座水下博物馆,是国家 AAAA 级旅游景区、全国科普教育基地、国家水情教育基地。该科普场馆可游览面积 4 580 平方米,领导机构健全、相关制度完善,拥有一支成熟稳定的科普队伍,其中科普专职人员 19 人,兼职人员 23 人,志愿者 10 人。近年来,国际博物馆协会将博物馆的教育功能摆在了首位,博物馆已不单纯是收藏展品的场所,主动教育功能已经是博物馆工作的核心。根据我们对白鹤梁水下博物馆近年参观群体的调查与研究,我们发现学生群体占据了参观群体中的大部分。馆校之间的合作势在必行,也逐渐成为了白鹤梁水下博物馆开展科普教育的主要形式。

谢泼德(Sheppard)曾指出,"博物馆和学校的伙伴关系是不同的教育者共同努力的结果,其目的是让孩子们进行丰富的有活力和有意义的学习活动,它也让教师和博物馆教育工作者从身心上融合在一起"。在博物馆教育中,有着悠久历史的英国和教育活动活跃的美国在馆校合作中经历了萌芽、发展与蓬勃三个阶段,从最初的博物馆资源外借、学生实地参观到中期探索式、互动式的长期伙伴关系,再到如今博物馆与学校开展课程制订合作、第三方机构的参与,这些都鲜明体现了英美两国博物馆的发展理念。

目前,白鹤梁水下博物馆开展馆校合作主要是采取"走出去、请进来"两种模式。"走出去"在这里指的是博物馆以展品展览、开展讲座、科学小实验、发放宣传册等方式进入校园开展文物保护利用、文化遗产宣传、科学实验普及等活动;"请进来"在这里指的是博物馆通过与当地教委、科委等相关职能部门合作,邀请学生(主要以参观的形式)进馆学习交流。北京、上海、广州等一线城市借鉴了西方馆校合作较为成功的经验,引入了一些教育理念、教育活动及合作模式,他们的馆校合作开展得比较顺利且质量较高。本文简单介绍了白鹤梁水下博物馆"馆校合作"的方式,通过对本博物馆开展馆校合作的三个历程进行初步研究和分析,总结了存在的问题并提出了一些思考与建议。

二、馆校合作历程

白鹤梁水下博物馆馆校合作大致分为以下三个时期:

第一阶段,萌芽期(2009—2011年闭馆)。2009年白鹤梁水下博物馆落成开放并经历了试运行、正式运营阶段,成为了涪陵首家AAAA级旅游景区,是当地学校开展科普活动的重要场所。科普形式主要为解说员在馆内为观众作全程解说,范围包括地面陈列馆以及水下参观区。由于旅游市场局面尚未打开,多以周边散客为主,参观者大多数为家庭观众,除此之外,以企事业单位预约参观为主要群体,学生团体约占10%。馆方还通过教委、团委、科委等部门的牵头联系,联合举办了"心连心、手牵手"、白鹤梁温暖"无声世界"等主题活动。这个阶段的馆校合作,白鹤梁处于被动方,学校通过与博物馆预约,设计好参观主题、布置任务,组织学生进馆参观,然后以参观游记、主题作文等方式将参观行程记录下来。这可以算是白鹤梁馆校合作开展科普教育活动的初级阶段,这个阶段的参观目的简单,方式较为单一,但对部分学生来说,枯燥的讲解词吸引不了学生的兴趣,学生参与率低,教育效果不明显。

第二阶段,发展期(2012—2014年)。2012年白鹤梁荣获"全国科普教育基地"称号,完成提档升级重新对外开放,岸边陈列馆分为"生命之水""长江之尺""水下碑林""三峡明珠"四个单元。由于展览的专业性,2013年初实行了全程免费讲解,受众面增大。白鹤梁水下博物馆注重宣传手段和教育方式的多元化,策划了"让瑰宝走出去、把公众请进来"活动和"白鹤梁文化、国之瑰宝"进校园、进军营、进社区、进乡镇"四进"系列巡展活动,"四进"中的"进校园"成为这一阶段馆校合作的主要内容。通过宣传展板、挂图、一套专门针对学生的讲解词,将白鹤梁文化送到涪陵各大中小学,激发学生对家乡文化的热爱。经过近两年的"四进"活动,当地中小学逐渐意识到博物馆是开办第二课堂的重要场所,是学校利用校外科技场馆资源满足学生探索科技需求的重要途径,与博物馆建立长期合作关系显得尤为重要。这一阶段与高校开展合作也标志着我馆馆校合作迈上了一个新的台阶。我馆与重庆大学共建了"水下文物环境保护科研基地",并先后与中国海洋大学、上海交通大学合作开展水下灯光实验,以项目促发展。我馆还主动与当地的长江师范学院合作开发了白鹤梁纪念品。

第三阶段,探索期(2015年至今)。作为一个集知识性、趣味性、体验性、互动性于一体的科技场馆,激发青少年对科技的兴趣、促进青少年对科技知识的探索成为了这一阶段馆校合作的出发点。我馆打破了过去单纯的讲解员讲解、学生被动听讲解的固定模式,在原有参观模式上,增加了"捶拓黑白间""潜水仓的奥秘""2016长江白鹤梁季"等主题科普活动,让学生置身于轻松愉快的氛围中,去主动参与、主动思考、体验科学带来的无穷魅力。这不仅弥补了学校科技教育的不足,也对拓宽青少年的科学视野、培养他们思考与动手的能力有积极的作用。

三、馆校合作的思考与建议

(一)科普队伍的建设

1.科普工作者现状

科普工作者是科普工作的主体,其数量和质量直接影响着科普工作成绩。白鹤梁水下博物馆科普专职人员主要是专职承担解说工作的讲解员,共14名,均为大专以上学历,负责馆内观众接待以及地面陈列馆和水下参观区的全程免费解说。讲解员担负着繁重的解说与接待工作,在科普资源开发、优质科普活动设计上,受限于人员文化水平和专业水平不够,没有时间和能力策划科技含量高的展览、趣味性强的科普活动。科普兼职人员主要是从事办公室行政工作的人员,他们会在本职工作以外参加科普专题工作会议、参与科普年度工作计划的策划和总结、特色科普活动方案制订等。这部分人员往往身兼数职,时间和精力都无法得到有效保障。科普志愿者 10 人,是通过公开招聘区内喜爱文博事业、热心志愿工作并具有代表性的公务员、教师、工人、学生等群体中的杰出人士。志愿者工作在我馆尚处于萌芽阶段,受限于人员安全、馆内体量小等因素,目前还没有形成长期有效的工作服务机制。

2.加强科普队伍建设,提高科普人员素质

建立结构合理的科普队伍是基础。要打破现有体制下科普工作分工不明确、科普专兼职人员人手紧张的局面,建立一支有着明确分工的科普工作组织领导、科普活动策划、科普作品创作以及科普人员针对不同群体、不同年龄传播科技信息的队伍。加强科普人员培训,提高人员素质是关键。科普工作是公益性事业,受体制、资金等因素影响,不能保证科普人员都有机会参加国家、市区级组织的相关培训,主动学习借鉴西方及国内发达城市的成功经验是科普人员提高活动组织能力的捷径。同时,要逐步改善科普工作者的办公环境和工资待遇,在经费和时间上予以双重保障。

(二)馆校合作模式

现有模式单一、内容不丰富。国际博物馆协会在其官网上公布了 2016 年国际博物馆日的主题:博物馆与文化景观(Museums and Cultural Landscapes)。该主题旨在唤起人们意识到如下事实:"博物馆是人类促进文化交流、文化丰富性,推进多元理解发展、合作与和平的重要手段。"白鹤梁水下博物馆一直非常重视充分发挥自身全国科普教育基地的作用,注重博物馆教育与科技创新相结合,但在实施的过程中还存在一些问题。一是目前馆校合作停留在签订"馆校共建协议"上,部分协议学校都是一次性参观,缺乏馆校合作的长效机制。双方对协议中的参观主题、目标与形式以及后期对合作的评估(包括学生的参与度、满意度、需要改进的问题等)没有明确分工与协调,阻碍了长期可持续性合作。二是现有合作多以博物馆"展览、展示",讲解员全程解说为主,以科学小实验、科普互动等第二课堂为辅助。该模式陈旧、形式较单一,科技含量低,博物馆的科学资源没有得到真正有效利用;学生的兴趣也没有充分激发,没有满足学生探究科学的愿望。

(三)未来发展方向

一是发挥好两个基地作用。白鹤梁水下博物馆从建馆起就非常注重品牌培育,充分认识到在现代经济文化一体化的今天,使用品牌的重要性。今后,要利用好"水下文化遗产保护与利用科研基地"这块牌子,加大加快与相关高校合作开展项目实验,与高校合作建立文博相关专业的实习基地;要抓住申报"重庆市爱国主义教育基地"的契机,对引导我区中小学生热爱家乡文化、提高保护历史文化遗产意识有着积极的作用,杜绝形式主义,实现馆校互补,充分吸纳教育资源为广大青少年服好务。

二是不断提升场馆服务水平和吸引力。近年来,白鹤梁水下博物馆通过声、光、电等一系列高科技手段丰富了展品内涵,提高了展览的科技含量。未来可通过与有着成功经验的科技馆交流学习,借鉴其成功案例,设计不同的活动方案,运用不同的教学手段,创设科学小实验、科普表演剧等体验项目,增强青少年主动参与科普活动的意识。

三是寻求第三方机构的帮助。博物馆与学校是开展馆校合作的实施主体,政府、家庭、相关职能部门是配合主体开展合作的有力支撑。在实际的操作中,博物馆往往需要与教育主管部门取得联系后才能与学校合作,合作渠道不通畅,合作带有明确的任务性。如果当地教委将白鹤梁文化纳入当地中小学第二课堂的必修课程,由学校定期进行考核,不仅可以促进当地文化教育的普及,馆校合作的长效运行机制也可以建立起来。

参考文献

[1] SHEPPARD B.Building museum and school partnerships[M].Washington,DC:American Association of Museums,1993.

[2] 马伟丽.博物馆公共教育之馆校合作研究——以上海博物馆为例[D].济南:山东师范大学,2014.

[3] 陈沪铭.基于公共科普场馆的青少年科学教育[J].中国科技教育,2012(5):62-64.

[4] 廖敦如.我的教室在博物馆:英美"馆校合作"推展及其对我国的启示[J].博物馆学季刊,2005,19(1):79-80.

[5] 张若婷.馆校合作实践中的经验探索与启示——以青海科技馆为例[C]//中国科普研究所.全球科学教育改革背景下的馆核结合——第七届馆校结合科学教育研讨会论文集.2015.

(重庆白鹤梁水下博物馆)

乡村传播结构与乡村科普模式

——对堰河村"垃圾分类"理念普及的个案研究

颜其松

摘要:科普实践依赖于具体的社会传播结构,本研究以"垃圾分类"理念在堰河村的普及和实施为个案,分析了"垃圾分类"理念的普及过程是如何借助于堰河村既有传播结构形成"垃圾分类"的普及传播模式的,文章还对"垃圾分类"普及模式成功的机制进行了分析和总结。堰河村的"垃圾分类"理念传播模式具有分阶段性,"垃圾分类"理念的传播策略和村内"多元性"意见领袖在引入"垃圾分类"理念的环节中发挥了关键作用,村内社会资本和行政资源则为"垃圾分类"行动的持续实施起着保障作用。

关键词:科普模式;传播结构;乡村;垃圾分类

环保知识是科普的重要内容,如何有效地向民众普及环保知识已成为科普工作的重要研究课题,本研究从传播学和社会学的综合视角对发生在堰河村的"垃圾分类"理念的普及过程进行分析,分析与普及过程相关的乡村传播结构、普及过程模式,以及此种普及模式对堰河村成功引入和实施"垃圾分类"的重要性。在正式进入主题之前,有必要先让读者了解笔者要研究的个案,方便读者理解和把握笔者的研究问题和研究内容。①

一、案例介绍:"垃圾分类"的引入与实施

故事分两头说起,北京绿十字生态文化传播中心是一家以传播生态环保理念为宗旨的民间组织,该中心的负责人是孙君。在2003年创立北京绿十字生态文化传播中心以前,孙君从1999年开始就在北京地球村环境教育中心从事生态环保工作,曾担任该中心名誉村长。多年的生态环保经历让孙君在中国环保界小有名气,但在多个场合他对自己的介绍还是定位于画家。2003年,这位一心想在土地上作画的画家因为各种原因离开北京地球村环境教育中心。那之后,他一直在寻找合适的村庄实践自己的乡村生态梦想。

故事的另一头,襄樊市(今襄阳市)谷城县堰河村,1992年至今的24年时间里,该村的党支书一职大多数时间由闵洪彦担任,高大的身材、黝黑的皮肤、爽朗的性格和自信的言谈举止都在印证闵洪彦是村内的强势人物。在闵洪彦担任村支书的十几年时间里,堰河村一方面打通了连接五山镇的乡村公路,另一方面在村内植树造林和发展茶园,堰河村的经济水平和生态环境逐渐得到发展,村民生活水平也逐渐得到提高。但就是在这样的情况下,以闵洪彦为代表的堰河村干部们感到村庄的发展仍然受限,如何处理好生态与经济发展的矛盾,是当时堰河村的干部和村民们思考的重要问题。

---

① 这里叙述的故事是研究者依据孙君的日记以及通过其他途径掌握的事件资料串联而来的,故事脉络忠实于事实,无任何虚构。

2003 年,孙君与一批北京的环保人士参加了一项区域性环保活动。孙君在此次活动期间与时任襄樊市委宣传部部长的马黎有所接触,两人在交流生态环保观念的过程中认识,谈话也很投机,马黎邀请孙君到襄樊市做环保项目。当年 9 月底,孙君到谷城县对乡村绿色社区建设的可行性进行考察。经环保圈人士介绍,孙君与闵洪彦相识。闵洪彦听了孙君在谷城县作的关于生态环保的讲座,闵洪彦认同孙君的想法和理念,表达了愿意与孙君合作的想法。2003 年 12 月,孙君邀请自己朋友圈的各行专家,包括环境专家、社会学者、记者和环保志愿者等对堰河村进行了为期一周的实地调查。孙君通过此次调研,得出几点结论:一是堰河村有一位办事能力强、观念超前的村支书;二是堰河村的村民有强烈的发展经济的愿望;三是堰河村的生态基础较好,但同时也有诸如乱扔白色垃圾等的现象。孙君初步有了在堰河村做"垃圾分类"的设想。他进一步听取村内老干部对村庄发展的想法,在取得老干部理解和支持之后,孙君在村民大会上向村民讲解了"垃圾分类"的好处,同样获得了村民的理解和支持。2004 年 3 月,堰河村开始实行"垃圾分类"治理。期间,孙君多次到堰河村就"垃圾分类"等内容与堰河村的治理精英交流工作。2005 年 6 月,北京一高校对堰河村生态文化建设的中期评估结果显示,堰河村受访者中80%的"垃圾分类"知识达到及格水平,其中有30%完全掌握了"垃圾分类"的知识。堰河村实施的以"垃圾分类"为代表的乡村建设也得到各级政府的认可。2007 年 9 月,时任中央政治局常委李长春同志到堰河村考察工作。

二、"垃圾分类"进入堰河村后的传播结构

(一)堰河村意见领袖群的构成

乡村社会结构中包含着乡村社会信息流向结构,占据村庄社会结构顶端的乡村治理精英,同时也在信息流向中占据优势,这种优势不仅体现在村庄行政事务上,在村庄经济发展走向、环境建设等方面,也具有发言权。拉扎斯菲尔德将此种意见领袖归为"多元性";与之相对应的,在非治理精英中,存在一群分散在某个领域的意见领袖,可称之为"单一性"意见领袖。一个社会拥有不同的社会主题,乡村社会亦是如此,一般来说,不同主题往往拥有不同的意见领袖。这些意见领袖在堰河村形成怎样的结构呢?治理精英占有行政资源,信息渠道更广也更准确,他们在村庄多项事务上都能影响他人的决策和行动,他们成为"多元性"的意见领袖,占据了村庄意见领袖的上层;而其他非治理精英和普通村民中的意见领袖则只能在自己擅长的领域影响他人的决策和行动,属于"单一性"的意见领袖,处于村内意见领袖的第二等级。上层意见领袖可以运用自己的多重角色身份与第二等级的意见领袖交往,动员他们为村内公共事务服务。

(二)"垃圾分类"理念在堰河村传播结构的建构

整个传播结构分为两个层次:一是传播环境的分析;二是传播单位之间的关系分析。孙君介入状态下的堰河村传播结构如图1所示。

1.传播环境

传播环境部分,这包括来自大众媒介、城市、政府组织和村外企业的信息,除少部分堰河村村民(e)不能直接接受大众媒介信息外,绝大多数村民(包括村内治理精英 a、离土不离乡的 b、离乡打工的 c 和守土种茶的 d 四种村民)都能直接从大众媒介获取信息;从事不同经济活动的人群所接触的信息资源也不一样,离乡(c)的打工者能接受更多的城市信息;守土种茶(d)的村民和村内精英有更多机会与村外企业接触,在获取市场信息方面占有优势;村内治理精英

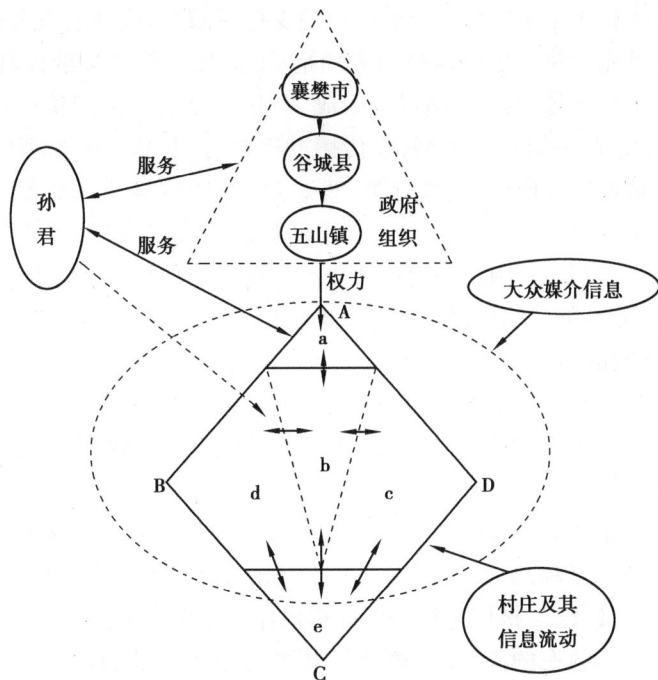

图1 孙君介入状态下的堰河村传播结构

（a）还能从政府组织渠道获取信息，并在一定程度上成为政府组织的代言人。

孙君进入堰河村传播"垃圾分类"等新理念，其依靠的是堰河村固有的传播结构，并在行动过程中将村外传播媒介引入堰河村，堰河村的传播环境卷入了更多的因素。从组织传播视角看，孙君所代表的北京绿十字生态文化传播中心及其他环保组织成为堰河村传播环境中的新传播单位；孙君进入堰河村的路径特征又进一步强化了政府部门与堰河村的关系，这主要显示为襄樊市市级以下行政系统对堰河村环保建设的关注和采取的便利措施等。从大众传播视角看，随着堰河村生态文明实践的深入，堰河村知名度扩大，大众媒介开始报道堰河村的生态环境建设行动。从人际传播视角看，越来越多的参观团和游客进入堰河村，直接与村内精英群体、茶农交流，村民能更多地与城市居民互动，也能更多、更直接地观察城里人的行为方式和话语方式。总之，归纳起来，孙君进入堰河村后，越来越多的系统世界的元素被卷入堰河村的传播环境当中，村民接触系统世界元素的机会越来越多，系统世界的元素在与生活世界的互动过程中，与生活世界一道成为堰河村的传播环境，这为村民对系统世界符号的内化（内传播）提供了更多可能。

2.传播单位之间的关系

各类人群之间均有信息互动，这主要通过村内人际传播完成。具有不同经济背景的人之间，以及同一个人在不同时期内角色之间的信息传递都成为人际互动的形式。由于不同人群之间社会距离的存在，信息流并不能在村庄内完全传播，处于弱势地位的村民与处于强势地位的村民之间的"知识沟"随着信息不断增加而逐渐拉大。由治理精英演化而来的"多元性"意见领袖在传播结构中占据了制高点，其他"单一性"意见领袖在各自的领域内发挥影响力。

孙君介入状态下的传播单位之间的分析，首先就包括了对孙君与其他传播单位之间关系的分析，其次是其他传播单位之间关系的分析。孙君依靠政府行政路径进入堰河村，获得政府组织支持,并在项目实施中用服务反馈政府组织的支持,孙君与政府组织之间是相互服务的关系;孙君进入堰河村首先接触的是堰河村的治理精英,治理精英是接纳孙君"垃圾分类"理念的"冒险者",并在"垃圾分类"项目实施过程中成为"执行者";非治理精英是孙君进入堰河村传播"垃圾分类"理念面临的第二类人群,在传播过程中,孙君利用非治理精英在堰河村的社会位置,使得非治理精英成为推广"垃圾分类"理念过程中的"早期采纳者",在村民中起到辐射作用;普通村民才是孙君传播"垃圾分类"理念面临的最大受众群体,孙君主要采用间接接触来了解村民所需,主要利用村内治理精英和非治理精英的作用向普通村民推广"垃圾分类"理念,面对普通村民,孙君更多地扮演了项目管理者角色,而非执行者角色。

其他传播单位之间的传播关系主要包括:

(1)政府组织与堰河村的关系。政府组织利用行政资源支持堰河村的"垃圾分类"项目实施,为堰河村"垃圾分类"提供法理的权力保障。堰河村反馈给政府组织的是成功的项目成果,为政府部门增添政绩。

(2)治理精英与非治理精英的关系。在实践中,治理精英将非治理精英吸纳到"垃圾分类"的动员过程中,让非治理精英参与村庄公共事务的决策,既调动了非治理精英的积极性,也为非治理精英在"垃圾分类"推广过程中发挥辐射作用提供可能。

(3)治理精英与普通村民的关系。"垃圾分类"的意义在于为村民提供良好的生态环境和生活环境,治理精英在"垃圾分类"项目中是在为村民服务,这同样适合于说明政府组织部门与普通村民的关系。

(4)非治理精英与普通村民的关系主要表现为非治理精英的辐射、带动作用,增加了"垃圾分类"理念的传播途径。

(5)普通村民之间的关系依旧表现为原有的人际间的信息沟通,随着"垃圾分类"等新生活理念向生活世界的渗透,家庭内部的生活分工协作更为和谐,普通村民之间的互帮互助既融洽了村民之间的关系,又增加了堰河村内部社会资本的储量,村民对村庄的向心力有所增强。

(6)大众媒介作为独立的传播单位在"垃圾分类"过程中扮演了独特角色。大众媒介越来越多地介入堰河村,堰河村村民不再仅仅是大众媒介的受众群体,即在"传—受"关系中接受大众媒介影响,而是大众媒介对堰河村的报道还赋予了堰河村村民新闻"中心体"的角色,这种"中心体"角色的具体体现为:村民向大众媒介传送堰河村发展状况,而大众媒介的任务是将村民传送的信息播放给更多的受众。这种状况之下,村民与大众媒介的关系表现为"传—播"关系,这种关系在孙君进入堰河村以前是不曾有过的。大众媒介这种介入性力量不仅促进了堰河村传播环境的改变,对"垃圾分类"的持续实施也具有积极意义。

三、堰河村""垃圾分类""理念的普及过程模式建构

从孙君在堰河村进行"垃圾分类"理念普及的过程看,其与堰河村人的接触经历了三个阶段,即从堰河村治理精英到非治理精英,再到普通村民。在不同阶段,孙君面临的人群特质也不同。前两个阶段,孙君面临的人群在思想觉悟和村内威望方面都较高,人群同质性强,这种人群特征可以让孙君直接与他们进行生态环保理念的交流。当孙君进入第三阶段时,受众群体特征发生了改变,直接向他们介绍环保理念,村民不一定爱听,即使爱听也不一定能听懂。针对受众群体对环保理念接受能力参差不齐的状况,只有找出一个大家都能理解的概念才能实现有效传播,而这个可借用的概念就是村民关心的"发家致富"。孙君在日记里写道,他能

找到村民关心的"发家致富"这个关键的概念,从而慢慢将村民引入生态环保理念当中,是基于他前期对堰河村的调查所得。

从科学普及的角度来看,新观念进入一个陌生社会,首先是要与当地的文化、价值观、社会需求等求得一致。从孙君对堰河村不同层次村民的传播过程看,针对不同人群选择不同的交流手段是获取不同群体的资源的工具,也是对乡村规则的遵循。这种话语方式的转换实属将孙君的系统世界的话语转换成治理精英喜好的行政语言,以及转换成非治理精英和普通村民喜好的生活世界的语言,而治理精英、非治理精英和普通村民也会在交流中将话语方式努力向孙君熟悉的话语方式转换。因此,孙君进村传播"垃圾分类"理念,首先是系统世界向生活世界的渗透,同时,生活世界也会向系统世界反馈信息,从而达成两个世界的信息交流。这样的信息流动模式将孙君卷入信息流的往复流动中,从而使孙君在"垃圾分类"项目中具有多重社会角色。

根据罗杰斯"创新扩散"理论对科普阶段的划分,结合本研究个案的实际情况,笔者将孙君在堰河村的"垃圾分类"实践划分为图2的引进和维持两个主要阶段,每个阶段下面又可按照罗杰斯对传播过程的划分方法分为若干具体的小阶段。这里需要注意的是,堰河村的"垃圾分类"实践过程存在由村庄治理精英向村庄群体过渡的阶段,也就是说不同参与者卷入"垃圾分类"传播过程的阶段并不一致。

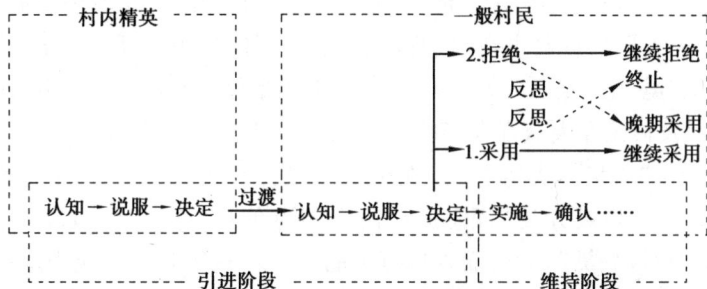

图2 堰河村""垃圾分类""理念普及过程模式

罗杰斯完整的创新—扩散模式经历了"认知→说服→决定→实施→确认"五个阶段。根据堰河村"垃圾分类"理念的传播实践过程,首先是堰河村的治理精英接受了该理念,并决定在全村实施,这就是说,治理精英群体相对于堰河村村民来说,他们独立地进行了认知、说服和决定过程。而要真正在堰河村推行"垃圾分类",还必须有村民的参与,让村民完成认知、说服和决定过程,这才完成了对"垃圾分类"理念的引进阶段。在大多数村民接受并决定实施"垃圾分类"后,堰河村的"垃圾分类"项目进入维持阶段,其中还包括村民对自己实施"垃圾分类"的反思等行动。这就要求在分析不同阶段时注意不同参与主体所承载的结构性力量和发挥能动性行动的能力。

四、堰河村""垃圾分类""理念普及模式成功的机制分析

上述分析凸显出的要素有:传播者具备的要素含行政支持、资金支持、传播者个人能力;受者方面具备的要素含意见领袖的"前理解"能力、治理精英的执行力、村民的心态、村民群体的接受力;传播渠道的资源含量、渠道的合法性;传播内容方面涉及传播内容与受众群体特征的融入度等。堰河村"垃圾分类"项目的成功不是某一因素单独促成的,而是上述多因素的合力促成的。这里以堰河村实施"垃圾分类"的阶段为线索,对图1进行分解,以突显不同阶段不

213

同要素的作用,如图3所示。

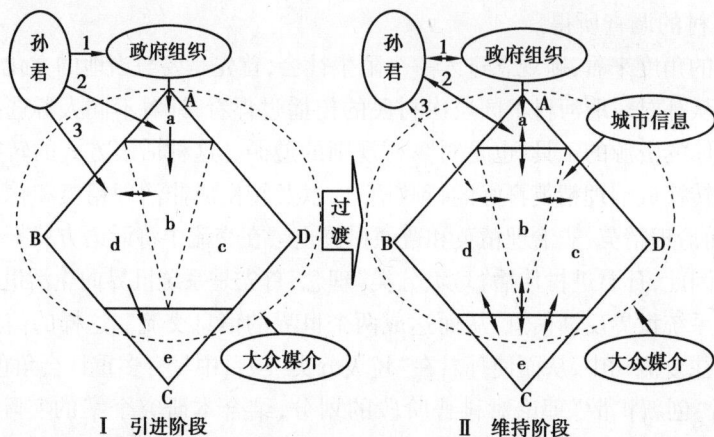

图3　堰河村引进与维持""垃圾分类""传播结构图

引进阶段的机制可以概括为:传播者依靠政府组织进入堰河村;传播者的理念获得具有超前意识的治理精英的认可,治理精英运用自己在堰河村的权威优势力主在堰河村传播"垃圾分类";治理精英将非治理精英吸纳到推广"垃圾分类"的人群中,非治理精英发挥辐射作用向村民传播"垃圾分类"理念;孙君也在治理精英的协助下向村民传播"垃圾分类"理念,由于先前孙君已被村民"加冕"上"专家"等名誉,村民易于接受孙君在堰河村的活动;又由于"守土"村民的群体特征以及村民在大众媒介影响下形成的对待城市文化的心态等的多重力量,促成了"守土"村民接受了"垃圾分类"理念。在引进阶段,"垃圾分类"理念在堰河村的传播基本属于单向的传播,接受"垃圾分类"理念的村民主要为在家"守土"的村民,有部分"离土不离乡"村民接收到了"垃圾分类"理念,而外出打工的"离乡"村民几乎不成为这一阶段的受众,这在一定程度上降低了受众群体的异质性,降低了孙君传播和堰河村引进"垃圾分类"理念的成本。

维持阶段的机制可以概括为:政府颁布文件推行"垃圾分类",使其实施具有了制度保障,孙君在堰河村推行"垃圾分类"具有了合法性;依靠家庭内部的隐性分工机制,外出打工的"离乡"村民和"离土不离乡"的村民也通过人际传播机制接受了"垃圾分类"理念,其中外出打工的"离乡"村民在大城市接受到的城市文化熏陶也方便了他们接受"垃圾分类"理念;孙君选择"非殖民"介入方式督办"垃圾分类",巩固了堰河村内部治理精英的法理权威,同时也促进了堰河村村民之间以及堰河村群体的社会资本的积累,社会资本力量反过来持续促进"垃圾分类"的进行;大众媒介的"介入性"舆论力量和村民人际交往形成的舆论压力共同要求村民持续进行"垃圾分类",以求堰河村形象的一致;长期的实践逐渐使村民由有意识地进行"垃圾分类"到无意识地进行"垃圾分类",村民在日常生活中培育出孙君所想要的"性情"倾向,使"垃圾分类"成为村民日常生活中的习惯,村民的生活习惯将该行动延续了下去。

参考文献

[1]埃弗雷特·罗杰斯.创新的扩散[M].4版.北京:中央编译出版社,2002.

[2]仇学英.贫困山村发展传播模式的探索:大众传播与一个贫困乡村现代化演进的分析框架

[J].中国传媒报告,2004(2):4-10.

[3]方晓红.大众传媒与农村[M].北京:中华书局,2002.

[4]旷宗仁,谭英,左停.中国乡村传播及其优化模式研究[J].农业经济问题,2006(8):20-24.

[5]李南田,王磊,阮刘青,等.农业技术传播模式分析[J].农业科技管理.2004,23(1):10-13.

[6]彭光芒.农村社区意见领袖在科技传播中的作用[J].科技进步与对策,2002,19(7):104-105.

[7]孙君,王佛全.五山模式:一个建设社会主义新农村的典型标本[M].北京:人民出版社,2006.

[8]徐杰舜.中国农民守土与离土的博弈——孟德拉斯《农民的终结》的启示[J].中南民族大学学报:人文社会科学版,2006,26(1):12-16.

[9]WAITHAKA M. Book review about communication for rural innovation: rethinking agricultural extension[J].Agricultural Systems,2005,84(3):359-361.

（重庆科技学院科学与技术传播中心）

少儿图书馆科普阅读推广的实践与经验

——以重庆市少年儿童图书馆科普阅读推广为例

宋亚玲

摘要:近年来,随着全民阅读推广工作的开展,少儿科普阅读推广工作越来越成为我国少年儿童图书馆工作的重要内容之一。本文分析了少儿图书馆科普阅读推广的必要性,阐述了重庆市少年儿童图书馆在少儿科普阅读的推广活动类型、推广策略等方面的实践,总结了重庆市少年儿童图书馆在少儿科普阅读推广工作方面的经验。

关键词:少儿图书馆;科普阅读推广;重庆市少年儿童图书馆

阅读活动具有丰富人们的知识、启迪人们的心智的重要作用,是人类特有的文明行为和社会现象,对于一个人形成正确的审美观、道德观、人生观起着非常重要的作用。随着全民阅读活动的推广,中国新闻出版研究院发布的"第十三次全国国民阅读调查"的报告数据显示,2015 年,我国成年国民图书阅读率为 58.4%,同比上升 0.4 个百分点;数字化阅读方式的接触率为 64.0%,同比上升 5.9 个百分点。中国新闻出版研究院院长魏玉山表示,国民阅读中的未成年人阅读、亲子阅读受到重视。近年来,在全民阅读推广的背景下,社会各阶层也加大了对科普阅读的推广力度,全民科普阅读成为全民阅读的重要组成部分。2006 年 2 月,《全民科学素质行动计划纲要(2006—2010—2020)》颁布,该纲要指出"未成年人科学素质行动"是全民科学素质行动的重要组成部分。

未成年人科普工作是我国深入实施推进全民科学素质行动的重要工作,未成年人科普教育活动的开展和加强对于实施科教兴国战略、人才强国战略和可持续发展战略起着重要的推动作用。作为社会教育机构的少年儿童图书馆,要吸引更多的孩子走进图书馆、利用图书馆,激发他们的阅读兴趣,培养孩子养成终身阅读的习惯,因此,少年儿童科普阅读推广也是图书馆工作的一项重要职能、责任与义务。在此背景下,少年儿童图书馆更要充分利用自身丰富的资源优势,开展适应少年儿童需求的各种科普活动。这不仅有助于广大少年儿童了解相应的自然科学和社会科学知识,而且有助于他们学会应用相应的科学技术和科学方法,最主要的是有助于他们树立正确的科学思想和科学精神。

一、少儿图书馆科普阅读推广的必要性

(一)少年儿童科学素质提升的需要

少年儿童的科学素养对于国家创新力、发展力、竞争力的影响至关重要。《全民科学素质行动计划纲要(2006—2010—2020)》指出"未成年人科学素质行动"的工作目标主要是推动科学教育的发展,广泛开展多种形式的科普教育活动,增强未成年人的创新精神、实践能力,提高未成年人的科学素质水平。而少儿图书馆作为提升少年儿童科学素质的社会教育机构,同样

具有科普阅读推广的责任,主要包括利用本馆丰富资源开展各类科普阅读推广活动,为少年儿童提供个人创造力发展的机会,帮助其养成早期阅读的习惯,激发他们的想象力和创造力,更有助于加强少年儿童的文化遗产意识,提高艺术鉴赏力,接受科学思想和科技创新观念等,在提升少年儿童科学素质的同时,不断推动国家综合国力的提升。

(二)我国公民整体科学素质提升的需要

科学素质作为公民素质的重要组成部分,对于个人和国家有着重要影响。公民获取和运用科技知识能力的增强,人民生活质量的改善,国家自主创新能力的提高,创新型国家的建设,经济社会全面协调可持续发展的实现,社会主义和谐社会的构建,都需要公民科学素质的不断提升。根据有关调查,我国公民科学素质水平与发达国家相比差距甚大。公民科学素质水平低下,已成为制约我国经济发展和社会进步的瓶颈之一。科普阅读推广活动,特别是少儿科普阅读推广活动的开展,在有效提高社会大众对科普阅读重要性的认知和认可的基础之上,也有助于增加国民的阅读时间以及提升阅读质量。少年儿童图书馆通过开展频繁的以及大规模的科普阅读推广活动,首先能鼓励一部分公民特别是少年儿童读者群体进入图书馆、接触科普书本、接触科普阅读,然后通过这些公民在社会中形成一股追求阅读(包括科普阅读)的良好风气,从而带动更多的公民关注并投身科普阅读,进而达到促进公民整体科学素质提升的目的。

(三)少儿图书馆科普阅读推广能力提升的需要

随着时代的进步,图书馆不再仅仅是收集、整理、保存、传播文献的机构,它的功能越来越多,作用越来越凸显。作为公共图书馆系统里为少儿提供阅读服务的重要部门,少儿图书馆开展科普阅读推广活动,不仅是为读者服务,开展常规的传统服务工作,而且是服务的一种创新,通过多途径多方式开展各种形式的科普阅读推广活动,对于提高国家整体科学素质起着重要作用。近年来,在全民阅读的背景下,科普阅读推广成为各级各类图书馆的重要工作之一,只有这样才能更多地吸引少年儿童利用图书馆提升自身的科学素质,才能更好地发挥少儿图书馆作为社会教育机构的作用,有效地引导全民科普阅读活动。

二、重庆市少年儿童图书馆科普阅读推广的主要实践活动

(一)"雨露"少儿科普知识讲座活动

"雨露"少儿科普知识讲座活动主要是针对不同时期小读者的阅读兴趣,以及家长和老师的需求,在周日举办公益性讲座。讲座邀请重庆市内外知名教育专家主讲,自2010年以来,重庆市少年儿童图书馆共举办"雨露"少儿科普知识讲座156场次,有6 200余人次参加。先后举办了"法律离我们有多远""环境保护和人类健康""儿童家庭急救常识""节能减排,减少雾霾——我们能做什么""鸟中大熊猫——神奇的中华秋沙鸭""健康饮食,不做'贪吃蛇'""关爱儿童口腔健康,预防蛀牙""电子书制作"等少儿科普知识讲座。

(二)乐儿数字资源平台普及科普知识

重庆市少年儿童图书馆携手乐儿数字资源平台,充分利用数字资源并结合孩子的兴趣来开展少儿科普活动,注重体现少儿的参与性,以此促进他们了解必要的科学技术知识,掌握基本的科学方法,树立科学思想,崇尚科学精神。以"乐儿智慧王国——冰雪勇士"主题活动为例,指导老师利用数字资源库,从寻找爱斯基摩人并同他们一起拯救融化的冰川开始,通过热身问答、开心动手、智力七巧板、快乐舞蹈、团队答题等五个关口,以比拼智力的互动体验方式

普及低碳环保知识,让孩子们在紧张而愉快的氛围中懂得了遏制全球变暖趋势、拯救两极冰川、保护地球环境从我做起、从身边做起的道理。另外,还开展了优秀少儿影片展播活动,展播了《机器人历险记》《冰河世纪》系列等自然科普类型的相关影片。

(三)优秀少儿科普读物展阅与科普展览

重庆市少年儿童图书馆精心挑选集趣味性、知识性于一体的少儿科普图书和儿童读物,在少儿图书借阅厅设立科普读物专题书柜,并设立了优秀读物推荐专架,定期更新科普读物,这样既方便少年儿童快速地找到科普读物,又有意识地引导他们阅读优秀科普读物。图书馆先后推荐了《第一次发现》《揭秘汽车》《科学好好玩》《好好玩·DIY创意拼插立体场景书》《我的第一本科学漫画书·穿越恐龙纪》等优秀少儿科普绘本。除专架推荐外,图书馆还在官方网站"好书分享"栏推荐优秀少儿科普读物,并利用流动图书车进社区推荐优秀少儿科普图书,为社区居民特别是未成年人提供便捷的阅读服务,读者既可以在车内免费阅读,也可以现场办理图书借阅证,将书借回家细细品味。图书馆还贴近少儿生活、结合时事举办了科普展览活动,如"楹联巡展""带上笔记去春游——自然笔记大赛""我是小小发明家""科学环保,和谐家园"等展览,展出的作品深受少儿喜爱。图书馆在进行展阅、展览时还将科普知识问答、讲科普绘本故事等活动结合起来,把爱阅读科普图书、爱科学的理念传递给他们。

(四)科技节事活动

全国科普日和科技活动周这样的科技节事活动旨在宣传科技发展成果,促进公众理解科学,提升公众科学素养。重庆市少年儿童图书馆以此为契机,围绕相应的主题,相继开展了优秀科普读物展阅、流动图书车进社区、科普知识讲座、亲子阅读会、科普知识有奖猜谜等一系列科普主题读书活动,普及科学知识,推广科普阅读,宣传图书馆服务,因此也积累了大量的经验,并取得了较大的成绩。

(五)科普互动类活动

对于少儿读者来说,如果只是单纯的以科普阅读和信息推送来普及科学知识是比较枯燥的,不能很好地发挥他们的主动性,丰富多彩的科普活动是开展少儿科普阅读推广工作必不可少的一环。重庆市少年儿童图书馆一方面加强与社会机构的合作,带领小读者参观体验不同的科普机构,如重庆动物园、《课堂内外》杂志社、重庆量子猫少儿科学馆、航空体验中心等,另一方面在馆内开展"少儿科普互动专题活动",组织了少儿科普知识有奖猜谜活动、DIY涂鸦、巧手做灯笼、树叶平贴画等活动,2016年还新增了读者沙龙活动。此外,还开展了"探秘一本杂志的诞生"活动,该活动包括科普讲座、写作指导和书刊赠送3个环节,融合科学、人文、生活元素,以交流互动的形式开展。重庆市优秀科普作家、《课堂内外》杂志社主编林雪涛围绕"一本杂志的诞生"的话题,为大家讲解杂志组稿、编辑、排版、制版、印刷和装订的过程。小朋友们亲自体验与感受,认识了一本杂志的诞生过程。

三、重庆市少年儿童图书馆科普阅读推广的经验总结

(一)内容丰富、特色突出

重庆市少年儿童图书馆的科普阅读推广活动丰富多彩,少儿科普活动内容和活动形式别出心裁,有多种多样的少儿科普讲座活动、异彩纷呈的少儿科普图书展阅活动、新颖有趣的少儿科普互动参与活动等。不仅如此,有针对性、有特色也是重庆市少年儿童图书馆科普阅读推广活动的亮点,主要是针对少年儿童设计各种各样合适他们的科普活动,以增强活动对目标人

群的吸引力,从而让更多的少儿读者参与到活动中来,提高科普阅读推广的实际效果,体现少年儿童图书馆的功能作用。除此之外,少年儿童图书馆在科普阅读推广活动的开展方面具有自身特色,能充分利用自身丰富的馆藏资源,比如,数字资源、流动图书车等都用到了科普阅读推广活动中,以此来影响广大少儿读者,提高其科学素质。

(二)系统规划、持续性好

一方面,重庆市少年儿童图书馆的许多少儿科普阅读推广活动已持续多年,如在网站上可以看到"雨露"少儿科普知识讲座 2010 年至今的活动回顾,此项活动已经成为重庆市少年儿童图书馆的特色科普活动;在科普图书展阅方面,图书馆网站上能查阅到 2009 年至今每一年推荐的优秀少儿科普图书。另一方面,图书馆每一年的科普阅读推广计划都包括一系列的科普知识讲座、科普互动活动以及世界读书日、科技活动周、阅读年活动等,多项活动有序衔接。这都体现了重庆市少年儿童图书馆科普阅读推广活动的系统性、持续性。

(三)注重合作、有联动性

要开展好科普阅读推广活动是需要政府、学校、企业和社团等各个机构合作的,只有加强合作才能相互利用资源开展丰富多彩而又适合少儿读者的科普活动。重庆市少年儿童图书馆联合多个机构开展了形式多样、内容丰富的少儿科普推广活动,比如,与重庆动物园、《课堂内外》杂志社、重庆量子猫少儿科学馆、航空体验中心等联合开展了相应的参观体验及讲座活动,深受广大少儿读者喜爱。

(四)少儿参与、体现互动

要激发少儿对科学的兴趣和潜能,扩大科普阅读的影响范围,从而提高推广活动的成效,就必须在活动中加入互动环节和趣味性元素,吸引更多的少儿读者参与活动。也正是因为如此,重庆市少年儿童图书馆一贯注重科普阅读推广活动的参与性,不管是馆外的活动还是馆内的活动,都能体现出少儿读者甚至是家长的参与互动性,以此达到科普阅读推广的良好效果。

四、结语

开展科普阅读推广活动,不仅有利于个人科学素养的提升,更重要的是对于提高整个国家全体公民的科学素质也起着重要的促进作用,对于实现经济社会全面协调可持续发展、构建社会主义和谐社会、实现中华民族伟大复兴的"中国梦"都具有十分重要的意义。各公共图书馆包括少儿图书馆在科普阅读推广方面承担着义不容辞的责任,要充分利用丰富的科普资源,开展各类适合少年儿童的科普活动,促进广大少年儿童乃至整个民族科学素质的提升。

219

参考文献

[1] 丁霞.我国科学技术普及实施的路径研究[D].武汉:武汉理工大学,2009.

[2] 余淼淼.试论影响我国科学普及工作的原因[D].上海:同济大学,2008.

[3] 吕学财.图书馆的阅读推广活动研究[D].长春:吉林大学,2011.

[4] 潘秋玉.台湾地区高校图书馆阅读推广实践及经验[J].图书馆,2016(4):92-96.

[5] 王明旭.阅读推广背景下公共图书馆的地方文献宣传工作——以长春市图书馆东北沦陷时期史料宣传为例[J].图书情报导刊,2016(5):110-113.

[6] 丁文祎.中国少儿阅读现状及公共图书馆少儿阅读推广策略研究[J].图书与情报,2011

（2）：16-21.

[7] 李东鑫,王建.基于读者需求的图书馆阅读推广服务研究[J].农业图书情报学刊,2016
（4）：139-142.

[8] 方海燕.立体阅读：图书馆经典阅读推广的有效模式[J].图书馆工作与研究,2014（12）：
104-107.

[9] 郑坚.青少年科普教育活动的实践研究[J].教育教学论坛,2016（21）：187-188.

（重庆市少年儿童图书馆）

重庆蚕业科普工作思路创新探究

——以重庆市蚕业科博园为例

赵　珮

摘要：本文经过翔实的调查、统计，在充分掌握了重庆市蚕桑优势资源分布情况的基础上，以重庆市蚕业科博园科普工作中存在的短板和问题为思考方向，创新视角，探究重庆蚕业科普工作的新思路。作者从桑果旅游、学校教育、传媒推广等角度出发，力图为重庆市蚕业科普工作提供几点创新建议。

关键词：蚕业科普；蚕文化；蚕业科博园

在现代工业经济的冲击下，传统劳动密集型蚕产业日益萎缩，随着蚕产业式微，蚕文化渐行渐远已成了一个无奈的现实。但是从教育和文化研究角度出发，历史悠久的蚕业、灿烂辉煌的蚕文化不仅是本地区开发校本课程的重点课题，同时也是高校教育文化类专业研究的重点主题。这表明，蚕业具有丰富的科普内涵和教育功能，涉及历史、文化、自然、科学，并在市场多元化发展的今天，依然具有强大生命力和精神感召力。蚕文化是中华民族宝贵的文化遗产，为切实保护和传承蚕文化，蚕业科普工作亟须进一步深化落实。

嘉陵江流域作为蚕文化的发源地之一，今天仍然是全国最主要的蚕业发展中心之一，并且成功占领了家蚕基因科技研究的世界高地。因此，我们有责任深挖并梳理蚕业科普文化内涵，明晰并整合蚕业资源。同时，借鉴国内外蚕业发展的先进经验，顺应市场经济的发展规律，从受众需求着手拓宽思路，开创性地开展蚕业科普工作。本文根据重庆市蚕业资源的分布情况以及蚕业科博园在实际科普工作中发现的短板和问题，探究新思路，力图为重庆市蚕业科普工作提供几点建议。

一、重庆市蚕业资源分布

（1）高校：西南大学生物技术学院、家蚕基因组生物学国家重点实验室。

（2）事业单位：各级蚕桑管理站、重庆市蚕业科学技术研究院。

（3）蚕桑生产地区：合川区、黔江区、巴南区、万州区、开州区、垫江县、云阳县、石柱县、忠县等。

（4）果桑园区：重庆市蚕业科学技术研究院、重庆市三峡农业科学院、潼南区盛田农业有限公司。

（5）蚕丝生产加工园区：黔江·桐乡丝绸工业园。

（6）蚕业展馆：重庆市蚕业科博园、甘宁果桑基地（重庆三峡农业科学院设置的蚕桑文化展示厅）。

（7）相关活动：重庆市蚕业科学技术研究院、重庆市三峡农业科学院、潼南区盛田农业有限公司组织的"桑葚采摘节",蚕科院蚕桑文化亲子体验科普活动,西南大学生物技术学院蚕丝文化节等。

总的来说,重庆市的蚕业科研、技术指导、实践生产体系较为完善,总体特点是科研水平较高,专业人才层次丰富。但我市蚕桑实业均集中在区县,交通欠发达,不利于参观学习。另外,我市缺少具有一定规模的专业场馆(如南充丝绸博物馆),文化建设远远落后于产业发展,蚕业文化氛围极为薄弱。

二、重庆市蚕业科博园科普工作中存在的短板和问题

目前,重庆市蚕业科博园是市内唯一一家蚕业科普基地,基于极富特色的"两厅三区"科普场地,我园在每年科技活动周期间,以桑葚采摘和蚕桑文化亲子体验为主开展的科普活动,在业界及社会上均产生了良好的影响。但是,我园科普工作中面临的短板和问题依然使得蚕业科普工作举步维艰。

一是缺乏科普专职人员和科普志愿者,再加上场地偏僻、公共交通不便、配套设施落后等硬伤,导致接待能力严重不足、参加者体验不佳。

二是我园现有蚕业资源有限,处于产业链上游,丝绸板块空缺,生产模式较为原始,科学研究水平较低,导致创新性的蚕桑产品匮乏,无法完整有效地阐述蚕业内涵。

三是经验不足,分众教育理念无力应用,除小学生这一小众群体外,我国科普工作不能较好地满足中学以上教育背景群体的求知欲和体验感。

综上,蚕业科学普及和蚕文化传播仅依靠我园的力量是远远不够的。根据重庆市蚕业发展的需要,在今后的蚕业科普工作中,我们应拓宽思路,最大限度地整合蚕业优势资源,将其充分应用于蚕业科普工作当中,这样既能带动全市科普事业的发展,又能推动传统蚕文化的传播。

三、蚕业科普创新思路

(一)壮大蚕业科普人才队伍,明确服务对象

第一,蚕业科普文化教育工作的主体应该包括高校、企事业单位、旅游园区等从事蚕业生产、研究、技术指导和推广的单位,科普人员应该包括各层次的专家教授、技术人员、从业人员和蚕学专业大学生。而不仅仅是纳入科普基地的市蚕业科博园及相关工作人员。

第二,将蚕业生产和蚕业科普区别对待。蚕业生产中主要的服务对象是蚕农;蚕业科普中主要的服务对象是中小学生、市民和亲子家庭。中小学生普遍具有受教育、求知、情感塑造的需求;市民有休闲、娱乐和户外旅游的需求;而对于亲子家庭来说,科普活动不仅有助于增长孩子的见识,更是融洽家庭氛围和增进亲情的良好方式。所以,应从社会和市场两方面出发,基于受众需求,提高服务水平。

(二)深挖蚕业科学文化内涵,选择恰当的科普方式

蚕业科普包括蚕桑丝绸的基础科学知识、蚕桑科技前沿发展状况、蚕桑业的开发利用、蚕桑农耕和丝绸历史文化等内容。应针对受众所处环境、年龄、受教育程度的不同,因材施教,灵活选择科普讲座、体验式活动、生态娱乐采摘等科普方式。

四、蚕业科普文化教育工作的对策建议

(一)发展桑果旅游业

近年来,随着各省蚕区果桑栽植面积逐渐扩大,桑果旅游作为蚕业的多元化发展途径之

一,将传统蚕业与现代生态观光旅游业相结合,是集参与、健身、求知、休闲、观光于一体的综合型旅游活动。目前,重庆市三峡农业科学院、潼南区盛田农业有限公司和重庆市蚕业科学技术研究院在每年4—5月开展不同主题的"桑葚采摘节",已然成为人们周末、节假日短期旅游的首选。

我市蚕业在栽桑养蚕的同时应有计划地配置果桑栽植,进行果桑园的建设,借鉴已有经验,根据自身情况创新内容,发展桑果旅游业。作为研究推广示范性事业单位的三峡农科院与蚕科院将养蚕、缫丝、丝绸购买等内容体验结合到桑果采摘中,发挥科普效应,受到学生、亲子家庭的青睐;蚕科院还创新地推出特色"蚕桑主题餐",将蚕桑产品与绿色养生融会贯通,丰富了蚕业内涵。企业性质的潼南区盛田农业有限公司则结合桑果酱、桑果酒等的现场制作和购买,在创造经济效益的同时,进行了桑果加工利用的科普展示,收效甚好。

（二）打造特色科普活动

蚕业本身是一个传统特色行业,从种桑、养蚕到缫丝(处理茧)、织绸,产业链长且各阶段均有大量的历史文化知识关涉其中,同时又呈现多元化发展态势。重庆市蚕科院借助科普政策、社会科普热潮,根据自身情况,以"桑葚采摘节"为突破口开展的蚕桑文化亲子体验科普活动,主题鲜明,内容翔实。西南大学生物技术学院集聚专业人才,每年举办的"蚕丝文化节"不仅涵盖蚕桑历史文化、传统手工制作和产品的展示,更将创意优势发挥得淋漓尽致,同时展示了科学实用性和环保艺术性,如蚕丝蛋白洗手液、蚕丝宇航服、蚕丝创可贴、蚕丝素语、别惹蚕宝宝(动画电影)、蚕茧手工艺术等。但其不足的是受众范围仅限于本校大学生群体,资源严重浪费,有待进一步开发。未来,集结众多资源优势的高校,以前沿、新奇、创意为主题,理应成为主城区蚕桑科普工作的主体。另外,蚕业科普工作主体可利用覆盖产业链中加工、服装、贸易等环节的黔江·桐乡丝绸工业园,开展丝绸制造加工的相关科普主题活动。

（三）开发校本课程

对于学生受众,由于条件所限,科普活动时间短、内容浅显,无法满足不同年级学生的求知欲,导致科普活动教育意义不佳、容易流于形式。蚕文化是一个内涵丰富的概念,川渝地区具有悠久的栽桑养蚕历史,通过开发校本课程来学习、研究和推广蚕桑文化,不仅能使川渝传统文化得以继承和发扬,形成对地方传统文化的认同感和自豪感,也能让学生开阔视野、发展探究能力、培养合作意识和创新精神。

关于初中、高中蚕文化校本课程的开发研究在无锡、苏州等蚕文化底蕴深厚的地区较为成熟,已取得良好成效,可以借鉴其课程的组织管理、目标设计、内容选择、实施方式和评价体系。

（四）合理应用媒体

当代蚕业科普文化传播受阻除了自身产业发展萎缩外,同时也受到传统媒介改变所带来的冲击。现代新媒介及其形成的快餐式阅读,最大的特点是受众决定自身如何获得信息、获得怎样的信息,媒介无法强制受众去获得什么。

因此,首先,从媒介本身出发,蚕业科普文化传播应当以受众喜闻乐见的形式出现,而绝不是生硬的说教,即媒体应当有意识地去重视和加强关于蚕业的新闻报道,软硬新闻两手抓。例如,2016年科技活动周期间,华龙网在其"万花瞳"栏目刊出图文并茂的专题"蚕宝宝的一生",共16张图片文字,温情而细腻地将桑蚕茧丝的故事娓娓道来。

其次,从活动组织者出发,尤其是在活动前期宣传和中期开展过程中,应当放开眼界、充分认识和利用各类媒体社交平台,而不仅仅局限于主流新闻媒体。比如,综合服务类网站中的本地宝、城乡游等,两个门户均将重庆市蚕科院、三峡农科院和潼南盛田的2016年桑葚采摘节放在一起推介,图文吸睛又简洁明了、对比性强、方便选择,其最大的特点是没有生硬凸显的广告式建议,效果却远胜于广告,更贴合普通市民的消费尝试心理。再如,不同主体的微信公众平台,一是与之合作的企业型教育传媒机构的微信平台(如十二生肖),作为活动的重要组织者和执行者,基于其营利性和业务专业性,能够在熟悉活动流程的基础上最大限度地提炼活动亮点,对于家长或者亲子家庭来说,极具软"杀伤力"和"煽动性";二是业内事业单位型的微信公众号(四川省蚕业协会),为便于行业内的互相了解,推介文《走进蚕业科博园》偏于挖掘蚕区历史、发展进程,从而渲染厚重的历史感和文化氛围,对业内人士有一定的吸引力。

(五)扩大思维,合理合作

在市场经济和科技创新的大时代背景下,蚕业发展日趋萎缩。因此,蚕业科普要在夹缝中寻求合作,与自身产业深度合作、与第三方专业活动组织机构合作、与同性质不同类的科普主体合作,是蚕桑科普的未来出路。

1.活动策划方面

一是根据自身特点,深挖资源,针对受众对象,按年龄、兴趣、需求分别策划活动,做细做强。二是增加与受众的互动,避免知识灌输,以激发兴趣、扩散思维。三是要在内容上精益求精,细致分类,升华活动主题,使得活动既有科普性又有趣味性。

2.活动组织方面

避免"单打独斗",最好以科普基地为中心,以具有科普教育艺术性的机构或企事业单位为中介,充分整合科普教育资源,满足受众需求,在发挥社会效益的同时获取一定经济收益。

3.活动实施方面

科普基地和科普优势资源单位应在活动中互通有无,深化合作关系。由教育机构或企事业单位为总策划,负责宣传推广、组织媒介、募集人员等工作,科普基地则负责活动的具体流程及相关事宜。

参考文献

[1] 郑章云,张明海,杨义,等.重庆万州桑果采摘观光游之探析[J].陕西农业科学,2015,61(3):88-90.

[2] 俞婷.初中蚕桑文化校本课程的开发与实践[D].南京:南京师范大学,2015.

(重庆市蚕业科学技术研究院)

故事编辑与少年儿童地域人文历史知识的传播与接受

陈 晨

摘要:以人文历史知识为表征的地域文化对一地的少年儿童群体的基础知识与世界观有着十分重要的影响,利用优秀地域文化内容对儿童群体进行社会科学知识的科普传播不仅能使文化内容得到传承,更能助益少年儿童的健康发展。在进行传播时,针对少年儿童特殊的认知方式来选择传播文本的故事形态,对承载地域文化的故事文本进行搜集、改编等编辑加工处理有助于文化传承与教育目的的实现。

关键词:地域文化;传播;少年儿童;故事;编辑

一、少年儿童地域人文历史知识传播与接受的内涵与必要

知识的接受既是教育理论的基本问题之一,也是传播学领域的关注热点,作为一种理想的教育与传播效果,成功的接受潜在地要求受教一方在知识吸收时的积极状态,以及以优良精神品质的内化为根本特征的学习行为的顺利完成。在文字传播的范畴内,成功的接受更体现为在一批具有吸引力的文本上进行的通俗性与思辨性共存的阅读实践,它能承载特定的知识,是一种重要的教育形式。以地域人文历史为传播内容、以少年儿童为主要受众的知识接受活动,具有以下两个鲜明的特征。

(一)以地域文化为内容的历史传承

对于地域文化,学者们定义纷纭,有人将其视为"中华大地特定区域源远流长、独具特色、传承至今仍发挥作用的文化传统";有人认为地域文化"应当是以地域为基础,以历史为主线,以景物为载体,以现实为表象,在社会进程中发挥作用的人文精神";也有学者认为所谓地域文化是指"在一定空间范围内特定人群的行为模式和思维模式"。以上几种观点,均暗含着对这一概念在一定的时间、空间范围内的界定,同时点明了在一定的时空场域中的"人"的活动的主体性。正是由于人的作为,形成了历史演进,积淀了文化传统,同时也使地域文化这一概念显现出生动的主体性意涵,表征为种种历史事件,并在此基础上成为在一个特定地理空间中存在并延续的共同记忆,也潜藏着故事化的可能。

地域历史文化凝结了一方水土绵延不绝的生活方式与生存观念,其中蕴藏着丰富而积极的文化基因,文化自身的悠久绵长也是不可丢弃的历史资源,它们构成了传承的内容。在"对历史负责、对文化负责"的观念下,地域文化的传承事业是精神家园的美丽藩篱,同时也是可持续发展的重要基底。

(二)具有重要功用的科普行为

作为以浅显的让公众易于理解、接受和参与的方式介绍自然科学与社会科学知识的活动,

科普对大众,尤其是少年儿童,有着特别重要的教育意义。对于少年儿童来说,它是"获得主体性学习的有效途径,是培养未来创新人才的重要方式"。通过对青少年的科学素质与人文素质的提高,科普教育能为全民族科学素质的提升奠定基础,更能为国家创造强大的竞争力和创新力提供智力资源。另外,在补充素质教育、启发教育创新以及实施科教兴国战略、人才强国战略和可持续发展战略上,科普工作都有着不可或缺的作用。

科普工作的传播内容十分广泛。与自然科学知识相当,社会科学类知识同样丰富而重要。而与特定地域居民切近相关的、当地的历史人文知识不仅自然地包括于科普工作的传播内容中,更对儿童的发展有独到的意义。

在《文化模式》一书中,露丝·本尼迪克特指出了地域文化对于儿童发展方向的基础性影响:"个体生活的历史首先是适应由他的社区代代相传下来的生活模式和标准,从他出生之时起,他生于其中的风俗就在塑造着他的经验与行为,到他能说话时,他就成了自己文化的小小创造者,而当他长大成人并能参与这种文化活动时,其文化的习惯就是他的习惯,其文化的信仰就是他的信仰,其文化的不可能性亦是他的不可能性。"事实上,地域文化能以耳濡目染的方式对低龄人造成深刻影响,这种影响以潜移默化的方式进行,它灌输给了孩童基础的文化知识,塑造了他们初始的世界观。在这种影响下,以优秀的、具有代表性的地域文化在少年儿童中开展的科普工作意义重大,它担负着铭记历史、传承文化等诸多任务,同时具有塑造人格、增加涵养的深远意涵。

二、少年儿童的认知特点与地域人文历史知识的故事形态

针对少年儿童进行的地域文化普及是一项负有教育目的的传播行为,在施教与进行传播时,少年儿童与成人相异的思维方式与认知特点应是重要的关注内容,而为了与其独特的体认模式相适应,负载相关知识的传播文本与文体的选择则是考量的要点。

(一)少年儿童认知特点

从心理学对个体成长的阶段划分来看,从学龄儿童到青少年的角色跃迁是本阶段孩童发展的主要内容,在思维能力与对概念的把握程度上,后者均较前者有所发展,但仍留有前者的部分痕迹。

朱智贤指出,学龄儿童思维的基本特点是从以具体形象思维为主要形式逐步过渡到以抽象逻辑思维为主要形式。需要说明的是,与此时的抽象逻辑思维紧密联系的,仍然是极大部分的感性经验,它所提供的具体形象性仍然为主体在进行认识时所必需。

在把握概念上,处于本阶段的儿童同样难以在单一概念中顺利剖析出核心成分,对他们而言,本质内涵始终被种种生动的表象所簇拥,在这种态势下,他们难以从中获得更深刻的理解。

这种条件对施教者所提供的传播内容提出了贴切与生动的要求,知识的活化和文体的富有意趣成为这一要求的具体表现。只有使用顺应儿童认知特点的传播文本,方能实现对此阶段个体的良好教育效果。

(二)故事体裁对地域人文历史知识的契合

作为文学体裁的一种,故事"具有表现人物性格,展示与主题有因果关系的生活事件,并侧重于事件过程的描述,强调情节的生动性和连贯性"的作用。而悠远的地域历史、庞杂的名宿旧事以及与现代生活有隔膜的部分人文知识是地域文化的有机组成,也是容易在惯常的平铺直叙文本中变为艰涩的内容。

呆板的形态阻碍着传播的效能,故事体裁的选用则有助于解冻这一层叙述坚冰。通过诸如对人物的塑造、事件的构拟、背景的描写与铺陈等故事化方法的运用,知识内容被包裹进了富有趣味的生动外衣,使生硬传播的阻滞得以消除,从而加大了对受众的阅读吸引力,并通过"通俗生动的语言、推己及人的情感,能快速地引起读者的注意,使人们感同身受,触动人们心底的柔弱净土",最终令知识的潜移默化得以在受众的主动关注与顺利理解下实现。

三、故事的编辑

对故事特点与效用的认定赋予了这一文体传播载体的性质,它成为进行地域文化普及的有利工具,然而在成为纯粹的传播文本之前,具体的故事内容仍需经过编辑,在整理与加工下确保与作为受众的少年儿童的认知特点和精神需求的契合。

(一)故事素材的搜集

素材搜集是故事编辑工作的初始,在此阶段需注意以下问题:

1.查检的全面性与准确性

这里的全面性是指尽可能占有更多的地方文献。从横向宽度上看,书籍、期刊、报纸等不同类型的文献均可摘录;从纵向深度上看,在由古至今各个时代产出的资料上都可以进行提取。不同的作品门类对某些素材有着天然的集中性:如传记、传略传述主人一生故事;方志、地志偏重记载闾巷风俗、地名沿革;今人的一些历史拾遗作品(如散文、短篇小说等)则以从不同侧面记录地域历史文化的方式满足着材料搜集的需要。

准确性则是指选取内容应受地域与文化概念的限制,选材需广泛,但在审核时不能太过宽泛以至于未与概念沾边。

2.内容的丰富性

地域文化涉及甚广,具体而言,人、事、物则是展现地域文化内涵的三个主要向度,名人趣事、社会事件、文物制度等均可从某一日常细节切入来进行关联选用。

3.精神内涵的积极性

搜集工作要从素材中挖掘、提炼具有向上意义的精神品质,以蕴含着正确价值观的故事内容向少年儿童进行传播,以起到潜移默化的精神示范作用。

4.文本的权威性、典雅性

应主要选取知名作者及专业研究人员的著述,确保故事、史实的真实性及文章的雅驯、不粗俗。

(二)故事文本的改编

少年儿童的认知具有抽象与具象交杂、概念掌握能力不足等特点,针对这些特点,对搜集到的故事进行适度改编是遵循受众认知规律的必然,同时,改编行为暗含着潜在的解释与引导效用,经过改编的故事文本能够进一步贴合少年儿童群体的审美趣味和认知规律,有助于创造"属于他们的意义世界"。

归纳起来,文本改编主要有以下4个策略:

1.补充基础知识、背景信息及常识性内容

绝大多数故事的写作是以成人为目标读者的,成人的知识储备丰富,可是一些不言自明的常识或概念对儿童来说却会显得空洞生涩,一些人情世故以及故事背景的宏大亦会对儿童读者清楚地理解故事构成妨碍。所以,在文本中适时补充说明,对于儿童来说是情节开展的必要前提,因此,在改编时必须首先重视这一问题。

2.采用拟人、比喻的修辞手法,适当使用方言

基于少年儿童仍然以具体形象为主的认知特点,在故事语言风格乃至修辞手法的运用上,拟人、比喻这一类方法应该得到较广泛的运用,它们能够使文章更为浅近,使文本氛围变得活泼,降低其中概念及言说内容的理解难度。另外,在编辑中,对方言词及方言表述方法可以尽量宽大,除了上述作用,方言所带有的不可代替的地域生活气息在为文本打上地方烙印的同时,也更能吸引小读者对平易、贴切的文本的注意,并提升阅读效果。

3.还原场景,表现性格

对故事的冷静直白叙述会使其戏剧性大打折扣,缺乏描写的矛盾片断与转折场景不仅无法表现出故事的张力,也使身处其间的人物黯淡无光,更与少年儿童追求形象性、可感性的阅读认知方式相悖。在改编中,应注重对事件发生场景的渲染,以典型片断突出人物个性,通过丰富描写内容增加故事的可读性,使受众对知识的印象与体会得到加深。

4.构思相关情节,揭露深刻内涵

情节的曲折和内部要素的和谐促成了好故事的诞生。美国著名编剧罗伯特·麦基认为:"一个讲得美妙的故事有如一部交响乐,其间,结构、背景、人物、类型和思想融合为一个天衣无缝的统一体。"这一优秀作品的共性启发我们,在改编时仍要注意谋篇布局。在对和谐的谋求中,除了故事发生场景需要得到渲染,故事情节更应有精彩而完整的叙述。某些时候,故事的隐匿片段与意味甚至需要改编者加以合理的揣摩想象,在相关情节的营造和铺设中完成对深层内涵的展露,表现高尚的道德取向,使知识以外的人格光辉闪现于儿童读者眼前。

参考文献

[1] 唐永进.繁荣地域文化,促进社会经济发展——"地域文化与经济社会发展研讨会"述要[J].天府新论,2004(5):143-144.

[2] 李建平.关于地域文化研究的几个问题[EB/OL].2006-03-14.http://theory.people.com.cn/GB/49157/49165/4198898.html.

[3] 张凤琦."地域文化"概念及其研究路径探析[J].浙江社会科学.2008(4):63-66.

[4] 鲍荣龙,何滨海.青少年科普教育理论与实践探索[J].当代教育论坛,2008(12):47-49.

[5] 露丝·本尼迪克特.文化模式[M].王炜,译.北京:生活·读书·新知三联书店,1988.

[6] 朱智贤.儿童思维的发生与发展[J].北京师范大学学报:社会科学版,1986(1):1-9.

[7] 王辉武,田生望.故事,科普创作中的最佳体裁[C]//中华中医药学会.2007全国中医药科普高层论坛文集.2007.

[8] 穆雪.浅析故事性在图书出版传播过程中的运用[J].出版发行研究,2011(10):12-15.

[9] 陶建君.幼儿故事讲述改编策略[J].文学教育(上),2014(11):104-105.

[10] 罗伯特·麦基.故事——材质、结构、风格和银幕剧作的原理[M].周铁东,译.中国电影出版社,2001.

(北碚博物馆)

高校讲解型科普志愿者的管理与培训方式初探

——基于重庆科技学院科技探索体验中心

张雪梅

摘要：随着近几年国家对科普工作的重视，重庆市各科普基地也大力招募科普人员，各大高校科普志愿者人数不断增加。本文就高校科普志愿者的管理方式、培训内容及讲解重点展开研究，从科普志愿者实践的角度，多方位思考科普志愿者的管理与培训形式，为打造高校讲解型科普志愿者建言献策，以便让更多科普志愿者更好地服务大众，扩大科普活动影响力，提高重庆市公民科学素养。

关键词：科普志愿者；科普讲解；管理制度；培训方式

公民科学素养近几年来备受国家关注，"十二五"规划及一系列法律法规等重要文件均对公民科学素养给予了关注，这也表明了提高公民科学素质的重要性。而提高公民科学素质的重要途径之一便是面向公民普及科学技术知识，在这一方面，科普志愿者将会发挥更大的作用。梁皑莹（2010）对科普志愿者的内涵阐述为：科普志愿者是不谋求物质回报，且自愿奉献自己的时间和知识，积极参加或组织与科普教育相关的活动及服务，致力于公众科学素质水平提高的人士。

一、高校科普志愿者的现状

（一）需求背景

公民科学素质水平是决定一个国家整体素养的重要指标。中国公民科学素养的调查统计从1992年起到2015年，已统计了9次，其结果显示我国公民科学素养总体发展趋势是逐年提升，但与国外相比仍有差距。《中国公民科学素质调查报告（2015—2016）》显示，在抽样调查的北京、重庆、广州、黑龙江、湖南和陕西6个省（市）中，重庆市的科学能力（科学知识、科学思想、科学能力）方面的总体答对率要低于其他省（市）；在职业分类的调查结果中，重庆市公务员群体及知识分子科学素养达标率居中，其他人员达标率垫底。由此可知，重庆市公民科学素养明显偏低，这也表明我们迫切需要一批有知识、有能力、有时间的科普志愿者向广大市民宣传科学知识。

（二）发展现状

各大高校作为培养人才的地方，其内的知识学习与传播也处于最佳氛围。从高校中选取热爱公益、热爱科普、知识基础扎实的大学生作为科普志愿者，通过相关培训后，承担讲解员的工作，这更有利于科学知识的传播。

重庆科技学院科技探索体验中心科普基地是基于重庆市大学物理实验教学示范中心的特色实验室，此科普基地授牌成立于2012年5月。基地实验室面积近800平方米，科普项目120

多项,仪器台套数近 150 套。基地科普项目涵盖力学、热学、光学等丰富的物理现象。科技探索体验中心以"国内先进·体验特色"为建设目标,通过科技体验、科教展览、科学实验、科技培训等形式和途径面向公众开展科普教育活动。

科技探索体验中心于 2014 年组建了科普志愿者团队,最初有科普教师 5 人、科普志愿者骨干 4 人。到目前为止,中心已有科普教师 10 人、科普志愿者骨干 30 人,已形成一支具有较高专业水平的、年级梯队合理的稳定的志愿者团队,他们完成了基地大部分的科普任务。另外,中心还聘请退休高级工程师 1 人,以加强科普仪器维护、维修、研发等工作。每名科普志愿者都已填写根据市科协文件要求而编制的《科普志愿者注册登记表》。

科技探索体验中心重视科普志愿者团队的发展。在 2014 年 12 月 5—7 日,基地有 5 位科普老师和 4 位科普志愿者接受了重庆市首届科普人员及科普志愿者培训并获得培训证书。另外,基地的科普志愿者连续两届参加重庆市科普讲解大赛暨全国选拔大赛,在比赛中经历锻炼与学习的同时,也提高了科普志愿者团队的讲解能力。

二、高校科普志愿者的管理方式

自从 2014 年 9 月科技探索体验中心引进大学生科普志愿者以来,该团队从最初的 4 人扩展到现在的 30 人,已建立起科普志愿者的管理制度,逐步规范落实,提高管理效能,充分发挥科普志愿者的作用,调动积极性,广泛传播科学知识,扩大科普影响力。

(一)健全体系,规范管理制度

由科技探索体验中心组织建立科普志愿者团队,制订相应的规章制度管理团队的每位成员。目前,中心主要的管理制度有《科普志愿者守则》《科普工作制度》等。团队设立了外联部、办公室、宣传部、科研部,各部门各司其职,团队成员相互协助完成每项科普任务。团队在逸夫楼设立了专用的办公室,办公设备有办公桌、档案柜、计算机、留影板等。团队逐步完善了科普志愿者的招募机制、科普志愿者的培训机制,严格把关活动开展、活动反馈、总结评估以及资料归档等几个环节。

(二)确立经费支持,选用奖惩制度

根据每位科普志愿者的工作表现给予一定的科普补助,充分挖掘每位科普志愿者的潜在才能。虽然科普活动属于自愿性的公益活动,但考虑到大学生还是消费者,基本的费用支持还是必需的。例如,出团的路费、活动餐费、辅导资料费等。只有落实相关费用支持,才能确保活动的正常有序开展,也算是给大学生锻炼的机会,进行勤工俭学。

(三)注重总结,共同进步

在每次总结中得到经验与教训,弥补不足,在不断进步中构建更和谐的团队。每学期开一次大型科普活动工作交流会,特邀老师为嘉宾,我们称之为茶话会,总结本学期的大小活动并提出下学期的工作计划。每年在新生入学、科普志愿者招新完成之后,结合对新的志愿者的培训,也会总结一年来科普志愿活动的成绩与不足,一般由老生进行汇报,指导教师点评。

三、高校科普志愿者培训的重点及方式

对基地的每一位科普志愿者,我们都将进行理念培训、技能培训、通识培训。理念培训主要针对科普志愿者的精神层面,包括态度、价值观、奉献精神等;技能培训主要针对科普志愿者特定岗位的具体服务要求,包括讲解、仪器操作等;通识培训主要针对科普志愿者的介绍和服

务能力,包括对外交流的语言组织、术语规则、机构建设、人员配置、时间安排、活动种类、评价程序和服务要求等。

我们的培训侧重点是科普讲解,也就是说科普志愿者还有一个身份是讲解员,不但要有扎实的知识水平,还要有讲解的技巧。我们的培训方式主要有介绍性培训、体验式培训、经验分享式培训、分组讨论式培训、实践式培训;主要形式有集中授课、科普报告、科普讲座、现场示范、相互交流等。每次培训时长在2小时以内,充分利用大脑注意力集中的时间段。

(一)科普讲解基础

1.标准的普通话

标准的普通话作为中国通用语言,不仅是一种形象代表,也是一名讲解员的必备条件之一。我们特邀重庆大学播音主持系的教授为科普志愿者培训普通话发音,针对每名科普志愿者的方言特点,一一进行指导并亲授练习方法。

2.准确丰富的科学知识

准确丰富的科学知识是担当讲解员内在必备的科学素养,对科学知识有了准确的认识,才能在讲解中准确无误地用通俗易懂的语言向不同层次的听众进行讲解。科技探索体验中心的老师会对每一位科普志愿者进行试验仪器的科学知识培训,让他们在体验中了解每项试验仪器的科学知识。除此之外,还有相应的科学知识资料库,为科普志愿者学习科学知识提供全方位的保障。

3.简洁统一的着装

科普志愿者作为讲解员为他人进行讲解时,要有简洁端庄的着装。统一的着装会给听众带来视觉的享受,更能给人组织性强的感受。科技探索体验中心的科普志愿者都有统一的着装与讲解设备配置,讲解中充分体现了组织性与纪律性。

(二)科普讲解技巧

1.语言通俗易懂

通俗易懂、自然亲和是讲解的基本要求,直观、生动、趣味、幽默是科普讲解不可缺少的表现要素。在讲解中,善于举例与比喻,将科学知识融入人们普遍关心的问题或与人们日常生活密切相关的现象进行讲解,再加上实物演示的真实性与科学性,就更容易让人了解。同时也务必强调其对人们的重要作用和价值。对于不同年龄层次的听众,还可采用不同的讲解语言,将科学知识分散讲解。

2.巧用肢体语言

讲解时应多运用科学语言和其他辅助表达方式(包括肢体语言、态势语言)向听众传递知识。肢体语言不仅能拉近彼此心灵的距离,也能表达自身的情感。在讲解过程中,我们的手势要辅助表达的内容,给人舒适、亲切的感觉。同时,被誉为"心灵的窗户"的眼睛,既要认真注视他人陈述,也要流露真诚之意。我们特邀西南大学新闻传媒学院的教授给科普志愿者作关于讲解技巧的讲座,从理论到演示都一一呈现,同时,特别提到肢体语言的重要性。

3.突出重点科普知识

在科技探索体验中心的众多体验项目中,每件仪器都体现了不少的科学知识,而科普志愿者在讲解中就应该找准每件仪器的重点科学知识,运用各种讲解技巧向听众突出重点科学知识的价值所在。

（三）科普讲解类型

不同的讲解类型给听众的感受不同，达到传播科学知识的效果也不同，主要有解释型、故事型、推理型、演示型、互动型、综合型。解释型侧重于以讲述的方式全方位讲解科学知识，帮助听众了解其基本原理或方法；故事型侧重于从故事开始逐步讲解科学知识，适合青少年听众；推理型侧重于提出生活现象来引导听众进入观察、探索、思考的过程，加深听众掌握科学知识的理解过程；演示型侧重于直接演示实验现象，能调动听众的参与积极性，更加直观地掌握科学知识；互动型侧重于双向交流，共同挖掘科学知识；综合型侧重于运用各种讲解技巧的结合，多角度、多途径的讲解给听众更亲切、有趣的感觉。

四、总结

国家相关规划中已经提出提升公民科学素养的要求，科普志愿者的需求量将会不断加大，如何管理及培训科普志愿者团队是一个至关重要的现实问题。本文着重思考了打造讲解型科普志愿者团队的相关要点。要想建立一个强大的科普志愿者团队，就要有具体的管理制度，多方面考虑需求，切实完善管理方案。当然，在培训志愿者方面，要特别注重科普志愿者的讲解能力，这有利于让科学知识更好地传播；要注重培养科普志愿者的服务意识和个人能力，挖掘每个人的优势，充分发挥作用，不浪费人才。

科普志愿者团队作为现代社会传播科学知识、提升大众科学素养的团队之一，应探索并构建良好的管理制度以利于其团队的发展。不过科普志愿者的管理与培训是个长期的过程，需要多方配合、合力打造，才会有卓越成效。

参考文献

[1] 梁皑莹.美国科普场馆志愿者服务对我国科普志愿者队伍建设之启示[J].科技管理研究，2010,30(16):257-258.

[2] 李群,陈雄,马宗文,等.中国公民科学素质调查研究报告(2015—2016)[R/OL].2016-02-04.http://www.cssn.cn/dybg/dyba.wh/201602/t20160204_2859362.shtml.

[3] 潘文彬,李红宾,胡艳芝.浅议大学生科普志愿者的管理[J].漯河职业技术学院学报，2014,13(6):153-154.

[4] 曹梅芳,李相颖.科普志愿者培训需求分析及建议[J].科技创新与应用,2014(20):253-255.

[5] 邱成利,刘文川.提高科普讲解能力的方式与途径初探——基于全国科普讲解大赛的分析[J].科普研究,2015(5):83-91.

[6] 黄雁翔.武汉地区科普志愿者发展情况与对策研究[J].科普研究,2015(2):51-60.

（重庆科技学院科技探索体验中心）

近三年重庆市青少年科技创新大赛作品现状调查研究

王文胜[1]　林长春[2]

摘要：本文在对2012—2014年重庆市青少年科技创新大赛竞赛项目获奖作品的区域分布、学科分布、获奖情况、作品创作方式等相关情况的有关数据进行深入调查分析的基础上，进一步剖析各区县活动开展的统计情况等，从而勾勒出重庆市青少年科技创新大赛的发展现状，并针对当前存在的问题，提出了有利于推进青少年科技创新活动的建议。

关键词：重庆市；青少年科技创新大赛；作品现状；建议

在首届全国青少年科技创新大赛上，邓小平同志亲笔题词："青少年是祖国的未来，科学的希望。"青少年思维活跃、创新意识强，具有丰富的想象力和创造力，是科技创新的有生力量。当前，我国迫切需要加强科技教育，激发学生的科技兴趣，提升学生的创新精神和实践能力。青少年创新大赛正是为满足我国经济和社会发展对具有创新精神的科技人才的需求，为提高学生的综合素质打下坚实的基础而举办的课外综合性科技大赛。重庆市青少年科技创新大赛至今已成功举办29届，现已发展成为我市青少年科技活动中竞赛项目最多、档次最高、参与面最广、规模最大的一项全市性活动。随着各级青少年科技创新大赛的蓬勃发展，促使广大青少年科技爱好者参与到不同层次的青少年科技创新大赛中，其已成为发现和培养科技创新后备人才的一个重要平台。在取得成绩的同时，我们也清醒地看到，大赛还存在着不少的困难和问题。本文希望通过对近三年大赛情况的认真研究和分析，抓住症结所在，提出建议，为有关部门的决策和今后参加创新大赛的学生和教师提供参考。

一、近三年重庆市青少年科技创新大赛活动作品的现状统计分析

（一）区域分布情况（见图1）

按照主城九区、市直属学校、其他区县来划分统计获奖总数，可以发现九所市直属学校的获奖总数三年来基本保持在25%左右；区县从45.76%上升至46.90%，三年来有所进步，虽然获奖总数占比最大，但与其参加活动总人数的比重相比仍显得较为薄弱。这种区域分布不均衡的状况与其受限于区县基础薄弱、资源匮乏等原因息息相关。据统计可知，区县参赛作品水平普遍不高，特别是万盛经开区、黔江区、大足区、武隆区、璧山区、梁平区、巫山县等地区，三年来在青少年竞赛项目中的获奖总数不超过3项，而且许多区县近三年来青少年竞赛项目都没有一等奖作品。

（二）获奖情况（见图2）

经统计发现，主城九区和市直属学校无论是总获奖数还是一等奖作品获奖占比，近几年都占了一半以上，充分显示了主城学校在活动中的优势。虽然区县学校的参赛水平有所提高，但相比主城九区和市直属学校，还存在一定的差距。例如，市直属中学的论文作品几乎包揽了高

中组科学论文项目的一等奖,近三年中仅流失该项目的两个一等奖。

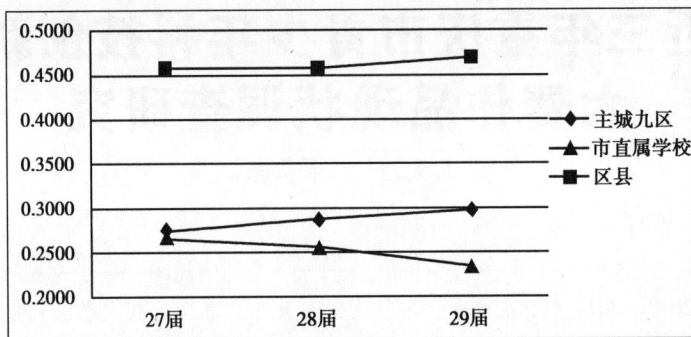

图1　近三届大赛各区域获奖总数占比情况

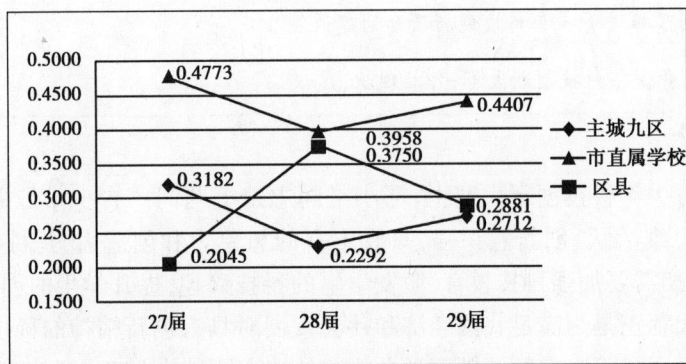

图2　近三届大赛各区域一等奖作品获奖占比情况

（三）参赛作品学科分布情况

根据《全国青少年科技创新大赛规则》的学科分类和学科认定规则,小学生科技创新成果竞赛项目按研究领域分 5 个领域;中学生科技创新成果竞赛按研究学科分为 13 个学科。

分析近三年相关数据可以发现,重庆市青少年科技创新大赛学科分布较广,涵盖了大赛的所有学科类型。中学生获奖作品学科分布主要集中于工程学、物理学、行为与社会科学,占总获奖数的一半以上。尤其是工程学,三年来基本都占 35% 以上。其他学科则基本保持在 5%以下,甚至数学还出现零的现象。小学生获奖作品主要集中在技术与设计领域,占总数的60% 以上。

（四）学段分布情况（见图3）

从近三年获奖作品学段分布可以看出,初中生获奖比例远远落后于小学,甚至严重落后于高中,成为青少年科技创新大赛各学段中最低迷的一个群体。这暗示着初中生的参赛积极性不足,作品质量不高,是大赛反映出的最薄弱的教育环节。值得高兴的是,近年来初中生参赛获奖数量有上升趋势。

（五）参赛作品创作方式情况（见图4）

对近三年参赛的创新发明、科学论文项目中的获奖作品进行统计分析后发现,近几年创新发明、科学论文的集体创作均呈现上升趋势,创新发明项目中个体创作方式仍处于较高水平,而集体创作方式比重较低。随着现代科技的发展,相关活动越来越强调团队合作。在今后的活动中,要积极引导学生在科技创新活动中更多地采取集体创作的方式,培养学生的团队精神。

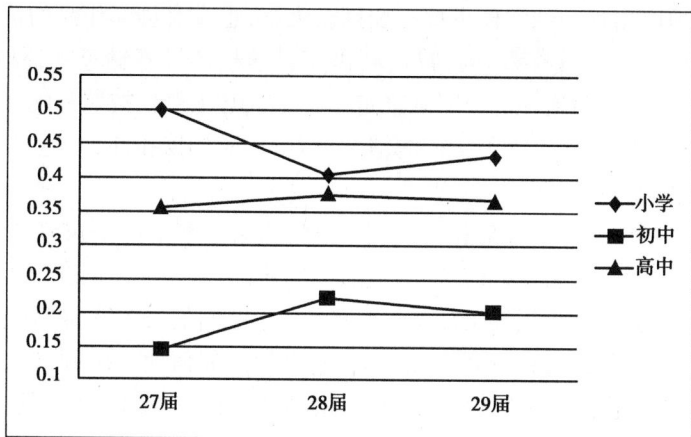

图3　近三届大赛获奖作品学段分布

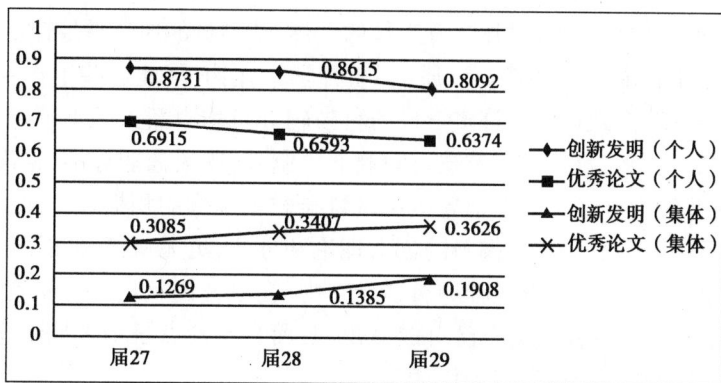

图4　近三届大赛获奖作品创作方式比较

二、近三年重庆市青少年科技创新大赛活动存在的主要问题

(一)区域、城乡之间发展不平衡

从各区县报送的活动开展情况统计表和总结来看,有些区县活动持续开展多年,组织也已相当成熟,在学校和学生中有普遍的知名度和影响力,并成为该区县青少年创新的品牌活动。然而,也有个别区县才刚刚起步,如潼南区才成功开展2届,永川区也仅举办4届。此外,巫溪县和城口县还出现了未举办和开展活动的情况,甚至市直属学校中的外语学校还出现了停办的现象。

部分区县活动集中在少数学校的情况比较严重,如黔江区、武隆区、巫山县等地。在这些地区,只是少数城区学校开展了活动,在更多的农村地方学校还是空白。

该活动虽然在我市持续火热开展着,但并没有在各地区形成较宽的网络及覆盖面。这说明目前重庆市中小学科技创新教育主要在经济较为发达的城市。一方面,农村经济和科技水平本来就偏低;另一方面,由于教育资源的不均衡,受经济和社会条件的制约,又使得其引进人才、转型升级、提升地区竞争力显得更为迫切和艰难,农村教育难以培养出创新人才,这必然导致穷者愈穷的恶性循环。这种现象亟待引起有关部门的重视,以带动更多的优秀人才及教育资源向区县倾斜。

（二）地区内发展不平衡，个别学校参与积极性不高

大赛在全市范围内火热开展的背景下，除了区域、城乡的不平衡外，根据各区县上报的总结情况来看，有些地区出现个别学校没有参加创新大赛，也没有创新作品的情况。学校既没有广泛发动学生积极参与，也没有举办科技创新讲座。学校领导不够重视，科技辅导员敷衍了事。科技创新大赛的相关实施办法中明确规定了各地区必须严格按照分配名额统一上报参赛作品，超件作品一律不予受理。以上学校的情况，与市直属学校和部分区县反映的申报名额偏少的冷热矛盾形成鲜明对比。

究其原因，这是各区县领导干部和学校领导科学决策水平不够，未能充分认识到科技创新教育对学校创新教育的实施、对科技教育师资队伍的建设、对青少年创新思维和实践能力的培养均能发挥很好的引领作用。领导干部是关键的少数，他们的决策直接影响活动的组织和开展。只有组织好，才能开展好；只有开展好，才能效果好。如何使上级领导的意图变为广大师生们的具体行动，发挥好纽带和桥梁作用是有关部门和学校应该思考的问题。

（三）科技辅导员制度缺失，指导乏力

青少年科技活动是培养青少年科学素养的有效途径。科技教育发挥着重要的、不可替代的作用。科技辅导员是直接从事科技教育工作的群体，辅导员的地位举足轻重，在活动中的作用不可低估。但由于其属于课外辅导性质，不与升学率挂钩，因此这些工作未能列入其工作量，长期以来没有编制，导致近年来许多学校的科技辅导员均由新入职老师担任，有些学校甚至出现了断层现象。再者，科技辅导员缺乏职业准入制度，既无任职标准，也没有职称评定的制度保障，在一定程度上挫伤了科技辅导员从事科技教育工作的积极性。而且科技辅导员的教学任务重，缺乏研修机会，无法掌握新的创新理论和方法，更无从接触和了解科学发展的前沿信息。加之创新大赛年年搞，导致辅导员指导乏力，在思考创新点子上受到很大困扰：学生创造性不强，创作点子简单或市场上已有成品出现，而自身的点子不多或者思考的点子太复杂，使师生通过自身条件又难以完成创作任务。

（四）功利性因素残留，参赛作品水平仍不高

近三年来重庆市青少年科技创新大赛的参与人数多达50万。特别是与中、高考优惠政策挂钩后，大大调动了学校、师生的积极性，使创新大赛的普及程度日益扩大。而近年来随着高考加分政策的调整，我市参赛作品数量逐年减少，其隐示着创新大赛功利性因素的存在。因保送生资格、加分政策等功利因素的存在，也使创新大赛出现了一些集体项目搭便车、成人包办、抄袭往届作品等不和谐行为。

从各地区上报的参赛作品来看，即便是获奖作品也存在着：创新发明类作品科技含量不高、针对性不强、制作工艺粗糙等问题；科学论文类作品创意表述不完整、深入不足、作品质量不高等问题。

（五）活动的统筹协调机制失灵

各市级组织部门制订活动组织方案时，没有自上而下来考虑组织结构的设置。从各区县上报的统计表可以看出，各区县大赛的组织机构并不统一，有区教委、区科委、区科协、区青辅协等。因未能建立一个规范化、常态化的组织机制，部分区县的活动组织机构不断更替，导致在活动的开展、组织和评选中存在断层和衔接上的问题。

各市级组织部门在下发活动通知文件时，也没有对各区县申报材料的规范提出相关要求。

从各区县上报的申报材料来看,申报材料存在大量不规范的问题。各区县大赛开展情况的统计信息乱象丛生,严重影响了对基层活动开展情况的把握。

三、提高重庆市青少年科技创新活动水平的若干建议

(一)建立统筹协调运行机制,进一步明确工作职责

要为青少年科技创新大赛提供强有力的制度保障,确保活动有力、有序开展,就必须加强各相关部门之间的统筹协调,建立有效的工作机制和组织架构。在制订活动组织方案时,要加强协调和沟通,总结以往及各地区的经验,全盘考虑,形成自上而下的组织架构。要明确职责,密切配合,保障各方的协同,并不断完善和健全工作管理办法、监督体系及长效机制等事宜。要鼓励区县谋求区域资源统筹和共享,探索建设区域科技教育合作新机制,不断提高各学校参与科技创新大赛工作的积极性,不断壮大科技辅导人员队伍。

(二)加强青少年科技教育工作,搭建创新平台

要充分发挥科技教育课程和教学的主阵地作用,促进中小学科技教育课程化、常态化、长效化。要大力开展形式多样的科技实践活动,培养学生的科学求真精神,锻炼实践创新能力。同时,要切实加强科技教育的组织和管理工作,确保科技教育工作落到实处。各级科协、教委要坚持服务于青少年成长的需要,服务于青少年科学素质提高的需要,进一步整合资源,搭建平台,推动全市青少年科技教育工作迈上新台阶。

(三)广泛开展各类青少年科技活动

在做好课堂教学的同时,各学校应以学校为主体,依托地区良好资源,积极开展各类青少年科技实践与研究活动。在科技教育工作中,遵循校内外相结合的原则,实施科技实践活动,创造条件帮助学生开展一系列天文、气象、生物、机器人、信息技术、环境监测等研究活动。积极组织各类青少年科技竞赛活动和开展形式多样的课外科技实践活动,建立科技兴趣小组,举办科普报告会、科普展览、科学调查体验、科技夏(冬)令营等课外科技活动。深入开展各类科学普及活动,着力培养和提升人的科学素养。加强农村学生及初中生等薄弱环节的科技教育工作,促进科技实践活动更加公平普惠,整体提升全民科学素养水平。

(四)整合资源,优化青少年科技活动环境

学校应整合各方资源为青少年科技创新活动创造条件、营造氛围。学校要充分利用本校现有资源开展科技教育活动。加强与大专院校、科研单位、企事业单位的联系协作,建立友好合作关系,利用其仪器设备、实验室、图书室、专家报告会、选修类课程等丰富资源为开展青少年科技教育活动提供进行研究活动的机会和场所。整合高校、科研院所、科普基地和科技型企业等校外科技教育资源,探索建设一批符合青少年特点、满足青少年需求、促进青少年创新的活动中心,使其成为学校开展科技教育工作的坚强后盾,逐步建立青少年校外科技教育体系。

(五)完善制度,强化培训,培养高素质科技辅导员队伍

完善科技辅导工作机制,制定科技辅导员职业准入制度、任职标准和职称评定的制度保障,更多用制度、政策、机制来推进科技辅导工作。加快培养一支从事青少年科技制作、科学研究、活动策划等多种类、多层次的专兼职科技辅导员人才队伍。科技辅导员队伍的不断壮大、素质和能力的不断提高,必将使科技教育工作在构建创新型国家的进程中发挥出更大的作用。

(六)加大经费投入,加强基础设施建设

青少年科技创新大赛作为提升青少年科学素质的重要载体,正是推进未来科技持续发展

237

的一项基础性工作。工作要做好,一是人,二是钱。各级党委、政府要在政策、经费、场所、人员等方面大力支持青少年科技创新活动,为青少年科技创新创造良好条件;各有关部门要加强协作,搞好服务,支持各学校、各相关单位开展青少年科技活动,努力在全社会为青少年科技创新营造良好氛围;各学校在安排经费时,要把青少年科技活动经费列入预算计划,做到专款专用。

(七)组织交流活动,指导基层工作,促进各地区均衡发展

区县青少年科技创新大赛工作是我市青少年科技创新大赛整体工作的重要一环,各市级部门要充分发挥自身优势,利用好所掌握的资源,引导、支持和帮助区县进一步提高认识,加强区域内科技资源的有效整合,提高工作水平和科技活动的组织策划水平,开展凸显优势、特色鲜明的科技活动。要加强对基层青少年科技创新活动管理人员的专业培训,可以邀请国内相关专家来渝举办高层青少年科技创新活动管理讲座,组织部门、区县活动管理人员到青少年创新工作先进地区调研、学习。总之,要不断拓展工作思路,创新工作方法,切实提高青少年科技创新活动的管理水平。

238

参考文献

[1] 刘延东.在第九届中国青少年科技创新奖颁奖大会上的讲话[EB/OL].2014-08-20.http://www.jledu.com.cn./html/tuanjian/xuexiyuandi/2014/0922/20492.html.

[2] 吴斌.福建省青少年创新大赛的现状与分析[J].学会,2008(12):49-53.

[3] 中国科协青少年科技中心.全国青少年科技创新活动服务平台[EB/OL].http://www.xiaoxiaotong.org/.

[4] 重庆市科学技术协会.重庆市青少年科技创新活动服务平台[EB/OL].http://chongqing.xiaoxiaotong.org/.

[5] 王灿明,张海燕.江苏省青少年科技创新的现状、问题与对策[J].中国青年研究,2009(1):95-99.

[6] 李秀菊.中学科技创新大赛优秀项目学校教育环境的研究[D].北京:北京师范大学,2008.

[7] 《国家科学教育标准》科学探究附属读物编委会.科学探究与国家科学教育标准——教与学的指南[M].罗星凯,等,译.北京:科学普及出版社,2004.

[8] 詹秀玉.科展表现优良师生之互动历程分析[D].中国台北:台湾师范大学,1993.

(1.重庆师范大学 2.重庆师范大学)

英国科技节：概述与启示

张正严

摘要：英国科技节历史悠久。科技工作者可以以展示科研成果、讲座、赞助等多种形式参与科技节。英国科技节里的青少年项目以交互性活动为主。英国科技节对我国科技团体举办科学传播活动有很好的启示：一是科技团体要大力推动科技工作者、公众与社会的互惠共赢；二是科学传播活动要注重青少年的交互体验。

关键词：科学家；科学传播；科学活动；青少年；交互体验

2016年5月30日，中共中央总书记、国家主席、中央军委主席习近平在出席全国科技创新大会、中国科学院第十八次院士大会和中国工程院第十三次院士大会、中国科学技术协会第九次全国代表大会时发表了重要讲话。习近平强调，科技创新、科学普及是实现科技创新的两翼，要把科学普及放在与科技创新同等重要的位置，普及科学知识、弘扬科学精神、传播科学思想、倡导科学方法，在全社会推动形成讲科学、爱科学、学科学、用科学的良好氛围，使蕴藏在亿万人民中间的创新智慧充分释放、创新力量充分涌流。

国务院在《全民科学素质行动计划纲要（2006—2010—2020）》（以下简称《科学素质纲要》）中明确指出："增强科技界的责任感，支持科技专家主动参与科学教育、传播与普及，促进科学前沿知识的传播。"如何贯彻落实国务院《科学素质纲要》的任务要求，建立科技界参与科学教育与传播的有效机制，是我们当前需要解决的重大国家战略需求问题。

我国中小学科技教育要想实现跨越式发展，既需要教育界的不懈努力，也需要社会各界特别是科学技术界的积极参与。近年来，科学家参与科学传播活动越来越频繁，科学传播活动的形式也趋向多元化发展，这也就促成科学界向外输出越来越多。科学传播活动的形式多种多样，通常是科学家或者科研工作者以团体的名义举办一项科学活动，当然也有以个人形式参加某项科学传播活动的，如政府组织一项科学讲座，邀请科学家作为嘉宾参加。

科技界的主体是科学家以及由其组成的各种科技团体，后者是科技界的重要力量和参与社会活动的主要代表。英国是一个极其重视科学、教育的国家，英国科技团体通过整合政府、企业和社会等各种力量，形成了成熟灵活的科学传播和科学教育网络，已成为英国科学传播和科学教育工作的主要承担者。英国的科普教育和科学传播活动背后不仅有巨大的政府投入，更重要的是它依托着一个成熟密集的科技传播社团网络。英国科学家通过科技社团参与的教育活动中最广为人知的就要数由英国科学促进会主办的大型科普活动"英国科技节"了。下面本文就以英国为讨论对象，对科学家介入科学传播活动的实践进行讨论。

一、英国科技节的历史

现在的英国科技节理念可以追溯到1989年4月的爱丁堡，当时英国举行了为期一周的官方与民间联合的科普活动。经过多年的发展演变，它如今成为一个科技节，其核心内容依旧是在活动中让参加者交流最新的科技发展成果以及讨论科技对人们生活的影响。每年的科技节会在英国的不同城市举行,也有着各自不同的主题,这取决于科技进步和经济发展的需求。

而全英历史最悠久的科技活动是由英国科学促进会组织的英国科学节,始于1831年,该活动给科学家、工程师、技术专家和社会科学家提供了交流的机会,各个领域的最新信息在此交汇。正是在这样的环境中,英国发布了一个个重大的科学发现:19世纪40年代焦耳在实验中发现的热功当量、1856年贝西默炼钢法、1894年由瑞利和拉姆齐发现的第一惰性气体氩气和1899年汤姆逊发现电子等。看似一个民间活动,却是以无数的科学家和严谨的科学研究作为发展基础。不仅如此,还有成千上万的人聚集在一起庆祝科技最前沿的发展并激烈讨论影响社会文化发展的科技问题。

二、科技工作者参与科技节的方式

就以在布拉德福德举行的2015年英国科技节而言,科技工作者参与的方式主要有4种:

(1)最直接的方式当然是展示个人的研究成果。现在科技节敞开交流的大门,不管是以学者、个人还是组织的身份都是非常受欢迎的。

(2)参与提名奖项讲座。这个讲座旨在促进沟通及讨论科学问题,鼓励科学家积极去探索社会的方方面面。

(3)BSA(英国科学促进会)科学部分。在策划科技节的主题内容和对科技最新发展领域的建议中,BSA扮演着至关重要的角色。科技节总共有16个科学部分,包括物理和社会科学的各个方面。

(4)赞助方式。

三、2014年伯明翰科技节简介

英国科技节每年在不同的城市举办,在2014年9月来到了伯明翰。这是一场由伯明翰大学举办、BSA组织的科技盛典。科技节里的活动设计考虑到了每一个人,无论你是以家庭或是学校小组为单位,还是只是为了寻求娱乐的一个人,甚至是仅仅只对最新研究感兴趣的学者,在这里都可以找到让你受益匪浅的一片天地。

伯明翰科技节的内容十分丰富,设有各种新奇的活动,涉及自然科学和社会科学的各个领域。科技节的典型模式是一系列讲座、戏剧、喜剧、辩论、研讨会、展览及旅游等,范围包括从前沿科技到细小但不同寻常的科学观点、从气候变化到宇宙射线等。这些模式旨在加深科学和文化的互动,科学家在其中发挥着重要作用,这也会成为青少年接受非正式教育的一种途径。此外,还有许多专门针对学生和教师的活动,如与科学课程有关的历史研讨与展演等。

下面我们简要介绍科技节中的一些活动:

(一)艾丽丝·罗伯茨和她的机器人"Nao"

身为电视节目主持人同时也是解剖学家的艾丽丝·罗伯茨(Alice Roberts)协同她的伙伴编程机器人"Nao"一起在伯明翰图书馆作为嘉宾启动了2014年的科技节。这个环节是2014年伯明翰科技节的重要部分,目的是展示科学、技术、学习领域的成果。启动仪式中有不少吸引人的活动,包括比较人类和其他动物(如黑猩猩)的骨骼,展示非牛顿流体在奶油中"步行"等。

艾丽丝·罗伯茨还兼有作家和积极参与公共科学活动的大学教授的身份,她讲道:"2014伯明翰科技节将是一次跨越城市和地域的科学盛会","它将把前沿科技带给更广大的观众,向人们强调科学一直都是伯明翰城市发展的重要组成部分,并且现在更加重要"。

(二)青少年项目

英国科技节里的青少年项目开放时间是 2014 年 9 月 8—11 日。最让人注意的是它以交互性活动为主,它根据活动对象又分成两个部分:一是 16 岁以下有着进入大学目标的青少年;二是在科学、技术、工程和数学(简称 STEM)这些方面有所表现的 16 岁以上青少年和大学生。青少年项目活动内容五花八门,很多活动都在挑战观众的已有认知、颠覆传统观念,从新潮的机器人技术到 HS2 和大爆炸。参与设计的科学家和工程师们就一些模糊未定的话题组织了激烈的辩论活动,而且还给年轻人们提供了参与科学讨论过程的机会,让他们体会科学讨论过程中激烈的思维碰撞。

16 岁以下的青少年参加这项活动一般是作为学校统筹活动的一部分,通常以主题演讲开始和结束。其中就包括开幕式时计算机科学学院的博士尼克·霍伊斯(Nick Hawes)"被绑架的机器人故事"的演讲,还有比尔·卓别林(Bill Chaplin)的精彩演讲"探测行星和在银河系探索新世界"。在主题演讲的欢迎仪式后,青少年们还参加了两次交流活动,其中"科学事业行动区"为青少年们提供了深入了解关于 STEM(科学、技术、工程和数学)职业的信息,以便他们在未来作出最合适的抉择。针对 16 岁以下的青少年,主办方还设计了活动"通过从物理大桥坠落的水果来研究重力",还有在游戏节目中发现数学的应用。在活动结束当天,活动的形式有了一些改变,11 年级的学生被邀请到大学礼堂参加"科学大测试"。

而针对 16 岁以上的青少年,活动给予他们更多自由去选择自己感兴趣的环节,每天吸引 30 至 40 名学生参与。学院的师生设计了丰富多彩且涉及 STEM 难度不一的活动。学生根据活动内容与自身兴趣来决定是否参与,活动中 STEM 知识的难度各异,可以满足各个层次的学生的需求。针对 16 岁以上的活动设计得要比 16 岁以下的活动涉及的知识深度深得多,与其他学科的关联度也更高,如此学生才能在深度挑战中真正地正视科学的神奇伟大。深度挑战覆盖的范围包括:大爆炸、粒子物理、纳米技术、能源和药物在体育方面的运用等。这些都是更加注重青少年交互体验的活动,让他们参与科学,亲身感悟科学的魅力,远比教科书上来得有趣。

物理科学与工程学院在这项活动中作出了突出贡献,工作人员和学生通过讲座、辩论及研讨会等各种形式提供了 17 种独特的科学活动。除此之外,学校的每一个学院都收到了出席邀请,这有助于激发每一个年轻人全方位参与物理科学和工程学院设计的活动。据统计,有 8 万人参加了此次活动,其中有来自英国各个地区以及国外的 3 000 余名 14—19 岁的年轻人。

四、启示

(一)科技团体要大力推动科技工作者、公众与社会的互惠共赢

秉承"为科学创造一个开放环境的宗旨",英国科技节每年吸引国内外 300~400 位知名科学家和科学传播者来向公众介绍科学发展最新状况,给科技团体、决策者和一般公众提供了交流的平台,加强了三者之间的互相理解,这是一次非常难得的科学交流机会。提供深入交流的平台十分重要,当代科学日益横向、纵向交错发展,学科之间的联系日益紧密,相互之间的交集也越来越多,任何一门学科的突破性进展都会对其他学科产生一定的影响。同样的,任何一种创新思维方法都可以为其他学科提供借鉴,从而开拓一条全新的研究道路。科学家、学者甚至科学爱好者之间的交流越深入广泛,科学界能受到的启发也就越多。

英国科技活动的规范化、制度化、大众化、社会化,值得我们借鉴。现在,随着我国政府对科普事业的越发重视,社会上举办了各种科学活动,但整体上都未定型并缺少规范和组织性,活动内容也不够创新深入。科普工作在英国能够得到社会大众的广泛认可和积极参与。而我

国部分地区对科普工作的重视程度有待提高,所以,我们首先应该加大宣传力度让社会公众接受科普这一概念,再对其活动形式及内容加以改进。英国科技节每一年的活动都伴随着工业界的赞助参与,这一方面为当地带来了一定的经济效益;另一方面,工业界也可以更加直接地接触前沿科技,有效地将其运用到工业生产中。正因为如此,科学活动与社会是互利互惠的双方,科学活动需要政府及企业的大力支持以推动科学活动的发展,而社会建设则需要科学界出谋划策。

(二)科学传播活动要注重青少年的交互体验

英国教育更加倾向于采用交互式的学习方式培养学生。首先,交互式的体验由于强调学生自主参与、充分发挥学生的个性。在活动过程中,学生的主体作用得到了充分发挥,才能得到了施展,学生的独立性、责任心、参与意识等也进一步发展。在这里,学生渐渐习得一些成人社会的行为习惯,有助于学生向成熟转化。其次,交互式的体验给学生生活增添乐趣。活动都是学生自愿参与,自然就有着很高的积极性,也没有多少心理负担,只是在兴趣、好奇心驱使下的探索。更重要的是,相较于课堂内容,在科技节中收获的体验十分新颖刺激,能很好地帮助学生培养兴趣爱好,丰富精神生活。这些创新活动对学业不理想的学生来说尤其重要,能够帮助他们找到自己的可发展领域。在科学挑战活动中,一些学生可以脱颖而出,也许在这之前他们并没有认识到自己的潜能,学生在交互体验中更全面地认识了自己的潜能,未来就有更多机会在擅长的领域取得更杰出的成就。

中国的科技界与教育界在共同推动中小学科技教育发展的过程中虽然有很好的合作传统,但是这种合作尚未体制化、常态化。以英国科技节的现状反观我国的科学活动和内容,则后者明显比较单一,缺少多元化的交流方式,更多的是科学家单方面的活动,缺少两者间的相互沟通,思维上的互动就更少了。单一的活动方式对青少年缺少吸引力,他们更多的是被动地参与活动,自身并没有对科学的兴趣以及对未知的好奇。这样的活动就显得更形式化了,没有真实体现科学教育活动的价值。

参考文献

[1] 万兴旺,赵乐,侯璟琼,等.英国科技社团在科学传播和科学教育中的作用及启示[J].学会,2009,26(4):12-18.

[2] The history of the Festival[DB/OL].2014-04-09.http://www.britishscienceassociation.org/the-history-of-the-festival.

[3] JONES T.University of Birmingham professor launches city science festival[EB/OL].2014-04-09. http://www.birminghampost.co.uk/business/business-news/birmingham-university-professor-launches-science-6939366.

[4] Young people's programme[EB/OL].2014-04-09.http://www.birmingham.ac.uk/university/colleges/eps/outreach/bsf/young-peoples-programme.aspx.

[5] 刘秀华,张金声,刘志国.世界瞩目的英国科技节——赴英科技考察见闻之一[J].科协论坛,1998,13(5):40-41.

(西南大学科学教育研究中心)

高校科普基地场馆的功能研究

——以重庆工程职业技术学院地质陈列馆为例

崔潇妹

摘要：高校作为教学和研究机构，拥有大批科研人员、大学生以及丰富的教学资源，在科学技术普及工作方面具有很大优势。近年来，一些高校开始在校内建成科普场馆，搭建起与社会受众之间的科普交流平台，在科普工作中发挥了重要作用。高校科普基地场馆作为一种较为特殊的科普场馆，功能众多，本文以重庆工程职业技术学院（重庆地质灾害科普中心）地质陈列馆为例，简要介绍高校科普基地场馆在科学技术普及工作中的主要功能以及现阶段存在的问题，并提出对策，旨在为科学技术普及工作提供新思路。

关键词：高校；科普基地场馆；功能

一、引言

高校是科学知识和科学技术传播的重要场所，是科学研究的重要阵地。高校拥有丰富的教学资源和科技资源，在科学技术普及工作中具有特殊的优势。高校有各行业的专家、学者，他们掌握着最先进和最前沿的科学知识，可以通过一些科普讲座将科学知识用通俗易懂的语言讲解给大众。同时，高校还有一个很大的群体——充满活力且正接受着系统教育的大学生，作为科普志愿者可以很好地参与到科普工作中。因此，高校应充分发挥其优势，面向社会开展科普工作，使更多大众受益。近年来，越来越多的高校积极参与科普工作，科普志愿者活跃在每年的科技周、科普日等活动中，一些高校还充分发挥其学科优势，逐渐建成了校内的科普基地场馆，如北京大学的地质博物馆、湖南农业大学的土壤及岩石标本馆等。

二、重庆工程职业技术学院地质陈列馆简要介绍

作为重庆市唯一一所开设有地质灾害调查与防治专业的高校，重庆工程职业技术学院于2014年成立了重庆地质灾害科普中心，形成了一支以地质灾害防治为主要科普内容的地质类科普队伍。为了更好地服务大众，重庆地质灾害科普中心充分利用学校的专业平台、实验实训条件、教学标本等资源，于2015年9月建成了重庆市高职院校中唯一的地质专题科普场馆——地质陈列馆。地质陈列馆内藏有矿物、岩石、古生物化石、宝玉石等标本数千余件，陈列馆分为地史古生物展区、矿物岩石展区、专项地质展区和互动体验区4个展区，主要为参观者展示地球演化进程、地质成矿作用、地质矿产资源，揭示蕴藏在地球内部的奥秘。参观者还可以近距离观察矿物、岩石、古生物化石、宝玉石等标本，感受地质学各专业服务国家建设、个人生活的方方面面。

三、高校科普基地场馆的主要功能

2015年10月开馆以来，重庆地质灾害科普中心地质陈列馆接待了数万人次的参观，不仅

在科普工作中发挥了重要作用,也为校内教学工作提供了便利。由此可见,高校科普基地场馆功能众多,主要体现在以下3个方面:

（一）接待社会各界人士,科学知识惠及大众

作为重庆市高职院校中唯一一个地质专题科普场馆,重庆地质灾害科普中心地质陈列馆在科学技术普及工作中发挥着重要作用,接待了一批又一批观众,受众群体下至中小学生,上至高校科技工作者,充分发挥了学科优势,使地球科学知识惠及广大群众。

2015年10月,地质陈列馆一开馆就迎来第一批参观者——参加全国高职院校书记论坛的高校领导和教师们,参观者们兴趣浓厚,我校专业教师也为他们提供了专业知识的科普讲解,部分参观者对一些问题还提出了自己的见解,如地质灾害防治、宝玉石鉴赏等问题,并与专业教师进行了讨论。此外,地质陈列馆开馆以来,还接待了到我校交流的德国大学教授,以及江津地区的中小学生等群体,对于推动地球科学知识的科普工作有着重要意义。

因此,高校科普基地场馆的第一功能就是使科学知识惠及大众,可定期向社会各界开放,进行大众化科普教育。

（二）新生入学教育基地,培养学生科学精神

地质陈列馆作为我校校内的科普基地场馆,除了承担对外的科普工作任务外,在校内的教育教学工作方面也有重要意义,可作为我校新生的入学教育基地。刚入校的大一新生,在军训结束之后就可以安排他们参观地质陈列馆,同时配备学生科普志愿者为他们作讲解,这一方面可以使学生迅速了解我校的主要专业,使他们更快地投入到专业的学习中;另一方面,也有助于学生了解地球科学领域的各个分支学科,一些学生可以从中找准自己的兴趣所在和今后职业的发展方向,帮助培养学生的科学精神。

从某种程度上讲,新生入学教育也是一种科普形式,可以使刚结束高中学习的学生了解不为他们所知的科学技术,从基础学科的应试教育过渡到对某一学科的系统学习,开拓他们的视野,对接下来的专业学习大有裨益。各高校的科普基地场馆可向自己的学生开放,不仅限于相关专业的学生,对于其他专业的学生也可达到科普和培养科学精神的效果,对于拓宽学生的眼界也十分有帮助。

（三）科普工作志愿者天然的训练场

我校自2014年成立了重庆地质灾害科普中心以来,大力推动科普工作,组建了一支由专业教师和学生组成的科普志愿者团队,积极参与重庆市近两年的科普周、科普日等活动,开展了形式多样的科普活动,如地质科普展板、矿物岩石标本展、构造模型实物展示、科普志愿者进社区、参加重庆市科普讲解大赛等活动,取得了较好的成绩,也产生了较好的社会影响,这与科普志愿者平时艰苦的训练是密不可分的。

为了在实物展示科普活动中更好地为群众讲解各类标本、与群众互动,科普志愿者们在工作和学习之余,经常来到地质陈列馆,认真研习各类岩石、矿物、古生物化石以及宝玉石标本,不断完善自己的讲解内容,力争用最通俗易懂的语言将科学知识讲给大众。

此外,在2016年重庆市第三届科普讲解大赛前夕,我校举办了校内的科普讲解大赛,选拔出成绩较好的选手参加重庆市的科普讲解大赛。在比赛准备期间,选手们废寝忘食地在地质陈列馆中进行讲解训练,用专业讲解员的标准严格要求自己,选手们互相监督、纠错,从仪容仪表到讲解词,每一个环节都认真训练,最终在市级比赛中取得了较好的成绩。

因此,高校内的科普基地场馆除了可以对大众进行科学知识普及,还可以培养和训练科普志愿者,尤其是学生科普志愿者,使他们以更饱满的热情、更高的专业素养和更科学的方法投入科普工作之中。

四、高校科普基地场馆存在的问题及对策

虽然高校科普基地场馆功能众多,但通过文献检索和实地调研,笔者也发现,由于受各种因素的制约,当前中国高校科普基地场馆也存在一些不足,导致其功能没有得到很好地利用,主要表现在以下两个方面:

(一)开放主动性不强

如前所述,高校在科学技术普及工作中具有得天独厚的优势,科普资源丰富。而且高校科普基地场馆可以不局限于专门建设的科普场馆,高校内的重点实验室、工程技术研究中心、实训基地、标本室、画廊、科普橱窗等都可以划归为科普场馆,面向大众进行科普教育。但很多高校参与科普工作的积极性不够,对于科普工作重要性的认识不足,仅仅把校内的科普资源用于教学和科研,并没有积极开发其科普用途,向大众开放。有些高校虽然校内建有科普场馆,但开放主动性不强,开放次数较少。而我校地质陈列馆自建成以来,我校科普中心负责人和老师积极与江津区科委沟通,充分利用各种活动,向公众开放,产生了较好的社会影响

(二)利用率低下,管理涣散

一些高校前期花费较多资金建成了科普基地场馆,但后期就成了摆设,利用率低,开放次数较少。据调查显示,大部分高校的科普基地场馆开放次数都低于每周5次(往往只有1—2次),参观人数也只集中在1—50人的规模,并且科普基地场馆没有形成较科学的管理机制,缺乏专门的管理人员或学生志愿者,组织相对涣散。这样一来,就形成了恶性循环,管理不善导致参观人数更少,造成了科普资源的浪费。我校地质陈列馆有明确的负责人和管理团队以及学生志愿者,开馆、闭馆以及馆内设施维护等工作分工明确,管理经费充足,因此参观人次较多,效果较好。

高校科普基地场馆功能众多,一旦面向大众,就能成为很好的科普平台,但基于大部分高校的科普场馆现阶段还存在一些管理上和体制上的问题,高校科普基地场馆要在科普工作中发挥重要作用,还任重道远。笔者认为,要解决这个问题,第一,要提高高校的科普意识,高校现有的以科研和教学为主的考核体制使高校教师缺乏投身科普事业的动力,这就需要国家大力倡导,提高高校教师的科普意识,充分利用高校的科普资源,使科学知识惠及大众;第二,在提高科普意识的基础上,各高校可依托学科平台,组建科普协会或科普团队,并面向教师和广大学生群体招募科普志愿者,这样既可以推动高校科普事业的发展,又有助于对高校内的科普场馆类资源进行有效管理,定期向社会开放,充分利用好科普资源,将科普工作越做越好。

参考文献

[1] 吴秋敏,翁喜丹,杨英.如何让科普场馆发挥更好的作用——浙江省科技馆新馆功能调研纪实[J].今日科技,2004(7):38-39.

[2] 王榕军.浅谈科技馆教育在素质教育中的重要作用[J].海峡科学,2009(11):74-75.

[3] 廖超林,张杨珠,黄运湘,等.教学、科研和科普的重要基地——记湖南农业大学土壤及岩石标本馆[J].土壤,2011,43(3):498-500.

[4] 邓哲.北京高校场馆类科普资源效用研究[D].北京:北京工业大学,2013.

（重庆工程职业技术学院）

浅谈科普活动设计

彭心仪

摘要：科普活动是面向科学界以外的公众进行科学传播的有效方式之一，而通过科普活动传播科学知识，最好采取对话式、体验式和以需求为中心的活动形式，特别强调参与性、通俗性，并使用具有更多亲和力的沟通交流模式。科普活动应该是多样的、有连续性的、有逻辑性的，能够让参与者被吸引，能够让参与者主动去动手、探索、思考。学生作为科普活动主要的参与者，科普活动的内容和形式就要更加贴近学生，设计科普活动时就需要更多的相关知识。

关键词：科普活动；设计；组织管理；初等教育

科普活动设计是一种针对连续系统问题求解的思维方式，是包含多种思维决策的活动过程。科普教育活动设计是把课外活动开发的教学原理转换成教学材料和教学活动的计划，是实现科普教学活动目标的计划性和决策性的活动，它以系统的方法为指导，是提高参与者获得知识、技能的效率和兴趣的技术过程。科普教育活动一般是在对外开放的公共事业单位中开展，比如少年宫、博物馆等，有普及知识、升华内涵的社会功能。从我国的国情来看，教育资源分布不均、地区教育质量差异明显、人民群众的科学素质普遍不高等问题仍十分严重。因此，面向全社会的科学教育，不仅要注重学生的能力培养和科学知识的获得，更重要的是培养他们正确的科学态度。将初等教育的知识、能力的培养和科普活动设计结合在一起可以大大提升科普活动的效果。

一、分年龄层次设计科普活动

进行科普教育时，要根据青少年自身的特点，遵循各个年龄段的成长规律，制订出分阶段的科学课程和探究式教学法。与课堂教学的严谨和连续不同，科普教育活动开发无须将对象的认知水平逐一分开进行关注，事实上这也是不可能的，可以适当按照学龄进行认知水平预判，并分类进行内容筛选。英国的《国家科学教育课程标准》指出，科学课程应面向全体学生，充分考虑个体差异，既强调共同的核心内容，又为有不同学习要求的学生制订不同的学习计划，为提高全体公民科学素养提供保证。

根据我国的国情，笔者认为可以划分为以下年龄层次：

（1）针对学龄前儿童，主要以知识启蒙为主，用益智类玩具、科普剧等易于儿童接受的方式，将科学知识与互动娱乐相结合，在他们头脑中形成对科学概念的初步认识。

（2）针对一至六年级的小学生，主要着眼于培养他们对科学的热爱，激发他们探究科学奥秘的兴趣。例如，德国教育部资助设立了提高数学和科学教学质量的改革项目"情景教学"，针对教与学过程中存在的关键问题，以全新的改革方法和思路来设计和实施科普教育项目，帮助学生理解科学、社会和技术之间的关系。

（3）对于初、高中学生，则以使学生了解科学和技术的基本概念、培养他们对科学研究方法的关注、建立科学和其他知识的联系的意识以及训练科学的学习方法、思维习惯为主，让学生能利用科学原理了解科学过程、感知和体验科学世界。

（4）对于本科或本科以上学历的学生，则以提高学生探寻事物本质的能力或对活动本身的思考为重，有利于其逻辑思考能力、发散思维能力的提升，更有提升其除科学素养外的道德素养的功能。

（5）对于已经工作的成年人，则以加强科普在其心中的重要程度为目标，提高其科学素养，以达到对其下一代的潜在的影响和教育的作用。

二、根据活动目标人群选择活动形式

大多数科普活动都会用"学生""感兴趣的人"或干脆用"公众"来描述目标人群，但是这样的划分意义不大，因为一项科普活动不可能惠及所有人群。所以，开展活动时，要简化教育活动内容，讲解要生动活泼，使用的语言一定是儿童能够接受的、能够理解的，要避免过多的概念的直接叙述。活动可以加入一部分动手操作的实验活动部分，但操作都应该以简易为多，如搅拌、称量、配制溶液等，最好不要使用有腐蚀质的药品、有毒的药品、火等。还有，实验中的仪器要减少使用玻璃等易碎品，若必须使用，则应由操作老师提前准备好并进行演示。科普活动对于低年级儿童而言，重点在激发他们的兴趣，引发他们将来参与科学研究的热情。

青少年喜欢"动手做"活动、互动式展览和科学表演，建议将比较晦涩的内容通过竞赛、测验和动手实验等方式变得有趣一些。如果想让青少年接受讲座等说教类的活动形式，一是要让他们感觉到内容与自己的关系密切；二是谈论新颖奇特的话题；三是请他们感兴趣的人当演讲者，如宇航员、体育或者娱乐明星等。尽量避免把时间花在不受青少年欢迎的主题上。

三、设计活动时要进行情绪判断

科普活动属于非正式学习活动，与学校的正规教育相比，其结构性和连续性较弱，所获取的知识量也比较有限。但是，科普活动的优势在于给观众根据兴趣和节奏自主选择的权利。毫无疑问，科普活动会让人们感到有趣和兴奋，但是常规性或是每年都举办的活动，就要注意在活动的教育效果和参与者兴奋度方面保持平衡。借鉴探究式学习、基于问题的学习以及综合性学习的理念和做法是保证科普活动教育性与趣味性的有效措施。

少年儿童对于科普活动缺乏理性判断力，而在选择参与方面一般存在的情绪有两种：一种是积极响应，尤其是青春叛逆期前的少年儿童，都乐于响应活动的号召，而不是事前确定活动的内容和规则，这就很容易存在三分钟热情的现象；另一种是消极应对，大多数正处于叛逆期开始阶段的少年儿童，他们表面表现得对活动的趣味性和奖励毫无兴趣，只是勉为其难地参与一下，实际上内心往往跃跃欲试，是一种典型的口是心非状态。不论是哪一种，激发其参与的诱因都将根据后一种"消极应对"型的少年儿童进行设计。也就是说，诱因环节只需要关注比较难以激发的对象，尽量选择贴近他们生活的概念，但却远离他们认知的范围，也就是说活动的主题和奖励尽可能是他们有所闻却无所知的东西，比如，听说过飞机却没有实际乘坐的感受，如此就特别容易激发叛逆期少年儿童的兴趣。

四、科普活动要重视深化、激励、发散环节

深化环节是建立在诱因环节给出的概念之上的，如果诱因环节让少年儿童体验的是乘坐

飞机的感受,那么深化环节就是驾驶的学习过程。认知上强调规律揭示、方法掌握和能力提升,情感上获得陶冶。根据情感心理学的研究,教师或者活动指导人员与少年儿童发生的情感交流,也是提升活动成效的重要因素。

激励环节是在总结活动效果、检验体验成果的同时进一步开展的情感激励。任何知识的呈现只要有主观性就有目的性,价值倾向决定了很多问题在特定的环境内有其标准且唯一的认识,简单地说就是有标准答案。因此,要给少年儿童以尽可能接近标准的引导,最终由其自主得到结论并给予积极评价,那是最成功的。退而求其次的情况是对少年儿童的逻辑过程逐一分段评价,令其充分了解自己的认知与标准间的距离,并且获得克服这段距离的方法。情感上给予肯定、鼓励、支持、赞赏是最佳的,但根据叛逆期对象的具体情况,适当的挑剔甚至责备也能获得意想不到的良好结果,当然,那要根据教师或活动指导人员的水平而定。

最后的发散环节,在科普活动的开展中是一个非常见功力的环节,它涉及对活动内容的延伸和拓展,甚至是不同活动间的结合,基本上不属于常规的适合出现在"计划"中的内容,而是根据教师或活动指导人员对科普活动计划的自我诠释所进行的个人区别化的行为。当然,通过反复开展的活动获得了充分的经验以后,将发散方式写入"计划"也是完全允许的。

五、科普教育活动的设计过程往往容易出现三大误区

其一,知识灌输式,否定了科普活动是一个决策和体验的过程,而不是一个纯粹的知识获得过程;其二,形式单一,否定了科普活动是一个连续求解的递进式的情感体验与思维过程;其三,过分庞大,否定了系统问题间的连贯合理性,否定了少年儿童的心志及认知局限。而在愉快教育模式的指导下,可以有效地避免这些误区,形成主体微观、形式连贯、目标明确、内容丰富的科普活动计划。

科普活动重在公众参与,如何从民众对科学知识的兴趣和需求本身出发,创造性地组织和开展科普活动,提升科普活动的受众体验和社会效应,是各类科普活动组织者需要思考和关注的核心问题。而以体验式传播理论去探讨科普活动的组织和传播是解决这一问题的有效途径。

六、初等教育在科普活动设计中的作用

长期以来,人们都从教育的角度将科学作为文化的一部分来传播。20世纪30年代出现的科学化运动协会就以"科学社会化、社会科学化"为目标,广泛普及科学知识,宣传科学精神。该协会尤其重视对儿童科学精神的培养,"儿童及青年学生,应使其早受科学的熏陶,养成创造的心理。因之本会对于凡能引起及增进儿童想象力创造力之读物,或科学玩具,必尽力提倡之……"在科普活动中可以提高学生的科学素养,而能够将科学素养应用于学习中更是学生能力提高的一大标志。

初等教育主要是面向小学生的一个教育系统,而小学生则是参与科普活动的一个重要的年龄层次。初等教育比较全面、深入地了解学生特别是小学生的知识需求、知识掌握水平,涉及儿童心理学、儿童组织管理学,更有儿童化语言的训练以及较高的沟通交流能力的训练。所以,要实现科普教学活动的目标就要以系统的方法为指导,提高参与者获得知识、技能的效率和兴趣。在设计科普活动时,如果能够灵活联系相关知识,就有助于设计出一套切合实际、执行度高的科普活动,将教育和科普完美结合。在设计科普活动时,结合这些知识可以大大提高

学生的吸收效率,使科普效果扩大化,也能更好地培养他们的科学态度。

　　重庆师范大学初等教育学院培养学生的一个重点方向就是小学教师。在初教院设有科学教育专业,这个专业和科普的切合度最高,基础学科知识扎实且涉及面广,包括科学技术史、科学哲学、科学传播学、科学与社会等学科,它能够将科普活动原本仅仅是对科学知识、科学技术知识的传播的界限打破,并且保证科普活动的教育性和趣味性。

参考文献

[1] 中国科学化运动协会.中国科学化运动协会发起旨趣书[J].科学的中国,1933(1):1-2.

[2] 中国科学化运动协会.中国科学化运动协会第二期工作计划大纲[J].科学的中国,1935(5):3-6.

[3] 刘文军.科学普及对青少年创新能力的培养及对策思考[J].和田师范专科学校学报:汉文综合版,2005,25(2):69-71.

[4] 潘苏东,代建军.能力取向的新加坡中学科学教育改革[J].课程·教材·教法,2006(2):93-96.

[5] 陆真.德国中学科学教育教学改革项目考察报告——情景教学(化学)Chemie im Kontext的构建与实施[J].外国中小学教育,2005(12):37-41.

[6] 环蓉,潘洪建.近十年我国教学设计研究综述[J].基础教育研究,2009(2):20-22.

[7] 卓佳,颜熙,陈宝,等.国外科普工作对我国青少年科普之启示[J].重庆大学学报:社会科学版.2003,9(6):193-194.

（重庆师范大学初等教育学院）

应急救护在高校推行通识化教育的途径探究

杨　漾

摘要：应急救护在国际上是社会公众应当掌握的基本技能,但是中国社会公众的应急救护普及率还不足1%,普及工作迫在眉睫。本文从应急救护工作在高校的通识化教育推广入手,分析了目前高校在这方面工作的现状及原因,从顶层设计、人才培养计划、课程开发等方面提出相关建议,同时本文介绍了重庆师范大学空乘专业开展应急救护教育的成功经验以供参考,以期能够推动应急救护培训的普及工作的开展。

关键词：应急救护;高校;通识教育;空乘

一、应急救护概述

（一）应急救护的教学内容

应急救护是指在专业的医护人员抵达现场之前,掌握了急救技能的现场目击者为突发疾病、遭受意外伤害的伤病员提供紧急救护。本文所指的应急救护通识化教育,它需要满足至少36个课时的理论与实际操作的教学和演练,内容包括救护新概念、心肺复苏、气道异物梗阻急救、止血、包扎、骨折固定、伤员搬运、常见急症、突发事件与意外伤害处理、传染病预防与日常保健等。

（二）学习应急救护的必要性

应急救护是公民应当掌握的日常基本技能,普及应急救护可以让更多的人在遭遇突发疾病和意外伤害的情况下开展自救与互救,以达到挽救生命、防止病情恶化、减轻病痛、减少意外损伤、降低伤残率、促进心理援助的目的。

在学校、各企事业单位和各种人群聚集的公共活动区域中,发生突发疾病和意外伤害的几率相当高,这就要求人人都能够成为一名合格的救护员,在需要的情况下开展救护工作。此外,当下中国经济结构面临转型,第三产业所贡献的经济收入在50%以上,社会公众对于服务业的需求日益攀升。应急救护在社会活动中不仅仅是一项必备技能,更应该成为旅游服务、公共交通、餐饮娱乐、公共服务等行业的一项重要的服务内容,以提升服务消费的安全保障和品质。

（三）应急救护在高校推行通识教育的意义

应急救护是一项易学习、易掌握的技能,但是目前中国社会公众对急救技能还未引起足够的重视,社会上对于应急救护技能的学习还没有形成风潮和氛围。同时,社会公众的学习基础条件参差不齐,对学习效果有一定的影响。

针对这些问题,应急救护首先应该将普及对象定位为在校大学生,一是学习对象有较好的学习基础和学习能力;二是有课程考核作为学习效果的保证;三是可以通过大学生的社会实践活动将应急救护技能普及到社会公众中去;四是能够增加大学生的就业附加技能,逐步引起社会各行业的重视,进而在社会引发学习风潮。

二、应急救护在高校的通识化教育推广现状分析

(一)高校在人才培养过程中的重视不够

目前,大多数高校没有对应急救护引起足够的重视,在日常的教学环节中涉及较少。而有涉及应急救护课程的高校,一般采用通识选修课模式或讲座模式,这些教学模式存在着一些缺陷:一是普及程度较低,受众偏少;二是课时数较少,学习不够深入;三是缺乏课程考核,学生学习效果不佳。

高校不够重视应急救护课程的设置与开发,根本原因在于社会各行业对于该项知识与技能的需求和重视不够,这也与目前的中国经济结构改革和经济发展状况不相匹配,从而导致高校的人才培养在该环节的缺失。

(二)课程资源、教师资源和教材资源短缺

应急救护在高校的教学与实践环节面临着多种资源的短缺。

一是课程资源短缺。这主要表现在开课数量少和课时数少。一般情况下,一门通识选修课一学期最多能够容纳100名学生学习;一场讲座可容纳300~500人,但学习时间较短。对于应急救护这门对实操要求极高的课程来说,时间越少、单次学习容纳的人数越多,学习的效果越差。

二是教师资源短缺。普通高校能够开设应急救护课程或讲座的师资一般是学校医院的医务人员。非专任教师在课堂组织、教学设计、课程考核评价、学生满意度等方面可能稍有不足,而学校又没有培养专门的师资开设应急救护课程。

三是教材资源缺乏。作者在日常的教学调研过程中,对各个学校的图书馆和网络图书销售平台进行搜索后,都没有找到一本专门为本专科学生编写的应急救护通识课教材。如果要开设这门课程,就只能用一些简单的向社会公众普及的编著类教材,这与本专科人才培养的层次不相匹配。

(三)课程设计的科学化和体系化程度偏低

目前,已经在部分高校开设的应急救护课基本上没有比较科学和完整的教学计划和教学大纲,多数是几个到十几个课时不等的讲座或选修课;理论课程的学习和实操课程的学习没有进行科学的安排;对于学生学习效果的评价考核机制相对于其他课程和应急救护初级救护员的标准来说也不完善。

三、应急救护在高校推行通识化教育的建议

(一)将应急救护融入社会发展的顶层设计

当前的中国经济发展面临结构调整和转型,应急救护的普及应该与经济发展状况相匹配。因此,政府、教育部门和社会经济发展的相关部门,应该将应急救护的普及融入社会发展的顶层设计当中,倒逼高校将应急救护作为通识化教育尽快融入人才培养的过程中。

(二)将应急救护课程编入高校人才培养计划

高校应该像重视传统的全校性通识必修课程一样,重视应急救护在人才培养和教学环节中的通识化。最有效的做法是将该课程编入各专业的人才培养计划,给出学分要求,以此为基

础开发和完善该课程,保证学生学习的普遍性和深入性。

（三）编写高校应急救护课程专用教材

编写一本能够与高等教育相匹配的、供本专科课程学习使用的应急救护教材,该教材既要体现应急救护的普遍技能,又要结合不同专业的特点体现出应急救护在不同专业和行业情境中的运用。

（四）培育高校应急救护课程专任师资

高校应该培育一批应急救护课程的专任教师,可以有两方面的选择:一是选拔有应急救护专业技能的学校医务人员,进行教师技能的提升与培训;二是选派专任教师参加红十字会的救护师资培训,获得师资培训资格。这样才能加强和完善该门课程的师资力量,充分打通应急救护在高校通识化教育体系中的普及道路。

（五）给予应急救护课程专项经费支持

教育相关部门和高校应当给予应急救护课程以专项经费支持,这些经费支持包括教学专用场地的建设、教学用具的配备、师资力量培训、教学经费划拨、教材编写资助等,以支撑这门新课程在高校的顺利开展。

四、案例分析——重庆师范大学空乘专业的应急救护教学实践

重庆师范大学空乘专业针对民航业的行业要求,为该专业在校学生开设了《应急救护》课程。自课程从 2012 年开设以来,四届学生共计 738 人全部接受了应急救护专业培训并获得初级救护员合格证书,同时,他们在全国应急救护比赛、重庆市科普工作相关比赛和校级专业比赛中都获得了不俗的成绩,成果十分显著。本文通过对重庆师范大学空乘专业的成功经验进行案例分析,以期为其他高校和专业开展相关工作提供经验和建议。

（一）与重庆市红十字会共建教学实践基地

应急救护最为专业的培训工作主要由各地区红十字会承担。重庆师范大学空乘专业积极与重庆市红十字会取得联系和沟通,得到重庆市红十字会的鼎力支持,后者与空乘专业所在的地理与旅游学院共建"重庆市红十字会应急救护教学实践基地"。重庆市红十字会为重庆师范大学空乘专业培育专任师资提供了培训机会,选派校方教师前往中国红十字总会进行救护师资培训。课程开设初期,还选派红十字会应急救护专家开展教学,并为重庆师范大学空乘专业的课程开设提供相应的硬件支持和技术指导。重庆市红十字会对重庆师范大学空乘专业《应急救护》课程考核合格的学生,免试颁发初级救护员合格证书。

现在,该教学实践基地经过与重庆市红十字会的合作共建,已经具备完善的教学设施、教学人员和课程体系,能够独立承担《应急救护》课程的教学工作,能够满足民航业对空乘专业毕业生的基本需求。

（二）作为专业核心必修课编入人才培养计划

重庆师范大学空乘专业在人才培养方案中,将《应急救护》课程纳入专业核心必修课程,需学习 36 个课时,获得 2 个学分。该门课程有完整的教学计划和教学大纲,规范设计了课程教学的 PPT 和考核模式,这一举措体现了学校在人才培养方面对应急救护技能的重视,也在一定程度上对学生学习应急救护技能提出了要求,对于课程普及程度提高、学生学习质量提高和教学质量提高都起到了决定性的作用。课程开设至今,该专业参与学习的 738 名学生全部考核通过,获得资格证书。

（三）以赛带练促进学习质量提高

除了常规的教学与考核环节，该专业积极组织学生多次参与全国、全市的应急救护比赛和相关科普竞赛。2015年组织学生参加第三届全国应急救护比赛，获得单项技能比赛第一名的成绩；2016年创作应急救护科普文艺作品《空中生命线》，获得由市科委、市委宣传部、市科协等单位主办的第二届重庆市科普文艺作品创作征集活动一等奖；该专业学生多次在校级专业技能比赛中获得一等奖。

该专业在组织学生参与各类比赛的过程中，以赛带练，促进学生对应急救护知识与实际操作技能的掌握，不仅提高了学习质量和重视程度，也增强了学习的趣味性，培养了学生学习应急救护的信心。

（四）申报科研项目，服务社会，拓展普及程度

该专业积极组织学生申报科研项目，以立项的科研项目为载体，将高校的教学与科研成果转化为社会效益，并让学生参与到社会公众的应急救护技能普及工作中去。

例如，《"救"在身边——市民应急救护能力提升研究与实践》获得重庆师范大学2016年大学生创新创业项目立项，以该项目为依托，掌握了应急救护技能的大学生已经先后前往九龙坡唐家湾社区、九龙坡金凤镇社区、沙坪坝陈家桥社区、沙坪坝三峡广场、重庆师范大学附属实验小学等地向社会公众普及了应急救护技能，拓展了应急救护的普及范围。

五、结语

应急救护在社会公众当中的普及程度，一定程度上取决于该课程在高校的通识化教育落实程度。目前，国内部分高校的个别专业已有相对成熟的经验模式。只有在社会顶层设计不断完善、高校重视程度加强、课程开发与教学资源得到保证的情况下，应急救护在高校的通识化教育之路才能顺利打通，从而引导全社会各行业和公众积极学习应急救护的知识与技能。

参考文献

[1] 董红艳,胡宝玉,王恩漫.非医学专业大学生现场急救知识认知及需求现状[J].中国学校卫生,2012,33(7):870-871.

[2] 何琨,魏金星.大学生急救知识现况调查及培训效果[J].郑州大学学报:医学版,2010,45(4):661-663.

[3] 张维平,张允平.对高校急救健康促进模式的探讨[J].中国健康教育,2004,20(2):151-152.

[4] 陈根芝,胡高楼,林佳.浙江师范大学学生急救知识知晓及需求现况调查[J].中国健康教育,2006,22(5):402-403.

[5] 李春梅,张慧娟,杨明艳,等.大学生急救知识与技术选修课的实践[J].齐齐哈尔医学院学报,2011,32(21):3530-3531.

（重庆师范大学）

浅析高校参与社区安全知识科普宣传的对策研究

刘春丽

摘要：大学生是一个充满活力、富有创造力的特殊群体，在大学这个由学校向社会过渡的阶段，他们迫不及待地想将自己的所学与经验在社会中加以实践。社区是宏观社会的缩影，为大学生的社会实践提供了有利场所。现如今，人们越来越意识到科学的重要性，拥有一定的科学知识可以帮助我们有效利用社会资源。为培育社会主义核心价值观、提高居民的整体素质，有必要在社区进行科普知识的宣传，而安全与每个居民都息息相关，普及社区安全知识已迫在眉睫。所以，本文主要以高校与社区安全知识科普宣传的现状为着力点，力图找出其中存在的问题与隐患，研究其改善方法。

关键词：高校；社区；科普；安全知识；实践

一、引言

社区是人民群众学习、工作、生活的主要场所，社区安全直接关系到社会大局的稳定。居民们需要了解和掌握社区安全管理的相关知识和技能。《中华人民共和国科学技术普及法》等法律法规规定了高校有科普宣传、提供公益性科普服务的责任。因此，大学生有必要在社区进行科普宣传时加强对安全知识的宣传。然而，在信息的传递过程中，传达人、译出、传达途径、译进、反馈这五个环节缺一不可，但凡哪一个环节出错都会带来差错。在高校参与社区安全知识科普宣传的活动中，作为培养传达人的高校、作为传达途径的社区以及作为反馈者的居民，这三者的努力都缺一不可。

二、高校参与社区安全知识科普宣传的现状

（一）高校积极培养科普志愿者队伍

高校拥有一大批掌握基本科学知识、具有一定科学传播能力的大学生，并且他们大部分自愿奉献业余时间、个人精力投身于科普志愿服务工作。高校大学生数量庞大并广泛分布在不同城市和地区，能够在有效的组织与安排下深入目标区域，有针对性地对各个社区、中小学校、企业、政府部门等开展科普教育和宣传工作；高校大学生满怀激情与探索实践精神，拥有远大的志向和人生规划，能够以饱满的热情积极投身到科普志愿活动中来。因此，大学生科普志愿者因其数量庞大、管理规范、整体素质较高的特点而成为科普志愿者队伍及公益事业传播者的重要组成部分。同时，各高校的师资力量也有能力培养出具备规范系统的安全知识及有良好表达能力的大学生科普志愿者。此外，学校的积极宣传及一定的管理及奖励制度都极大地激发了学生们的积极性。这些都有利于高校积极培养科普志愿者队伍。

（二）社区重视安全知识科普活动

当前，国家正在号召全社会普及科学知识、倡导科学方法、传播科学思想、弘扬科学精神，

引导广大人民群众"爱科学、学科学、用科学",形成健康、文明的生活方式,自觉抵制愚昧迷信、反科学、伪科学活动。社区作为该区域内个体和群体的集合地,能够积极为居住在该社区的居民提供相关便利。为提高居民的整体素质,为响应培育社会主义核心价值观的号召,不少社区通过网络、报刊、书籍等形式对居民们进行科普宣传,也会定期举办一些科普活动来加强居民们的科学意识。当然,安全知识作为科普知识中的重要一环,也总是被提及。作为高校大学生科普志愿者与居民的交流窗口,社区时常与高校合作共同举办科普知识宣传活动。

(三)社区居民积极响应科普知识的宣传

就算高校和社区再有多积极地进行科普知识的宣传,如果没有社区居民的积极回应,也是白费工夫。居民,作为社区的基本组成部分,决定了其所在社区的性质。不过,极大部分的居民是抱着"活到老,学到老"的心态积极接受高校科普志愿者及社区的科普宣传的。这种积极的心态有利于在社区传播科学思想、弘扬科学精神。当然,与居民生活息息相关的安全知识在科普知识宣传中占了很大部分。这些科普活动不仅丰富了社区的科普文化生活,也有助于居民们掌握科学的安全知识,如紧急急救知识、消防安全知识等。特别是在由老旧楼房组成的社区,其安全隐患不容小觑,而且因为居住在这种社区的大多是老人,急救知识的普及显得更为重要。

三、高校参与社区安全知识科普宣传所遇到的问题

(一)高校科普志愿者本身掌握的安全知识有限

首先,在校大学生对这方面知识的掌握程度不高,仅靠常识以及琐碎的专业知识,无法形成具体而又明确的安全知识体系,作为传达人的大学生科普志愿者都无法掌握完备可靠的知识,这样更不可能将安全知识准确地向外传播。其次,教授相关知识的师资力量较薄弱,关于安全知识的课程或活动少之又少,不利于大学生对安全知识的积累。最重要的是,高校在相当程度上缺乏对学生们进行安全知识教育的重视,正是由于高校在这方面的忽视,导致了信息源出现纰漏。

(二)社区改造困难

有些社区因为初期设计不合理,导致其布局不符合如今的安全指标,但现在因改动量大或改造困难而又无法做出改变。如,楼房与楼房之间的距离过于狭窄,不利于消防车的通行,还有电路的老化、电梯老旧易发生故障等问题,这些都是极大的安全隐患,但也不好大动干戈进行改造。有些具备改造条件的社区中,也有人怀着侥幸心理拒绝规范化的改造。虽然的确有将安全知识宣传到此,但因为客观条件以及一些居民的不配合,其成效一般,不能达到其原有的宣传目的。这只能靠该社区的尽力维护以及不断的宣传普及。

(三)受众盲目地获取知识

大多数居民不具备判断信息真假的能力,特别是在以中老年人为主的社区,他们积极响应国家的号召,努力吸收新知识,但并不是他们接触的所有知识都是正确的,有时候甚至是完全错误的,在实践过程中运用那些知识经常会造成不小的损失。另外,他们在学习过程中不认真或完全只是道听途说,在还未完全掌握安全知识的情况下就加以运用,这只会适得其反。有这样一个故事:某小孩子在吃饭时喉管进了异物,他的父亲立刻把孩子放倒,脸冲下,使劲拍后背,结果导致孩子死亡。没想到原因是他曾和参加过急救培训的人聊天时学到了这个方法,但他忘记了拍法是有讲究的。

四、高校参与社区安全知识科普宣传的途径与对策

(一)高校自身要落实安全知识的普及

高校有义务向社区输送文化素质较高的大学生科普志愿者,也有义务为每位大学生提供学习安全知识的机会,所以,安全知识不仅是科普志愿者向外传播的信息之一,也是每位大学生应熟练掌握的知识,有助于大学生在面临危险时也能沉着稳定地应对。首先,增强在安全知识方面的师资力量,为大学生学习安全知识提供更多机会。其次,应多举办与安全知识有关的活动,激发同学们学习相关知识的兴趣。最后,与一定的管理体系及奖励机制挂钩,从制度上保障活动的落实。

(二)科普志愿者要提高自我知识水平

贴近生活是社区科普宣传的重要原则。大学生科普志愿者应积极将自己的所学与良好的表达力相结合,坚持"贴近实际、贴近生活、贴近群众",突出"有趣、有效、有用",力求浅显易懂,达到普及科学知识的目的。当然,前提是,大学生已通过系统的学习掌握了较完备的安全知识体系,并能用浅显易懂的语言向居民们传递信息,进而帮助居民们自主地获取相关信息。

(三)社区要积极开展安全知识科普活动

社区作为居民与高校的重要沟通渠道,应与高校科普志愿者进行合作,开展更多的交流活动。此外,社区应定期举办安全逃生演习、急救训练等,让居民学到正确的安全知识,引导广大人民群众"爱科学、学科学、用科学",形成健康、文明的生活方式。社区应竭力排除社区内的安全隐患,让居民真切地感受到安全知识的用处及社区的贴心。

五、总结

为了提高国民的整体素质,为普及科学知识、倡导科学方法、传播科学思想、弘扬科学精神,引导广大人民群众"爱科学、学科学、用科学",形成健康、文明的生活方式,自觉抵制愚昧迷信、反科学、伪科学活动,高校应积极与社区合作。社区一方面为在校大学生提供了实践的场所,另一方面也提高了社区居民的整体素质,并且加强了居民的安全意识。作为当代的大学生,我们一定要积极地参与到下基层服务社区的实践活动中去,在基层把课堂知识应用到基层实践活动中去,理论联系实际。在进行安全知识科普宣传的过程中,大学生科普志愿者不仅能锻炼自己的能力,增长见识,更能促进个人的全面发展。

257

参考文献

[1] 余文玉,傅朝霞.探索社区管理与自治新模式[J].今日浙江,2006(22):46-47.

[2] 黄郁健.大学生科普志愿者进社区可行性途径探究[J].科技创新导报,2013(24):168.

[3] 泉州市鲤城区科协课题组.发挥科普志愿者的作用 全面建设科普示范社区[J].科协论坛,2005(8):24-26.

[4] 胡象明.构建城市公共安全应急决策参与机制的必要性与可行性[J].安全,2007,28(12):1-2.

(重庆师范大学地理与旅游学院)

高校开展科普工作存在的问题及对策

张　毅

摘要:高校拥有大量的科技资源和丰富的师资力量,是我国科普队伍中不可或缺的重要组成部分。但是在大的科普环境下,高校科普工作普遍存在着各种各样的问题,本文专门针对高校科普工作中存在的问题进行探讨,并提出相应的对策。

关键词:高校;科普工作;问题;对策

一、引言

科普是科学普及的简称,又称大众科学或者普及科学,是指利用各种传媒,以浅显的方式向大众普及科学知识、倡导科学方法、传播科学思想、弘扬科学精神的活动。其中,在高校开展的科普工作又是总体科普工作的重要组成部分,对我国科普事业的发展有着重要的影响。因此,研究高校科普工作现状对于推动整个国家科普工作的改进有着十分重要的意义。

二、高校开展科普工作存在的问题

(一)高校对开展科普工作缺乏理念

目前,各高校科普基地虽然在科技周及科普日期间科普活动做得风风火火,但却仍对科普工作缺乏理念。其一,高校认为培养学生的重点应放在其专业知识及技能的学习上,对科普知识的学习的关注和投入少之又少。好多人对科普的认识仅仅就是简单地参与一下活动、传播一下简单的科学知识,没有真正意识到科普的重要意义及科学的传播方法的重要性。其二,高校科研人员更多的时间是专注于科研、教学、职称评定等工作,没有时间顾及科普工作。

(二)科普资源分散,缺乏统一管理

高校的优势在于科普资源很丰富,劣势在于科普资源很分散。各种类型的科普资源分散于各个学院、各个组织当中,而这些学院和组织只是做一些和自己相关的科普活动。由于缺乏相应的统筹措施,各种资源无法协调到一起,因此形成了很尴尬的局面,资源重复利用,组织之间沟通不充分,资源共享率不高,很难形成良好的科普氛围。

(三)科普活动形式不够新颖

目前,很多高等院校搞科普活动只是为了完成上级安排的任务,搞形式主义,并不是真心想做好科普活动。这就造成科普活动形式单一,缺乏吸引力,无法达到科普工作所预期的结果和目的。

再者,高等院校由于自身科普资源分布不合理,各部门之间沟通不充分,无法统筹资源,只是在自己的"一亩三分地"搞活动,活动只是面向自己的那部分受众,这也造成各自的活动过于单调。

（四）科普工作影响力有限

高校的科普工作这几年也做了许多，但是活动更多地集中在了科技周和科普日那段时间，更多的是为了应付上级的任务和检查，后续的科普活动无法坚持下去，因此就形不成持续性的影响。高校科普活动的宣传和策划力度也不够，无法形成自己的品牌活动，因此其影响力也相对受限。

高校的科普活动由于形式比较单一，受众面比较狭窄，创新性不高，媒体对此类新闻的报道没有很大的积极性，这也削弱了高校科普工作的影响力。

（五）科普人员队伍水平参差不齐

高校科普活动的主力军是学生，这是毋庸置疑的。高校每次组织科普活动，人力资源肯定是充足的，但是为何队伍水平仍旧参差不齐呢？

首先，科普基地任职的老师数量太少，而且又兼顾其他工作，因此无法耗费大量的精力投身于科普活动。其次，高校学生的主要任务在于专业知识的学习，科普活动只是他们课余时间丰富自己的一个体验罢了。

三、高校科普工作的改进对策

（一）加强科普理念的培养

加强学校对科普工作的重视程度，从根本上解决科普理念问题，充分发挥高校在社会科普工作中的重要作用。提高科普工作在学校建设中的地位，争取将科普课程纳入学生教育体系当中，创造出良好的科普环境。

（二）加大科普资金的投入

科普活动是公益性的，需要大量资金支撑。近些年来政府对于科普经费的支出逐年增加，但总的来说，科普经费仍然处于一个低水平的层次。高校科普有别于企业科普，更需要资金的保障，一方面，上级应有计划地加大对高校科普的资金投入；另一方面，高校也应该另辟蹊径，从其他渠道获取科普资金，如获取企业赞助等。

（三）提高高校科普工作者的能力

高校的科普基地要和学校科协及各单位、各个社团加强联系，加强组织建设。高校要开展学术道德教育活动，提升科技工作者的学术道德素养。高校要了解科技工作者在科普活动中遇到的困难和诉求，解决问题，维护大家的利益。高校要让各个部门、各个组织团结在一起，共同完成科普工作的目标。

（四）加强资源共享与合作

高校的科普工作，在科学资源和师资力量方面还是有很大优势的。在校内，学校的各个学院、组织、社团要统一布置，聚集力量，形成合力，对校内大学生进行较高级别的科学普及，一起来推动科普教育工作。学校之外，面向社会大众的科普工作，一定要做好资源共享和合作，这种合作是双赢的，既利用自我优势资源开展了工作，同时也扩大了影响力，为以后更好地开展科普工作作了良好的铺垫。

（五）科普需要创新，但更需要的是坚持

在社会发展如此迅速的今天，大众对于科学知识的需求不管从量上还是质上都有了很大的提升。对于高校科普，科普形式和内容上的创新是一个亟待解决的问题，但是笔者认为更重要的还是对科普工作的坚持。

科普工作的创新固然重要,但是科普工作犹如万里长征,我们更需要的是坚持。或许我们的工作相比于企业科普缺乏吸引力和轰动性的影响,但是我们高校科普扎根于基层,为更多的基层中小学生和社区群众带去了通俗的科学知识和思想。

四、结语

总而言之,笔者上面所提到的问题不仅仅是高校科普遇到的问题,大多数的科普基地也存在类似的问题。我国科普工作任重而道远,只有让更多的科普工作者联合起来,协力发现问题、解决问题,在科普工作的道路上坚持走下去,我国的科普事业才会越来越好。

参考文献

[1] 赵大中.对加强高校科普工作的思考[J].南京工程学院学报:社会科学版,2006,6(3):45-48.

[2] 符昌昭.高校科普工作的创新模式及存在问题与对策[J].科技资讯,2016,14(3):137-138.

[3] 伍雪梅,马燕.高校科普工作实践与创新研究——以重庆师范大学为例[J].科协论坛,2013(12):392-393.

(重庆师范大学)

科普基地与科普志愿者

李 婧

摘要：国家需要普及科学相关知识，在科普工作中就需要选择科学有效的科普方式。科普基地是让人们充满好奇心的地方，在庞大的科普大军中科普志愿者又是一支不可或缺的生力军，为了使科普工作更好更有效地开展，为了让全国人民的科学素养进一步得到提升，为了更好地为国家培养新的人才，培训一批又一批优秀的科普志愿者是一项非常重要的工作。

关键词：科普；科普志愿者；科普基地；教育

一、科普

（一）什么是科普

科普即科学普及，普及科学知识、科学方法以及科学精神。科普也可以说是一种社会教育，科普的对象不分男女老少，是面向全社会的行动，它也不像义务教育那样严格的规定时间、地点、年龄。科普的知识范围不局限于学生课本上的基础知识，还包括许多古今中外的科学家们的科学发明和发现，以及最新的一些科学技术和科学名词，让人们离高端科技不再遥远，跟上时代的步伐，更好地理解我们生活当中的事物是如何产生和应用的。

（二）为什么要科普

中华人民共和国成立以来，国家对科普工作非常重视，还成立了许多专门的科普机构负责全国的科普工作，可见科普工作的重要性。科普的目的就是为了提升民众的科学知识水平和科学素养，是为了让人们更加适应科学的发展，跟上时代的前进步伐，使整个国家的总体知识水平不落后于其他国家，这样也有利于教育的发展和国家人才的培养。

二、科普基地场馆的作用

随着科学技术日新月异的发展，互联网在当今社会的影响是巨大的。凭借互联网方便快捷的优势，科普工作也紧跟时代的脚步，网络上出现了各种各样的科普平台。有网站、微博、微信等平台，有纯文字、图文结合、知识问答竞赛、秒拍视频、直播等表现形式。样式层出不穷，风格各异，但还是以图文消息为主。不得不承认互联网为科普工作的开展带来了新的传播渠道和方式，但是人们对科普文章还是缺乏兴趣。科普是向人们传播知识，那么不同的人、不同的传播方式给人们带去的传播效果也是有很大区别的，毕竟每个人对知识的接受度是有差异的。

科普基地场馆在传统的科普工作中占有重要地位，即使在互联网发达的今天也不能动摇它的地位。科普基地场馆本身就是不一样的存在，它的存在可以自然而然地给参观者带来一种浓浓的科学氛围和学习氛围，激发参观者的求知欲，并乐意在科普志愿者的带领下接受知识普及。在想要学习的状态下进行科普，效果是显而易见的，就像课堂上愿意学习的学生与对课程不感兴趣的学生的学习效果是不一样的那样，收获更是一般科普形式所不可比的。在时间、地点、客观条件都允许的情况下,如果人们能亲身参与科普基地场馆的活动,那么活动后的收获肯定是和仅在网络上看图文消息的效果是大不一样的。因为,人们对亲身感受到的真实的东西比只是从眼睛看、耳朵听来的消息,接收得更快更好,理解得也更深刻,也更容易融入到平时的生活中去,从而真正达到提升科学认知水平和科学素养的目的。

三、科普志愿者的作用与意义

有科普基地的存在就必不可少地会出现科普志愿者的身影,科普志愿者的主要来源还是大学生这一群体,也算是资源丰富了。科普志愿者们在科普活动中起着引导作用,在参观者不明白、找不到头绪的时候就需要一个讲解者适时出现,用自己的语言把一些人们所不能理解的科学知识和科学道理用通俗易懂的词汇表达出来。要很好地将一些科学专业知识表达出来的前提就是科普志愿者本身对这些知识有着深刻清晰的理解,所以,在大学生正式成为科普志愿者之前,对其进行一些专业知识的培训就显得十分的重要,因为传达给参观者的内容必须是正确无误的,不能产生误导。科普志愿者所面对的参观人群的年龄跨度是非常大的,上至花甲老人,下至天真幼童。不同年龄阶段的人对事物的关注点是不同的,比如,小朋友更关心科普仪器展现出的神奇现象,好奇现象的产生;而年龄稍大的人就更关注科普仪器在生活当中有哪些应用,对人们又有什么益处。所以,为了让参观者能更好地吸收和理解科普志愿者所传达的科学知识,科普志愿者的讲解技巧等能力也是要进行培训的。

参观者在参观科普基地或者在其他科普活动中都需要与他人互动交流,科普志愿者的存在就可以很好地满足参观者的这一需求。培养一个优秀科普志愿者的过程也是一种科普,科普志愿者通过参与科普活动,进行科普服务,他们在给参观者讲解的过程中与参观者进行探讨,会让自身对所学知识有进一步的理解,说不定还会对自己讲解的对象产生新的观点。他们在为参观者讲解的过程中也会学到一些讲解技巧,讲解的能力自然也会逐渐提升,进而提升自身的科普创作水平和素质,提升科学素养。此外,科普志愿者还使自己的课余生活得到丰富,不会沉迷于网络或者蜗居在寝室。

对于中小学生来说,首先,听别人讲就比只是看解释牌中的文字要有趣得多。其次,有科普志愿者在旁边随时解答他们的疑问,会大大增加他们对事物的求知欲,满足他们的好奇心,学会对事物进行思考。科普志愿者还可以在语言上对学生们进行引导,进一步激发学生们对科学的兴趣和好奇心。

有了科普基地,有了优秀的科普志愿者,就要积极地开展各式各样的活动,让更多的人参与到科普活动中来,感受科学的神奇与乐趣。

(重庆科技学院科技探索体验中心)

给科学做广告之网络科普

谭仁兵

摘要:本文分析了我国网络科普的现状,总结了其发展过程中存在的一些问题,并提出了促进网络科普发展的几点建议。

关键词:科普;科普网站;网络科普

科学技术是第一生产力。广泛开展科学技术普及活动,多形式、多渠道、生动活泼地为青少年学生以及全社会提供科普活动阵地,培养青少年的思维能力、动手能力和创造能力,提高全民族的科学素质,事关中华民族的振兴和社会发展的全局。

传统意义上的科普工作主要是通过科普图书、科普展览、科普讲座、参观科普基地等形式来进行的。网络科普则是依托互联网、在传统科普基础之上发展起来的新型科普传播形式,它将科普内容用相关的视频、音频、动画等方式来表达,将视觉性、互动性、娱乐性等结合在一起,而不局限于基本的文字图片科普形式。相较于传统科普模式,网络科普的负载信息量大、传播速度快,具有全球性、实时性、交互性等多种媒体的表现特点,有独特的优势和吸引力。在当今信息时代,网络科普已成为科学传播、科普活动的重要形式之一。

有数据显示,2015年中国的电信制造业规模已经达到了11万亿元,位居全球第一,已经形成较为完备的信息产业体系,网民数量达到7亿,互联网普及率超过50%。近年来,随着信息产业的发展,网络科普在我国也有了较大的发展。网络在线虚拟科技馆、网上实验、互动游戏等基于网络平台的新型科普方式也逐渐被多数科普网站所采用,科普内容在论坛、社区、互动式问答网站等网络平台中占有相当大的比重。

但是,网络科普在发展过程中也存在着诸多问题,主要表现为内容匮乏、表现形式单一。比如,科普网站或科普专栏基本是图文方式,知识体系不完善、不系统;信息内容极度匮乏,原创信息少;表现形式单一,制作水平参差不齐;特色不明显,互动性差,不能与浏览者形成及时的交互;大部分科普网站虽然更新速度较快,但内容多以科技新闻、科普活动报道和科普设施的介绍为主,关于具体学科领域的知识性内容偏少。中国互联网协会网络科普宣传联盟进行的中小学生"我与网络科普宣传"问卷调查活动中,中小学生普遍认为科普网站"东西太少,找不到对我有用的知识"、"知识面不丰富",希望"最新的内容再多一些、丰富一些"、"试验多一些、与科学家对话多一些、科学图片多一些"。这些反馈表明网络科普宣传的内容建设还处于粗放阶段,有针对性地为各类特定人群设置的专门内容太少,远远不能满足公众的需要。同时,相较于娱乐、购物等网站,网络科普宣传对网民的吸引力较弱,网络科普宣传发挥的作用有限。目前,大多数科普网站转载的科普知识和信息占了很大比例,原创作品与转载信息的比例严重失衡。针对网络科普的现状,本文从以下几个方面提出了一些建议。

一、建设高水平的科普网站

在游戏网站、娱乐网站、购物网站风行的今天,科普网站作为网络科普的主要窗口,如何聚集人气,吸引青少年到科普网站上来,是我们面临的最大现实挑战。互动,是互联网络的重要特点之一。针对网络上绝大多数用户是年轻人的实际,根据年轻人的特点,科普网站在坚持科学性的前提下,表现形式上强化趣味性、互动性、参与性将给科普网站带来人气,从而发挥出应有的网上科普宣传的作用。

丰富的信息资源是科普网站建设的关键。当前主要科普网站上的大部分内容都很零散,应该加强整合信息资源,使各学科知识数据库成为一个涵盖科普各个领域的信息资源库,以满足不同层次、不同对象的需要。应该建立开放的资源建设体系,实现文件上传与下载、信息录入与修改、远程审查、统计分析等功能,让读者不仅能够使用资源,还能为资源库提供新资源。同时,开设科普论坛,让所有人都可以在科普论坛里发表自己对科学问题的见解,可以提出问题,可以表达观点,可以进行学术讨论,可以抒发畅想甚至幻想。当然,论坛要求参与者应相互尊重,只能讨论科学相关问题而非其他。

科普网站在内容上必须坚持科学性与原创性。首先,科普内容要注重科学性、原创性、艺术性,将科学知识与现实生活密切联系。其次,科普网站要及时跟踪与科技相关的能够引起公众关注的各类社会现象,设计和策划具有鲜明特色的网络专栏,为公众答疑解惑,发挥科普网络专题报道的引导作用,及时提供相关的全面、正确、权威的科学信息和科学解释。最后,科普网站的内容要紧紧围绕科学知识、科学思想、科学方法和科学精神,限制庸俗无聊的内容,避免子虚乌有的"神秘力量"、耸人听闻的"科技危险"(如世界末日)以及大量的伪科学内容等,保持网站内容的科学性和严谨性,保证科普网站的品位和质量。

二、科学家及科研人员要参与到网络科普工作之中

人类社会已进入大科学时代,学科交叉、学科渗透已成为科学研究的常态,因此,科普的任务也更加艰巨、更加繁重。一个有责任心的科学家除了潜心于自己的科学研究,更应该毫不犹豫地投入到科普事业之中,为科学技术的发展和普及作出贡献。科技工作者有义务参与科学技术教育、传播与普及工作,充分发挥科技工作者的专业和技术特长,积极开展科学教育、传播与普及工作,及时将科学前沿的研究成果转化为网络科普资源。科研人员可以在线开展专题讲座、主题互动等活动,或以数字化仿真等形式展现科学研究进程及科技成果中的奇趣之处,这既能让受众接受前沿科学知识,同时又能让受众感受到科研工作的乐趣,激发广大青少年热爱科学的理想与激情,培育全民热爱科学、崇尚科学的价值观念,真正架设起科学与大众沟通的桥梁。

三、网络科普必须与传统科普形式相结合

传统科普形式有网络科普所不具备的特点和优势。如科普场馆、研究实验室等场合在科普开放日等合适的时间可以实现让受众零距离地接触相关科学实验、亲手验证科学理论、与科学家直接对话等体验。同时,从科普受众的阅读习惯来看,人们也不可能完全脱离传统的读书看报方式,中老年受众中多数仍保留着传统的阅读习惯,即使是年轻人,因各种条件的限制,也会尝试利用零碎时间读书学习。因此,必须将网络科普与传统科普形式有机地结合,发挥各自的优势,从而有效地推动中国科普事业的落地生根,最终达到提高全社会科学素质的目标。

四、结语

网络科普突破了传统科普形式的局限,具有即时性、远程性、多媒体性、开放性、交互性、大容量化和便捷的查询检索方式等特性,能够在更广的范围、更长的时间,以更新的方式开展科普工作。当前,在网络应用大发展的良好形势下,我国网络科普的发展氛围业已形成,网络科普的前景非常广阔,只要我们不断加强科普网站的建设并提高质量,有效地协调和利用好现有的科普资源,创作更多更好的优秀科普作品,再进一步结合网络科普和传统科普各自的优势,共享资源,与时俱进,就一定能够全面推动网络科普事业的大发展,提高全民族的科学素质。

参考文献

[1] 中国互联网络信息中心.第 37 次中国互联网络发展状况统计报告[EB/OL].2016-01-22. http://www.cnnic.net.cn/hlwfzyj/hlwxzbg/hlwtjbg/201601/t20160122_53271.htm.

[2] 中国互联网络信息中心.2011 年中国科普市场现状及网民科普使用行为研究报告[EB/OL].2011-09-22. http://www.cnnic.cn/gywm/xwzx/rdxw/2011nrd/201208/t20120816_33961.htm.

[3] 裴世兰,汪丽丽,吴丹,等.我国科普政策的概况、问题和发展对策[J].科普研究,2012,7(4):41-48.

(重庆科技学院科技探索体验中心)

针对青少年群体如何更好地做好物理类科普

——以重庆科技学院科技探索体验中心为例

胡凯燕　杨耀辉

摘要:随着我国综合国力的不断提升以及青少年受教育程度的提高,各类科普机构的青少年相关科普活动也在全国各个城市开展起来。青少年时期正是认知自我、改造自我、把握自我的重要阶段,而物理类科普不仅具有多样性,而且趣味性强,能更好地培养青少年的探知能力、思考能力和科学精神。所以,以物理类科普为切入口,做好青少年群体的科普活动是当前科普工作的一个重要方向。

关键词:科普;青少年;物理

人们在日常生活中,能够接触到许许多多的物理现象,如峨眉山"佛光"、磁悬浮列车、留影板等,人们往往在对这些现象感到好奇的同时,又对这些现象的产生原因有些误解。比如,闻名中外的峨眉山的"佛光"现象是由于阳光透过雾滴发生衍射和散射而产生的结果。如果人们能够对这些物理现象有一些正确的认识就不会产生一些愚昧的行为。对青少年来讲,他们正处于对各类事物的探索认知阶段,学会如何正确地看待一些物理现象就尤为重要。而物理类科普正好能够将日常生活中的物理现象与物理理论很好地结合起来。所以,本文将重点介绍如何在青少年群体中开展好物理类科普。

一、物理类科普场所针对青少年的区域划分及对参观顺序的要求

（一）物理类科普场所针对青少年的区域划分

针对物理这门学科并结合青少年学习的特点,我们通常把物理的科普项目划分为力、热、声、光、电等五个区域。在不同的区域,青少年的参观体验感是完全不同的。比如,力学区域要注重观察的是宏观物体的运动变化现象和力的关系,项目有茹科夫斯基凳、直升机演示、锥体上滚、角动量守恒转台、普氏摆、傅科摆、陀螺进动、飞机升力、弹性碰撞球、伯努力悬浮球等,这些项目的现象非常直观,而且背后所隐含的力学原理也很好理解掌握,这样也使得青少年对力学的认识更加清楚。电磁学区域重点展示讲解一些符合青少年特点的科普项目,如常温磁悬浮地球仪、避雷针、超导磁悬浮列车、超导零电阻演示、大型静电高压演示、电磁炮演示、涡流管、静电风轮等,这些项目的电磁学特征非常明显,并且好玩好看,非常符合青少年的心理特点,可以加深其对电磁学的理解和感悟。光学区域的科普项目有偏振光干涉仪、激光全息图、留影板、偏振光立体电影的原理、人造火焰、视觉暂留、光学幻影、光纤通信、海市蜃景等,这些项目能让青少年观察到更多的视觉上的神奇效果,进而会启发他们去思考这些绚丽的效果所隐含的物理原理。以上举例就说明了通过区域的划分更有利于青少年通过物理现象对物理这门学科的各个分支有一个直观的理解,并能把所看到的物理现象与本质知识关联起来进行归

类学习。

（二）针对青少年特点的参观顺序要求

根据青少年看待问题的特点，物理类科普场所的各类参观项目的排列设置应该依照由易到难、由直观到抽象的排列总原则。比如，在电磁学区域可依次参观：静电风轮（辉光盘或辉光球）—大型法拉第笼（大型静电高压演示）—避雷针—手触电池—异型导体—超导零电阻演示—超导磁悬浮列车（常温磁悬浮地球仪）—常温磁悬浮—法拉第笼—电磁炮—平行板电场分布等；在光学区域可依次参观：人造火焰（窥视无穷）—海市蜃景—红绿立体图—激光全息图—白光反射全息图原理—留影板—视觉暂留—光纤通信—光栅立体图原理—光栅视镜系统—玻璃堆起偏—偏振光立体电影的原理—旋光色散等。上述所举的例子不仅让青少年在视觉效果中有一个循序渐进的过程，同时在引导他们观察现象的过程中也能更好地对青少年进行物理知识的科普。

二、物理类科普讲解员针对青少年的讲解注意事项

青少年时期正是对各类自然现象最感兴趣的年龄阶段，青少年群体有很强的探知欲并逐渐开始形成较强的自我意识。针对这种情况，科普讲解员可从以下几个方面入手进行讲解。

第一，青少年作为一个比较好动的参观群体，如何能在给青少年做演示实验的同时又快速抓住其兴趣点所在就非常关键。所以，在参观过程中讲解员就要采用恰当的方式或者方法，比如，可以用问询式的方法来询问某一位青少年观察到了哪些现象，或者讲解员可以用生动简洁的语言来介绍大家所观察到的实验现象，切莫在某一个演示实验项目的介绍上拖太久，以免影响青少年对实验项目的关注度和注意力。

第二，在保证安全的前提下，讲解员可以让青少年来亲身参与演示一些实验，比如，角动量守恒转台、帘式皂膜等。在演示实验的同时，可以鼓励参与体验的青少年讲出其感受，让其他青少年来观察现象的变化，这样更能够激发青少年的兴趣及探知欲。

第三，对于科普活动来讲，最终的目的就是让人透过现象看到本质，如何在看到各种物理现象后用浅显易懂的物理知识对其进行解释就尤为重要。这就需要科普讲解员要对不同年龄阶段青少年的物理知识掌握情况有所了解，不能自顾自地用自己所认为的容易理解的物理知识来进行讲解。

三、针对青少年进行的一些科普互动

青少年群体正处于体验欲极为强烈的年龄阶段，如果在科普活动中能让青少年参与进来并亲身体验一些简单又有趣的科普项目，更能激发青少年观察、探索和学习的潜能。所以，我们在科普活动的设计安排上就要有一些新颖、简单又安全的体验项目。比如，醉酒驾驶项目，该项目用安全锥设置了一条S形行走路线和一条直线形障碍路线，并配有5副眼镜，利用光学作用分别模拟白天轻度醉酒、重度醉酒和夜间轻度醉酒、重度醉酒、严重醉酒5种醉酒程度及驾驶环境，体验者戴上光学眼镜完成行走路线就可以体验到酒驾的真实感受。同样，在激光阵项目中，青少年们可以体验到目前流行的惊险刺激的密室逃脱游戏。在这些项目的互动过程中，不仅让青少年亲身体验到了醉酒驾驶的危险性以及激光密室逃脱的刺激性，同时也学到了相关的一些物理科普知识。

四、在青少年群体中开展物理类科普的必要性

青少年时期作为人生极为重要的一个阶段，它是青少年认知自我、改造自我、把握自我的

重要阶段。在科技快速发展的今天,青少年作为国家未来的栋梁,不仅要有过硬的理论知识,尤为关键的是还要具有独立思考能力、动手能力及创新能力。对青少年来讲,物理类科普主要基于生活中的一些现象,具有多样性的特点且趣味性强,不仅可以让青少年在感知、体验、思考、探究这些层面获得相应的提高,而且还可以培养青少年的观察能力、动手能力和严谨的科学态度。

随着我国综合国力的提升以及青少年受教育程度的提高,各类科普机构的青少年相关科普活动也在全国各个城市开展起来,科普活动也越来越受到重视。那么,我们不仅应该在科普硬件方面要有所提升,更需要我们的科普工作参与者针对不同年龄阶段的参观群体、不同的参观项目做一些更有针对性的、更加细致的基础性工作,以便让我们的参观群体在科普活动中有更多的收获。

参考文献

[1] 牛红艳.青少年科普教育活动的实践与探索[J].图书馆建设,2007(3):17-19.
[2] 杨奔.浅谈在物理教学中开展科普教育的思路和方法[J].科技信息:科学教研,2007(18):455,465.

(重庆科技学院科技探索体验中心)

高校科普讲解探讨

杨达晓　杨耀辉　程文德

摘要：本文分析了科普讲解的重要性和高校科普讲解的特殊性，还讨论了目前高校科普讲解活动中存在的较为突出的问题，并为解决这些问题提出了一些建议。

关键词：科学技术普及；高校科普；科普讲解

我国自确立"科教兴国"战略以来，始终坚持邓小平同志关于科学技术是第一生产力的思想，在发展中逐步增强综合国力。而提高国家综合竞争力的关键是科技创新，科技创新的前提和基础则是科学技术普及。科学技术普及和科技创新是相辅相成的，没有科学技术普及，就不可能有持续发展的科技创新。习近平主席就曾多次强调"要坚持把抓科普工作放在与抓科技创新同等重要的位置"。高校是国家培养创新人才的重要基地，同时也是面向大众开展科普活动的重要场所。近年来，许多高校建设了不少科普基地，有不少人也对高校科普基地的建设与发展问题进行了深入的研究。但是，科普活动中的科普讲解，特别是高校科普讲解，作为增强科普效果的关键环节，目前各方面对其还鲜有专题研究。因此，本文就着力探讨了高校科普讲解中存在的一些问题及对策。

一、科普讲解的重要性

（一）科普讲解是科普活动的重要环节

科普活动的形式多种多样，陈列展览是其中一种常见及重要的方式。在世界各地有成千上万的博物馆、展览馆，在各地举办的各种博览会上，公众可以观看到各种各样的展品。但各种展览涉及的相关知识大多数专业性都较强，如果走马观花浏览一番，只能是囫囵吞枣，难以给人留下深刻的记忆。而想要真正了解其中更多的相关知识，理解其中的内涵，专业的、恰当的讲解则是必不可少的。因此，科普讲解是科普活动必不可少的环节，同时也是提升科普活动效果的关键环节。

（二）科普讲解是吸引大众关心科普的重要方法

相声和评书虽然不能像电影那样有声有色、丰富多彩，却能"有声有色"地吸引听众，其关键在于演员能通过丰富的话语及肢体语言创造情境，引人入胜。同样，要想科普活动能让观众驻足思考，科普讲解者扮演的角色就是演员，承担着科学演员的重要责任。科普讲解者通过通俗易懂的话语、丰富的肢体动作，淋漓尽致地发挥个人魅力，吸引观众的注意，进而激发其关心科普、了解科普、学习科普知识的兴趣，在充分接受、深刻理解之后达到提升科学素养、获得应用相应的科学知识的能力的目的。

（三）科普讲解承担着传播科学知识的重任

科普的形式多种多样，但面对知识水平参差不齐的不同阶层的公众，仅靠公众自身主动去观看、感受、学习科普知识是远远不够的。科普活动组织者有义务更有责任主动提供科普讲解服务,充分发挥科普讲解的优势,使每一位参与科普活动的公众能够了解科普的内容,理解其深层次的含义,达到科普的目的。

二、高校科普讲解的特殊性

(一)高校科普资源条件的特殊性

作为我国的高等教育机构,高校拥有先进的实验室和各种专业的实验设备,拥有庞大的科技工作者队伍和未来的国家建设者群体。因此,高校科普基地的硬件和软件资源优势非常明显,而其开展的科普教育多为具有较强专业性和技术较为先进的领域的内容。因此,科普讲解工作只能由熟悉相关专业知识的人员来承担。

(二)高校科普方式的特殊性

我国高校目前建设有不少国家重点实验室、教育部重点实验室和各类博物馆,也有不少科普基地,但高校需要承担大量的教学和科研任务。因而其开展的科普活动主要是以科普报告、实验室及科普场馆开放、科普下乡等形式为主。其中,绝大多数重点实验室对公众开放也仅限于科普活动日等特殊时段,并非实验室日常工作期间随时对外开放。即使是其他开放的科普场馆,场地条件也有限制,不可能像社会上规模庞大的博物馆等场所那样每天能够容纳大量的公众参观学习,只能是在特定时间向特定的有限的人群开放。

(三)高校科普对象的特殊性

高校的科普基地,由于其具备的设备资源条件和环境条件的特殊性,决定了它的科普对象主要是针对在校的大学生,其次是中小学生和教师,再次才是普通群众。学生是国家未来的建设者和创造者,让学生在学习阶段充分接触先进的前沿科学文化知识,有助于为科技创新打下坚实的基础,有助于为科技创新创造良好的条件和环境。

(四)高校科普讲解人员的特殊性

高校科普讲解人员一般为教师或在校学生,这些群体的文化知识水平层次较高,作为先进文化和科学技术的接受者和创造者,他们能影响更多的公众接受科普教育。而且,在校学生毕业后依然能为科普事业贡献智慧和力量。

三、高校科普讲解存在的问题

目前,高校科普基地的建设仍处于探索发展阶段,值得借鉴和推广的成功经验较少。科普讲解更是有待深入研究,在具体实施过程中难免会有各种各样的问题。当前较为突出的问题表现在以下两方面。

(一)高校科普基地普遍缺乏专职科普讲解人员

我国早在 2002 年就出台了《中华人民共和国科学技术普及法》,以法律的形式规定:"科学研究和技术开发机构、高等院校、自然科学和社会科学类社会团体,应当组织和支持科学技术工作者和教师开展科普活动,鼓励其结合本职工作进行科普宣传;有条件的,应当向公众开放实验室、陈列室和其他场地、设施,举办讲座和提供咨询"。但高校主要承担着培养各类创新型及应用型专业人才的重任,承担着繁重的教学和科研任务。因此,高校各部门和领导对学科建设和专业人才建设、科研工作的开展及考核相当重视,而对开展科普活动重视程度不够。虽然,近些年来众多高校建设了各种科普基地,但多数工作岗位上的人员都以兼职为主,科普讲解工作多数依靠在校学生,科普讲解专业人员相当缺乏。

（二）对科普讲解的重视程度不够,工作积极性不高

《中华人民共和国科学技术普及法》规定:"科学技术工作者和教师应当发挥自身优势和专长,积极参与和支持科普活动"。同时,也有不少人对科普工作进行了系统的研究,但国内还缺乏可行的对科普工作进行客观公正的评价及考核的机制。所以,目前高校对管理者、科学技术工作者和教师的考核主要仍以教学和科研业绩等为主,而对科普讲解没有明确的要求,更缺乏配套的经费。参与人员的报酬和付出缺乏相应的政策和制度支持,多为义务劳动。这就造成管理者、科学技术工作者及教师对科普工作和科普讲解重视程度不够,个别甚至敷衍了事。而学生志愿者课程多、学习任务重,对科普工作的认识不足,加上激励机制不完善,也不可能真正全心投入到活动之中。因此,高校教师和大学生对科普讲解工作的积极性普遍不高。

此外,当前我们对科普讲解的效果、深入程度及广度等都还缺乏客观、公正且可行的评价机制,一定程度上也影响了相应政策和规定的制定,这些都值得我们继续深入调查研究。

四、对高校科普讲解的建议

针对目前高校科普讲解工作中存在的问题,本文提出三点建议。

（一）加大对科普建设和活动的投入,提高参与者对科普工作特别是科普讲解的认识

高校拥有大量的优秀科技人才,拥有朝气蓬勃的学生群体,了解前沿的科技信息,有义务更有责任充分利用高校科普基地的丰富资源来开展科普工作。因此,高校首先要加大对科普建设和相关活动的投入。否则,没有经费,巧妇难为无米之炊;没有专业人才,硬件设施也难以发挥应有的作用。同时,高校要加强对各项科普工作的管理、监督和考核,促进科普事业的发展,提高科普工作的水平和效果。此外,相关人员要提高对科普工作尤其是科普讲解的认识,要理解科普活动中对参与人员进行科普讲解,不仅是在传播知识,也是对自身的一种提高。

（二）加强对科普讲解人员的培训

在我国,大学生作为未来的创造者和科普的推动者,正在发挥着不可估量的积极作用。但是,普通大学生由于对科普讲解思想认识不深,理论功底不强,不经培训难以胜任科普讲解工作。早在 2002 年,中国科技大学就率先成立了全国高校范围内的首个大学生科普讲解团,起到了良好的示范作用和科普效果。高校针对志愿做义务讲解员的学生,应组织专门的培训,让学生掌握科普讲解的基本方法,以更好地为科普服务。

（三）注重讲解的针对性、层次性和艺术性,提升讲解的效果

科普对象存在年龄不同、受教育程度不一、对事物认识水平有高有低等差异因素,这就决定了科普讲解应具有针对性和层次性。而为了提升讲解效果,科普讲解还应注意艺术性。科普讲解,本质上是人与人之间的交流,而讲解的目的十分明确,讲解的内容具有专业性、科学性等特征,面向的对象具有文化程度不一、目的和兴趣点不同等复杂因素。因此,科普讲解不仅仅是普通的人与人之间的交流,还是一场科学传播表演。为了让相关知识能够被观众理解接受,那么科普讲解员就要时刻注意观众的特征,把握观众的心理特点,抓住机会,运用恰当的方式方法,让观众一边聆听、一边思考、一边理解接受。这样,讲解便能达到事半功倍的效果。

当然,科普讲解由于它的特殊性,绝非是一项简单的工作。因此,需要更广泛的大众参与,需要开展更多的研究,才能更深入地认识科普讲解工作,解决其发展过程当中存在的问题,不

断提高科普讲解水平。

五、结语

科普是提高公民科学素养的重要途径,科普讲解是提高科普效果的关键环节,恰当、生动、幽默的讲解是让人理解、记忆、掌握科普知识的捷径。因此,正确看待科普讲解,改进科普讲解的方式方法,提高科普讲解效果,才能充分发挥科普基地的作用,释放科普活动的潜能,提高公民科学素养,为国家科技创新打下坚实的基础。

参考文献

[1] 洪雪男,张叶军,杜艳梅,等.高校科普基地的建设与发展[J].实验室科学,2015,18(5):237-240.

[2] 孙宝光,张启义,程文德,等.科普基地内涵建设与品牌打造的思考和探索[J].科学咨询:科技·管理,2015(1):4-5.

[3] 冯敏.高校应注重科普人才培养[J].中国科技信息,2012(7):200-201.

[4] 廖洪元,邱煌明,胡新华.高校科普的思考与实践[J].湖南工业职业技术学院学报,2002,2(3):48-52.

[5] 郑念,张义忠,孟凡刚.实施科普人才队伍建设工程的理论思考[J].科普研究.2011,6(3):20-26.

[6] 李函锦.中国高等学校科普能力建设研究[J].高等建筑教育,2013,22(1):154-157.

[7] 蓝韶清,张晓旭,李宝金,等.高校中医药博物馆数字科普的建设与发展[J].文教资料,2013(5):137-138.

[8] 伍雪梅,冯素梅.高校科普资源共建共享模式探索——以重庆师范大学为例[J].科学咨询:科技·管理,2014(40):127-128.

[9] 伍雪梅,马燕.高校科普工作实践与创新研究——以重庆师范大学为例[J].科协论坛,2013(12):392-393.

[10] 董建江,俞路石.中科大宣布成立全国首家"大学生科普讲解团"[N].中国教育报,2002-05-22.

(重庆科技学院科技探索体验中心)

浅谈重庆动物园志愿者团队的建设

邹　艳　杨　鹏　殷毓中　廖　辉　杨　怡

摘要：重庆动物园从2007年就开始了志愿者团队的建设工作。本文专题介绍了重庆动物园面向本市各大高校招募志愿者的过程、方法及志愿者团队成立后的相关管理办法、服务范围等，以总结经验，分享经验，改进工作。

关键词：动物园；志愿者；团队建设

"Volunteer"（志愿者）一词来源于拉丁文中的"voluntas"，意为"意愿"。我国大多数地方一般称之为"志愿者"，也有少数地区称之为"义工"或"志工"，但实质内容基本是一致的。志愿者是指自愿贡献个人的时间和精力，在不计物质报酬的前提下，为推动人类发展、社会进步和社会福利事业而提供服务的人员。志愿工作是指一种助人、具有组织性及基于社会公益责任的参与行为。

重庆动物园作为现代化的城市动物园肩负着野生动物的异地保护、科学研究、保护教育及休闲娱乐四大职能。随着人们物质生活水平的提高，保护野生动物、关注生态环境逐渐成为全社会的共识，而动物园承担了传播野生动物知识、传递生态环境保护理念的使命。但动物园的工作人员有限，志愿者团队的建设就很好地解决了动物园人力不足的困难，成为动物园开展相关科普工作的重要支撑力量。

一、志愿者招募

（一）前期准备

撰写志愿者招募项目方案，确定招募的群体、范围、人数、条件等要素，设计招募宣传语，制作"志愿者招募"宣传海报。

（二）发布招募信息

与本市各高校及中学的学生会、各类协会、教育部门等的负责人取得联系，告知我园招募志愿者的信息。在校园内张贴招募海报，引导学生报名参加我园在各个学校里举办的志愿者招募宣讲会。

（三）志愿者团队的成立

1.宣讲会

发布志愿者招募信息后，在各个院校召开宣讲会，介绍动物园的发展历程、现代动物园的职能、重庆动物园志愿者服务的现状以及对志愿者的要求；告知动物园志愿者招募QQ群及相关工作人员的联系方式；告知报名人员培训考核的流程。

2.初步培训

进入动物园志愿者招募QQ群的学生，按要求下载并填写志愿者报名申请表，提交电子文档。园方工作人员会统一准备培训资料,通知拟加入志愿者团队的人员参加我园开展的相关培训。在园内的培训将针对动物园的各项工作进行详细讲解,特别强调作为动物园志愿者的安全意识、动物园志愿者的特殊性、岗位设置、服务时间、考核标准等事项。最后分发考核任务。

3.面试考核

以园内科普讲解员这个岗位作为基础考核项,选定几种有代表性的野生动物,让被考核者在规定时间内到达相应的动物场馆进行现场解说考核。通过评判参与者的着装打扮、是否准时、解说内容、语言表达和互动能力等方面进行打分考核。

4.录用

园方根据参与者的考核成绩、服务经验、呈现技能、可服务时间及参加志愿活动的意愿等多方面综合考量,选取优秀者作为我园的科普志愿者。

5.志愿者的岗前培训

重庆动物园志愿者目前分为五个组(根据具体需要,其工作重心会有所调整):解说组、表演组、策划组、活动执行组和制作组,各组分别承担着不同的志愿者服务内容。考核合格的志愿者可以根据自身的特长自由选择加入各个小组。园方会适时组织合格的志愿者到园内参加破冰游戏,主要有三个目的:一是熟悉我园的环境、野生动物种类等情况;二是便于各个成员之间相互认识;三是让各小组民主投票推选出各组的组长。

6.提升培训

园方会邀请相关的专家对已经录用的志愿者分小组进行培训,分发资料,使每位志愿者明确各自的服务内容、服务时间、服务期间的注意事项、志愿者的权利及义务等,帮助各志愿者提升专业知识,尽快融入重庆动物园的志愿者大家庭。

7.建立档案

园方会统一为已被录取的志愿者建立档案、完善信息,包括志愿者申请表、志愿者服务协议等,同时颁发志愿者工作证。

(四)志愿服务的要求

志愿者正式上岗前,各个小组还要接受临岗培训,补充专业知识。正式上岗的相关规定要求志愿者统一穿志愿者服,佩戴工作证,携带扩音器,仪容仪表要整洁,同时上岗期间必须使用标准的普通话。

(五)志愿者队伍成果展示

目前,正在为动物园服务的志愿者有156人,分别来自重庆理工大学、重庆师范大学和四川美术学院等院校。我园从2007年开始招募志愿者以来,截至2016年11月,培训相关人员约1200人,招募志愿者约630人;开展科普讲解约300场次;编写手偶剧剧本6部,演出达190场次;策划科普活动160余场;制作科普道具36件,制作园内动物科普艺术展品3件;直接服务游客数量约10万人次,间接服务游客数量约600万人次。

二、志愿者管理办法

为了更好地管理志愿者团队,保障志愿者工作的顺利开展,我园志愿者管理人员在学习借鉴了相关兄弟动物园单位的志愿者管理办法的基础上,制订了适合我园志愿者管理工作的守则,即《重庆动物园志愿者管理办法(试行)》。这份管理办法的内容包含了志愿者的宗旨、服务范围与形式、志愿者的权利和义务、服务期间的要求、监管机制、考核标准、工作补贴标准、申请加入与退出的方式以及相应的奖励办法。

三、志愿者团队的长期发展及稳定

（一）志愿者工作能力的提升

我园会定期组织志愿者参与培训和交流活动，一起交流讨论在服务期间遇到的问题，并针对游客对志愿者服务的反馈，思考下一步工作应该改进的地方。志愿者不仅需要明确各自小组的工作内容，还应扩展了解动物园整体的相关知识，如我园的道路情况、各动物场馆的位置、野生动物的种类和数量及它们基本的特性等。

（二）志愿者团队的稳定

目前，我园的志愿者主要来自市内各大高校，人员比较分散。为拉近各志愿者之间的心理距离，增加动物园志愿者团队的凝聚力，提升志愿者服务的整体质量，动物园方面固定在年中、年底时分别举办聚会，同时对半年、全年的志愿者工作进行总结，对表现突出的志愿者予以奖励。

由于我园的志愿者主要是大一、大二的学生，当他们升入高年级时会面临就业压力，相应导致退出志愿者团队的比例上升。因此，我园采取"新人补位"的方法，每年固定招募一批新的志愿者，以维持动物园志愿者团队的稳定性，确保相关科普工作的有序开展。

参考文献

［1］志愿者［EB/OL］.http：//baike.baidu.com/item/志愿者/6413？fr＝aladdin.
［2］重庆动物园［EB/OL］.http：//www.cqzoo.com/index.aspx？nav＝index.
［3］陈红卫,涂蓉芳,李峰,等.生态道德教育有你有我——理论篇［M］.成都：四川科学技术出版社,2014.

（重庆市动物园管理处）

浅谈重庆动物园志愿者团队的建设

关于科普场馆青少年教育培训的运营思考

黄　河

摘要：本文对科普场馆青少年教育培训课程的属性进行了界定，并根据市场需求分析了培训主体具有的优势与劣势，从而厘清运营情况，提出对此类培训的运营建议。

关键词：科普；青少年；培训；公益性；运营

教育培训作为提高全民科学素质的一个重要手段，在全国科普场馆和科普基地被广泛采用。面对教育培训这个大市场，科普场馆等公益性组织机构怎样定位青少年教育培训、如何在运营中兼顾社会效益与经济效益，都是值得深入探讨的问题。本文将以重庆科技馆的教育培训和教育资源为例，对相关概念进行类比解释，在细致分析的基础上提出相关建议。

一、科普场馆青少年教育培训课程的属性认识

科普场馆青少年教育培训内容以传播科学知识、科学方法、科学思想、科学精神为主，与学校的科学教育紧密联系，相辅相成，互为补充。

（一）基本概念

科普场馆青少年教育培训是由课程具体呈现的。关于课程的属性界定，涉及3个概念：公共产品、私人产品、准公共产品。公共产品与私人产品相对，一般由政府和社会团体提供，具有两大特征：一是消费使用上有非竞争性，如免费临展，它不会因为多来几个人而影响其他参观者看到这个展览；二是受益上有非排他性，如展厅的展品是大家都能看到的，不是某个人或某些人专有的。

（二）公共产品

公共产品又分为纯公共产品和准公共产品。纯公共产品同时具备上述两个特征，如国防、污水治理。准公共产品一般只具有两个特征的其中之一，也分为三类：一是具有非竞争性和排他性；二是具有竞争性和非排他性；三是一定条件下具有非竞争性和非排他性。

（三）准公共产品

根据准公共产品的分类标准，科普场馆青少年教育培训课程可以归入此类。比如，收费型培训课程，它具有非竞争性，重庆科技馆的场地、人力等有一定的财政保障，多几个人参加培训不会影响课程质量；同时，它又具有排他性，受众不支付成本费用则不能参加培训。又如，重庆科技馆的特色课程"小小科技辅导员暑期特训营"，它具有竞争性，因为既定的公共资源有限，要根据预算确定一定数量的免费培训名额，受众通过竞争才能得到；同时，它又具有非排他性，受众得到的是同样的培训。再如，科技活动周等公益活动中的免费培训课程，重庆科技馆根据预算确定一定数量的免费培训名额，对取得名额没有设置特别的条件，名额没满之前，受众之间没有利益冲突，享受同样的服务。

准公共产品可以由公共部门生产提供,也可以由私人生产提供。因此,从供给角度来看,事业单位的教育培训不一定比私人企业更有竞争力。因为,课程的可复制性强,既有同类产品的市场竞争(如机器人培训、科学主题课程培训等),又有可替代产品的市场竞争(如大量的学科培训、特长培训、体能培训等),所以,如果科普场馆青少年教育培训没有特色,就会缺乏竞争力。

二、科普场馆青少年教育培训的消费者需求分析

科普场馆青少年教育培训应回归公益服务属性,虽然不能以追求利润最大化为目的,但还是要面向市场,而这就必然要对消费者的需求进行分析。

(一)个体消费

目前,从个体消费方式来看,科普场馆青少年教育培训不具备市场优势,这主要体现在以下方面:

(1)无论是否属于公益性质,教育培训所吸引的对象是对科学有兴趣的青少年或崇尚科学的父母。在当今教育升学压力较大的社会大环境中,这是非常小众的一个群体。

(2)教育培训主要是针对青少年的思维能力进行培养,花费的时间较长,见效较慢。能坚持投入并认可效果的消费者数量就更少了。

(3)促使消费的一个重要因素在于方便得到,所以,科普场馆青少年教育培训主体本身的区位优势很重要。而事业单位一般都不具备连锁型培训机构的优势布局。

2014—2016年的重庆科技馆游客调查问卷分析报告中的数据可以佐证教育培训与重庆科技馆馆内科普剧、科普实验、科普电影、科普讲座等其他7个科普项目相比,连续3年来游客的兴趣分布百分比分别为16.36%、7.94%、14.3%,按游客感兴趣程度排列,分别排在第四、第五、第四位。以上数据表明,仅统计愿意到科普场馆来的个体,他们对教育培训持有的兴趣度也一般,相应的认识和重视程度都还不够。

(二)政府购买

随着国家对科技教育的日益重视,政府部门对科普场馆青少年教育培训起到了更多的推动作用,表现为以下几点:

(1)国家大力倡导科技创新、教育改革,政府需求的规模、数量也呈增长趋势,而科普场馆青少年教育培训本身侧重科技特色,恰好能满足需要。

(2)科普场馆青少年教育培训贴合"关爱青少年成长"这一类活动的需要,在配合需求部门的活动策划及宣传上有明显优势。

(3)在提高科技工作者素质方面,把科普场馆青少年教育培训列为科普项目,借助课题研究进行人才培养是一条有效途径。

三、科普场馆青少年教育培训的运营情况分析

科普场馆青少年教育培训的运营除了人、财、物的管理,还涉及内容研发、销售推广、客户关系维护等环节,难点主要在平衡培训产品的成本和定价上。

(一)培训成本核算

作为培训主体的公益性事业单位,其教育培训具有成本优势。场地自有,配套设备一般有专项资金投入,人力资源需额外配置的较少,人员薪酬标准不高。这些都大大降低了科普场馆

青少年教育培训的核算成本。

（二）培训产品定价

科普场馆青少年教育培训的定价应该与公益性质相符，在全国科技馆行业已经有对价格水平的政策指导。在定价时，横向比较，个人消费略低于市场同类产品水平，团队消费低于绝大多数市场同类产品，如此较为适宜；纵向比较，收支基本平衡才合适。但定价先于产出结果，诸多市场变化的不可控因素往往导致结果与预期的偏差，这就需要测算其可接受范围。

（三）实践经验总结

通过对重庆科技馆教育培训的历史数据进行分析，笔者发现：①培训收入构成以团队销售为主；②政府部门等社会单位的公益性团队培训收入多于面向个人的直接销售；③针对个人销售需要而产生的广告制作费等成本高于面向团队销售的成本。

四、科普场馆青少年教育培训的运营建议

科普场馆青少年教育培训有别于市场化教育培训，主要在于其深刻把握住了普惠共享的理念，把社会效益放在首位，更经济、有效地调配资源以营造讲科学、爱科学、学科学、用科学的社会风尚。具体到运营措施，笔者的建议如下：

（1）以团队销售为主，个人销售为辅。积极承担政府部门的相关活动，体现教育培训的科普特色；以教育培训为载体，与社会各类机构合作开展公益类活动。

（2）科普场馆青少年教育培训的重心应放在品牌塑造和口碑打造上。不要单纯追求经济收入，在保证培训质量的同时还要做到"有所为，有所不为"。

（3）加大资源整合力度，尝试把针对个人消费的主要销售工作外包给适合的专业机构，实现共赢。

（4）通过科普场馆青少年教育培训的优化升级来争取更多项目或课题的实践，锻炼现有的科技工作人员队伍。

（5）引进权威的科技教育评价体系，结合已有的培训课程进行融合，扩大影响力。

五、结语

随着科普工作的不断深化以及创新驱动发展的现实需要，通过科普场馆教育培训来提高青少年群体的科学文化素质这一途径将日益显现出重要作用。需求的增长意味着竞争更加激烈，所以，我们还需要让更多的科技工作者在实际工作中科学把握培训本质，不断提高科普场馆青少年教育培训的质量。

参考文献

[1] 冯婵璟.进一步完善科普教育培训工作的对策建议[J].今日科技,2015(6):52-54.

[2] 郑振华.青少年科普教育与社会永续发展——福建省开展青少年科技活动的实践与思考[J].海峡科学,2012(3):40-41.

[3] 郭国庆.服务营销管理[M].2版.北京:中国人民大学出版社,2009.

（重庆科技馆）

自媒体时代科普"高维媒介"互播方式探究

夏冬梅

摘要：科普的根本是信息传播，因此，科普传播的方式是依赖于信息传播的方式。从美国人谢因波曼与克里斯威理斯于 2003 年提出"自媒体"概念以来，自媒体已成为互联网时代极具影响力的传播媒介。自媒体把单向传播方式改变为大众传播媒介，从而具有跨平台传播、受众互动参与、云端资源库运用等特点。自媒体的发展为科普工作提供了高维媒介和跨维度的传播渠道，其中互播方式的诞生使得科普方式发生了革命性的变化。

关键词：自媒体；高维媒介；互播；科普

从自媒体诞生、发展、成熟的过程来看，自媒体时代的科普方式可以融合互联网高维媒介的特点和自媒体的特点转变为"微"科普方式，充分发挥"个人媒体"优势，以多元化的手段，在不同的传送平台向指向或者不指向的个体或群体传递科普信息。

一、自媒体的互播特点

自媒体是一种"高维媒介"的产物，它改变了之前广播、电视、报纸的"平面"传播体系。自媒体把社会中的个人变成了传播的单元要素，个体可以基于互联网所提供的平台进行自由的交流和表达。"自媒体"又称"公民媒体"，是指个体或组织机构能够随时、随地、随性地访问网络，通过大数据网络平台提供并分享他们的看法和新闻的一种途径和实时传播方式。于是，自媒体掀起了传播界的一场革命，同时也改变了社会的资源配置方式和元素结构。自媒体初步实现了"人人皆可进行信息表达的社会化分享与传播"的技术民主，每个人都具备了传播权和表达权，可以同时基于自己的传播喜好通过微信、微博、APP、论坛等自由方式进行高纬度传播，所以，可以说传播目前已经到了泛众化的时代。同时，自媒体还具有平民化、圈群化、个性化、随性化、自发传播等特点（见图1）。

（一）传播理念——平民化、个性化

在自媒体崛起后，任何一个人，只要他上传的信息能够得到他人的共鸣和价值认同，便可能在各社群转发中实现一种传播的"核裂变效应"，由个体、组织、专业媒体、商界组织等共同组成的信息节点在开放平台间自由流动、平等交互、聚合分裂，完成信息的生产、分享与价值创造，并在共同体作用下达到动态平衡。而这种高纬度的交互平台是以个人为基本单位的，发布信息的人可以是任何社会人，不再局限于权威机构或传统新闻媒体的传播，从而形成发布自媒体信息的平民化。

平民化的传播理念直接导致了自媒体传播的单个细胞被激活，每个人都可以成为信息传播中的"微资源"，个体为互联网传播提供了互联互通、全新聚合的基础元素，也就是我们说的高纬度传播中的单细胞。自媒体不再局限于受众价值取向的藩篱，而逐渐改变为通过充分发挥用户的主观能动性来打造定位精准的个性化、精准化信息服务能力。

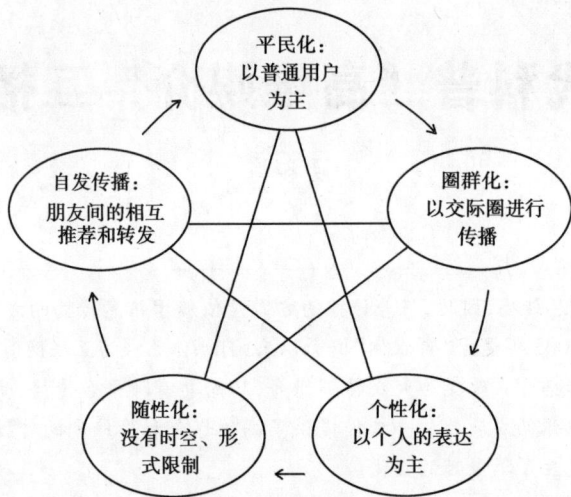

图1　自媒体的主要特点

（二）传播方式——圈群化、随性化、自发传播

高纬度的自媒体平台是一个构建并维系多元化信息自由流通的生态系统，让信息不再仅仅是单向的传播，而是有存活和再生的能力。自媒体平台通过互联网把社会传播塑造为一个信息传播的共同体，让每个传播节点都参与到社会效应当中。自然而然地，有相同价值观或取向的个体与个体会形成圈群，圈群的存在激发了个体的传播主动性，提高了个体的社会认同感。

1.圈群化——利用交际圈黏度、聚合力进行传播

社会化媒体是基于人际关系所形成的网络媒体，每个人都是这个网络中的单元素。人际关系网络具有互通性、个体性和强传播性。个体基于教育背景、工作性质、兴趣爱好等不同特征，以及共鸣、共同价值观、社会热点等可能而集结成若干的交流社群，从而使得社会化媒体呈现出圈群化的特性。自媒体的圈群化是一个高黏度、高聚合力的"社群"组织，这彻底改变了人类的协作方式，个体生命的自由价值得到充分释放。

2.随性化——"随时、随地、随性"加速网络信息流动

自媒体用户借助移动终端，通过微信、微博、论坛、贴吧等网络平台可以发送和接收信息，加上"随时、随地、随性"的媒体优势，以及信息的及时性、共享性和动态信息传播的网络化，这无疑会加速网络媒介上信息的流动。简而言之就是公民可以随时随地发布自己所见所闻、所思所想的媒体形式。

3.自发传播——传受一体化的媒介传播形式

自媒体的用户是以个人化、零组织、独立的形式而存在的，其行动上具有主观性，可随时、随机发布各类信息。这就导致自媒体平台无需入门标准，无需程序审核和过滤，从而形成开放性的信息分享、聚合、反馈、再造。自媒体与其他媒体形式最大的区别就是传受关系一体化。在传受关系中，自媒体媒介把原本的受众变成了最活跃的信息制造者和传播者，人们开始跨时间和空间、跨维度地进行平等的交流与辩论，形成多维度互播模式，实现了信息的传播与再创作的过程。

二、自媒体对科普传播的影响及其响应

美国《连线》杂志对自媒体的定义是"所有人对所有人的传播"。自媒体是能通过大数据平台为每个受众提供个性化的信息，让信息接受者同时成为信息传播者，从而实现个性化交流

的媒体。下文就主要从内容生产、传播路径两个方面来分析社会化媒体对科普传播的影响。

(一)让用户参与科普传播的内容生产

我国公民整体科学文化水平的提高使得人们对科普的需求层次不断加深。自媒体为科普、为科普传播者和受众提供了互动平台，而它传受关系一体化的特点给科普传播带来了更多的机会。一大批民间科学爱好者加入科普传播的队伍，他们自主创新发布科普传播的内容，使用的语言和表现方式更容易被公众接受。科普机构应该联合更多的自媒体使用者，共同生产科普传播的内容。由"知识专业生产"到"知识协同生产"的变化才能真正体现传受主体平等化的新媒体精神。

(二)科普传播路径圈群网络化

1."裂变"式传播途径

在自媒体时代，社会化媒体中传播者的话语权逐步向受众转移，传统的受众也成为传播者。科普传播路径也由过去一对多的"广播"模式，转变为节点式、裂变式的"网络"模式。

科普结合自媒体的传播路径的社群网络化表现在：

(1)受众不再被动地接收信息，而是只有在"关注"的前提下，得到受众的认同感之后，受众才会主动对科普信息进行圈群式传播。因此，需要加强科普内容的可读性、形式的全媒体性。

(2)科普信息传播是通过用户的转发和评论而实现的，科普信息在传播的社群得到进一步的扩散。而受众对科普信息的接收和使用都不再是单次的行为，而是实现了基于人际关系网络的"裂变"式传播。

(3)在自媒体传播的网络中，会形成一个个信息中介的"节点"，节点和节点之间是相互连通的，因而大大提高了信息传播的速率和到达率。因此，我们在科普传播过程当中要重视对社会"节点"科普人员的培养，大力搜寻在某一科普领域有专长的人员来形成科普"节点"，让他们成为各个社群的活跃连接点。

2.科普"裂变"式传播的优势

(1)民众与科普平台产生交互性。随着互联网和自媒体的发展，许多科普机构都建立了自己的网络平台，并通过该平台进行科普信息的发布，同时也可以与民众进行多角度、全方位的互动交流。而民众对自己所需求或认同的科普信息会进行主动传播，从而实现人人参与科普传播的目的，人人皆可成为科普信息传播中的关键节点。

(2)科普资源实现共建共享。科普机构或组织可以借助大数据平台将科普素材存储到"云端"，并通过互联网实现资源共享。同时，各科普机构或组织运用"互联网+"的共享理念，可以探索建立立体化、多层次、互动式、全方位的高纬度科普传播格局。

(3)科普传播趋于个性化。自媒体产生于大数据时代，通过自媒体平台，科普机构可以针对用户的不同来推送不同的科普信息。借助微信、微博、论坛、APP 等网络媒介，将传统"点对面"的传播方式转变为"点对点"的交互。这不仅能大大提高传播效率，同时也有助于增强科普受众的认同感和归属感。

(4)科普传播注入新动能。因为自媒体是一个互动的媒体，在其聚合的平台上有很多富有科普经验的工作者也会同时推送有效的信息。而在科普传播的每个节点也都有可能产生对科普感兴趣的爱好者，他们自愿加入科普传播者的队伍，从而使得很多草根科普宣传员出现。这种网络科普的新功能已经在很多科普组织中得以实现。

三、结语

自媒体的产生为科普信息增加了高纬度的传播平台,增加了信息流通的次数和维度,扩大了科普信息传播的范围。自媒体促进了科普传播的体制改革与机制创新。着力打造科普传播的新型媒体平台,有利于促进各科普传播主体展开竞争,提高效率。政府各相关部门应高度重视这一情况,并探索实现"费用分担"资助,实施配套的科普传播主体的设立审核、奖惩与退出机制,逐步完善科普传播效果的社会评价与监督机制以及产业化运作机制。

我们要重视研究自媒体中的知识产权新动向,重视开发原创作品,从科普传播源头着手治理内容平庸化、过度转载化,要维护作者的基本权益和原创动力,这就要求我们要尽快制订并明确三网间具体的转载办法与措施,完善新媒体中作者的版税机制。相关科普传播主体更要积极行动,建立好自媒体中科普传播的"节点"角色,大力探索构建内容资源库以及由科普媒体人员、专业创作人员和社会媒体成员组成的传播人才库。

参考文献

[1] 喻国明.互联网是一种高维媒介[J].南方电视学刊,2015(1):15-17.
[2] 范敬群,贾鹤鹏,张峰,等.争议科学话题在社交媒体的传播形态研究——以"黄金大米事件"的新浪微博为例[J].新闻与传播研究,2013(11):106-116.

（重庆工程学院宣传部）

加强科普知识产权保护，
促进科普事业的发展

刘玉芳

摘要：随着当代社会的发展和时代的进步，公众的文化需求品位越来越高，从原来的文化单一需求转向对文化产品或服务（包括科普文化产品或服务，即科普产业）的多样化需求，这就对科普产业的发展提出了更高的要求。而科普产业的良性发展，必然离不开科普知识产权的保驾护航。本文就从分析科普产业发展的背景入手，指出知识产权保护在科普产业中所起的重要作用，结合科普产业发展中知识产权保护的相关典型案例，提出了有针对性的对策和建议。

关键词：科普产业；知识产权保护

随着当今社会经济的迅猛发展，公民对科技文化的需求品位越来越高。因此，为满足公民对科技文化多样化、深层次、高内涵的需要，我国在"十二五"和"十三五"规划中相继提出发展经营性科普产业和推动科普产业发展的要求。一直以来，从事科普产业的单位、企业或个人在知识产权方面的自我保护意识比较淡漠，在这个背景下，科普知识产权保护的相关问题将会逐步显现。所以，我们对科普知识产权保护必须未雨绸缪，以确保科普产业的良性发展。

一、科普产业发展的背景

在人们传统的观念中，科普总是与"公益"二字挂钩，与市场经济没有联系。随着时代和经济的发展、人民群众科普需求的增长以及《科普法》的颁布实施，传统的科普事业已无法满足人民群众对科普多样化、深层次的需求，科普慢慢走向商业化、市场化，"科普产业"这一概念随即应运而生。

科普产业是指以市场发展需求为导向，遵循市场机制规律，向国家、社会和公众提供科普产品或科普服务，能够更好地满足人们日益增长的科普需求的一种产业形式。

科普产业可以分为两个大类：一是科普产品产业类；二是科普服务产业类。其中，科普产品产业类包括：科普展教品，科普文化作品，科普艺术品，科普动漫、多媒体、影视作品，网络科普、软件等作品，科普设备以及相关设计、制造等与科普产品相关的产业。科普服务产业类包括：科普活动创意业，科普游戏业，科普旅游业，科普展览业，以及与科普服务相关的产业。

二、知识产权保护在科普产业发展中所起的重要作用

科普产业要满足社会和市场的科普需求，就必须不断创新其产品与服务。而要想持续保持创新发展的原动力，注重科普知识产权保护是科普产业发展进程中必不可少的手段。

知识产权保护，是对权利人的智力成果给予合法的保护，可以调动创造者的主观能动性，有助于提高人们从事科技研究、科普技术创新、科普产品升级的积极性，为科普产业的发展打下良好的基础。

知识产权保护有利于明确科普产业创新成果的权利归属,激励创新发展。做好科普知识产权保护工作,才能为"大众创业、万众创新"的创新驱动发展战略保驾护航,促进科普产业的快速发展。

重视知识产权保护,能够让科普产业少走弯路,避免不必要的经济损失,为科普产业的良性发展提供保障。知识产权的专属性决定了企业只有拥有自主的知识产权才能更好地占有市场份额。科普产业要想发展壮大,就要大力打造能够辐射全国的有影响力的科普产品研发中心和科普企业,要想这些产品和品牌在市场站稳脚跟、走得更远,就必须未雨绸缪,做好科普知识产权的保护工作。

三、科普产业在发展中存在的知识产权保护问题

(一)知识产权保护意识薄弱,亟待提高

尽管在20世纪80年代,我国出台了一些知识产权方面的基本法律,但是对知识产权保护的宣传和推广的力度有限,导致许多企业及个体缺乏知识产权的保护意识。自然,当时从事科普产业的那些单位、机构、企业或个人也不例外,在打造科普品牌的初期或成长阶段,常常忽视这方面的重要性,后续才知涉及侵权问题,不得不放弃自己苦心经营多年的科普教育名称、活动品牌、企业产品。甚至,部分企业没有塑造品牌的意识,即使自己的产品或服务创意非常好,也受到市场的欢迎,却轻易被一些有不良企图的人盗用甚至被恶意注册,给自己造成不必要的困扰或经济损失。如曾经的"爱自然",是一家从事亲子科普教育工作的机构,他们在从事科普教育之初,完全没有考虑"爱自然"这个名称是否有被注册过、使用是否存在侵权问题,盲目地使用它作为了机构的名称。当他们把教育活动搞得风生水起的时候,却发现"爱自然"之名已经被一家做教育产品的公司注册。最后,他们不得不放弃这个机构名称。又如缙云山自然保护区自2012年开始打造的"云中漫步"自然体验活动品牌,经过4年的努力,在业界以及社会上都产生了广泛的影响,已被大众所了解和认知。但是当保护区计划注册这个活动品牌时,却被告知,"云中漫步"已被一家种植葡萄的公司注册,而且该公司经营范围涵盖了环境教育。"前车之鉴,后事之师"。所以,如果我们不高度重视科普知识产权保护,类似问题今后还会在其他企业(或机构)、个人身上重新上演。

(二)部分企业、个人知识产权保护的维权能力较弱,给侵权者开了"方便之门"

科普产业作为、朝阳产业,资金、规模有限,许多从业者都还处于"摸着石头过河"的探索阶段,知识产权保护的能力较弱,导致自己好的创意产品或服务容易被人模仿、盗用,却苦于找不到合适的手段维护自己的合法权益。2015年6月,国内某自然教育机构的一个微信交流平台上风波骤起,因为该机构在平台上发布的活动宣传信息被原作者发现借用了他自己的"一亩布漂流"活动创意。虽然,原作者以及一些相关的自然教育工作者针对"一亩布活动"的创意版权及其类似现象进行了激烈的维权争论,但是对该机构这种不良行为的存在毫无约束力,最后也不了了之。

(三)网络侵权的随意性与打击盗版的高难度,造成部分科普企业的知识产权成为被侵权的"重灾户"

由于全球互联网的高速发展,相关的法律体系还不够健全,网络环境参差不齐,导致监管工作量过大。而我国部分地区网络信息传播环境较差,安全问题不容乐观,网络信息被侵权现象时有发生。一些依靠网络传播和发展的科普产业,如科普动漫、影视、游戏等产业,特别是一

些中小型企业,成为了被侵权的"重灾户"。分析其原因,主要在于:①科普动漫、影视、游戏作品等,只要在网上公开,就很容易被复制;②我国网络侵权的相关监管工作执行不力,使得很多不法分子成为漏网之鱼,打着各种旗号干着网络盗版经营的非法勾当。

(四)我国司法救助流程滞后于科普产业的知识产权保护工作,对科普产业的高速发展形成一定的阻碍

目前,我国在知识产权保护方面的司法救助和行政执法还处于一种相对的被动状态,即必须由当事人主动申请或投诉知识产权保护案件之后,才会启动相应的调查和司法程序,保护效率较低,不能满足当今科普产业发展的需要。

四、对策和建议

随着我国各个地方性的《科普事业发展"十三五"规划》相继出台,我国的科普事业吹响了科普产业化、规模化、市场化的进军号角。科普产业的良性发展离不开科普知识产权的保护,为了更快更好地落实"十三五"规划,笔者建议从以下四个方面入手。

(一)提高科普产业领域的知识产权保护意识

对从事科普产业领域相关工作的科普基地、科普企业以及从事科普教育的民间教育机构进行定期或不定期的培训,做好科普知识产权相关常识、法律条文的科普宣传,提升从业者的知识产权保护意识。各相关科普产业的企事业单位或个人应详细梳理自己的科普产品、科普教育活动创意或品牌,甚至包括进行科普宣传的网站站名、LOGO、二维码、微信微博号,最好都要进行知识产权方面情况的咨询、调查和分析,做好相关的商标注册工作,避免"亡羊补牢,悔之晚矣"的不幸发生。

(二)增强企业、个人知识产权保护的维权能力,促进科普产业的良性发展

一是企业应尽快设置专职部门或安排专人负责知识产权相关事务,对本企业员工不定期进行有关知识产权保护的培训,提升被侵权的防范能力。二是与相关企业建立知识产权保护的战略合作关系,信息共享,共筑知识产权保护的"防火墙"。

(三)提高互联网专业技术,加强公众普法教育,降低企业科普知识产权网络被侵权风险

一是依托互联网发展的科普企业,需要掌握相关防范网络侵权的专业技术,在网上进行宣传以及传播资料和信息的同时,应注意做好网络加密工作,防止相关资料和信息被盗用。二是在全社会加大网络侵权相关常识的普法教育力度,提高公众知识产权保护意识,营造安全的网络宣传和传播环境。

(四)政府部门加强政策引导作用,引导司法和行政执法相关部门进一步完善和改进执法流程,提高知识产权保护的执法效率

随着科普产业的发展,其专利、商标、版权及著作权等系列相关知识产权将会逐年增加,相关政府部门应逐步建立起促进此类知识产权的合理利用、交易以及保护的政策体系,引导司法和行政执法相关部门进一步完善和改进执法流程,提高知识产权保护的执法效率,从而改善科普产业创新环境,推动科普产业的持续高速发展。

[1] 任福君,张义忠,刘萱.科普产业发展若干问题的研究[J].科普研究,2011,6(3):7-15.

[2] 任福君,周建强,张义忠.科普产业发展"十二五"规划研究报告[R].北京:中国科普研究所,2010.

[3] 任伟宏.科普产业的内涵、成因及意义[C]//中国科普研究所.科普惠民 责任与担当——中国科普理论与实践探索——第二十届全国科普理论研讨会论文集.2013.

[4] 周建强.科普产业发展研究[C]//安徽省科协.2012年科普产业发展高端论坛论文集.2012.

[5] 董凤华,姚英春.文化创意产业中的知识产权保护问题与对策[J].人民论坛,2012(32):118-119.

（重庆缙云山国家级自然保护区管理局）

图书在版编目(CIP)数据

科普大家谈:重庆市2016年度科普工作理论研讨会
论文集/重庆树人教育研究院编.—重庆:重庆大学
出版社,2017.7
　ISBN 978-7-5689-0556-5

　Ⅰ.①科…　Ⅱ.①重… 　Ⅲ.①科普工作—重庆—文集
Ⅳ.①G322.771.9-53

　中国版本图书馆CIP数据核字(2017)第121870号

科普大家谈——重庆市2016年度科普工作理论研讨会论文集
KEPU DAJIATAN——CHONGQING SHI 2016 NIANDU KEPU GONGZUO LILUN YANTAOHUI LUNWENJI
重庆树人教育研究院　编

策划编辑:王　斌
责任编辑:张家钧
责任校对:秦巴达
版式设计:尹　恒

重庆大学出版社出版发行
出版人:易树平
社址:(401331)重庆市沙坪坝区大学城西路21号
网址:http://www.cqup.com.cn
重庆市正前方彩色印刷有限公司印刷
＊
开本:787mm×1092mm　1/16　印张:18.5　字数:450千
2017年7月第1版　　2017年7月第1次印刷
ISBN 978-7-5689-0556-5　定价:72.00元